装备科技译著出版基金

现代雷达检测理论

Modern Radar Detection Theory

[意]安东尼奥·德梅奥
[意]玛莉亚·萨布丽娜格列柯 编
胡来招 白华 杨曼 译

国防工业出版社
·北京·

内容简介

本书讨论了在雷达检测方面新出现的前沿研究。本书要点包括:谱特性未知的高斯干扰下的自适应雷达检测;用恒定性理论作为工具使设计具有恒虚警率特征;一级和二级检测器及其性能;只可获得一小部分训练数据用于谱估计的工作场景;利用协方差矩阵中先验知识的贝叶斯雷达检测;非高斯干扰下的雷达检测。本书充分阐述了基于各种准则的检测器设计技术以及恒虚警率问题,分析了实际应用中机载、地面和舰载雷达的性能,并讨论了基于真实雷达数据的结论。

本书为致力于研究统计学信号处理及其在雷达系统中应用的研究人员、高等学者和工程师提供关于自适应雷达检测最新发展的广泛参考。

著作权合同登记　图字:军-2016-075号

图书在版编目(CIP)数据

现代雷达检测理论/(意)安东尼奥·德梅奥(Antonio De Maio),(意)玛莉亚·萨布丽娜格列柯(Maria Sabrina Grec)编;胡来招,白华,杨曼 译.—北京:国防工业出版社,2018.12

书名原文:Modern Radar Detection Theory

ISBN 978-7-118-11758-5

Ⅰ.①现... Ⅱ.①安...②玛...③胡...④白...⑤杨... Ⅲ.①雷达目标-目标检测 Ⅳ.TN951

中国版本图书馆CIP数据核字(2018)第287033号

※

国防工业出版社出版发行

(北京市海淀区紫竹院南路23号　邮政编码100048)

天津嘉恒印务有限公司印刷

新华书店经售

*

开本710×1000　1/16　印张19¾　字数366千字

2018年12月第1版第1次印刷　印数1—3000册　定价136.00元

国防书店:(010)88540777　发行邮购:(010)88540776

发行传真:(010)88540755　发行业务:(010)88540717

译 者 序

信号检测几乎在所有的无线电应用中都是很基本的内容,尤其在雷达应用中。把这个问题处理为一个二态假设的检验问题,把背景的随机性充分考虑了进去,可以说是革命性的一步。之后,随着研究的深入,人们期待从杂波和干扰中提取有效目标信号的要求更加明确,加上微电子技术的发展推动了信号处理能力的增强,研究结果又上了一个台阶,明确地从把信号看成一个标量升级到把信号看成是在更高维空间内的一个矢量。其实,直观的感觉是明显的,如果我们想分离不同的信号状态,信号空间的维度越高,成功率可能就越高。因此,用矢量来着手分析,成为信号检测的一个基础。

从雷达信号检测一开始,恒虚警就被当成一个重要的准则,它在检测中具有非常关键的作用。尽管难以证明恒虚警可以满足检测想要达到的优异性能,或者恒虚警是满足一定虚警概率下的检测概率最大的一个办法,但是,它还是提纲式地给了我们一个明确的依据,成为所有自适应问题的一个根基或参考。当然,或许人们也会对此提出更深的疑问,从恒虚警出发,能够把我们引向好的检测特性吗?

本书由多位作者合著,系统地论述了现代雷达检测的理论。译者几年前看到本书,就有一种冲动,觉得应当翻译出来,供业内参考。尽管公式描述多了一点,专业名词也很多,阅读不一定那么方便,但是译者依然认为还是值得一读。经过了一年的努力,全书的译稿终于形成,但愿译者对书中所论述问题的理解不足不会成为翻译的缺陷,妨碍读者的阅读。译者还是认为,本书不但值得雷达界的工程技术人员阅读思考,也值得从事电子对抗的工程技术人员认真阅读,也可作为信号截获领域的其他研究人员和研究生的重要参考。无论如何,本书的缺点就是不好读,译者恳切地期待国内的作者们,能不能写一本深入浅出、更好阅读的专著,把信号检测问题重新阐述一番。从这个意义上说,祝这本书成为抛砖引玉的那块砖!

译者

目　　录

第1章 雷达检测引论

Antonio De Maio, Maria S. Greco, Danilo Orlando

1.1 历史背景和术语

雷达是无线电探测和测距的缩写。就如同这个术语所表示的,这类装置是用来检测目标的存在并测量其距离的[1]。雷达系统的基本工作原理从物理学家麦克斯韦(JC. Maxwell)和赫兹(H. Hertz)的年代开始就广为人知。它依赖于这样一个事实:电磁波遇到物体,部分能量被这个目标截获,并向各个方向散射。结果,回到辐射源的能量可以被用来指示物体的存在和距离[2]。

在麦克斯韦关于电磁场的原始研究中,他就认识到了上述机理,到了19世纪末,赫兹做了一系列的实验,证明无线电波确实被金属物体所反射。到了1920年,无线电的著名先驱马可尼(SG. Marconi)清楚地认识到通过无线电波揭晓远处物体存在的可能性,他的论文描述了实验所使用的系统和实验结果,让我们清楚地看到了这一点。另外,他指出了在恶劣天气条件下(比如大雾)利用这样的系统保障航海。到了1922年,马可尼在无线电工程学会(现在的电子和电气工程师学会IEEE前身)的讲话中强烈地敦促这个技术的应用。无线电系统的另一个重要的先驱者是德国发明家赫尔斯迈耶(Hulsmener)。1903年,他构建了第一个舰船防撞系统探测无线电回波,它由一个发射装置和一个分离的相关接收机构成,两者都使用了各自的偶极子天线。这个系统能够探测到3km处的船,但是却还不能给出任何距离信息。

雷达成为可运作的实际装置是在20世纪20年代到30年代初,特别是由于有军事应用的压力,因为第二次世界大战雷达的主要应用是在空中。在这个时期内起主要作用的各国,分别独立、秘密地开发了这样的系统。

在英国,利用无线电信号的第一批研究是由当时在气象局工作的罗伯特·亚历山大·沃特森·瓦特(Robert Alexander Watson-Watt)爵士开展的,他的研究涉及探测打雷时所发出的无线电信号并确定其位置。之后,他成为无线电研究站的负责人,进行军事方面的科学研究。当英国被卷入战争以后,英国科学界将他们的努力聚焦于像飞机这样可能具有威胁的目标所反射的无线电信号检测。

结果,沃特森·瓦特检测闪电的概念被用于形成基于脉冲的探测系统,可以给出对距离的测量。在战争进行期间,研究被进一步深入开展。

在美国,雷达系统被海军和陆军分别开发,但是也有一些合作。第一个系统的目标是基于观察发射信号的干涉来探测远处目标的存在。美国海军实验室(NRL)推出了一个简单的干涉波检测装置,用于检测舰船或飞机,但是还不能确定其距离和速度。而在英国,由于发明了脉冲雷达,则可以提供这样的信息。海军实验室的另一项重要的技术进步是双工器,它使发射机和接收机可以使用同一个天线。至于陆军,部队信号研究实验室对雷达系统的设计做出了重要贡献,也探讨了海军实验室所给出的结果。

如同在本节开头所提到的,在德国,赫尔斯迈耶是第一个用于遥测船只存在的无线电装置(1903 年)的发明者。但是,这个装置不能被认为是雷达,因为它不提供任何距离信息。在其后的 60 年内,基于无线电的探测系统在德国猛增,但是其中没有真正的雷达。随着第二次世界大战的到来,设计基于无线电的探测系统的科学努力再次被加强。结果,像 GEMA、德律风根(Telefunken)、罗伦兹(Lorenz)这样的工业部门开始了与德国军方的合作,目标就是实现真正的雷达系统,在探测及定位飞机与舰船方面具有优秀的性能。

意大利开发的第一个基于无线电的探测系统叫做无线电探测仪,是马可尼在 1933 年左右开发的。到 1935 年 5 月,马可尼向法西斯的独裁者墨索里尼和军方总参谋部的成员们演示了他的系统,但是其输出功率还不足以实现军事应用。虽然马可尼的演示系统提升了大家的兴趣,但是却并没有多少装备。结果,这个基于无线电技术的开发由墨索里尼交给了 1916 年在里窝那的意大利海军学会成立的电子通信研究院(RIEC)。RIEC 的物理和无线电技术导师蒂伯里奥(Ugo Tiberio)中尉被任命为这个项目的兼职领头人。蒂伯里奥准备了一个开发无线电探测装置(RDT)的实验装置的报告。到 1936 年底,蒂伯里奥和卡拉拉(Nello Carrara)演示了意大利的第一个无线电探测装置 EC-1,后者是 RIEC 的民用物理学导师,负责开发该装置的发射机。同其他国家中的装置一样,EC-1 并不提供距离测量,为了增加这个能力,1937 年启动了脉冲系统的开发。最后,1941 年开发的进化版 EC-3(GUFO)可以被看成第一个可实际应用的意大利雷达系统。

在德国,GEMA 制造的 FREYA 雷达用于构建防空预警雷达网系统[3]。这些雷达使用工作在 120~130MHz 附近频率上的天线阵,并在第二次世界大战的初期使用。在战争的进程中,基于这种雷达开发了的很多型号。德国的地基战斗机控制雷达叫乌兹堡(Würzburg),后来发展为乌兹堡-里斯(Würzburg-Rtese),其工作频率大约为 560MHz。整个德国防空系统是一个雷达站组成的网,它的每一个站点都用代码命名。站点有 3 个层次。特别是,第三层要用编码的无线电向第一层发送信息，第二层生成天空的图形，并把它发送给第一层。最后，第一层融合从其他层获取的信息（以及它自己的信息），然后把组合好的信息发送给最顶层的作战室，在那里把整个图形装配起来，再发回给各层。

对德国防空系统的谍报信息迫使盟军的科学家们开发干扰和欺骗技术。最早的干扰机之一是噪声阻塞干扰机（MANDREL），是由英国科学家开发的，用于对付弗雷亚及其衍生型号。作为响应，德国扩展了 FREYA 工作的频带，于是 MANDREL 的频率覆盖也必须随之增加。之后，德国科学家搞清楚了英国的“链家”防空系统，这个系统是一个由英国在战前和战争期间建立的海岸预警雷达构成的环。“链家”的站点被设计成工作在 20 ~ 50MHz 的频率上（尽管典型的工作频率是 20 ~ 30MHz）。具有多个工作频率提供了抵御干扰的某种保护。典型的探测距离是 190km。“链家”实现了装备不受制于盟军各种干扰的预警雷达要求，引出了完全无源雷达接收机概念。最后，德律风根公司开发了世界上第一个双基地雷达，它的名字叫 Klein Heidelberg。这个双基地雷达架构的优点是多方面的。更确切地讲，它可以隐蔽地工作，以对付辐射源定位、干扰机和搜寻辐射的反辐射导弹，具有很远的作用距离，成本、体积、重量、功耗都比同水平的单基地雷达小。随后，人们又研究了双基地雷达架构后面的概念[4]，给出了现代多基地的架构，涉及多个实体辐射信号、接收回波。同样，只要接收机的位置离开发射机，就能够保持隐蔽。

观察这些年来雷达系统演化的进程，很明显，从第二次世界大战之后直到今天，雷达的性能和应用都在迅速发展，而且可以预期还会进一步提升。雷达应用的主要领域包括：

- 军事领域（防空系统、进攻性导弹和其他武器）；
- 环境遥感（气象观察、行星观察、海洋冰层映射以便有效地给船只导航）；
- 航空管制；
- 高速公路安全（测速和防撞系统）；
- 舰船安全等。

尽管有上述大量不同的应用，雷达具有三个基本功能，即搜索、跟踪和成像[5]。搜索雷达最重要的工作是针对目标检测的处理，而跟踪雷达的主要目的是对目标进行距离、方位角、俯仰角和多普勒频偏的测量，并达到预定的精准度。但是，这样的说法并不排斥搜索雷达也可以用于其他传感器的测量，或者跟踪雷达也要实施检测过程。在很多现有的跟踪系统中，跟踪功能是由一系列模拟电路完成的，它们控制天线和距离的伺服，以便不断地把天线波束指向目标位置。在现代系统中，跟踪功能是由处理传感器对目标的一系列测量完成的。跟踪算法通常由软件完成，给出目标准确的状态矢量（位置、速度和加速度）。这样的状态估计成为火控系统要集成的一部分,把武器或另一个传感器引导到这个目标状态上去。一旦目标被跟踪,就可以实施成像功能,以便对目标进行分类、鉴别、识别。实际上,它会给出高分辨力的距离、方位、俯仰和某些多普勒数据。一般来说,成像雷达试图把电磁散射系数映射到一个二维平面内来获取对目标的图像。给具有较高反射系数的对象以较高的光学亮度,就会构成一个光学图像。成像雷达的典型例子是用合成孔径雷达(SAR)[6]。合成孔径雷达把雷达硬件、波形、信号处理和相关的运动综合在一起,创造出了包含静态目标和感兴趣背景的照片般的结果。任何一个合成孔径雷达的基本产出就是一个被照亮的场景的高分辨力的二维强度图像。合成孔径雷达在遥感领域被广泛使用,用于地图测绘和地面普查,也用于军事领域,对固定目标进行检测、定位、识别和评估。

本书的焦点是雷达检测的现代处理技术。在这方面,雷达系统的效能是以它从杂波或/和其他干扰中区分出目标的能力来度量的。为了改善在实际场景中的检测能力,雷达系统通常处理其天线波束指向目标时的多个脉冲。在这种情况下,发射 N 个脉冲进行检测所花费的时间称为驻留时间(参看第 2 章)。如果这些脉冲被相参积累(在处理过程中使用所接收到的信号的幅度和相位,使得信号的贡献可以彼此同相叠加),处理的时间间隔通常就称为相参积累间隔。

另外,“杂波”这个词是指不需要(由于环境产生)的回波,它会干扰或阻塞目标信号。存在几类杂波,它们在谱特性上有差异。比如,杂波可能是由地球(地面或海面)、战略上不感兴趣的其他目标、箔条、云雨、鸟虫等引起的。其中很重要的一类杂波叫地杂波[7],是由地面背景造成的,它在海滨环境中是很有害的[8]。对所有雷达非杂波类的干扰源是来自远离雷达的电磁辐射源的刻意(干扰机)或非刻意的干扰,它们在雷达辐射/接收频率范围内辐射信号。这些有害的能量可以是由敌方的源造成的(第二次世界大战中就见到),也可能是由其他用途的设备所辐射的(比如远程通信系统),只要它们对雷达具有类同的干扰效果。杂波和干扰(不论来源)的抑制问题从一开始就在雷达设计师的心中占有重要位置。

时空自适应处理(STAP)和相关的技术对于在雷达中抑制杂波和干扰具有基础性的作用。第一个时空处理是由雷特(Reed)、马莱特(Mallett)、布兰南(Brennan)在文献[9,10]中提出的(RMB 测试),是一个匹配滤波器后面跟着一个包络检波器。它需要知道扰动的协方差矩阵,在实际中,这个协方差矩阵是未知的,必须通过观察来估计。通常会假定,可以得到一系列的代表测量单元内噪声的二次数据,且下面要讨论的场景被认为是各向均匀的环境。为了确保恒定的虚警概率(CFAR)特性,RMB 测试会用输出功率进行归一,对应的检测器就称为自适应匹配滤波器[11]。在文献[12]中,使用GLRT测试来获取自适应的判决,可以在存在具有未知谱特性的高斯扰动条件下给出对相参脉冲串的检测。

Kelly的上述研究代表了雷达自适应检测的一个里程碑，大部分更近发表的论文都是按照这个思路给出的。实际上，实践中遇到的问题引出了在文献[12]中所提出的多种模型。比如，目标回波实际到达方向的不确定性导致了信号模型中子空间概念的应用（见第 3 章和第 4 章），由此引发了可调谐接收机的设计（见第 4 章）。还有最近的研究利用先验知识适当地选择用于估计的数据，从而改善 STAP 系统的检测性能（见第 5 章）。在公开文献中可以找到更多二次数据欠缺情况下的研究（见第 6 章）。雷达应用中的扰动模型是雷达研究领域关注的另一个问题。实际上，由于现代雷达分辨力的增加，高斯模型显得不合适了。为了应对这个问题，研究了复合高斯模型和更一般性的复椭圆对称（CES）分布（见第 7 章和第 8 章）。由于雷达分辨力的增加产生了所谓距离分布的目标，它们需要在雷达检测器的设计阶段添加额外的假设（见第 9 章），注意到这一点也是很重要的。

这样，我们就给出了用于设计判决架构的检测理论和统计工具的一个综述。

1.2　符　号

本书使用下列符号：

$\mathcal{R}$	实数集合
$\mathcal{C}$	复数集合
$\mathcal{N}$	自然数集合
$\boldsymbol{R}^{m\times n}$	维度为 $m\times n$ 的实矩阵
H	希尔伯特空间的标记
j	虚数的单位
$(\,)^{\mathrm{T}}$	矩阵的转置
$(\,)^{\dagger}$	矩阵的希尔伯特算子
$(\,)^{*}$	矩阵的共扼转置
$\boldsymbol{x}$	表示矢量
$\boldsymbol{X}$	表示矩阵
x	表示标量
x_i 或 $x(i)$	表示矢量 $\boldsymbol{x}$ 的第 i 个分量
$\boldsymbol{X}(n)$	表示比如矩阵 $\boldsymbol{X}$ 与时间 n 对应的量值，类似地可以有其他函数或变量
$\nabla f(\boldsymbol{x})$	表示函数的梯度，也可写成 $\frac{\partial f(x)}{\partial x}$，$\boldsymbol{x}$ 可为矢量 $\boldsymbol{x}=(\boldsymbol{x}_1,\boldsymbol{x}_2,\boldsymbol{x}_3,\cdots,\boldsymbol{x}_N)$

$\boldsymbol{X}(i,j)$或$\boldsymbol{X}_{ij}$	矩阵$\boldsymbol{X}$的第i,j个元素
$\boldsymbol{X}_{ij}(n)$	对应时间n的矩阵$\boldsymbol{X}$的第i,j个元素
$E(\,)$	数学期望
$\hat{\boldsymbol{x}}$	矢量$\boldsymbol{x}$的估计
$\boldsymbol{x}\perp\boldsymbol{y}$	矢量正交
$\lvert x\rvert$	数的绝对值或模
$\lVert\boldsymbol{x}\rVert$或$\lVert\boldsymbol{x}\rVert_2$	欧氏模(欧几里得范数)
$\lVert\boldsymbol{A}\rVert_F$	弗氏模(Frobenius 范数)
$\lVert\boldsymbol{x}\rVert_p$	模l_p(P 范数)
$\mathrm{Re}(z)$	复数的实部
$\mathrm{Im}(z)$	复数的虚部
$\boldsymbol{I}_n$或$\boldsymbol{I}$	$n\times n$维单位矩阵
$\boldsymbol{0}_{n,m}$或$\boldsymbol{0}$	$n\times m$维零矩阵
$\mathrm{vec}(\boldsymbol{A})$	把$\boldsymbol{A}$的列累起来的列矢量
$\mathrm{diag}(\boldsymbol{A})$	$\boldsymbol{A}$的对角线元素构成的列矢量
$\mathrm{rank}(\boldsymbol{A})$	矩阵$\boldsymbol{A}$的秩
$\boldsymbol{A}\otimes\boldsymbol{B}$	两个矩阵的叉积
$\det(\,)$	矩阵的行列式值
$\mathrm{Tr}(\,)$	矩阵的迹
$\lambda_i, i=1,2,\cdots,m$	$m\times m$维矩阵的特征值
$R(\boldsymbol{A})$	$\boldsymbol{A}$的值域空间
$N(\boldsymbol{A})$	$\boldsymbol{A}$的零空间
$P(\,)$	离散事件的概率
$p(\,)$或$f(\,)$	随机变量的概率密度函数
σ^2或σ_x^2	随机变量x的方差
$\lg(a)$	a以 10 为底的对数
$\ln(a)$	a的自然对数
$\exp(a)$	指数函数
$\boldsymbol{A}>\boldsymbol{B}$	$\boldsymbol{A}-\boldsymbol{B}$为正定
$\boldsymbol{A}\geqslant\boldsymbol{B}$	$\boldsymbol{A}-\boldsymbol{B}$为半正定

矩阵$\boldsymbol{A}$为

$$\boldsymbol{A}=\begin{bmatrix} A(1,1) & A(1,2) & \cdots & A(1,m) \\ A(2,1) & A(2,2) & \cdots & A(2,m) \\ \cdots & \cdots & \ddots & \cdots \\ A(m,1) & A(m,2) & \cdots & A(m,m) \end{bmatrix}$$

$$矢量\ \boldsymbol{x}\ 为\ \boldsymbol{x} = [x_1 \quad x_2 \quad \cdots \quad x_m]^{\mathrm{T}} = \begin{bmatrix} x_1 \\ x_2 \\ \vdots \\ x_m \end{bmatrix}$$

1.3 检测理论

雷达系统面临从背景干扰中鉴别出有用目标回波的问题，这些背景干扰会隐藏目标而使检测变得困难。于是，雷达处理的使命就是确定所接收到的回波中是否有有用的信号分量，这个问题可以被两态模型的假设检测[13]：

$$\begin{cases} H_0: 数据仅为干扰 \\ H_1: 数据含有干扰和目标信号 \end{cases} \tag{1.1}$$

式中，H_0 为空假设；而 H_1 为有假设（在雷达术语中，也分别称为只有噪声的假设和噪声加信号的假设）。

1.3.1 信号和干扰模型

关注目标的响应，并且注意到，根据工作的场景、特定的应用、距离分辨力、发射的波形等一般不确定的因素，可能会有几种模型。目标物理尺寸与距离分辨力的比确定了存在目标的距离单元的数量。确切地讲，当上述比值小于 1 时，目标响应是由一个在确定的距离单元内的类似于点的散射体产生的。当这个比值大于 1 时，可以给出适当的目标模型来观察有用的回波，它们会来自几个相邻的距离单元，也就是说，目标会占据多个距离单元（距离分布的目标）[14]。从理论上讲，如果用 $\boldsymbol{Z}$ 表示接收到的回波矩阵，可以考虑下面两种情况：

$$\begin{cases} \boldsymbol{Z} \in \mathcal{C}^{N\times 1}, & 点状目标 \\ \boldsymbol{Z} \in \mathcal{C}^{N\times K_p}, K_p \in N\backslash\{1\}, & 距离分布目标 \end{cases} \tag{1.2}$$

式中，“\”表示不包含；K_p 为含有目标回波的距离单元的数量；N 为数据矢量的维度。

另外，强调一下后者的参数取决于组成系统、用于感知要侦察的区域的传感器数量 N_a 和所发射的脉冲数量 N_p，这一点很重要。调整这两个量会影响目标导向方向矢量 $\boldsymbol{p}$，使其大小成为 $N = N_a \times K_p$[7,8]。根据（N_a，K_p）的值，这个指向矢量在 $N_a > 1$ 且 $K_p > 1$ 时称为空时矢量，在 $N_a = 1$ 而 $K_p > 1$ 时称为时间矢量，在 $N_a > 1$ 但 $K_p = 1$ 时称为空间矢量。

在现实情况下，系统从目标返回的信号指向可能会与常规的指向矢量有所不同,这是由于环境或设备因素造成的。结果是,认为这个指向矢量是完全确知的而设计的接收机的性能实际上会变差一点。克服这个问题的办法是采用子空间检测模态[13,15],它的目标模型是若干已知的基矢量的组合。换句话说,假定指向矢量在已知的观察子空间内,就可能在存在指向失配时捕获目标的能量。于是在设计阶段,目标的方向矢量可以模型化为

$$\boldsymbol{p} = \boldsymbol{H}\boldsymbol{\theta} \tag{1.3}$$

式中,$\boldsymbol{H} \in \mathcal{C}^{N \times r}$为已知的满列秩矩阵,表示目标子空间;$\boldsymbol{\theta} \in \mathcal{C}^{r \times 1}$表示未知的矢量,包含形成指向矢量的一些未知的系数。当然还有考虑指向失配的一些其他方法[16]。

在设计阶段需要考虑的另一个重要因素是目标的反射性。这里,要引入一个系数 $\alpha \in \mathcal{C}$ 来模拟特定距离上信号的回波,它可以用几种解析的方法来描述。尤其是,我们用 A 和 φ 分别表示 α 的幅度和相位,可以看下面这些例子:

(1)A 和 φ 为已知参数;

(2)A 和 φ 为未知的确定型参数;

(3)A 是未知的确定型参数,φ 是在$[0,2\pi]$内均匀分布的随机变量;

(4)A 是由某个已知的概率密度分布函数(PDF)约束的随机变量(或在已知的概率分布函数族内的某个参数未知的函数),φ 是在$[0,2\pi]$内均匀分布的随机变量,且与 A 独立。

在实践中把 A 和 φ 建模成已知的参数是不合理的,但是从理论的角度看,为了做下列事却是有意义的:

- 确定最好的(MP)检测,它将给出任何其他测试可获得的性能的上限;
- 确定是否存在相对于 A 和/或 φ 的一致最好(UMP)测试。

另外,还有另外一些考虑实际场景问题的模型。但是重要的一点是,强调把 φ 作为模型的因变量可以把在 H_1 假设下的最大似然函数估计问题变成一个有意思的问题。

在结束本小节以前,回顾一下由雷达天线所收集的信号一般是含有干扰分量的,包括接收机自身的电子扰动(热噪声)、环境的反射(杂波)、压制或欺骗的干扰信号。假定欺骗型的干扰信号仅仅存在于雷达的一个或几个距离单元内,而压制型的干扰信号普遍存在于所有的距离单元内。另外一点需要注意的是,杂波在距离上的跨度是注视角和雷达脉冲重复频率(PRF)的函数。比如,在低重频系统中,雷达不模糊的距离范围要比雷达的视距大,因此,在视距之外,距离门内存在的仅仅是干扰信号和噪声。

至于杂波的响应,复包络的幅度通常假定是瑞利分布的,而对应的正交分量是复合高斯型的。在假定杂波是由大量相近、彼此独立的元素散射叠加而成时,根据中心极限定理,所导致的结果是高斯的,因此这个假定是成立的。但是,实

验数据表明，它还是有可能明显偏离瑞利分布的，比如，低视角和高分辨力的雷达就可以观察到这种偏差[20]。结果是一般的检测器，也就是在假定高斯分布时的，由于实际的杂波概率密度分布函数(PDF)明显偏离瑞利分布，会有虚警的增加和/或检测性能明显的劣化。在这样的情形下，实际的载波概率密度分布最好是用一组概率密度分布函数来描述，它们由形状参数描述而不仅仅只有一个幅度，比如说(Weibull)分布和双参数的 K 分布等。另外，干扰的基带等效可以一般性地描述为复合高斯过程，也就是一个快变化的(复数)高斯过程和与之独立的慢变化的非负调制过程(由于照射的摇晃导致反射的变化)的乘积[21,22]。对于短的观察时间，这样的过程就退化为球不变随机过程[20]。

对于相干的干扰，可以用指向矢量和复数的幅度值建模为一个目标，它对于接收机是未知的，因此要根据数据予以估计(比如，可以用子空间的概念去找到干扰的到达角)。

1.3.2　基本概念

作为结果，我们简单回顾一下与判决理论相关的一些基本概念。为了简单起见，令 $\boldsymbol{\theta} \in \mathcal{C}^{N\times 1}$ 为观察数据分布的含参矢量，然后考虑下列问题：

$$\begin{cases} H_0: \boldsymbol{\theta} = \boldsymbol{\theta}_0 \\ H_1: \boldsymbol{\theta} = \boldsymbol{\theta}_1 \end{cases} \tag{1.4}$$

很清楚，上述假设完全规定了数据的分布，为此它们被称为是简单的。一般来说，每个简单的假设都映射成参数空间中的一个点，即

$$\Theta = \{\Theta_0, \Theta_1\} \tag{1.5}$$

式中，$\Theta_i = \{\theta_i\}$，$i=0,1$。另外，如果 Θ_i 在参数空间中包含不止一点，H_i 就称为是复合的，它映射成参数空间的子空间。典型的例子为

$$\begin{cases} H_0: \boldsymbol{\theta} \leqslant \boldsymbol{\theta}_{\mathrm{r}} \\ H_1: \boldsymbol{\theta} \geqslant \boldsymbol{\theta}_{\mathrm{r}} \end{cases} \tag{1.6}$$

式中，$\boldsymbol{\theta}_{\mathrm{r}}$ 为参数矢量的特定值。

面对实际感兴趣的场景，必须要合适地估计未知的相关参数，复合假设的情况是有用的。

在雷达检测中，由于多余参数的存在，虽然它们与判决的问题无关，但使得空假设和有假设都成为混成的。雷达系统的目标是尽可能有效地利用接收到的数据，根据最佳的准则来判决哪一个假设是有效的。这样，就需要区分在判定过程中的两个类型的差错：

(1)第一类差错。它会把在只有干扰存在时的干扰当成信号，也就是说，在 H_0 为真时判定为是 H_1。这一类差错称为虚警。

(2)第二类差错。它是在信号存在时错误地认为它只是干扰，也就是说，当

真的是 H_1 时我们判定为是 H_0，这一类差错称为漏检。

设计判定架构的原则可以是同时减少这两种差错概率，但是，在很多物理状态下，这两个目标是有冲突的[14]。于是，保持其中一个差错概率为定数，而让另一个最小就成为合理的准则（结果就给出了这个准则的正式定义）。

在继续深入研究之前，让我们介绍设计最佳检测或优化检测策略时会遇到的性能参数。准确地讲，判定规则 $\phi(\boldsymbol{r})$ 是观察数据 $\boldsymbol{r}$ 的函数，即

$$\phi(\boldsymbol{r}) = \begin{cases} 0 \equiv H_0, & \boldsymbol{r} \in R_0 \\ 1 \equiv H_1, & \boldsymbol{r} \in R_1 \end{cases} \tag{1.7}$$

式中，$\{R_0, R_1\}$ 为观察空间的一个划分。

当 H_0 为简单的时，也就是 $\Theta_0 = \{\boldsymbol{\theta}_0\}$，那么虚警概率 P_{fa}（也称为 Q），被定义为

$$Q \overset{\Delta}{=} P_{\theta_0}[\Phi(\boldsymbol{r}) = 1] = E_{\theta_0}[\Phi(\boldsymbol{r})] = P_{\text{fa}} \tag{1.8}$$

式中，$P_\theta(\cdot)$、$E_\theta(\cdot)$ 分别为概率的度量和统计的数学期望；θ 为参数。

如果 H_0 是复合的，那么 $\Phi(\boldsymbol{r})$ 的大小可以用叠加来定义，即

$$Q \overset{\Delta}{=} \sup_{\theta \in \Theta_0} P_{\theta_0}[\Phi(\boldsymbol{r}) = 1] = \sup_{\theta \in \Theta_0} E_{\theta_0}[\Phi(\boldsymbol{r})] \tag{1.9}$$

在雷达中，判定规则将一个统计（数据的函数）与门限集进行比较，从而给出 P_{fa} 的水平，注意到这一点是很重要的。这样，这个门限通常会假定 H_0 是简单的，尽管实际上可能不是。结果，门限取决于用来估计它的参数 $\boldsymbol{\theta}_0$ 的值。探讨式（1.9），就可以去掉这样的关联，产生一个检测门限（如果有的话），允许控制最坏情况下在给定 H_0 时判定为 H_1 的概率。

检测的能力（检测概率 P_{d}）为

$$\beta(\boldsymbol{\theta}) = P_{\text{d}}(\boldsymbol{\theta}) \overset{\Delta}{=} P_\theta[\Phi(\boldsymbol{r}) = 1] = E_\theta[\Phi(\boldsymbol{r})], \boldsymbol{\theta} \in \Theta_1 \tag{1.10}$$

如果下式成立，就说大小为 Q 的检测 Φ 是一个一致最好（UMP）检测：

$$P_\theta[\Phi(\boldsymbol{r}) = 1] \geqslant P_\theta[\Phi'(\boldsymbol{r}) = 1], \forall \boldsymbol{\theta} \in \Theta_1 \tag{1.11}$$

式中，Φ' 为任何其他大小为 $Q' \leqslant Q$ 的检测。注意，如果假设是简单的，一致最好检测就是最好检测。

1.3.3 检测器的设计准则

如前所述，我们想要导出简单有效的检测办法。在简单假设的情况下，称一个检测 Φ 是最佳的，如果它在所有大小等于或小于 Q 的检测中是最好的。聂曼－皮尔逊（Neyman-Pearson）准则告诉我们如何去寻找这个最佳检测。

定理 1.1（Neyman-Pearson 引理）：

令 $\Theta = \{\boldsymbol{\theta}_0, \boldsymbol{\theta}_1\}$，记 $\boldsymbol{r}$ 对 $\boldsymbol{\theta}_i, i = 0,1$ 的概率密度函数为 $f(\boldsymbol{r}, \boldsymbol{\theta}_i)$，那么，对于判

定是 $H_0: \boldsymbol{\theta}=\boldsymbol{\theta}_0$ 还是 $H_1: \boldsymbol{\theta}=\boldsymbol{\theta}_1$ 检测，存在某些 $\eta \geqslant 0$ 和 $\gamma \in [0,1]$，下列形式的检测是大小为 $Q \in (0,1)$ 的最好检测：

$$\Phi(\boldsymbol{r}) = \begin{cases} 1, f(\boldsymbol{r}', \boldsymbol{\theta}_1) > \eta f(\boldsymbol{r}', \boldsymbol{\theta}_0) \\ \gamma, f(\boldsymbol{r}', \boldsymbol{\theta}_1) = \eta f(\boldsymbol{r}', \boldsymbol{\theta}_0) \\ 0, f(\boldsymbol{r}', \boldsymbol{\theta}_1) < \eta f(\boldsymbol{r}', \boldsymbol{\theta}_0) \end{cases} \tag{1.12}$$

注意到，$\Phi(\boldsymbol{r})=i, i=0,1$ 时，意味着我们选 H_i；$\Phi(\boldsymbol{r})=\gamma$ 则意味着我们以概率 γ 选 H_1，以概率 $1-\gamma$ 选 H_0。至于 η 和 γ 的选择，要注意到检测的大小可以被估值为

$$Q = E_{\theta_0}[\phi(\boldsymbol{r})] = P[f(\boldsymbol{r}', \boldsymbol{\theta}_1) > \eta f(\boldsymbol{r}', \boldsymbol{\theta}_0)] + \gamma P[f(\boldsymbol{r}', \boldsymbol{\theta}_1) = \eta f(\boldsymbol{r}', \boldsymbol{\theta}_0)] \tag{1.13}$$

$$= 1 - P\theta_0[f(\boldsymbol{r}', \boldsymbol{\theta}_1) \leqslant \eta f(\boldsymbol{r}', \boldsymbol{\theta}_0)] + \gamma P_{\theta_0}[f(\boldsymbol{r}', \boldsymbol{\theta}_1) = \eta f(\boldsymbol{r}', \boldsymbol{\theta}_0)] \tag{1.14}$$

如果存在一个 η_0，使得

$$P_{\theta_0}[f(\boldsymbol{r}', \boldsymbol{\theta}_1) \leqslant \eta_0 f(\boldsymbol{r}', \boldsymbol{\theta}_0)] = 1 - Q \tag{1.15}$$

我们就设 $\eta=\eta_0$ 和 $\gamma=0$。另外，如果存在一个 η_0，使得

$$P_{\theta_0}[f(\boldsymbol{r}', \boldsymbol{\theta}_1) < \eta_0 f(\boldsymbol{r}', \boldsymbol{\theta}_0)] < 1 - Q < P_{\theta_0}[f(\boldsymbol{r}', \boldsymbol{\theta}_1) \leqslant \eta_0 f(\boldsymbol{r}', \boldsymbol{\theta}_0)] \tag{1.16}$$

那么 $\eta=\eta_0$，而 γ 为

$$\gamma P_{\theta_0}[f(\boldsymbol{r}', \boldsymbol{\theta}_1) = \eta_0 f(\boldsymbol{r}', \boldsymbol{\theta}_0)] = P_{\theta_0}[f(\boldsymbol{r}', \boldsymbol{\theta}_1) \leqslant \eta_0 f(\boldsymbol{r}', \boldsymbol{\theta}_0)] - (1 - Q) \tag{1.17}$$

根据 Neyman-Pearson 准则，注意到最佳检测是下列形式的似然比是很重要的：

$$\frac{f(\boldsymbol{r}', \boldsymbol{\theta}_1)}{f(\boldsymbol{r}', \boldsymbol{\theta}_0)} \underset{H_0}{\overset{H_1}{\gtrless}} \eta \tag{1.18}$$

式中，η 是为了保证得到预设的 P_{fa} 而定的门限。

在现实的判定问题中，接收到的数据的分布并不是完全知道的，因此，我们必须处理可能不存在一致最好检测的复合假设问题。另外，存在没有被用在假设检测中的参数使设计实际上有用的检测变得更加困难。这样，$\boldsymbol{\theta}_0$ 和 $\boldsymbol{\theta}_1$ 会共享由多余参数表示的公共分量。结果，在概率密度分布函数具有未知参数时，好的检测的设计实际上就变得非常重要。

这样，我们就需要回顾复合假设的检测问题中最常用的方法。为简单起见，假定不存在那些多余参数，至于存在这些多余参数是怎样使用同样的设计准则，其细节请参见文献[23]。更确切地说，我们将聚焦在次最佳的检测上，比如 GLRT检测、Rao 检测、Wald 检测等，它们是渐近等效的[23]。其中，GLRT 检测是在统计信号处理中最常使用的，尽管对有限数量的观察，它并不知道它共享什么最优特性。

假设 H_0 是简单的，H_1 是复合的（考虑到多余参数的一般情况可以在文献[23]中看到），GLRT 检测用未知参数的最大似然（ML）估计替代它们，具有下面的表达式：

$$\Lambda(\boldsymbol{r}) = \frac{\max\limits_{\theta \in \Theta_1} f(\boldsymbol{r}', \boldsymbol{\theta})}{f(\boldsymbol{r}', \boldsymbol{\theta}_0)} = \frac{f(\boldsymbol{r}', \hat{\boldsymbol{\theta}}_1)}{f(\boldsymbol{r}', \boldsymbol{\theta}_0)} \underset{H_0}{\overset{H_1}{\gtrless}} \eta \tag{1.19}$$

式中，

$$\hat{\boldsymbol{\theta}}_1 = \arg \max_{\theta \in \Theta_1} f(\boldsymbol{r}', \boldsymbol{\theta}) \tag{1.20}$$

是 $\boldsymbol{\theta}$ 在假设 H_1 下的最大似然估计。虽然 GLRT 检测并不直接对应最优，但是在大部分实际感兴趣的情况下，它还是给出了满意的结果。Wald 检测和 Rao 检测是 GLRT 检测的替代，在实际中可能更容易计算，Wald 检测的表达式为

$$(\hat{\boldsymbol{\theta}}_1 - \boldsymbol{\theta}_0)^{\mathrm{T}} \boldsymbol{F}(\hat{\boldsymbol{\theta}}_1)(\hat{\boldsymbol{\theta}}_1 - \boldsymbol{\theta}_0) \underset{H_0}{\overset{H_1}{\gtrless}} \eta \tag{1.21}$$

而 Rao 检测的表达式为

$$\frac{\partial \ln f(\boldsymbol{r}', \boldsymbol{\theta})}{\partial \boldsymbol{\theta}} \Big|^{\mathrm{T}}_{\boldsymbol{\theta}=\boldsymbol{\theta}_0} \boldsymbol{F}^{-1}(\boldsymbol{\theta}_0) \frac{\partial \ln f(\boldsymbol{r}', \boldsymbol{\theta})}{\partial \boldsymbol{\theta}} \Big|_{\boldsymbol{\theta}=\boldsymbol{\theta}_0} \underset{H_0}{\overset{H_1}{\gtrless}} \eta \tag{1.22}$$

式中，$\boldsymbol{F}(\boldsymbol{\theta})$ 为费歇尔（Fisher）信息矩阵[24]。

假定干扰是高斯的，但是 α 和干扰的协方差矩阵 $\boldsymbol{M}$ 是未知的，则不存在 GLRT 检测（只用一个数据矢量进行检测，最大似然函数会是无界的），知道这一点很重要。为了绕开这个问题，通常就假定有一组 $K \geqslant N$ 的二次数据，也就是没有回波的信号分量，但是它们与检测数据（或一次数据）共享干扰的频谱特性。在处理与被检测信号邻近的距离门时，可以得到这样的二次数据。这样的场景通常称为各向均匀的环境。除了经典的各向均匀环境外，再考虑部分各向均匀的环境也是合理的[25]，其中的一次和二次数据矢量的有效值并不一样，或者更确切地说，两个协方差矩阵是一样的，但是相差一个尺度因子。结果，检测问题可以重新写为

$$\begin{cases} H_0: \begin{cases} \boldsymbol{r} = \boldsymbol{n} \\ \boldsymbol{r}_k = \boldsymbol{n}_k, k = 1, 2, \cdots, K \end{cases} \\ H_1: \begin{cases} \boldsymbol{r} = \alpha \boldsymbol{p} + \boldsymbol{n} \\ \boldsymbol{r}_k = \boldsymbol{n}_k, k = 1, 2, \cdots, K \end{cases} \end{cases} \tag{1.23}$$

式中，$\boldsymbol{n}, \boldsymbol{n}_k, k = 1, 2, \cdots, K$ 为假设在各向同性环境中的统计独立的、零期望、具有相同的协方差矩阵的干扰分量，而在部分各向同性的环境中，有

$$E[\boldsymbol{n}\boldsymbol{n}^{\dagger}] = \sigma^2\boldsymbol{M}, E[\boldsymbol{n}_k\boldsymbol{n}_k^{\dagger}] = \boldsymbol{M}, k = 1,2,\cdots,K \tag{1.24}$$

式中，$\sigma^2 > 0$。

注意到各向均匀的环境是部分各向同性的环境的一个特例，实际上，如果 $\sigma^2 = 1$，一次和二次数据就共享同样的噪声统计特性。最后，还值得指出，在各向异性的环境中，

$$E[\boldsymbol{n}\boldsymbol{n}^{\dagger}] \neq E[\boldsymbol{n}_1\boldsymbol{n}_1^{\dagger}] \neq \cdots \neq E[\boldsymbol{n}_k\boldsymbol{n}_k^{\dagger}] \tag{1.25}$$

读者可以在第 7 ~ 9 章获得上述模型的细节，或者在文献[26]中找到含有目标在地面和海上杂波条件下的自适应雷达检测的一系列相关论文。

1.3.4　检测理论中的恒虚警(CFAR)特性和不变性

在雷达信号处理中，有一个很具挑战性的问题，就是要在存在各种杂波背景的条件下获得可靠的目标检测。当杂波的统计未知，或者具有很多参数时，一般的平方律检波、匹配滤波和一般来说没有自适应的接收机的虚警概率是不能被控制的，目标检测往往是不可靠的。这是由于这样的接收机对于在设计和工作条件及杂波统计的变化之间的不匹配不具备鲁棒性。为了克服这个缺点，必须采用自适应系统，也就是适当地估计未知的干扰参数，检测门限将根据干扰参数而被调整。在这样的情况下，我们就说接收机确保了恒虚警特性。

正式地说，恒虚警检测理论的目标是设计判定准则，使它的概率密度在空假设 H_0 时，与那些未知的多余参数(比如，扰动的功率和协方差矩阵)是无关的。恒虚警检测最明显的特征就是把检测门限设置成确保预设的 P_{fa} 与实际的干扰参数无关。到目前为止，人们已经在设计和确立能够在各种常见的杂波模型下保证具有恒虚警的系统上做了很多工作。基本上说，大部分所建议的检测器都估计杂波参数，用它们来处理二次数据，代表要检测的单元内的干扰。

最常见的恒虚警算法处理线性、平方律或对数律检波器输出的标量数据。这些技术的细节可以在文献[5]的第 16 章中找到，其中讨论了一些恒虚警的架构，从单元平均恒虚警到阶次统计恒虚警算法。不同于实现恒虚警的标准方法，本书所处理的数据是矢量和矩阵，是从传感系统的架构演变而来的。我们会给出和分析被一般化到多维的恒虚警处理。

遗憾的是，一般的检测办法并不保证恒虚警的性质。换句话说，在给定的接收机声明恒虚警之前，必须要证明它的判定准则并不随给出空假设 H_0 时的干扰参数而变化(比如，可参见文献[11,12,27])。另外，通过适当地用归一因子(或者其他的试探性技巧)修改判定的统计，在设计阶段就移掉了对未知的干扰参数的依赖性，或者强制地给出一些合适的对称性，从而带来恒虚警特性，后者可以借助于假设判定的不变性原理获得[19,28]，它将注意力局限到不变检测，也就是采用并不区分场景多余参数的差异的判定规则，在这些族内定义最优的准则。

实际上,不变的准则同化了共享同样的主要参数(比如信噪比)的不同的场景的性能。在某些情况下可以证明,一致最好检测的不变检测(如果有的话)会给出问题的最小最大检测,也就是在给定 P_{fa} 时将最小 P_d 最大化。在某些温柔的技术假设下,GLRT 检测、Rao 检测和 Wald 检测都会导致不变性的架构[29],观察到这一点是很重要的。

可以在公开文献中找到这个理论对雷达检测的一些应用,其中一些例子可以在文献[30-37]中找到。应用这个准则对于明显减少问题的大小有作用,因为可以证明,所有不变性检测的统计都可以用统计的办法表示为是最大不变的,会把原始数据组织成等效的类族。因此,提取这样的统计特性就很好地解决、甚至完成了对好的检测统计的搜寻。值得注意的是,最大不变性分布的特征将可以用参数空间内另外的低维函数描述(称为导出的最大不变性)。这样,问题中的大部分多余参数将被移除。强制地把相对于这些讨嫌参数的某些适度的对称性用于判决统计会导致具有实际上令人感兴趣的副产品,比如恒虚警特性,回顾这一点是很重要的。

1.4 本书的结构、使用和概要

本书结构特点是:根据不同的目的,可用不同的方式使用,顺序阅读并非必需。作者试图给出大量的交叉参考,这样可以容易地找到相关的材料,我们希望这将增加本书作为参考的价值。出于同一目的,我们也提供了详细的内容表和广泛的索引。本书设想为最新发展的自适应雷达检测给出一个完整的参考,对于研究生、博士生的研究应当是有用的,更一般地说,对于工作在统计信号处理及其在雷达系统的应用的工程师们是有用的。最后,我们假定读者已经具有坚实的关于概率理论和随机过程、矩阵理论、线性代数和数学分析的基础。

本书其余章节是这样组织的:

- 第 2 章研究在高斯噪声背景下雷达检测理论。问题是以二态假设检测来探讨的,要检测的是无目标的空假设对存在目标的有假设。雷达所面对的干扰被建模为加性、零期望的复(数)圆(循环)高斯随机过程,具有已知的功率谱密度,而目标回波假定是已知的,具有考虑到目标的反射性和通道传输效应的多重参数。实际上可实现的接收机是用两种不同的方法推导的。特别是,前者使用贝叶斯框架,把目标建模为具有已知参数的随机量;后者是更鲁棒的方法,假定目标参数是确定和未知的。最后,使用解析的方程或采用数字模拟的方式得到了所考虑的接收机的虚警概率和检测概率(P_{fa} 和 P_d)性能。

- 第 3 章研究了相参的多信道中的信号检测,分别用于雷达和声呐,根据不变性假设检测未知的噪声环境中已知子空间中的信号。所考虑的框架给出了系统性的方法，处理这些问题中固有的大量多余参数。还给出了示例，说明子空间检测在由信号失配误差造成的检测损耗等问题中的应用。

- 第 4 章聚焦于两级检测器的设计和分析。这样的架构是由两个架构级联而成的，它们在方向性上具有相反的特性。只有在数据通过两个检测门限时，整个系统才呈现为在测试单元内有目标。它们的方向性可以通过适当地选择这两个门限来调整，从而用对栅瓣干扰的抑制能力换取在信号失配时的检测损耗。本章的目标是试图给出耦合现存的检测器形成的各种双级办法的一个完整的综述。另外，本章凭借标准的数值积分技术推导和评估了（信号匹配和失配时的）虚警概率和检测概率的闭式。性能分析强调了两级检测器是一种灵活的架构，具有很宽范围的方向性，同时还保留了相当好的匹配检测性能。

- 第 5 章的目标是讨论贝叶斯知识指导下的 STAP 技术（KA-STAP）的优点。这个技术支持智能利用来自方方面面的先验知识，包括以前的测量、数字地图、实时的雷达平台参数等。把这样的先验知识用于检测的自然而系统的方法是采用贝叶斯推断框架。因为贝叶斯方法不仅允许正规、系统地使用（关于干扰的协方差矩阵这样的）先验信息，而且也可以用假设中的参数将先验信息中的不确定性定量化，这使得 KA-STAP 非常吸引人。本章展开讨论了经典的 STAP 信号模型，包括借助知识的各向同性的模型、借助知识的部分各向均匀的模型和借助知识的复合高斯模型的 KA-STAP。另外，本章讨论了分成两层的 STAP 模型，给出了新的方法来描述测试数据和训练数据之间的非均匀性。最后，给出了带参数的贝叶斯检测器，探讨了干扰模型中的结构化的空间－时间信息，允许快速实现并进一步缩减训练数据量，并进行了贝叶斯估计。

- 第 6 章聚焦于样例欠缺的场景，它们的特点是独立同分布的训练样例的数量与数据的维数可比。然后，本章给出了另一种自适应检测框架，它更加依赖于不完备采样环境中的高效协方差矩阵的估计，也就是当二次数据的数量无法给出可靠的估计时，利用期望的似然准则。本章探讨了时变的自回归模型，对各种干扰场景和阵列结构做出解释。最后，将所提出的检测器与两级的方法结合，可以使用非常有效的准恒虚警设计，在这些样例欠缺的条件下，结果检测器表现出了比用逼近有效的最大似然技术所设计的经典检测器更好的性能。

- 第 7 章聚焦于强雷达杂波下的复合高斯模型。由于分辨能力的增加，杂波回波的指数模型不太合适了。特别是对于海杂波，这个模型比较大的偏差可以在低仰角时被观察到。人们提出了几个模型获取对杂波的更精确的描述，这些研究导致了雷达杂波的分布应当用一个强度指数分布的混合体来建模的概念。这样的模型称为复合的高斯模型。

本章回顾了一般的复合高斯模型，表明多变量高斯分布的各种变通都是复合高斯模型的特例。对于这样的每一个情况，推导了通用的最佳检测器。另外，还给出了几个次最佳的检测器。本章的最后部分研究了复合高斯模型的局限，给出了一个可能的研究领域，导致描述雷达杂波的更通用的随机过程模型的开发。

• 第 8 章研究复(数)椭圆对称分布时的干扰协方差矩阵估计理论。复椭圆对称分布是一个很广的族，其中的复合高斯分布就是第 7 章所用的一个特殊种类。本章给出了鲁棒的 *M* 估计器，总结了它们的统计特性，然后把采用这样的矩阵估计器的雷达检测器用于真实的地杂波和海杂波数据。

• 第 9 章设计了一些针对距离分布目标的检测器，并分析了它们对记录的真实数据的性能。这里，使用了具有亚米级距离分辨力的、全相参的 Ka 波段的雷达系统收集了真实目标和海杂波的数据。这个研究对于国土安全雷达应用是特别有用的，因为需要有海岸控制来防止没有授权的小型船只的进入。本章分析了一阶的和子空间距离分布的目标的检测策略，其性能是用恒虚警特性和检测概率来表示的。考虑前一个问题时，使用了只有杂波时的数据；而考虑后一个问题时，使用了包含有目标和杂波的数据。目标回波来自于典型的小型船只(如充气船、木船和巡逻船)，它们在所探讨的雷达系统中表现为是距离分布型的。本章还给出了距离-时间的检测映射，评估了用于检测上述对于国土安全极为有用的目标的分析处理器的能力。最后，确定了通过目标的超分辨力获得的性能改善的大小。

1.5 参 考

本书的基础是检测(或假设检测)理论，它是统计信号处理的一个分支。检测理论的主要应用是雷达或声呐系统，或者更一般地说是探测系统。实际上，这些系统的主要使命是在具有干扰的背景下检测有用信号的存在。Lehman的专著[19]给出了对检测理论的相关描述，介绍了假设检测和参数估计所使用的数学基础。Kay 所做的工作[23,24]是在高度的理论表述和实际处理之间的平衡，主要聚焦在真实世界中信号处理的应用上。所提到的文献是我们的重要补充，既是面向实际的电子工程师、博士生们的，也是面向研究人员的，为参数估计和检测理论提供了有价值的指导。Van Tree 的专著[14]把假设检测和参数估计应用于连续波信号的探测、估计和调制。Scharf 的专著[13]和 Helstrom 的专著[38]则是有影响力的学者式的工程书。前者包含了四条主线：该书所用的数学和统计工具概述、检测理论、估计理论、时间序列分析。后者则给出了对信号检测的介绍，强调了在通信、雷达、声呐和光学应用中使用的随机噪声背景下弱信号的最佳和近最佳的检测器的设计。最后，文献中还有面向雷达工程师的教科书[1,5,39,40]，它们研究了现代雷达探测系统中的若干问题。

参考文献

[1] Skolnik M I. Introduction to Radar System, 3rd ed. [M] New York: McGraw-Hill, 2001.

[2] Histry of radar. http://en. wikipedia. org/wiki/History_or_radar.

[3] Griffith H, Willis N. Klein Heidelberg-The world's first modern bistatic radar system[J], IEEE Transaction on Aerospace and Electronic Systems, Vol. 46, No. 4, pp. 1571 - 1588, October 2010.

[4] Brown J, Woodbridge K, Griffiths H, et al. Passive bistatic radar experiments from an airborne platform. IEEE Aerospace and Electronic Systems Megazine, Vol. 47, No. 11, pp. 50 - 55, November 2012.

[5] Richards M A, Scheer J A, Holm W A. Principles of Modern Radar: Basic Principles. Raleighj, NC: Scitech Publishing, 2010.

[6] Melvin W L, Scheer J A. Principles of Modern Radar: Advanced Techniques. Edison, NJ: Scitech Publishing, 2013.

[7] Klemm R. (ed.) Applications of Space-Time Adaptive Processing. London: IEE Publishing, 2004.

[8] Ward J. Space-time adaptive processing for airborne radar. MIT, Lexington, Tech. Rep. No. 1015, December 13, 1994.

[9] Brennan L E, Reed I S. Theory of adaptive radars. IEEE Transactions on Aerospace and Electronic Systems, Vol. 9, No. 2, pp. 237 - 252, March 1973.

[10] Reed I S, Mallett J D, Brennam L E. Rapid convergence rate in adaptive arrays. IEEE Transaction on Aerospace and Electronic Systems, Vol. 10, No. 4, pp. 853 - 863, November 1974.

[11] Robey E C, Fuhrmanm D L, Kelly E J, et al. A CFAR adaptive matched filter detector. IEEE Transaction on Aerospace and Electronic Systems, Vol. 29, No. 1, pp. 208 - 216, January 1992.

[12] Kelly E J. An adaptive detection algorithm. IEEE Transaction on Aerospace and Electronic Systems, Vol. 22, No. 2, pp. 115 - 127, March 1986.

[13] Scharf L L. Statistic Signal Processing: Detection, Estimation, and Time Series Analysis. United States: Addisson-Wesley, 1991.

[14] Van Trees H L. Detection, Estimation, and Modulation Theory, Part I. United States: John Wiley & Sons, 2002.

[15] Kelly E J, Forsythe K. Adaptive detection and parameter estimation for multidimensional signal models. Lincon Lab, MIT, Lexington, Tech. Rep. No. 848, April 19, 1989.

[16] Bandiera F, Orlando D, Ricci G. Advanced radar detection schemes under mismatched signal models. Synthesis Lectures on Signal Processing No. 8, Morgan & Claypool Publishers San Rafael, Unioted States, 2009.

[17] Swerling P. Probability of detection for fluctuating targets. IRE Transactions on Information Theory, Vol. 6, No. 2, pp. 269 - 308, April 1960.

[18] Swerling P. More on detection of fluctuating targets. IEEE Transaction on Information Theory, Vol. 11, No. 3, pp. 459 - 460, July 1965.

[19] Lehmann E L. Testing Statistic Hypotheses. 2nd ed. New York: Springer-Verlag, 1986.

[20] Ward K D, Baker C J, Watts S. Martime surveillance radar Part I: Radar scattering from the ocean surface. IEE Proceedings-F, Radar and Signal Processing, Vol. 137, No. 2, pp. 51 - 62, April 1990.

[21] Conte E, Longo M, Lops M. Modeling and simulation of non-Rayleigh radar clutter. IEE Proceedings-F, Radar and Signal Processing, Vol. 138, No. 2, pp. 121 - 130, April 1991.

[22] Conte E, Ricci G. Sensitivity Study of GLRT Detection in Compound-Gaussian Clutter. IEEE Transaction on

Aerospace and Electronic Systems, Vol. 34, No. 1, pp. 308 – 316, January 1998.

[23] Kay S M. Fundamentals of Statistical Signal Processing, Detection Theory. Englewood Cliffs, NJ: Prentice-Hall, 1998, Vol. II.

[24] Kay S M. , Fundamentals of Statistical Signal Processing, Estimaction Theory. Upper Saddle River, NJ: Prentice-Hall, 1993, Vol. I.

[25] Kraut S, Scharf L L. The CFAR adaptive subspace detector is a scale-invariang GLRT. IEEE Transaction on Signal Processing, Vol. 47, No. 9, pp. 2538 – 2541, September 1999.

[26] Gini F, Farina A, Greco M. Selected list of references on radar signal processing. IEEE Transaction on Aerospace and Electronic Systems, Vol. 37, No. 1, pp. 329 – 359, January 2001.

[27] Conte E, Lops M, Ricci G. Asymptotically optimum radar detection in compound Gaussian noise. IEEE Transactions on Aerospace and Electronic Systems, Vol. 31, No. 2, pp. 617 – 625, April 1995.

[28] Muorhead R J. Aspects of Multivariate Statistical Theory. New Jersy: John Wiley & Sons, 1982.

[29] Kay S M, Gabriel J R. An invariance property of the generalized likelihood ratio test. IEEE Signal Processing Letters, Vol. 10, No. 12, pp. 351 – 355, December 2003.

[30] Bose S, Steinhardt A O. A maximal invariant framework for adaptive detection with structured and unstructured covariance matrices. IEEE Transactions on Signal Processing, Vol. 43, No. 9, pp. 2164 – 2175, September 1995.

[31] Kay S M, Gabriel J R. Optimal invariant detection of a sinusoid with unknown parameters. IEEE Transactions on Signal Processing, Vol. 50, No. 1, pp. 27 – 40, January 2002.

[32] De Maio A, Kay S M, Farina A. On the invariance, coincidence, and statistical equivalence of the GLRT, Rao test, and Wald test. IEEE Transactions on Signal Processing, Vol. 58, No. 4, pp. 1967 – 1979, April 2010.

[33] De Maio A, Conte E. Adaptive detection in Gaussian interference with unknown covariance after reduction by invariance. IEEE Transactions on Signal Processing, Vol. 58, No. 6, pp. 2925 – 2934, June 2010.

[34] Raghavan R S. Maximal invariants and performance of some invariant hypothesis tests for an adaptive detection problem. IEEE Transactions on Signal Processing, Vol. 61, No. 14, pp. 3607 – 3619, July 2013.

[35] Scharf L L, Friedlander B. Matched subspace detectors. IEEE Transactions on Signal Processing, Vol. 42, No. 8, pp. 2146 – 2157, August 1994.

[36] Besson O, Scharf L L, Kraut S. Adaptive detection of a signal known only to lie on a line in a known subspace, when primary and secondary data are partially homogeneous. IEEE Transactions on Signal Processing, Vol. 54, No. 12, pp. 4698 – 4705, December 2006.

[37] Hyung S K, Hero A O. Comparison of GLR and invariant detectors under structured clutter covariance. IEEE Transaction on Image Processing, Vol. 10, No. 10, pp. 1509 – 1520, October 2001.

[38] Helstrom C W. Elements of Signal Detection and Estimation. New Jersey: Prentice-Hall PTR, 1994.

[39] Barton D K. Radar System Analysis and Modeling. Norwood MA: Artech House, 2005.

[40] Farina A. Optimal radar processors. IEE Radar, Sonar, Navigation & Avionics Series, London: IET Publication, 1987.

第2章　高斯白噪声下的雷达检测:GLRT框架

Ernesto Conte, Antonio De Mario, Guolong Gui

2.1　引　言

本章聚焦于在高斯白噪声下的雷达检测理论。问题的形式为二态假设检测,空假设为没有目标,对应的有假设则是考虑目标存在时的合成。雷达所遭受的干扰被建模为加性、零均、复(数)圆(循环)高斯随机过程,具有已知的功率谱密度(PSD),也就是假定其有用的分布是已知的,但是不知道考虑目标反射性和通道传输效应的尺度因子。获得目标检测的方法是基于对充分统计的计算,它将数据压缩,同时保留了原始观察中所包含的所有信息。另外,它可以用脉冲压缩(距离处理)和积累给出检测预处理的一个很好的解释。在数据充分压缩以后,用 Neyman-Pearson(NP)准则(在第1章中解释)给出对相干和不相干的脉冲串的最佳雷达检测器,遗憾的是,测试结果不是一致最强(UMP)的。为克服这个缺点,给出实际可实现的接收机,可以用两种不同的方法[1,2]。前一种为贝叶斯框架,将目标的未知参数建模为随机变量;后一种为鲁棒的方法,假设目标参数是确定、未知的。贝叶斯技术通常导致检测器与所选的未知参数的先验分布有关,而鲁棒的方法导致与未知的任何先验无关的测试准则。由于需要这个特性,在本章中,先讲述鲁棒的方法,并采用通用似然比测试(GLRT)准则(见第1章)来设计雷达检测器。相对于相干(第一)和非相干(第二和第三)的脉冲串,就得到了经典的具有线性和平方律的积累器的相参接收机。最后,通过解析的方程或数字模拟,用虚警概率(P_{fa})和检测概率(P_d)来给出 NP 检测器及GLRT检测器的性能。

本章是这样组织的:2.2 节专注于问题的表述,2.3 节聚焦于充分性的简缩,2.4 节讲述最佳 NP 检测器的设计,2.5 节推导了基于 GLRT 的检测器,2.6 节给出了性能分析,最后,在 2.7 节给出了结论和对深入阅读的建议。

2.2 问题的表述

让我们考虑一个固定的单基地雷达系统，它辐射一串可能是调制的相干脉冲，在通常被称为驻留时间的间隔内采集给定的方位—俯仰单元内的数据。将接收到的信号的基带等效记为 $s_r(t)$（从标准的外差接收机那里获得），在这样的特定的方位—俯仰单元内的经典的雷达检测问题可以表示为下列的二态假设检验问题：

$$\begin{cases} H_0: s_r(t), & \text{只有噪声} \\ H_1: s_r(t), & \text{噪声加有用的目标信号} \end{cases} \tag{2.1}$$

在目标加噪声的假设 H_1 下，接收到的信号的基带等效可以写为[3]

$$H_1: s_r(t) = e^{-j2\pi f_0\tau_0}\sum_{k=0}^{K-1} A_k e^{j\phi_k} p(t - kT - \tau_0) e^{-j2\pi f_d(t-\tau_0)} + n(t) \tag{2.2}$$

式中，f_0 为载频；K 为脉冲数量；T 为脉冲重复周期；

$p(t)$ 表示产生长度为 $\boldsymbol{T}_1$ 的脉冲的基带等效，确切地讲为

$$p(t) = \sum_{i=0}^{N-1} a(i) u(t - iT_p) \tag{2.3}$$

式中，$a(i) \in C, i=0,1,\cdots,N-1$ 为雷达的码元；$u(t)$ 为脉冲片（或子脉冲）的基带等效，其长度为 $T_p = T_1/N$，不失一般性，假定其能量为单位值；τ_0 为与目标距离 R 相关的来回延迟时间，$\tau_0 = 2R/c$；f_d 为与径向速度 v_r 相关的目标多普勒频率，$f_d = 2v_r/\lambda$，λ 为载波波长；复数形式的幅度 $A_k e^{j\phi_k}, k=0,1,\cdots,K-1$ 考虑了目标雷达截面积、通道传输效应和雷达距离方程涉及的其他因素的未知参数，如果 $A_k e^{j\phi_k} = Ae^{j\phi}, k=0,1,\cdots,K-1$，那么，脉冲串为相干的，否则就称为非相干的；$n(t)$ 为加性噪声，被建模为复数周期循环（复圆）、零均的高斯随机过程，在接收机的带宽内具有固定但未知的概率密度函数。

在假设 H_0 下，$s_r(t)$ 只含有噪声，即

$$H_0: s_r(t) = n(t) \tag{2.4}$$

所接收到的信号通过子脉冲的匹配滤波器 $h(t) = u^*(-t)$，并在时间 $iT_p + kT + \tau_0, i=0,1,\cdots,N-1, k=0,1,\cdots,K-1$ 内被采样（图 2.1）。从要检测的距离单元获得的采样 $Z(k,i)$ 被排列成快时/慢时的矩阵 $\mathbf{Z}$，它的列为慢时间采样，而行为快时间采样（图 2.2）。

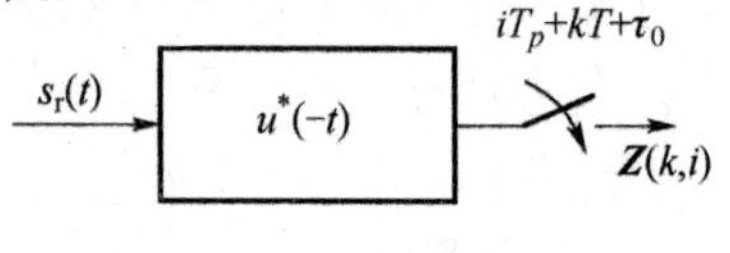

图 2.1 子脉冲匹配滤波器

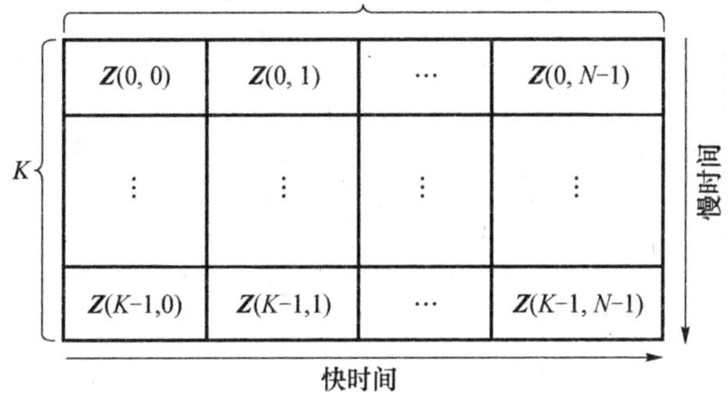

图 2.2 源自待检测的距离—方位—仰角单元的快时/慢时矩阵 $\boldsymbol{Z}$

测试式(2.1)可以用大小为 $K \times N$ 的数据矩阵 $\boldsymbol{Z}$ 写为

$$\begin{cases} H_0: \boldsymbol{Z} = \boldsymbol{N} \\ H_1: \boldsymbol{Z} = \boldsymbol{Qpa}^{\dagger} + \boldsymbol{N} \end{cases} \tag{2.5}$$

式中，$\boldsymbol{a} = [a(0), a(1), \cdots, a(N-1)]^{\dagger}$ 为码矢量，不失一般性，假定其模为 1；$\boldsymbol{Q} = \mathrm{diag}(\boldsymbol{q})$，其中 $\boldsymbol{q} = \bar{\xi}(\boldsymbol{O}, f_{\mathrm{d}})[A_0 \mathrm{e}^{\mathrm{j}\theta_0}, \cdots, A_{K-1}\mathrm{e}^{\mathrm{j}\theta_{K-1}}]^{\mathrm{T}}$，$\theta_k = \phi_k - 4\pi f_0 R_0 / c$，$\bar{\xi}(\tau, f) = \int_{-\infty}^{\infty} u(\beta) u^*(\beta - \tau) \mathrm{e}^{\mathrm{j}2\pi f\beta} \mathrm{d}\beta$；$\boldsymbol{P} = [1, \mathrm{e}^{\mathrm{j}2\pi f_{\mathrm{d}} T(k-1)}]^{\mathrm{T}}$ 为时间取向矢量；$K \times N$ 维矩阵 $\boldsymbol{N}$，$\boldsymbol{N}(k,i)$ 中的 $k = 0, 1, \cdots, K-1$，$i = 0, 1, \cdots, N-1$ 被建模为独立、同分布的复圆零均高斯随机变量，其中 $E[|\boldsymbol{N}(k,i)|^2] = \sigma^2$，即 $\boldsymbol{N}(k,i) \sim C\boldsymbol{N}(0, \sigma^2)$。

下面，假定脉冲片是多普勒可容忍的(即所期待的多普勒频率的范围满足 $\bar{\xi}(0, f_{\mathrm{d}}) \approx \bar{\xi}(0,0) = 1$，且 $\exp(\mathrm{j}2\pi f_{\mathrm{d}} T_1) \approx 1$。这两个条件足够确保$p(t)$是多普勒可容忍的。在作出下面的结论前，值得指出的是，在雷达应用中，参数 $A_K \mathrm{e}^{\mathrm{j}\theta_k}$有理由是未知的，为了克服这个缺点，通常会采用两种不同的方法。前一种相当于把 $A_K \mathrm{e}^{\mathrm{j}\theta_k}$建模为确定的未知参数，后一种是贝叶斯方法，为这个未知参数指定若干合适的先验知识。在后一种方法中，测试问题的解常常与特定的先验知识联系在一起，而确定、未知的参数的框架则不需要任何先验知识。根据这样的准则，本章考虑鲁棒的方法。

2.3 充分性的减缩

式(2.5)的问题是复合检测问题，其中要检测的是简单的空假设 H_0 还是复合的有假设 H_1，后者的参数矢量为 $\boldsymbol{q}$，参数空间为 C^k。为了解这个问题，我们遵循的方法是这样的：首先确定一个充分的统计，它包含有数据中所有与参数有关的信息。数据在被充分性减缩后实现了明显的数据压缩，我们就可以从充分统计计算中综合出最优的 NP 检测器,它就是最大似然比检测器(LRT)。

为此,把 H_1 假设下的数据的概率密度函数(PDF)写成

$$f_Z(\boldsymbol{Z} \mid H_1) = \frac{1}{\pi^{NK}\delta^{2NK}}\exp\left(-\frac{\mathrm{Tr}[(Z-QPa^{\dagger})(Z-QPa^{\dagger})]^{\dagger}}{\sigma^2}\right) \tag{2.6}$$

重排指数中的变量为

$$-\frac{1}{\sigma^2}\mathrm{Tr}(\boldsymbol{ZZ}^{\dagger}) - \frac{1}{\sigma^2}\mathrm{Tr}(\boldsymbol{Qpa}^{\dagger}\boldsymbol{ap}^{\dagger}\boldsymbol{Q}^{\dagger}) + \frac{2}{\sigma^2}\mathrm{Re}\{\mathrm{Tr}(\boldsymbol{Zap}^{\dagger}\boldsymbol{Q}^{\dagger})\} \tag{2.7}$$

基于 Fisher-Neyman 分解定理和规范的指数类的变量最小化[4],我们可以说:

(1)如果脉冲串是相干的,那么 $Q = A\mathrm{e}^{\mathrm{j}\theta}I_K$,$A\mathrm{e}^{\mathrm{j}\theta}$为唯一未知的参数,最小的充分统计为一维的,满足下式:

$$\boldsymbol{L} = \mathrm{Tr}(\boldsymbol{Zap}^{\dagger}) \tag{2.8}$$

(2)如果脉冲串是非相干的,那么 $A_K\mathrm{e}^{\mathrm{j}\theta_k}$为未知的参数,最小的充分统计为 K 维的,满足下式:

$$\boldsymbol{L} = [\boldsymbol{Z}_{0,R}\boldsymbol{ap}^*(0),\cdots,\boldsymbol{Z}_{K-1,R}\boldsymbol{ap}^*(K-1)]^{\mathrm{T}} \tag{2.9}$$

式中,$\boldsymbol{Z} = [\boldsymbol{Z}_{0,R}^{\mathrm{T}},\boldsymbol{Z}_{1,R}^{\mathrm{T}},\cdots,\boldsymbol{Z}_{K-1,R}^{\mathrm{T}}]^{\mathrm{T}}$。

注意到式(2.9)作为充分统计也适用于相干脉冲串的检测问题,但是在这种情况下,它并非是最小的。它的计算需要经过与雷达编码匹配的线性滤波过程,即用雷达的术语讲,要进行脉冲压缩。另外,相对于相干的情况,因为 $\mathrm{Tr}[(\boldsymbol{Za})\boldsymbol{p}^{\dagger}] = \mathrm{Tr}[(\boldsymbol{p}^{\dagger}\boldsymbol{Z})]$,从理论的观点看,有可能随意地确定先进行哪个处理,是快时的(脉冲压缩)还是慢时的(多普勒处理)。不过,值得指出的是,理论上讲,为避免延迟,在慢时处理前先做快时的处理要方便一点。图 2.3(a)和(b)分别给出了计算式(2.8)和式(2.9)的方框图,主要差别取决于式(2.8)中最后的相参积累。

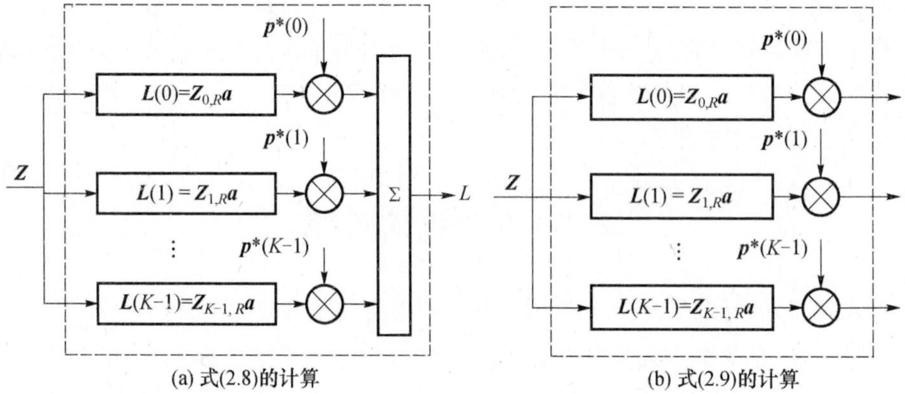

图 2.3　式(2.8)和式(2.9)的计算方框图

2.4　最优 NP 检测器和 UMP 检测器的存在

本节的内容包含两方面:首先根据式(2.5)中的 NP 准则,综合最佳的检测器;第二是根据假设 H_1 的复合本性,明确 UMP 检测的存在。

最佳检测器在给定的虚警概率下将检测性能最大化,是由充分统计计算得到的 LRT。为了进行这个综合,让我们先区分相干和非相干的两种情况。

2.4.1　相干的情况

根据充分统计式(2.8)的 LRT 检测器可以表示为

$$\frac{f_{\mathrm{L}}(L|H_1)}{f_{\mathrm{L}}(L|H_0)} \underset{H_0}{\overset{H_1}{\gtrless}} \gamma \tag{2.10}$$

式中,$f_{\mathrm{L}}(L|H_0)$和$f_{\mathrm{L}}(L|H_1)$分别为充分统计在假设 H_0 和 H_1 下的似然函数。进一步的探讨需要规定前面所讲述的函数。为此,我们注意到在假设 H_0 下,L 的分布为复圆零均高斯随机变量,方差为 $K\sigma^2$,即

$$L|H_0 \sim \mathcal{CN}(0,K\sigma^2) \tag{2.11}$$

而在另一个假设下,这个分布为

$$L|H_1 \sim \mathcal{CN}(KA\mathrm{e}^{\mathrm{j}\theta},K\sigma^2) \tag{2.12}$$

进而,NP 接收机可以写为

$$\frac{f_{\mathrm{L}}(L|H_1)}{f_{\mathrm{L}}(L|H_0)} = \exp\left\{-\frac{|L-KA\mathrm{e}^{\mathrm{j}\theta}|^2-|L|^2}{K\sigma^2}\right\} \underset{H_0}{\overset{H_1}{\gtrless}} \gamma \tag{2.13}$$

经过一些代数处理,取对数,并把一些非基本的项添加到检测门限中去,可以证明式(2.13)等效为

$$\mathrm{Re}\{\mathrm{e}^{-\mathrm{j}\theta}L\} = \exp\{\mathrm{e}^{-\mathrm{j}\theta}\boldsymbol{p}^{+}(\boldsymbol{Za})\} \underset{H_0}{\overset{H_1}{\gtrless}} \gamma \tag{2.14}$$

其中,γ 是式(2.10)中的原始检测门限的一个适度的修改。图 2.4 给出了相干脉冲串下 NP 检测器的方框图,显然这是不好实现的,因为它需要精确知晓相位 θ,换句话说就是 UMP 测试并不存在。尽管如此,式(2.14)却还是重要的,因为它给出了任何实际可行的检测方法的性能上限。

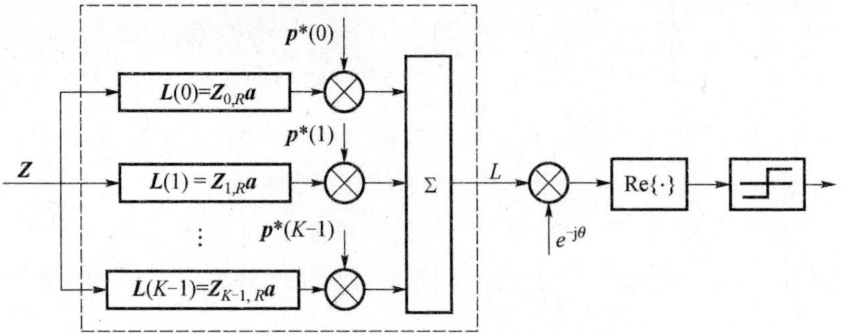

图 2.4　对相干脉冲串的 NP 接收机的方框图

2.4.2　非相干的情况

根据充分统计式(2.9)的 LRT 检测器可以表示为

$$\frac{f_{\mathrm{L}}(\boldsymbol{L}\mid H_1)}{f_{\mathrm{L}}(\boldsymbol{L}\mid H_0)} \underset{H_0}{\overset{H_1}{\gtrless}} \gamma \tag{2.15}$$

其中,L 的各元为独立的复圆高斯随机变量。特别是,在假设 H_0 下,第 k 个元 $\boldsymbol{Z}_{K,R}\boldsymbol{a}\boldsymbol{p}^*(k)$的分布为

$$\boldsymbol{Z}_{k,R}\boldsymbol{a}\boldsymbol{p}^*(k) \sim \mathcal{CN}(0,\sigma^2) \tag{2.16}$$

而在假设 H_1 下其分布为

$$\boldsymbol{Z}_{k,R}\boldsymbol{a}\boldsymbol{p}^*(k) \sim \mathcal{CN}(A_k\mathrm{e}^{\mathrm{j}\theta_k},\sigma^2) \tag{2.17}$$

因此,可以把 NP 检测器重新写成

$$\frac{f_{\mathrm{L}}(\boldsymbol{L}\mid H_1)}{f_{\mathrm{L}}(\boldsymbol{L}\mid H_0)} = \exp\left\{-\frac{\sum_{k=0}^{K-1}\left|\boldsymbol{L}(k)-A_k\mathrm{e}^{\mathrm{j}\theta_k}\right|^2-\boldsymbol{L}^{\dagger}\boldsymbol{L}}{\sigma^2}\right\} \underset{H_0}{\overset{H_1}{\gtrless}} \gamma \tag{2.18}$$

可以证明它等效于

$$\sum_{k=0}^{K-1}\mathrm{Re}\{A_k\mathrm{e}^{-\mathrm{j}\theta_k}\boldsymbol{L}(k)\} = \sum_{k=0}^{K-1}\mathrm{Re}\{A_k\mathrm{e}^{-\mathrm{j}\theta_k}\boldsymbol{p}^*(k)\boldsymbol{Z}_{k,R}\boldsymbol{a}\} \underset{H_0}{\overset{H_1}{\gtrless}} \gamma \tag{2.19}$$

其中,γ 是式(2.15)中原始检测门限的一个适度的修改。特别是,如果幅度满足 $A_k=A,k=0,1,\cdots,K-1$,那么式(2.19)就等效于

$$\sum_{k=0}^{K-1}\mathrm{Re}\{\mathrm{e}^{-\mathrm{j}\theta_k}\boldsymbol{L}(k)\} \underset{H_0}{\overset{H_1}{\gtrless}} \gamma \tag{2.20}$$

图 2.5 给出了式(2.20)的非相干脉冲串的 NP 检测器的方框图。首先进行快时间处理,然后,K 个输出(对应不同的脉冲)要对缺乏相干引起的相位进行补偿,并对特定的脉冲根据其有用信号的强度进行加权。最后,把前面所述的量的实数部分累加起来,与检测门限进行比较。

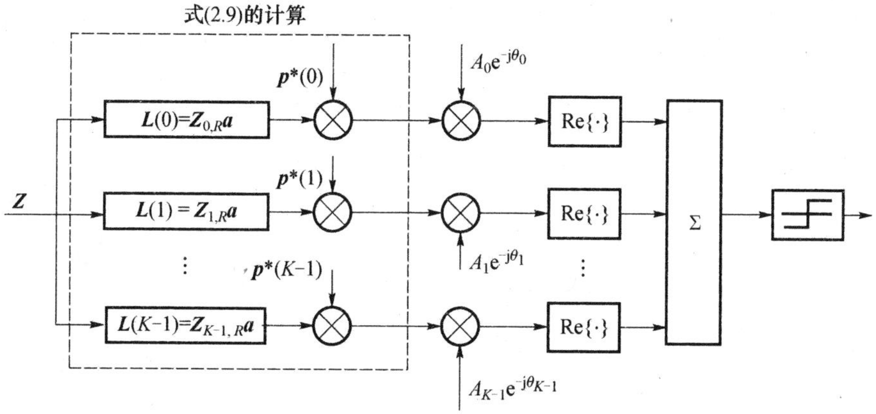

图 2.5　对非相干脉冲串的 NP 接收机的方框图

结论:对相干和非相干的情况,NP 检测器都不是 UMP,因此,它不是实际可实现的。为了克服这个缺点,我们寻求基于 GLRT 的鲁棒设计框架,相当于用未知参数的最大似然估计来替代它们的真实值。

2.5　GLRT 设计

本节专注于基于前面所得到的相干和非相干脉冲串模型下的统计模型来设计 GLRT 检测器。我们先从相干情况开始,把 GLRT 写为

$$\frac{\max_{A,\theta} f_L(L|H_1)}{f_L(L|H_0)} \underset{H_0}{\overset{H_1}{\gtrless}} \gamma \tag{2.21}$$

对式(2.21)的两边取对数,则 GLRT 检测器简化为

$$\max_{A,\theta} \ln[f_L(L|H_1)] - \ln[f_L(L|H_1)] \underset{H_0}{\overset{H_1}{\gtrless}} \ln\gamma \tag{2.22}$$

上式(2.22)的左边可以计算为

$$\max_{A,\theta} \ln f_L(L|H_1) - \ln f_L(L|H_0) = \frac{|L|^2}{K\sigma^2} - \min_{A,\theta} \frac{(L-KAe^{j\theta})^\dagger (L-KAe^{j\theta})}{K\sigma^2} \leqslant |L|^2 \tag{2.23}$$

且仅当 $Ae^{j\theta}=L/K$ 时,其中的等式才成立。因此,在适度修改门限 γ 后,相干情况下的 GLRT 可以写成

$$|\boldsymbol{p}^{+}(\boldsymbol{Z}\boldsymbol{a})| \underset{H_0}{\overset{H_1}{\gtrless}} \gamma \tag{2.24}$$

图 2.6 给出了检测器式(2.24)的方框图,在对充分统计式(2.8)实施相参求和计算以后,把结果的复数的幅度与检测门限进行比较。把判决的统计写成 $\left|\sum_{k=0}^{K-1}(\boldsymbol{Z}_{k,R}\boldsymbol{a})e^{-j2\pi k f_d T}\right|$,也就是在脉冲压缩以后对快时间采样的离散傅里叶变换,就可以理解所需要的处理。这个表达式明确地强调了,对于同样的距离处理(也就是利用同样的脉冲压缩输出),只要改变 f_d 的值,就有可能检测所有的多普勒单元。

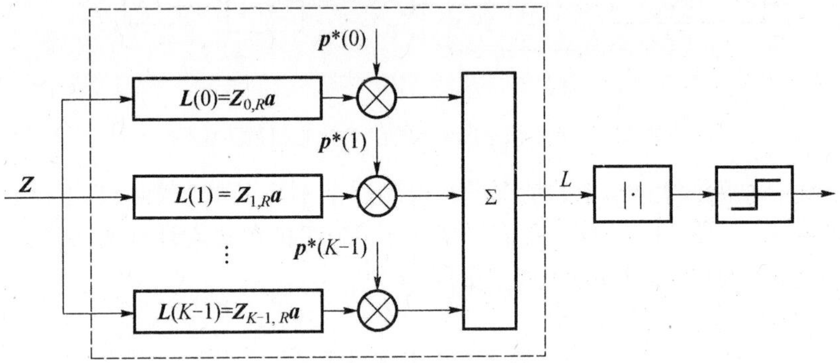

图 2.6　对相干脉冲串的 GLRT 测试的方框图

现在有一个重要的说明:检测器式(2.24)正好与目标相位模型为在[0,2π]范围内均匀分布的随机变量所得到的 NP 检测器是一样的[5]。

至于非相干的情况,我们要区别两种情况:

(1)回波的幅度相等,也就是 $A_k=A,k=0,1,\cdots,K-1$;

(2)幅度 A_k 表示 K 个未知的参数,且对它们的关系没有任何先验信息。

第一种情况,非相干的脉冲串具有相同的幅度。GLRT 为

$$\max_{A,\theta_0,\cdots,\theta_{K-1}} \frac{f_L(\boldsymbol{L}\mid H_1)}{f_L(\boldsymbol{L}\mid H_0)} \underset{H_0}{\overset{H_1}{\gtrless}} \gamma \tag{2.25}$$

或等效为

$$-\min_{A}\sum_{k=0}^{K-1}\left[\min_{\theta_k}|\boldsymbol{L}(k)-Ae^{j\theta_k}|^2-|\boldsymbol{L}(k)|^2\right] \underset{H_0}{\overset{H_1}{\gtrless}} \gamma \tag{2.26}$$

为了实施对 θ_k 的优化,我们注意到逆三角不等式[6]导致

$$|L(k)-Ae^{j\theta}|^2 \geqslant |L(k)-A|^2, k=0,1,\cdots K-1 \tag{2.27}$$

式(2.27)在 $\theta_k=\angle L(k)$ 时取等号。结果,测试式(2.26)等效于

$$-\min_A \sum_{k=0}^{K-1}[A^2-2A|\boldsymbol{L}(k)|] \underset{H_0}{\overset{H_1}{\gtrless}} \gamma \tag{2.28}$$

因此,对 A 进行优化,GLRT 最终表示为

$$\sum_{k=0}^{K-1}|\boldsymbol{L}(k)| \underset{H_0}{\overset{H_1}{\gtrless}} \gamma \tag{2.29}$$

式(2.29)通常称为线性非相干积累器。图 2.7 给出了线性非相干积累器的框图。观察到这里省略了最后涉及充分统计式(2.9)的计算的乘法,由于有一个取模的运算 $|L(k)|=|\boldsymbol{Z}_{k,R}\boldsymbol{a}|$,所有的相位信息都丢失了。这也证实了为什么实际的非相干处理不能提供关于实际目标的多普勒信息。

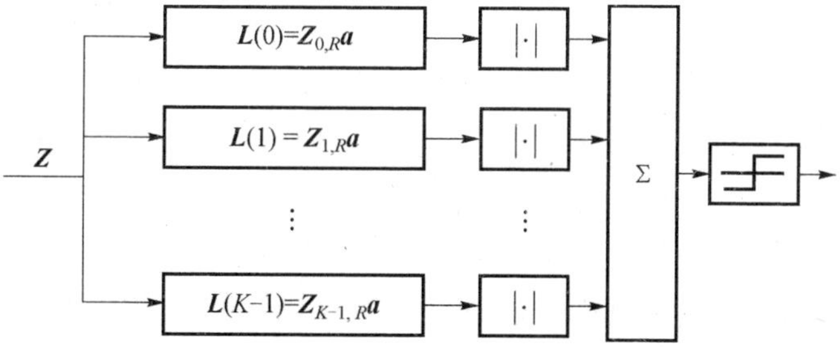

图 2.7　对非相干脉冲串的线性积累器的方框图

第二种情况,具有不同的幅度的非相干的脉冲串,GLRT 为

$$\max_{A_0,\cdots,A_{K-1},\theta_0,\cdots,\theta_{K-1}} \frac{f_L(\boldsymbol{L}|H_1)}{f_L(\boldsymbol{L}|H_0)} \underset{H_0}{\overset{H_1}{\gtrless}} \gamma \tag{2.30}$$

或等效于

$$-\sum_{k=0}^{K-1}\left[\min_{A_k,\theta_k}|\boldsymbol{L}(k)-A_k e^{j\theta_k}|^2-|\boldsymbol{L}(k)|^2\right] \underset{H_0}{\overset{H_1}{\gtrless}} \gamma \tag{2.31}$$

对 A_k 和 θ_k 进行优化,得到 $A_k=|L(k)|$,$\theta_k=\angle L(k)$,$k=0,1,\cdots,K-1$。GLRT 就等效于

$$\sum_{k=0}^{K-1} |\boldsymbol{L}(k)|^2 \underset{H_0}{\overset{H_1}{\gtrless}} \gamma \tag{2.32}$$

式(2.32)通常称为平方律非相干积累器。图 2.8 给出了这个平方律的检测器的框图。

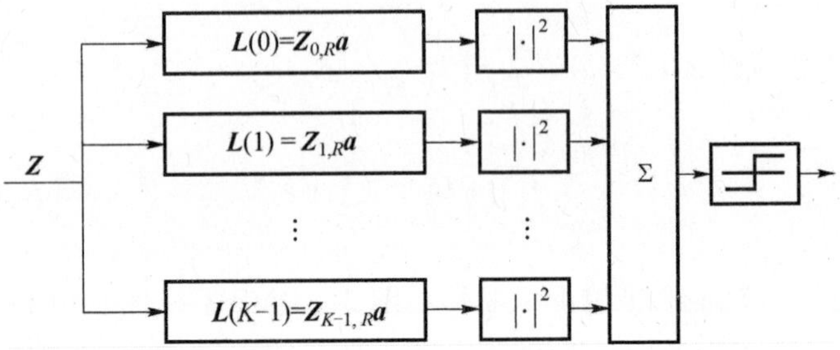

图 2.8　对非相干脉冲串的平方律积累器的方框图

结论：对于 $A_k = A, k = 0,1,\cdots,K-1$，且把目标相位建模为在$[0,2\pi]$范围内独立同分布的均匀分布时设计的 NP 接收机[5]，在高信噪比时的近似就得到线性检测器式(2.29)。另外，在对幅度和相位同样的假设下，式(2.32)可以解释为 NP 接收机在低信噪比下的近似[5]。最后，假定幅度 $A_k = A, k = 0,1,\cdots,K-1$ 为独立同分布的瑞利分布，目标相位为在$[0,2\pi]$范围内独立同分布的均匀分布（且与幅度分布统计独立）时设计的最优的 NP 检测器就是检测器式(2.32)。

在本节结束前，有必要对所考虑的 GLRT 方法相对于双重贝叶斯框架的鲁棒性作一个讨论。贝叶斯接收机是基于某种对未知参数的先验知识设置的，但 GLRT 并不需要这个知识。前者是与特定的参数扰动规律关联的，而后者却是独立于所考虑的先验知识及其分布参数的。针对这里所考虑的特定的检测问题，我们将依次考虑以下两点：

(1) 对于相干的情况，假定相位在$[0,2\pi]$内均匀分布，贝叶斯检测器是一个同样与幅度先验独立的检测器，而且，它也是与 GLRT 一致的。

(2) 对于非相干的情况，假定相位统计独立、均匀分布，贝叶斯方法导致与回波幅度扰动规律关联（取决于它们的联合概率密度分布函数）的检测器，设计与真实的扰动之间的失配会使性能受损。相反，GLRT 是一种通用的接收机，如已经指出的，它不需要先验知识。一般来说，它与贝叶斯检测器不是统计等价的（前面提到的独立同分布的幅度瑞利分布的情况是一个例外）。

2.6　性能分析

本节专注于 2.4 节和 2.5 节给出的检测器性能分析。为此，我们给出对虚警概率(P_{fa})和检测概率(P_d)的解析表达式,但是线性的非相干积累器式(2.29)例外,因为缺乏可处理的解析公式,它的性能是通过 Monte Carlo 仿真得到的。首先考虑相干的情况:将 GLRT 的性能与具有洞察力的架构式(2.14)给出、保障了相干积累增益的最佳基准曲线进行比较,并对相干积累增益的影响进行评估。然后研究非相干的情况:在线性、平方律和最优的非相干积累之间进行了比较。最后,我们讨论非相干积累的效应。

2.6.1 相干的情况

本节讨论对相干脉冲串的 NP 检测器式(2.14),并记 $l_1 = \mathrm{Re}\{e^{j\theta_k}\boldsymbol{p}^\dagger \boldsymbol{Za}\}$。在假设 H_1 下,$e^{j\theta_k}\boldsymbol{p}^\dagger \boldsymbol{Za}$ 的根是复圆高斯随机变量,均值为 KA,方差为 $K\sigma^2$,也就是 $e^{j\theta_k}\boldsymbol{p}^\dagger \boldsymbol{Za} \sim CN(KA, K\sigma^2)$。因此,$l_2$ 是实的高斯随机变量,均值为 $ul_1 = KA$,方差为 $\sigma_{l_1}^2 = K\sigma^2/2$,即

$$f_{l_1}(t \mid H_1) = \frac{1}{\sqrt{2\pi}\sigma_{l_1}}\exp\left(-\frac{(t-\mu l_1)^2}{2\sigma_{l_1}^2}\right) \tag{2.33}$$

这导致检测概率 P_d 为

$$P_d = \int_\gamma^\infty f_{l_1}(t \mid H_1)\,\mathrm{d}x = Q\left(\frac{\gamma - KA}{\sqrt{K\sigma^2/2}}\right) \tag{2.34}$$

式中,$Q(\cdot)$ 为 Q 函数[7]:

$$Q(x) = \frac{1}{2\pi}\int_x^\infty \exp\left(-\frac{t^2}{2}\right)\mathrm{d}t \tag{2.35}$$

令式(2.34)中的 $A=0$ 就得到虚警概率 P_{fa}:

$$P_{fa} = Q\left(\frac{\gamma}{\sqrt{K\sigma^2/2}}\right) \tag{2.36}$$

利用逆 Q 函数的逆函数,接收机的工作特性 ROC 可以计算为

$$P_d = Q[Q^{-1}(P_{fa}) - \sqrt{2K\mathrm{SNR}}] \tag{2.37}$$

其中,每个脉冲的信噪比为

$$\mathrm{SNR} = \frac{A^2}{\sigma^2} \tag{2.38}$$

现在讨论式(2.24)的 GLRT,并定义 $g_1 = |\boldsymbol{p}^\dagger \boldsymbol{Za}|$。如已经强调的,在假设 H_1 下,$\boldsymbol{p}^\dagger \boldsymbol{Za} \sim CN(KAe^{j\theta}, K\sigma^2)$。这样,$g_1$ 就为莱斯(Rician)分布:

$$F_{g1}(z \mid H_1) = \frac{2z}{k\sigma^2}\exp\left(-\frac{z^2 + K^2A^2}{k\sigma^2}\right)I_0\left(\frac{zzA}{\sigma^2}\right)U(z) \tag{2.39}$$

式中,$U(z)$ 为单位阶跃函数:

$$U(z) = \begin{cases} 1, z \geqslant 0 \\ 0, z < 0 \end{cases} \tag{2.40}$$

$I_v(x)$为修正的阶数为 v 的第一类贝塞尔函数：

$$I_v(x) = \sum_{m=0}^{\infty} \frac{1}{m!(m+v+1)}\left(\frac{x}{2}\right)2m+v \tag{2.41}$$

于是，可以得到 P_d 为

$$P_d = \int_{\gamma}^{\infty} f_{g_1}(z \mid H_1)\,dz = Q_1\left(\sqrt{\frac{2KA^2}{\sigma^2}}\sqrt{\frac{2\gamma^2}{K\sigma^2}}\right) \tag{2.42}$$

式中，$Q_m(a,b)$表示 m 阶的广义 Marcum 函数，可以用以下的积分形式[8]表达：

$$Q_m(a,b) = \int_b^{\infty} \frac{x^m}{g^{m-1}}\exp\left\{-\frac{x^2+a^2}{2}\right\}I_{m-1}(ax)\,dx \tag{2.43}$$

在假设 H_0 下，$\boldsymbol{p}^{\dagger}\boldsymbol{Za} \sim CN(0, K\sigma^2)$。因此，$g_1$ 为瑞利分布，参数为 $\sigma_{g_1}^2 = K\sigma^2/2$，也就是其概率密度分布函数为

$$f_{g1}(z \mid H_0) = \frac{2z}{k\sigma^2}\exp\left(-\frac{2z}{k\sigma^2}\right)U(z) \tag{2.44}$$

于是，P_{fa}可以计算为

$$P_{fa} = \exp\left(-\frac{\gamma^2}{k\sigma^2}\right) \tag{2.45}$$

将式(2.45)代入式(2.42)，ROC 可以表示为

$$P_d = Q_1(\sqrt{2K\mathrm{SNR}}, \sqrt{-2\mathrm{In}P_{fa}}) \tag{2.46}$$

式中，每个脉冲的信噪比 SNR 由式(2.38)给出。

注：式(2.37)和式(2.46)清楚地强调了相关积分的作用。准确地说，通过将单脉冲信噪比和传输脉冲的数量相乘，即 $\mathrm{SNR}_{ceq} = K\mathrm{SNR}$，就可以获得相关积分的相关等效信噪比。

式(2.37)和式(2.46)明显地强调了相干积累的效应。确切地说，相干积累以后的等效信噪比(SNR_{ceq})可以通过把单个脉冲的信噪比乘以发射的脉冲数得到，即

$$\mathrm{SNR}_{ceq} = K\mathrm{SNR}$$

在图 2.9 中，归一的检测门限$\frac{\gamma}{\sigma\sqrt{K}}$被画成是 P_{fa}的函数，对式(2.14)的 NP 接收机用的是式(2.36)，对式(2.24)的 GLRT 用的是式(2.45)。如所期待的，P_{fa}是归一的门限的累计分布函数的补，P_{fa}越大，检测门限越低。另外，式(2.14)的 NP 接收机需要比式(2.24)的 GLRT 更低的归一检测门限，确切地说，对于 $P_{fa} \in (10^{-8}, 10^{-4})$，定义$\frac{Q^{-1}(P_{fa})}{\sqrt{2\lg\frac{1}{P_{f_2}}}}$为门限的百分数变化，它落在范围[0.08, 0.13]内。由于采用式(2.14)和式(2.24)的决策架构，即使门限增加，依然会导

致 GLRT 检测性能的劣化。实际上,前者完全由后者主导,也就是说$\mathrm{Re}\{e^{-j\theta}\boldsymbol{p}^{\dagger}\boldsymbol{Za}\}\leqslant|\boldsymbol{p}^{\dagger}\boldsymbol{Za}|$。

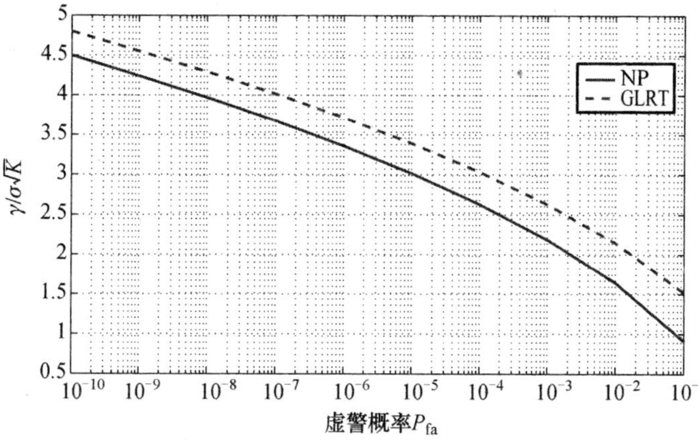

图 2.9　NP 接收机和 GLRT 检测的归一的检测门限$\dfrac{\gamma}{\sigma\sqrt{K}}$与 P_{fa}的关系

图 2.10(a)和(b)展示了采用 SNR =3dB,K 取 1,4,16 三个值下 NP 检测器和 GLRT 接收机的运行性能,其中使用了两种不同的刻度表示:图 2.10(a)的线性刻度和图 2.10(b)的对数刻度。有必要强调低 P_{fa}值下的 P_d 性能,曲线表明 P_{fa}和 K 值越大,P_d 越高。具体来说,就 NP 接收机而言,在虚警概率 $P_{fa}=10^{-4}$,$K=1,4,16$ 时,检测概率 P_{fa}分别近似为 0.04、0.6 和 1;而就广义似然比检测而言,此情况下,检测概率分别近似为 0.01、0.4 和 1。

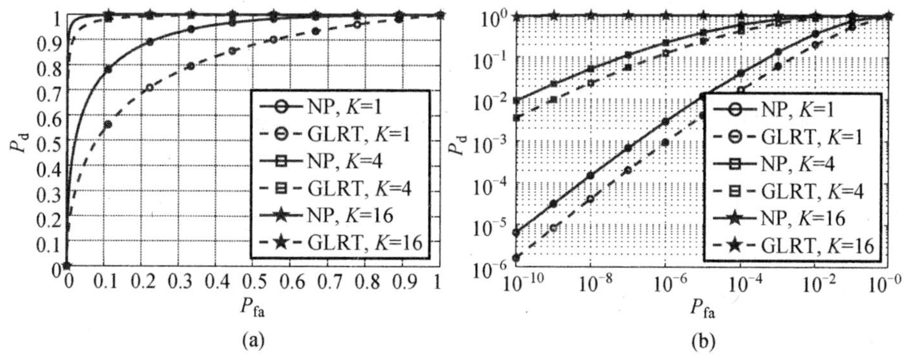

图 2.10　由式(2.27)得到的 NP 检测器和由式(2.46)得到的 GLRT 在 SNR =3dB、$K\in\{1,4,16\}$时的 ROC
(a)线性尺度;(b)对数尺度。

图2.10(a)和(b)中用两个尺度给出了NP接收机和GLRT在SNR = 3dB，$K \in \{1,4,16\}$时的ROC，图2.10(a)是线性的，图2.10(b)是对数的，以便强调在低P_{fa}时P_d的特性。曲线表明，P_{fa}和K越大，P_d越高。特别是，以NP接收机为参考，在$P_{fa} = 10^{-4}$，对于$K = 1$、4、16，P_d分别近似为0.04、0.6、1。而对于GLRT，它们分别近似为0.01、0.4和1。

图2.11画出了GLRT和具有洞察力的架构的检测概率P_d在虚警概率$P_{fa} = 10^{-6}$时对KSNR的曲线。曲线表明，在$P_d = 0.9$时GLRT需要比NP检测器高大约0.6dB的KSNR，在$P_d = 0.5$时高大约0.7dB的KSNR。最后值得指出的是图2.11的通用性，也就是它完全描述了考虑了任意K值和单脉冲的信噪比SNR之后的相干检测器的性能。

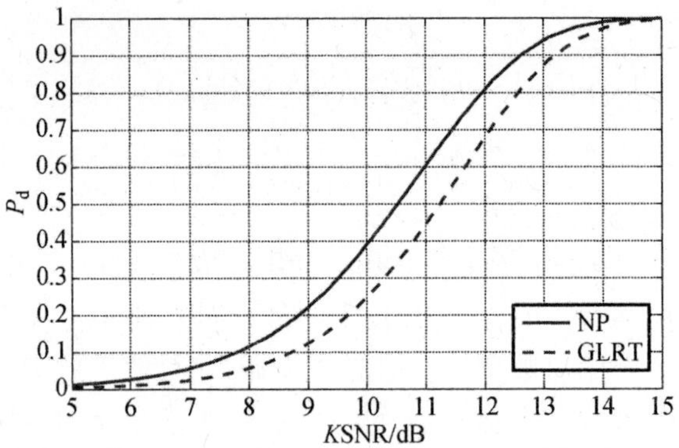

图2.11 $P_{f2} = 10^{-6}$时NP和GLRT检测器的PD随KSNR的变化

2.6.2 非相干的情况

以下讨论式(2.19)的具有洞察力的架构，并用$I_2 = \sum_{k=0}^{K-1} \mathrm{Re}\{A_k \mathrm{e}^{\mathrm{j}\theta_k} \boldsymbol{p}^{\dagger}(k) \boldsymbol{Z}_{K,Ra}\}$表示非相干脉冲串的决策统计。在假设$H_1$下，$\sum_{k=0}^{K-1} \times A_k \mathrm{e}^{\mathrm{j}\theta_k} \boldsymbol{p}^{\dagger}(k) \boldsymbol{Z}_{k,Ra}$为复圆高斯变量，其均值为$\sum_{k=0}^{K-1} A_k^2$，方差为$\sum_{k=0}^{K-1} A_k^2 \sigma^2$，即

$$\sum_{k=0}^{K-1} A_k \mathrm{e}^{-\mathrm{j}\theta k} \boldsymbol{p}^{*}(k) \boldsymbol{Z}_{k,Ra} \sim CN\left(\sum_{k=0}^{K-1} A_k^2, \sum_{k=0}^{K-1} A_k^2 \sigma^2\right)$$

于是，I_2是实高斯分布，均值为$u_{I2} = \sum_{k=0}^{K-1} A_k^2$，方差为$\sum_{k=0}^{K-1} A_k^2 \sigma^2 / 2$，由此得到$P_d$为

$$P_{\mathrm{d}} = Q\left(\frac{\gamma - \sum_{k=0}^{K-1} A_k^2}{\sqrt{\sum_{k=0}^{K-1} A_k^2 \sigma^2 / 2}}\right) \tag{2.47}$$

在假设 H_0 下,$A_k e^{\mathrm{j}\theta_k} \boldsymbol{p}^{\dagger}(k) \boldsymbol{Z}_{k,Ra}$为复圆零均高斯变量,方差为 $A_k^2\sigma^2$,也就是说 $A_k e^{\mathrm{j}\theta_k} \boldsymbol{p}^{\dagger}(k) \boldsymbol{Z}_{K,Ra} \sim CN(0, A_k^2\sigma^2)$。这样,$l_1$ 为实的零均高斯分布,方差为 $\sigma_{l_2}^2 = \sum_{k=0}^{K-1} A_k^2\sigma^2/2$。因此,$P_{\mathrm{fa}}$可以计算为

$$P_{\mathrm{fa}} = Q\left(\frac{\gamma}{\sqrt{\sum_{k=0}^{K-1} A_k^2 \sigma^2 / 2}}\right) \tag{2.48}$$

注意,如果 $A_k = A, k = 0, 1, \cdots, K-1$,非相干情况下的 NP 检测器蜕化为式(2.20),其 P_{d} 和 P_{fa}分别与由相干情况下的式(2.34)和式(2.36)得到的是一样的。

利用函数 Q 的逆函数和式(2.48)的 P_{fa},式(2.47)的 ROC 可以重写为

$$P_{\mathrm{d}} = Q(Q^{-1}(p_{\mathrm{f2}}) - \sqrt{2K\mathrm{SNR}_{\mathrm{eq}}}) \tag{2.49}$$

式中,$\mathrm{SNR}_{\mathrm{eq}}$表示每个脉冲的等效信噪比,定义为

$$\mathrm{SNR}_{\mathrm{eq}} = \frac{1}{k}\sum_{k=0}^{K-1} \frac{A_k^2}{\sigma^2} \tag{2.50}$$

仔细地比较式(2.37)和式(2.49),它们拥有一样的函数表达式,只是要用式(2.50)的 $\mathrm{SNR}_{\mathrm{eq}}$替代式(2.38)的单个脉冲的 SNR。换句话说,最佳的非相干处理仍然提供了相干积累的增益。

对于回波幅度相等情形下的 GLRT 式(2.29),虚警概率 P_{fa}和检测概率 P_{d} 的解析表达式不易获取。因此,式(2.32)仅被认为是平方律检波器的性能分析评价,但是 Monte Carlo 仿真可以用来作为式(2.39)的性能分析。具体如下:

至于对回波幅度相等情形下的 GLRT 式(2.29),不知道是否有容易处理的解析式来表示 P_{fa}和 P_{d}。因此,下面我们只考虑式(2.32)的平方率检波的解析性能评估,而对式(2.29)的性能则用 Monte Carlo 仿真来分析。为此,先定义

$$g_{21} = \sum_{k=0}^{K-1} |L(k)|^2 \tag{2.51}$$

并定义 $r = g_2/\sigma^2 r = g_2/\sigma^2$ 为归一的决策统计。基于前面的假定,不难以证明,在假设 H_1 下,r 是一个复的非中心的卡方随机变量[9],具有自由度 K 和非中心

的参数 $X_k = \sum_{k=0}^{K-1} \frac{A_k^2}{\sigma^2}$，也就是

$$f_r(r \mid H) = \left(\frac{r}{xk}\right)^{\frac{K-1}{2}} e^{-r-xk} I_{K-1}(2\sqrt{rxk})U(r) \tag{2.52}$$

可以得到 P_d 为[10]

$$\begin{aligned} P_d &= P\{g_2 \geq \gamma \mid H_1\} = P\{g_2/\sigma^2 \mid H_1\} \\ &= Q_K\left(\sqrt{2\sum_{k=0}^{K-1}\frac{A_k^2}{\sigma^2}}, \sqrt{\frac{2\gamma}{\sigma^2}}\right) \\ &= Q_K\left(\sqrt{2K\mathrm{SNR}_{eq}}, \sqrt{\frac{2\gamma}{\sigma^2}}\right) \end{aligned} \tag{2.53}$$

其中最后一个表达式清楚地表明了相干积累增益的欠缺，这是因为 P_d 和广义的 Marcum 函数的两个变量之间的函数关系取决于脉冲个数 K。

在假设 H_0 下，r 分布为复的中心开方随机变量[9]，自由度为 K，也就是其 PDF 为

$$f_r(r \mid H_0) = \frac{r^{k-1}}{(K-1)!} e^{-r} U(r) \tag{2.54}$$

因此，P_{fa}可以计算为

$$\begin{aligned} P_{fa} &= P\{g_2 \geq \gamma \mid H_0\} = P\{g_2/\sigma^2 \geq \gamma/\sigma^2 \mid H_0\} \\ &= \frac{1}{r(k)} \gamma_{inc}(K, \gamma/\sigma^2) \end{aligned} \tag{2.55}$$

式中，$\gamma_{inc}(n,x)$ 表示不完全的伽玛函数[11]，即

$$\gamma_{inc}(n,x) = \int_x^{\infty} t^{n-1} \exp(-t)\, dt \tag{2.56}$$

另外，式(2.55)可以写成一个有限和式，即

$$P_{fa} = \exp\left(-\frac{\gamma}{\sigma^2}\right) \sum_{k=0}^{K-1} \frac{1}{k!}\left(\frac{\gamma}{\sigma^2}\right)^k \tag{2.57}$$

注意，对于 $K=1$，式(2.57)简化为式(2.45)，而式(2.53)变成了式(2.42)。

图2.12画出了NP接收机的ROC，包括线性检波器(式(2.49)，Monte Carlo仿真)和平方律检波器(式(2.53))的ROC，可以看到与图2.10类似的性能。但是，NP接收机和GLRT之间的性能差异随着 K 的增加越来越大。就可以解释具有洞察力的架构相干地积累可用的采样，而GLRT忽略了每个脉冲的相位信息却只能做非相干的积累。因此，注意到非相干积累损失的信息量随 K 增加，就可以解释GLRT的性能损失也随之增长。

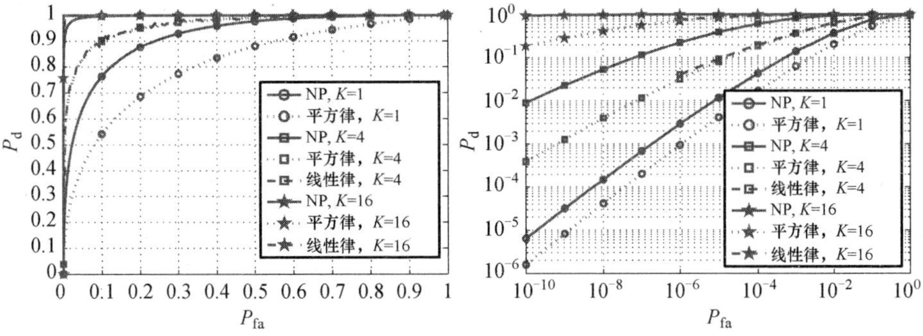

(a)　　　　　　　　　　　　(b)

图 2.12　NP 检测器用式(2.49)得到的线性检测器(Monte Carlo 仿真)和式(2.53)得到的平方律检测器在 $SNR_{eq}=3dB, K\in\{1,4,16\}$ 时的 ROC

(a)线性尺度;(b)对数尺度。

图 2.13 画出了在 $P_{fa}=10^{-6}$ 和某些 K 值时具有洞察力的检测器及 NP 检测器的 P_d 随 SNR_{eq} 的变化,包括线性律的和平方律的。曲线强调了 K 越大,检测概率也越大。另外,GLRT 相对于 NP 检测器的损耗在 K 增加时也越来越严重,甚至平方律和线性律之间的性能差异几乎都不起作用了。还要指出,把积累增益定义为某个给定 P_{fa} 的水平,为了达到规定的检测性能所需的单个脉冲的 SNR 与积累 K 个脉冲之后也达到规定的检测和虚警性能的脉冲 SNR 之比,可以观察到,GLRT 在非相干情况下得到的增益比相干检测对应的(也就是具有洞察力的接收机所获得的)增益 K 要小。

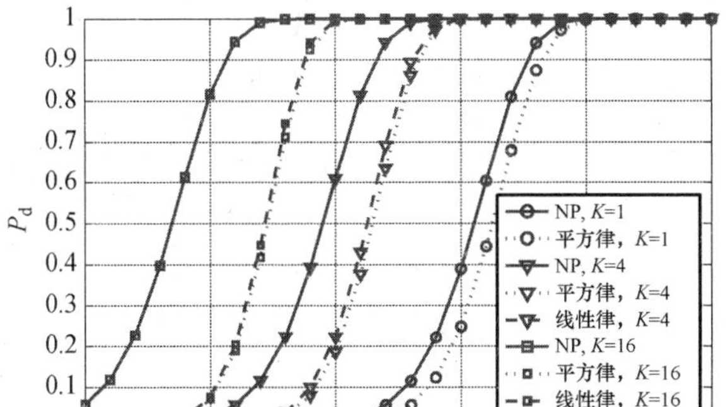

图 2.13　式(2.19)的 NP 检测器、式(2.29)的线性检测器和式(2.32)的平方律检测器在 $P_{f2}=10^{-6}, K\in\{1,4,16\}$ 时 P_d 随 SNR_{eq} 的变化

2.7 结论和深入阅读

本章考虑了经典的存在白高斯噪声时的雷达检测。所提出的方法首先通过对充分性的缩减实施了对观察空间的压缩。然后,在维度缩减了的空间内进行检测器的设计。遗憾的是,我们不能实现对于相干和非相干的脉冲串都最佳的NP检测器。于是,研究了基于GLRT的鲁棒的方法来设计实际可行的接收机,它们是权威的,也就是独立于任何指向未知参数的先验知识的。根据脉冲串的相干性,这个架构导致了经典的相干雷达检测器或线性律或平方律的积累器。因此,通过可能的解析式和采用数字仿真的方式,对所得到的检测架构进行了性能分析。

在结束本章之前,我们对所考虑的问题提供一些额外的参考。Meyer 和 Mayer 的专著[12]是论述雷达检测的经典文献,在那里可以找到很多不同雷达场景下的检测曲线。文献[13]给出了对检测问题简明、有效的处理,还讨论了恒虚警概率的性质。文献[14,15]给出了与搜索、检测功能关联的目标起伏和有趣的实际问题。在文献[5]的15章,给出了双重的贝叶斯方法,把目标回波的相位作为统计独立、均匀分布的随机变量。文献[16-18]给出了具有一般目标起伏模型的经典雷达接收机的性能分析,而文献[8]中给出了目标回波可能相干的经典雷达接收机性能分析。文献[19]给出了当干扰不再是高斯白噪声时采用复高斯模型的详细分析。

参考文献

[1] Van Trees H L. Detection, Estimation, and Modulation Theory (Part I). New York: John Wiley & Sons, Inc., 2001.

[2] Kay S M. Fundamentals of Statistical Signal Processing, Vol. II: Detection Theory. UpperSaddle River, NJ: Prentice-Hall, 1998.

[3] Ward J. Space-time adaptive processing for airborne radar. Lincoln Laboratory, MIT, Technical Report 1015, December 1994.

[4] Kay S M. Fundamentals of Statistical Signal Processing: Estimation Theory. Upper Saddle River, NJ: Prentice-Hall, 1993.

[5] Richards M A, Scheer J A, Holm W A. Principles of Modern Radar: Basic Principles. Raleigh, NC: Scitech Publishing, Inc., 2010.

[6] Beck M, Marchesi G, Pixton D, et al. A First Course in Complex Analysis. Lecture Notes, Preprint, 2002.

[7] Simon M K. Probability Distributions Involving Gaussian Random Variables: A Handbook for Engineers and Scientists. Boston: Kluwer Academic Publishers, 2002.

[8] Cui G, De Maio A, Piezzo M. Performance prediction of the non-coherent radar detector forgeneralized Swer-

ling-Chifluctuatingtargets. IEEE Transactions on Aerospace and Electronic Systems, vol. 49, no. 1, pp. 356 - 368, January 2013.

[9] Papoulis A, Pillai S U. Probability, RandomVariables, and Stochastic Processes, 4th ed. New York: McGraw-Hill, 2002.

[10] Shnidman D A. The calculation of the probability of detection and the generalized Marcum Q-function. IEEE Transactions on Information Theory, vol. 35, no. 2, pp. 389 - 400, March 1989.

[11] Gradshteyn I S, Ryzhik I M. Table of Integrals, Series, and Products, 7th ed. San Diego: Academic Press, 2007.

[12] Meyerand D P, Mayer H A. Radar Target Detection: Handbook of Theory and Practice. Elsevier, New York: Academic Press, 1973.

[13] Levanon N. Radar Principles, 1st ed. New York: Wiley-Interscience, 1988.

[14] DiFranco J V, Rubin W L. Radar Detection. Raleigh, NC: Scitech Publishing, Inc. , 2004.

[15] Nathanson F E, Reilly J P, Cohen M N. Radar Design Principles: Signal Processing and the Environment, 2nd ed. Raleigh, NC: SciTech Publishing, 2006.

[16] De Maio A, Farina A, Foglia G. Target fluctuation models and their application to radar performance prediction. IEE Proceedings Radar Sonar and Navigation, vol. 151, no. 5, pp. 261 - 269, October 2004.

[17] Shnidman D A. Calculation of probability of detection for log-normal target fluctuations. IEEE Transactions on Aerospace and Electronic Systems, vol. 27, no. 1, pp. 172 - 174, January 1991.

[18] Shnidman D A. Expanded Swerling target models. IEEE Transactions on Aerospace and Electronic Systems, vol. 39, no. 3, pp. 1059-1069, July 2003.

[19] Conte E, Ricci G. Performance prediction incompound-Gaussian clutter. IEEE Transactions on Aerospace and Electronic Systems, vol. 30, no. 2, pp. 611 - 616, April 1994.

第3章　自适应雷达的子空间检测：检测器及性能分析

Ram S. Raghavan, Shawn Kraut, and Christ D. Richmond

3.1　引　言

对不同类型的多维信号进行相干处理是雷达应用中很常见的过程。雷达领域中的空时自适应处理[1-3]就是相干信号处理一个非常确定的例子，它涉及空域（空间上分离的接收机天线单元）和时域（每个天线单元有多个脉冲回波）。这类例子还包括空间域、时间域和发射/接收极化域。对于多输入/多输出雷达[4,5]，对多个相干发射信号波形的相干处理，有更多关于多维处理的例子。对于多维信号，我们感兴趣信号的定义需要从常规的一阶信号扩展为所有属于已知的（或假设的）子空间内的信号。子空间信号模型把常规的一阶模型作为特例，并允许对接收到的信号在高维域内建模。例如，在文献[6-8]中可以看到，单个高频发射信号在经过地球电离层的折射和反射后，可以被当成天波接收，具有不同的极化模式。接收到的不同模式的信号贯穿一个子空间，如果这个子空间是已知的，就能被子空间检测器关联地检测到。在某些情况下，子空间信号模型还可给出表示接收到信号的不确定性的手段。例如，在假设不同方向接收到信号的模型中，不确定性可能源自传感器相位中心的定位误差和近场的多径效应。对于杂波、干扰和噪声环境下的信号检测而言，相干处理多维信号时需要考虑大量在这类问题中固有的参数。这些参数对于接收机而言是未知的，为了实现干扰对消，通常在信号检测之前要进行参数估计。在已知的检验数据矢量中检测子空间信号的问题可以表述为统计学的假设检验问题。处理多余参数的有效办法是不变假设检验[9,10]。常用的方法是确定一组矩阵，其中任意数据发生的线性变换都不会引起初始假设检验问题的改变，尽管原始的冗余参数本身会发生改变。这些变换通常就很容易由给定的信号模型来确定。这样的任何假设检验都可以看作是一种不变检验，而所有不变检验的检测统计都可以从最大不变统计得到。通用似然比检验(GLRT)[11,12]、自适应匹配滤波器(AMF)[13]和自适应相干估计器(ACE)(见文献[14]的方程(22))[15-18],以及它们所参考的,是我们熟知的广泛用于杂波、干扰和噪声环境下检测一阶信号的三种不变检验。我们感兴趣的内容还包括针对不同限制条件[19-26]设计的检测器以及相关的参考文献内容。如果 N 表示信号矢量维度的大小,那么在未知杂波、干扰和噪声环境下检验的子空间的最大不变量满足 $1 \leqslant M \leqslant N$,这个检验就是文献[27]中所述的二维统计量,其联合概率密度分布函数(PDF)是通过给定空假设和有假设得到的。文献[27]中对无失配误差条件下子空间 GLRT 的检测性能进行了分析。在本章中,我们将上述三种信号检测器扩展到子空间信号模型上,由此推导出的解析式包含了信号失配误差的结果。该分析结果可用于说明如何利用子空间检测器降低因信号失配误差所造成的检测损失。

本章的其余部分结构如下:3.2 节简要介绍了当噪声协方差矩阵已知时,零均值复高斯噪声条件下的信号检测问题。这里我们引入了 Neyman-Pearson 检测器进行似然比测试,使接收机可以选择预先设定的虚警概率。需要考虑两种情况:①在多元零均值复高斯噪声环境下对已知信号矢量进行检测;②在零均值复高斯噪声环境下对整体相位未知的已知信号进行检测。各种情况下的假设检验都可简化为将充分统计值与预设的门限进行比较。对此我们总结出上述条件下的检测概率和虚警概率的表达式。3.3 节介绍了在零均值复高斯干扰噪声环境下,干扰噪声协方差矩阵未知时检测子空间信号的问题。该节描述了不改变原始的假设检验问题的子空间信号模型及数据的转换,定义了在子空间信号检测问题中具有最大不变统计的二维统计量。对子空间信号检测问题的假设检验简化为将由最大不变统计导出的统计量与预设的门限的比较。本节的关键内容是,即使杂波干扰噪声协方差矩阵未知,不变检验也可以根据预设的虚警概率设定检验门限,这就是恒虚警率(CFAR)特性。因此最大不变统计量就是完成任何不变假设检验所需的最少信息(作为统计量)。对于子空间信号模型,可以证明最大不变统计量是二维(即矢量)统计量。但最大不变统计量并不是唯一的矢量统计,因为最大不变统计量经过任何可逆变换也是一个最大不变统计量。如果假设的信号模型与实际的信号模型没有失配,3.3 节中介绍的构成最大不变统计量的两个标量分别是:对信干噪比(SINR)的估计和因有限样本效应造成的 SINR 损耗的估计。因此可以从两个标量统计量中推导出无限个不变假设检验结果(例见文献[28])。在本章中,我们只考虑了不变假设检验中的 3 个特定的检验:①子空间 GLRT 检验;②子空间 AMF 检验;③子空间 ACE 检验。3.4 节中给出了 3 种假设检验以及检测概率 PD 和虚警概率 PFA 的解析表达。3.5 节介绍了如何降低由于信号失配误差造成检测性能下降的结果及其应用。3.6 节是小结与结论。附录中列出的是补充材料。出于完整性考虑，附录 3A 中所示的是用针对一阶信号的标准方法推导出适用于子空间的 GLRT、AMF 和 ACE 检验。附录 3B 中列出的是用于子空间检测器的二维最大不变统计量。附录 3C 推导了根据假设信号模型和实际信号模型之间的失配情况的空假设、有假设得到的最大不变统计量的联合 PDF。附录 3D 中归纳的是一批与本研究相关的有用的结果和分布情况。

3.2 干扰和噪声条件下的信号检测

本书第 2 章介绍了高斯白噪声下的雷达检测和 GLRT 的框架。本节简单回顾检测问题，尤其是信号模型作为矢量。本章的后面几节将这一概念扩展到子空间自适应检测问题上。读者可以通过后续内容全面了解各种应用中噪声环境下信号检测的一般问题[29-35]，包括统计意义下的通信、雷达和声呐等。有关数学统计和多元统计分析的经典文献包括文献[36－40]。我们首先从所有参数已知时的噪声环境中的信号检测这个基本问题开始。本节的内容引出了本章的主题，即考虑在已知的子空间中，对复数(圆对称)、零均、协方差矩阵未知的彩色高斯噪声背景下的信号检测问题。

已知数据矢量 $\boldsymbol{y} \in C^{N \times 1}$，基本问题是要确定：①矢量是否只包括杂波干扰噪声，也就是空假设H_0；②数据矢量包括信号 $\boldsymbol{p} \in C^{N \times 1}$ 以及杂波、干扰和噪声信号，也就是有假设H_1。检测问题可阐述为二态假设检验问题，从雷达应用的角度来看，这就是典型的 Neyman-Pearson 准则，因为它可对虚警概率进行控制，而虚警概率是一种条件性概率，也就是检验结果认为数据矢量中有信号，而实际并不存在信号(即假设H_0条件下的检测概率)。对于典型的信号检测应用，也就是连续不断地在较大监视区域范围内检测感兴趣的信号，其中涉及多种距离、俯仰角、方位角和多个多普勒频率，控制虚警概率是非常重要的，因为这意味着在一定的输出数据流量中控制了虚警率。对于数据输入率高的系统，控制虚警率可以确保处理过程不被实际上是虚警的检测所饱和。

令$f(\boldsymbol{y}|H_0)$和$f(\boldsymbol{y}|H_1)$分别表示空假设H_0和有假设H_1情况下，检验矢量 $\boldsymbol{y}$ 的 PDF。给定矢量 $\boldsymbol{y} \in C^{N \times 1}$，量值$f(\boldsymbol{y}|H_1)$；$k=0,1$ 被看作H_k的函数时，称为似然函数。对于 Neyman-Pearson 检测器，在数据矢量 $\boldsymbol{y} \in C^{N \times 1}$ 中是否存在加性信号 $\boldsymbol{p} \in C^{N \times 1}$，被表述为下列似然比测试：

$$\mathcal{L}(H \mid \boldsymbol{y}) = \frac{f(\boldsymbol{y} \mid H_1)}{f(\boldsymbol{y} \mid H_0)} \underset{H_0}{\overset{H_1}{\gtrless}} \eta \tag{3.1}$$

预设门限 η,当似然比超过 η 时,上述检测器选择有假设(即 $H=H_1$),反之则选择空假设(即 $H=H_0$)。上述似然比测试通常将矢量空间 $\boldsymbol{y} \in \mathcal{C}^{N\times 1}$ 划分为两个相互分离的区域$\mathcal{D}_0$和$\mathcal{D}_1$: $\mathcal{D}_0 \cup \mathcal{D}_1 = \mathcal{C}^{N\times 1}$,$\mathcal{D}_0 \cap \mathcal{D}_1 = \phi$,那么在大多数感兴趣的情况下,满足似然比正好等于门限的概率为零。检测概率P_{d}是属于数据矢量带有加性信号,选择假设H_1的条件概率;虚警概率P_{fa}是当数据矢量仅包括杂波干扰噪声而没有加性信号时选择假设H_1的条件概率,即

$$P_{\mathrm{d}} = \int_{\boldsymbol{y} \in D_1} f(\boldsymbol{y} \mid H_1)\,\mathrm{d}\boldsymbol{y}$$

$$P_{\mathrm{fa}} = \int_{\boldsymbol{y} \in D_1} f(\boldsymbol{y} \mid H_0)\,\mathrm{d}\boldsymbol{y} \tag{3.2}$$

对于规定的虚警概率,式(3.1)所需的门限 η 可以由式(3.2)中的第二式求出。

本章中,杂波、干扰与噪声都可以用复数的圆对称多维高斯随机向量表示,归纳在附录 3A 中。我们首先归纳的是简单的多维零均值复高斯噪声中信号检测的 Neyman-Pearson 检测器。

3.2.1　在色高斯噪声中检测已知信号

对于已知信号矢量 $\boldsymbol{p} \in \mathcal{C}^{N\times 1}$,假设检验为:$H_1$: $\boldsymbol{y} \sim \mathcal{CN}(\boldsymbol{p},\boldsymbol{R})$ vs. H_0: $\boldsymbol{y} \sim \mathcal{CN}(0,\boldsymbol{R})$,其中符号 $\mathcal{CN}(m,\boldsymbol{R})$ 表示均值为 m,协方差矩阵为 $\boldsymbol{R}$ 的圆对称复高斯分布。假定噪声协方差矩阵 $\boldsymbol{R}$ 为已知的 Hermitian 正定矩阵。对数据矢量 $\boldsymbol{y}$ 左乘$\boldsymbol{R}^{-1/2}$使噪声矢量白化,圆对称随机变量$\boldsymbol{p}^{\dagger}\boldsymbol{R}^{-1}\boldsymbol{y} = \mathrm{Re}(\boldsymbol{p}^{\dagger}\boldsymbol{R}^{-1}\boldsymbol{y}) + j\mathrm{Im}(\boldsymbol{p}^{\dagger}\boldsymbol{R}^{-1}\boldsymbol{y})$的分布为:对$H_1$: $\boldsymbol{p}^{\dagger}\boldsymbol{R}^{-1}\boldsymbol{y} \sim \mathcal{CN}(\boldsymbol{p}^{\dagger}\boldsymbol{R}^{-1}\boldsymbol{p},\boldsymbol{p}^{\dagger}\boldsymbol{R}^{-1}\boldsymbol{p})$,对$H_0$,$\sim \mathcal{CN}(0,\boldsymbol{p}^{\dagger}\boldsymbol{R}^{-1}\boldsymbol{p})$。随机变量 $\mathrm{Re}(\boldsymbol{p}^{\dagger}\boldsymbol{R}^{-1}\boldsymbol{y})$ 和 $\mathrm{Im}(\boldsymbol{p}^{\dagger}\boldsymbol{R}^{-1}\boldsymbol{y})$ 在统计上是互相独立的,对于两种假设情况,$\mathrm{Re}(\boldsymbol{p}^{\dagger}\boldsymbol{R}^{-1}\boldsymbol{p})$ 和 $\mathrm{Im}(\boldsymbol{p}^{\dagger}\boldsymbol{R}^{-1}\boldsymbol{p})$ 的密度函数相同。实值统计 $\mathrm{Re}(\boldsymbol{p}^{\dagger}\boldsymbol{R}^{-1}\boldsymbol{y})$ 的均值在假设H_0时为 0;在假设H_1时为$\boldsymbol{p}^{\dagger}\boldsymbol{R}^{-1}\boldsymbol{p}$。对于空假设和有假设,$\mathrm{Re}(\boldsymbol{p}^{\dagger}\boldsymbol{R}^{-1}\boldsymbol{y})$的方差均为$\sigma^2 = \boldsymbol{p}^{\dagger}\boldsymbol{R}^{-1}\boldsymbol{p}/2$。似然比检验式(3.1)等价表示如下(取似然比的对数后得到):

$$\mathrm{Re}(\boldsymbol{p}^{\dagger}\boldsymbol{R}^{-1}\boldsymbol{y}) \underset{H_0}{\overset{H_1}{\gtrless}} \eta_0 \tag{3.3}$$

检测概率和虚警概率分别由下式给出：

$$P_D = \frac{1}{\sqrt{2\pi}\sigma}\int_{\eta_0}^{\infty} e^{-(z-p^\dagger R^{-1}p)^2/2\sigma^2}dz = \frac{1}{2}\left[1-\operatorname{erf}\left(\frac{\eta_0-\boldsymbol{p}^\dagger\boldsymbol{R}^{-1}\boldsymbol{p}}{\sqrt{\boldsymbol{p}^\dagger\boldsymbol{R}^{-1}\boldsymbol{p}}}\right)\right] = \frac{1}{2}\operatorname{erfc}\left(\frac{\eta_0-\boldsymbol{p}^\dagger\boldsymbol{R}^{-1}\boldsymbol{p}}{\sqrt{\boldsymbol{p}^\dagger\boldsymbol{R}^{-1}\boldsymbol{p}}}\right)$$

$$P_{FA} = \frac{1}{\sqrt{2\pi}\sigma}\int_{\eta_0}^{\infty} e^{-z^2/2\sigma^2}dz = \frac{1}{2}\left[1-\operatorname{erf}\left(\frac{\eta_0}{\sqrt{\boldsymbol{p}^\dagger\boldsymbol{R}^{-1}\boldsymbol{p}}}\right)\right] = \frac{1}{2}\operatorname{erfc}\left(\frac{\eta_0}{\sqrt{\boldsymbol{p}^\dagger\boldsymbol{R}^{-1}\boldsymbol{p}}}\right) \tag{3.4}$$

式中，erf(x)和 erfc(x)分别为误差函数和误差函数的补，在文献[41]中分别定义如下：

$$\begin{aligned}\operatorname{erf}(x) &= \frac{2}{\sqrt{\pi}}\int_0^x \exp(-y^2)\,d\boldsymbol{y}\\ \operatorname{erfc}(x) &= \frac{2}{\sqrt{\pi}}\int_x^\infty \exp(-y^2)\,d\boldsymbol{y} = 1-\operatorname{erf}(x)\end{aligned} \tag{3.5}$$

给定虚警概率P_{fa}，式(3.3)中的门限η_0为

$$\eta_0 = \sqrt{\boldsymbol{p}^\dagger\boldsymbol{R}^{-1}\boldsymbol{p}}\operatorname{erfc}^{-1}(2P_{fa}) \tag{3.6}$$

函数 $x=\operatorname{erfc}^{-1}(p)$；$0\leqslant p\leqslant 2$ 是误差函数补的逆函数，定义为$\operatorname{erfc}(x)=p$。P_{fa}在区间 $0.5\geqslant P_{fa}\geqslant 0$ 内单调下降，门限η_0在区间 $0\leqslant\eta_0\leqslant\infty$内单调上升。注意在区间 $1\geqslant P_{fa}\geqslant 0.5$ 内，η_0为负数。

3.2.2 零均色高斯噪声中检测相位未知的已知信号

对于给定矢量$\boldsymbol{p}\in\mathcal{C}^{N\times 1}$，两个假设分别为：$H_1$：$\boldsymbol{y}\sim\mathcal{CN}(\boldsymbol{p}e^{j\alpha},\boldsymbol{R})$与$H_0$：$\boldsymbol{y}\sim\mathcal{CN}(0,\boldsymbol{R})$。信号相位 α 未知。因为圆对称噪声的相位也未知，对相位的 PDF 求积分，随机变量$z=|\boldsymbol{p}^\dagger\boldsymbol{R}^{-1}\boldsymbol{y}|$的 PDF 由下式求得：

$$\begin{aligned}f(Z\mid H_1) &= \frac{z}{\sigma^2}e^{-(a^2+z^2)/2\sigma^2}I_0\left(\frac{za}{2\sigma^2}\right), z\geqslant 0\\ f(Z\mid H_0) &= \frac{z}{\sigma^2}e^{-z^2/2\sigma^2}, z\geqslant 0\end{aligned} \tag{3.7}$$

式中，$a=\boldsymbol{p}^\dagger\boldsymbol{R}^{-1}\boldsymbol{p}$；$2\sigma^2=\boldsymbol{p}^\dagger\boldsymbol{R}^{-1}\boldsymbol{p}$。

式(3.1)中的似然比检验为

$$\mathcal{L}(H\mid z) = e^{-(p^\dagger R^{-1}p)}I_0(z)\underset{H_0}{\overset{H_1}{\gtrless}}\eta \tag{3.8}$$

式中，$I_0(z)$为修正的零阶贝塞尔函数，对其自变量是单调增加的函数。

似然比检验中的检测统计可以用任何对自变量 $z = |\boldsymbol{p}^{\dagger}\boldsymbol{R}^{-1}\boldsymbol{y}|$ 单调增加的函数等价代替。因此,式(3.8)中的检验结果就等效于下列的归一统计:

$$\frac{|\boldsymbol{p}^{\dagger}\boldsymbol{R}^{-1}\boldsymbol{y}|^2}{(\boldsymbol{p}^{\dagger}\boldsymbol{R}^{-1}\boldsymbol{p})} \underset{H_0}{\overset{H_1}{\gtrless}} \eta_0 \tag{3.9}$$

为了检测信号 $\boldsymbol{p}$,数据矢量 $\boldsymbol{y}$ 可以简化为单个统计值 $|\boldsymbol{q}|^2 = |\boldsymbol{p}^{\dagger}\boldsymbol{R}^{-1}\boldsymbol{y}|^2/(\boldsymbol{p}^{\dagger}\boldsymbol{R}^{-1}\boldsymbol{p})$,也叫充分统计。利用附录中定理 3.1,对于假设 H_1,$|\boldsymbol{q}|^2 = |\boldsymbol{p}^{\dagger}\boldsymbol{R}^{-1}\boldsymbol{y}|^2/(\boldsymbol{p}^{\dagger}\boldsymbol{R}^{-1}\boldsymbol{p})$ 具有非中心复卡方分布,复自由度为 1,非中心参数 $c = (\boldsymbol{p}^{\dagger}\boldsymbol{R}^{-1}\boldsymbol{p})$(即 $|\boldsymbol{q}|^2 \sim \mathcal{X}_1^2(c)$,也就是莱斯分布[33]。对于假设 H_0,充分统计为中心复卡方分布,复自由度为 1,$|q|^2 \sim X_1^2$,它也是一种指数密度函数,随机变量的期望值为 1。虚警概率和检测概率分别为

$$\begin{aligned} P_{\mathrm{fa}} &= \int_{\eta_0}^{\infty} \mathrm{e}^{-y}\mathrm{d}\boldsymbol{y} = \mathrm{e}^{-\eta_0} \\ P_{\mathrm{d}} &= \int_{\eta_0}^{\infty} I_0(2\sqrt{\boldsymbol{y}c})\,\mathrm{e}^{-(y+c)}\mathrm{d}\boldsymbol{y} = Q_1(\sqrt{2c}, \sqrt{2\eta_0}) \end{aligned} \tag{3.10}$$

上式中第二个积分方程用广义 Marcum$Q$ 函数 $Q_M(a,b)$ 表示,它是按照文献[30,42 - 45]的规范定义的:

$$Q_M(a,b) = \int_b^{\infty} x\left(\frac{x}{a}\right)^{M-1} \mathrm{e}^{-(x^2+a^2)/2} I_{M-1}(ax)\,\mathrm{d}x, M \geqslant 1 \tag{3.11}$$

3.3　子空间信号模型和不变性假设检测

前面的章节中简要介绍了在协方差矩阵为已知的零均、彩色高斯噪声环境下检测加性信号的问题。雷达必须在未知干扰加噪声的协方差矩阵时检测感兴趣的目标。干扰加噪声的协方差矩阵的参数是冗余参数,为了消除干扰,必须根据现有数据估计出这些未知参数。因为实际的 SINR 一般是未知的,我们会让对消后的 SINR 的估计最大化(见附录 3A),并在选择检测统计时要考虑有限样本量引起的信干噪比的损耗因子。尽管这个步骤无法保证可以检测到 SOI,但如果不采用此方法就不可能得到合适的检测概率,并达到预设的虚警概率。

我们通常将给定的需要检测目标所在的监视区域/空间划分为数个分辨单元,通过它们在参考坐标系中的距离、俯仰和方位角信息对其进行识别。以不同

径向速度移动的目标会在入射信号中产生不同的多普勒频移,因此给定这样的测试单元,还要检测不同多普勒频率的目标。测试单元“附近”的分辨单元的数据矢量的集合,称为二次数据矢量或训练数据矢量,用于估计冗余参数。自适应检测器的推导是基于假设二次数据矢量、不含目标且与检验矢量中的干扰和噪声是统计独立、同分布的。一般来说,我们使用的信号模型假定信号空间维度是1。为了导出在未知的杂波加干扰的环境下的自适应子空间检测器,接下来我们会介绍更通用的信号空间模型。

3.3.1 子空间信号模型

令 $\boldsymbol{z}\in\mathcal{C}^{N\times 1}$ 代表检验矢量,包含干扰、噪声和可能出现在子空间中的信号。这里“干扰”一词是通用的,表示杂波加干扰。检验矢量中的干扰加噪声部分用 $\boldsymbol{x}\in\mathcal{C}^{N\times 1}$ 表示。N 代表被相干处理的样本数(多维)。比如,对于空间处理来说,N 表示接收机单元数;对空时处理而言,N 表示的是接收机单元数和每个单元接收到的时间样本数的乘积。令 $\boldsymbol{H}\in\mathcal{C}^{N\times M}$,$M<N$,为已知矩阵,且各列线性独立(即 $\boldsymbol{H}$ 的秩是 M)。因此 $\boldsymbol{H}$ 的列空间就定义了 $\mathcal{C}^{N\times 1}$ 中 M 维的子空间。

假设在已知分辨单元会检测到的信号矢量 $\boldsymbol{p}$ 包含于已知矩阵 $\boldsymbol{H}\in\mathcal{C}^{N\times M}$ 的列空间中。为应对假设的信号模型中可能出现的失配情况,我们将实际信号在非奇异矩阵 $\boldsymbol{D}\in\mathcal{C}^{N\times N}$;$N\geqslant M\geqslant 1$ 的列空间中建立模型。将矩阵 $\boldsymbol{D}$ 的列划分为 $\boldsymbol{D}=[\boldsymbol{H}\,\boldsymbol{H}_{\perp}]$,假设列空间 $\boldsymbol{H}$ 和 $\boldsymbol{H}_{\perp}$ 在 $\mathcal{C}^{N\times 1}$ 中为正交、互补的子空间。矩阵 $\boldsymbol{H}$ 和 $\boldsymbol{D}$ 的秩分别为 M 和 N。这样一来,假设的信号 $\boldsymbol{p}$ 和实际的信号 $\boldsymbol{\nu}$ 就可以分别表示为 $\boldsymbol{H}$ 和 $\boldsymbol{D}$ 的列的线性和,即

$$
\begin{aligned}
\boldsymbol{p} &= \boldsymbol{H}\boldsymbol{\alpha} \\
\boldsymbol{\nu} &= \boldsymbol{D}\boldsymbol{\gamma} = [\boldsymbol{H}\,\boldsymbol{H}_{\perp}]\boldsymbol{\gamma}
\end{aligned}
\tag{3.12}
$$

式中,$\boldsymbol{\alpha}\in\mathcal{C}^{M\times 1}$ 和 $\boldsymbol{\gamma}\in\mathcal{C}^{N\times 1}$ 为系数矢量。固定的一组系数定义一阶信号,而变化的系统则定义了子空间信号模型。

3.3.2 子空间信号模型的机理

如果假定信号空间是一维的,其中的部分假设为:发射的是一个窄带信号,目标为一个散射点,具有已知方位/俯仰角,在相干积累期间具有恒定、已知的径向速度,接收的阵列流形已知,即阵列对已知方位/俯仰和多普勒的点目标的响应是已知的。来自机翼和舰船桅杆这类目标的近场散射通常可以忽略。如前所述,因为要考虑多种模式,有些场景通常会要求信号子空间建模的维度大于一。

当窄带的假设并非严格有效时,必须假定信号子空间的有效维度大于一[46]。有些目标本来就需要子空间信号模型[47]。单个传感器单元出现定位或/和定时误差可能会导致信号失配,造成检测损耗。对于相干处理(在空域也就是波束形成),不同传感器之间的同步误差同样也会造成信号失配,文献[48]中概略介绍了它们对天线阵的影响。对分辨单元网格中矢量的假设检验总是存在实际信号和分配到该分辨单元中的取向矢量之间的失配。尽管子空间检测器无法解决所有问题,但3.5节中给出了对于一阶信号,子空间检测器减轻失配误差所造成的影响的结果和条件。下面,我们将介绍一种简化模型来表征信号失配误差。为方便起见,下面所用到的模型只考虑了空域或时域处理的情况,但是对于多个域的相干处理,也可以得到类似的结果。假设的取向矢量 $\boldsymbol{p}$ 和实际的取向矢量 $\boldsymbol{\nu}$ 可用相位误差矢量 $\boldsymbol{\zeta}$ 表示如下:

$$\begin{aligned}\boldsymbol{\nu} &= \boldsymbol{p}\odot\boldsymbol{\zeta}\\ \boldsymbol{\zeta} &= [\,\mathrm{e}^{\mathrm{j}2\pi\xi_1/\lambda}\ \mathrm{e}^{2\pi\xi_2/\lambda}\cdots\ \mathrm{e}^{2\pi\xi_N/\lambda}\,]^{\dagger}\end{aligned} \tag{3.13}$$

式中,矢量 $\boldsymbol{p}$ 为假设的信号矢量;矢量 $\boldsymbol{\zeta}\in\mathcal{C}^{N\times1}$ 为阵元相位误差引起的失配。误差量 $\{\xi_1,\xi_2,\cdots,\xi_N\}$ 的单位与载波波长 λ 的单位相同,代表接收传感器的位置矢量和接收传感器等效相位中心的差在信号传播方向矢量的投影;符号 $\odot$ 表示Hadamard乘积,即式(3.13)中矢量中的阵元对应乘积的矢量,参看式(3.12);矢量 $\boldsymbol{\nu}$ 为实际的信号矢量。假设矢量 $\boldsymbol{p}$ 是确定的,对相位不确定性集合求平均数得到实际信号的协方差矩阵如下:

$$\mathbb{E}[\boldsymbol{\nu}\boldsymbol{\nu}^{\dagger}] = \boldsymbol{p}\boldsymbol{p}^{\dagger}\odot\mathbb{E}[\boldsymbol{\zeta}\boldsymbol{\zeta}^{\dagger}] = \boldsymbol{p}\boldsymbol{p}^{\dagger}\odot\boldsymbol{T} \tag{3.14}$$

上面的 $N\times N$ 变换矩阵 $\boldsymbol{T}$ 的形式取决于误差模型:矩阵 $\boldsymbol{T}$ 的阵元可用差分随机变量 $(\xi_n-\xi_m)$ 的特征函数[49]来表示。例如,对于零均值多维高斯模型下的矢量 $\{\xi_1,\xi_2,\cdots,\xi_N\}$,矩阵 $\boldsymbol{T}$ 的第 (n,m) 个阵元为

$$T_{(n,m)} = \mathbb{E}[\,\mathrm{e}^{\mathrm{j}2\pi(\xi_n-\xi_m)/\lambda}\,] = \begin{cases}1, & n=m\\ \mathrm{e}^{-(2\pi\sigma_{n,m}/\lambda)^2/2}, & n\neq m\end{cases} \tag{3.15}$$

式中,$\sigma_{n,m}^2=\mathbb{E}[(\xi_n-\xi_m)^2]=2\sigma_0^2[1-\rho_{n,m}]$,其中 $\sigma_0^2=\mathbb{E}[\xi_n^2]=\mathbb{E}[\xi_m^2]$,且相关系数 $\rho_{n,m}=\sigma_0^2\mathbb{E}[\xi_n\xi_m]$。对应信号协方差矩阵的大本征值的本征矢量定义了信号子空间,变换矩阵增加了信号子空间的维度,这通常也是误差引起变换矩阵 $\boldsymbol{T}$ 的结构化形式的情况。$2\pi\max(\sigma_{n,m})\ll\lambda$ 这一条件意味着矩阵 $\boldsymbol{T}$ 的所有阵元都约等于1,信号子空间与矢量 $\boldsymbol{p}$ 的相同。在另一个极端,$2\pi\min(\sigma_{n,m})\gg\lambda$ 时,则 $\boldsymbol{T}=\boldsymbol{I}_N$,这意味着不可能实现相干处理。值得注意的是,这里研究的信号子空间模型与主要用于估计干扰加噪声协方差矩阵[50-52]的各种形式的协方差矩阵变换(CMT)类似。对于干扰对消,使用CMT产生的自适应波束图的零点比不使用CMT的要宽,因此在消除定向干扰时更有效。

还有一个例子是在空间和/或时间处理中出现的相位不确定性的模型,它来自对某一方位角和/或多普勒频率栅格内的检验矢量的样本。在某些搜索应用中,发射阵列的波束方向图可覆盖方位角比较大,对方位角栅格的采样是有用的。令 $\boldsymbol{p}$ 为已知方位和/或多普勒的空间和/或时间矢量。矢量 $\boldsymbol{p}$ 用于检验每个栅格附近所有点的信号。在接收机端,栅格上相邻点的方向矢量之间的相位差为 $2\pi\Delta$,在信号方位角和/或多普勒频率的范围内,这个相位误差 $2\pi\Delta$ 在间隔 $[-a\pi, a\pi]$ 中均匀分布。模型参数 a 的范围是 $0 \leqslant a \leqslant 1$,它的选择取决于方位角和/或多普勒栅格点的适合度($a \approx 0$)或粗糙度($a \approx 1$)。在整体范围内估计出的信号协方差矩阵由式(3.14)得到,其中

$$T_{(n,m)} = \frac{1}{a}\int_{-a/2}^{+a/2} e^{j2\pi(n-m)\Delta} d\Delta = \frac{\sin[\pi a(n-m)]}{\pi a(n-m)}; \quad n,m = 1,2,\cdots,N \tag{3.16}$$

与信号协方差矩阵中的大特征值对应的特征矢量定义了信号子空间,渐变的矩阵增加了信号子空间的维度,如3.5节中的例子所示。

3.3.3 假设检验

令 H_0 表示空假设,$\boldsymbol{z}$ 仅为干扰和噪声。H_1 为有假设,$\boldsymbol{z}$ 为信号加干扰和噪声。在干扰和噪声环境下检测信号 $\boldsymbol{p}$ 的二态假设检验的方法如下:

$$\boldsymbol{z} = \begin{cases} \boldsymbol{x} & , \quad \text{假设 } H_0 \\ \boldsymbol{x} + \boldsymbol{H\alpha}; \|\boldsymbol{\alpha}\|_2 > 0 & , \quad \text{假设} H_1 \end{cases} \tag{3.17}$$

干扰值 $\boldsymbol{x}$ 是一个复值、圆对称零均值矢量,其协方差矩阵 $\boldsymbol{R} \in \mathbb{H}(N)$,其中 $\mathbb{H}(N)$ 表示维度为 N 的 Hermitian 正定矩阵集。矩阵分布情况由 $\boldsymbol{x} \sim \mathcal{CN}(\boldsymbol{0}_{N\times 1}, \boldsymbol{R})$ 表示。注意圆对称和零均值意味着 $\boldsymbol{x}$ 每个分量的实部和虚部满足 $\mathbb{E}[\boldsymbol{xx}^{\mathrm{T}}] = \boldsymbol{0}_{N\times N}$。协方差矩阵 $\boldsymbol{R}$ 对于接收机是未知的,如前所述,Hermitian 正定矩阵 $\boldsymbol{R} \in \mathbb{H}(N)$ 的阵元是假设检验中的冗余参数,它们由统计上独立、同分布的 $K(\geqslant N)$ 个二次数据矢量估计,$\boldsymbol{Y} \in \mathcal{C}^{N\times K}$ 表示,其对于假设 H_0 和 H_1,均为 $\boldsymbol{Y} \sim \mathcal{CN}(\boldsymbol{0}_{N\times K}, \boldsymbol{I}_K \otimes \boldsymbol{R})$。这里的标记 $D = \boldsymbol{A} \otimes \boldsymbol{B}$ 表示 $\boldsymbol{A}$ 和 $\boldsymbol{B}$ 的 Kronecker 乘积。对于 $\boldsymbol{A} \in \mathcal{C}^{N\times M}$ 和 $\boldsymbol{B} \in \mathcal{C}^{K\times L}$,矩阵 $\boldsymbol{D} \in \mathcal{C}^{NK\times ML}$ 由大小为 $K \times L$ 的块构成,第 (n,m) 个块为 $a_{n,m}B; n = 1,2,\cdots,N; m = 1,2,\cdots,M$,其中 $a_{n,m}$ 是矩阵 $\boldsymbol{A}$ 第 n 行第 m 列的阵元。

式(3.17)中的假设检验等效于下式:

$$\boldsymbol{z}: \begin{cases} \|\boldsymbol{\alpha}\|_2 = 0, \text{假设} H_0 \\ \|\boldsymbol{\alpha}\|_2 > 0, \text{假设} H_1 \end{cases} \tag{3.18}$$

给定检验矢量 $\mathcal{Z}$ 和二次数据矢量 $\boldsymbol{Y}$ 时,我们试图找到可以使式(3.18)中假设检验问题不发生变化的数据的线性变换。式(3.18)中的假设检验等效于判定

$\|\boldsymbol{p}\|_2^2=\boldsymbol{\alpha}^{\dagger}\boldsymbol{H}^{\dagger}\boldsymbol{H}\boldsymbol{\alpha}=0$ 还是 $\|\boldsymbol{p}\|_2^2=\boldsymbol{\alpha}^{\dagger}\boldsymbol{H}^{\dagger}\boldsymbol{H}\boldsymbol{\alpha}>0$ 的检验。需要注意的是，$M\times M$ 矩阵 $\boldsymbol{H}^{\dagger}\boldsymbol{H}$ 为 Hermitian 正定矩阵，因此 $\|\boldsymbol{p}\|_2^2=0$ 对 $\|\boldsymbol{p}\|_2^2>0$ 等效于 $\|\boldsymbol{\alpha}\|_2=0$vs. $\|\boldsymbol{\alpha}\|_2>0$。

令矩阵 $\boldsymbol{H}$ 的奇异值分解(SVD)为

$$\boldsymbol{H}=\boldsymbol{U}\boldsymbol{B}\boldsymbol{W}^{\dagger} \tag{3.19}$$

式中，$\boldsymbol{U}$ 和 $\boldsymbol{W}$ 为 $N\times N$ 和 $M\times M$ 的酉阵；$\boldsymbol{B}$ 为一个形式为 $\boldsymbol{B}=[\mathrm{diag}(b_1,b_2,\cdots,b_M)0_{M\times(N-M)}]^{\dagger}$ 的 $N\times M$ 的对角矩阵，奇异值 $b_1\geqslant b_2\geqslant\cdots\geqslant b_M>0$。由于奇异值排序的缘故，酉阵 $\boldsymbol{U}$ 的前 M 列是假设信号子空间的正交基。可以验证，后面对数据的可逆线性变换并不会改变假设信号子空间以及初始假设检验结果。考虑 $\boldsymbol{Q}=\boldsymbol{C}\boldsymbol{U}^{\dagger}$，其中 $\boldsymbol{C}$ 是下列非奇异 $N\times N$ 矩阵：

$$\boldsymbol{C}=\begin{bmatrix}\boldsymbol{C}_{11} & \boldsymbol{C}_{12}\\ \boldsymbol{0}_{(N-M)\times M} & \boldsymbol{C}_{22}\end{bmatrix} \tag{3.20}$$

其中矩阵 $\boldsymbol{C}_{11}\in\mathcal{C}^{M\times M}$ 和 $\boldsymbol{C}_{22}\in\mathcal{C}^{(N-M)\times(N-M)}$ 均为非奇异，$\boldsymbol{C}_{12}\in\mathcal{C}^{M\times M}$。检验矢量和二次数据前乘以(左乘)任何矩阵 $\boldsymbol{Q}=\boldsymbol{C}\boldsymbol{U}^{\dagger}$，可以理解如下：

第一次前乘 $\boldsymbol{U}^{\dagger}$ 得到的结果是坐标旋转，是新的一组坐标轴为 $\boldsymbol{U}$ 的正交的列矢量。这样，前 M 个轴是信号子空间的 M 个正交基矢量，后 $N-M$ 个轴则是假定的仅有干扰噪声的子空间的基矢量。变形后的数据和信号矢量为

$$\begin{aligned}&\boldsymbol{z}\to\boldsymbol{U}^{\dagger}\boldsymbol{z}=\begin{bmatrix}z_1\\ z_2\end{bmatrix};\quad \boldsymbol{Y}\to\boldsymbol{U}^{\dagger}\boldsymbol{Y}=\begin{bmatrix}\boldsymbol{Y}_1\\ \boldsymbol{Y}_2\end{bmatrix}\\ &\boldsymbol{x}\to\boldsymbol{U}^{\dagger}\boldsymbol{x}=\begin{bmatrix}x_1\\ x_2\end{bmatrix};\quad \boldsymbol{p}\to\boldsymbol{U}^{\dagger}\boldsymbol{p}=\begin{bmatrix}p_1\\ 0_{(N-M)\times 1}\end{bmatrix}\end{aligned} \tag{3.21}$$

式中，$z_1\in\mathcal{C}^{M\times 1}$，$z_2\in\mathcal{C}^{(N-M)\times 1}$，依此类推。

坐标轴旋转后转换的原矢量以及二级矢量如上所示。假设检验对于下列变换时不变的：

$$\begin{bmatrix}z_1 & \boldsymbol{Y}_1\\ z_2 & \boldsymbol{Y}_2\end{bmatrix}\to\begin{bmatrix}\boldsymbol{C}_{11} & \boldsymbol{C}_{12}\\ \boldsymbol{0}_{(N-M)\times M} & \boldsymbol{C}_{22}\end{bmatrix}\begin{bmatrix}z_1 & \boldsymbol{Y}_1\\ z_2 & \boldsymbol{Y}_2\end{bmatrix}\begin{bmatrix}e^{j\alpha} & \boldsymbol{0}_{1\times K}\\ \boldsymbol{0}_{K\times M} & \boldsymbol{V}_{22}\end{bmatrix} \tag{3.22}$$

式中，α 为任意相位；$\boldsymbol{V}_{22}$ 为 $K\times K$ 酉阵，将二次数据矩阵 $\boldsymbol{Y}_1$ 和 $\boldsymbol{Y}_2$ 后乘 $\boldsymbol{V}_{22}$ 正好将它的 K 个样本旋转。由于假定 K 个二级矢量是独立且同分布，酉阵的行旋转并不会改变这个数据的假设分布。矩阵 $\boldsymbol{C}_{11}\in\mathcal{C}^{M\times M}$ 和 $\boldsymbol{C}_{22}\in\mathcal{C}^{(N-M)\times(N-M)}$ 是非奇异矩阵，且 $\boldsymbol{C}_{12}\in\mathcal{C}^{M\times M}$。上式的左乘和右乘的不同单元为：$z_1\to(\boldsymbol{C}_{11}z_1+\boldsymbol{C}_{12}z_2)e^{j\alpha}$；$z_2\to\boldsymbol{C}_{22}z_2e^{j\alpha}$；$\boldsymbol{p}_1\to\boldsymbol{C}_{11}\boldsymbol{p}_1e^{j\alpha}$。变换 $z_1\to(\boldsymbol{C}_{11}z_1+\boldsymbol{C}_{12}z_2)e^{j\alpha}$ 并不会改变初始的假设检验结果。因此，对于任意的非奇异矩阵 $\boldsymbol{C}_{11}\in\mathcal{C}^{M\times M}$，检验假设 H_0，$\|\boldsymbol{p}\|_2=0$vs. 假设 H_1

时$\|\boldsymbol{p}\|_2>0$与$\boldsymbol{p}_1^{\dagger}\boldsymbol{C}_{11}^{\dagger}\boldsymbol{C}_{11}\boldsymbol{p}_1=0$vs. $\boldsymbol{p}_1^{\dagger}\boldsymbol{C}_{11}^{\dagger}\boldsymbol{C}_{11}\boldsymbol{p}_1>0$是一样的。另外,由于$\boldsymbol{C}_{21}=\boldsymbol{0}_{(N-M)\times M}$,可得$\boldsymbol{z}_2\to\boldsymbol{C}_{21}\boldsymbol{z}_1+\boldsymbol{C}_{22}\boldsymbol{z}_2e^{j\alpha}=\boldsymbol{C}_{22}\boldsymbol{z}_2e^{j\alpha}$,它并不包含假设模型的信号。我们认为对于这样的变换,假设检验是不变的。

3.3.4 干扰噪声环境下子空间信号检测的最大不变量

我们在附录3.B中介绍了,在下列三个统计结果中:$\|\boldsymbol{y}\|_2^2$,$\boldsymbol{y}^{\dagger}\boldsymbol{P}_G\boldsymbol{y}$与$\boldsymbol{y}^{\dagger}\boldsymbol{P}_G^{\perp}\boldsymbol{y}$,其中任何两个都可以组成检测问题中的最大不变统计量。对于假设的信号矩阵$\boldsymbol{H}$和估计$\boldsymbol{S}=\boldsymbol{Y}\boldsymbol{Y}^{\dagger}$,它是$K$乘以样本协方差矩阵估计值的结果,统计量中各种数值定义如下:

$$\begin{aligned}\boldsymbol{y}&=\boldsymbol{S}^{-1/2}\boldsymbol{z}\\\boldsymbol{G}&=\boldsymbol{S}^{-1/2}\boldsymbol{H}\\\boldsymbol{P}_G&=\boldsymbol{G}(\boldsymbol{G}^{\dagger}\boldsymbol{G})^{-1}\boldsymbol{G}^{\dagger}\\\boldsymbol{P}_G^{\perp}&=\boldsymbol{I}_N-\boldsymbol{P}_G\end{aligned}\tag{3.23}$$

为了评估信号模型失配时检测算法的效果,将下面的二维统计值$\boldsymbol{\rho}$,$\boldsymbol{r}$定义为最大不变量更方便:

$$\begin{aligned}\boldsymbol{\rho}&=\frac{1}{1+\boldsymbol{y}^{\dagger}\boldsymbol{P}_G^{\perp}\boldsymbol{y}}\\\boldsymbol{r}&=\frac{1}{1+\boldsymbol{\rho}(\boldsymbol{y}^{\dagger}\boldsymbol{P}_G\boldsymbol{y})}\end{aligned}\tag{3.24}$$

注意:3个量$\|\boldsymbol{y}\|_2^2$,$\boldsymbol{y}^{\dagger}\boldsymbol{P}_G\boldsymbol{y}$与$\boldsymbol{y}^{\dagger}\boldsymbol{P}_G^{\perp}\boldsymbol{y}$都可以通过$\boldsymbol{\rho}$,$\boldsymbol{r}$得到。在假设信号子空间与实际信号子空间相匹配时,统计量$\boldsymbol{y}^{\dagger}\boldsymbol{P}_G\boldsymbol{y}$是SINR的估计,$\boldsymbol{\rho}$是SINR由于有限样本大小影响所造成损失的估计。

附录3.C中推导出了$\boldsymbol{\rho}$,$\boldsymbol{r}$的联合PDF,包括假设的信号模型与实际模型失配的情况。当给定检测矢量和二次矢量的数据减化为统计值$\boldsymbol{\rho}$,$\boldsymbol{r}$后,式(3.1)中的似然比检验可以简化如下:利用式(3.79),对于给定的SINR δ和零信号失配误差$\theta=0$:

$$\begin{aligned}\mathcal{L}(H\mid\boldsymbol{\rho},\boldsymbol{r})&=\frac{f(\boldsymbol{\rho},\boldsymbol{r}\mid\delta,\theta=0,H_1)}{f(\boldsymbol{\rho},\boldsymbol{r}\mid H_0)}\underset{H_0}{\overset{H_1}{\gtrless}}\eta\\\mathrm{e}^{-\delta\rho r}&\sum_{k=0}^{K-N+1}C_k\left[\delta\rho(1-r)\right]^k\underset{H_0}{\overset{H_1}{\gtrless}}\eta\end{aligned}\tag{3.25}$$

上式中的C_k由下式求得：

$$C_k = \binom{K-N+1}{k}\frac{\Gamma(M)}{\Gamma(M+k)}; k = 0,1,\cdots,K-N+1 \tag{3.26}$$

在 SINR δ 未知时，没有与式(3.25)左边的似然比统计值单调相关的$\boldsymbol{\rho},\boldsymbol{r}$ 函数。因此，对 $1 \leqslant M < N$，不存在一致最优的不变检验。但是，对于 $M = N$，最大不变统计量为单一统计：$\|\boldsymbol{y}\|_2^2$（这等价于设置$\boldsymbol{P}_G = \boldsymbol{I}_N$，且 $\rho = 1$）。当 $M = N$ 时，信号子空间为 $\mathcal{C}^{N\times1}$，这时 GLRT 和 AMF 检验是相同的，由 Hotelling 的T^2统计得到[37]，这就是所谓的一致最优不变检验。

3.4　检测概率和虚警概率的解析表达

为了选择给定检验的检测门限，有必要给出各种参数的虚警概率解析式。P_{d}和P_{fa}的理论表达也有助于了解对检测器性能构成主要影响的因素。本节中检测概率P_{d}和虚警概率P_{fa}的表达式是根据附录 3. C 的结果推导出来的。还要注意的是对于给定信号矩阵 $\boldsymbol{H}$ 和 $\boldsymbol{D}$，干扰噪声协方差矩阵 $\boldsymbol{R}$ 以及假设的$\boldsymbol{\gamma} \in \mathcal{C}^{N\times1}$，附录 3. C 的式(3.66)中列出了各种条件下计算检测概率所需的失配角 θ。SINR δ 可从式(3.67)中估计出来：$\boldsymbol{\delta} = \boldsymbol{\gamma}^\dagger \overline{\boldsymbol{D}}^\dagger \overline{\boldsymbol{D}} \boldsymbol{\gamma} = \boldsymbol{\gamma}^\dagger \boldsymbol{D}^\dagger \boldsymbol{R}^{-1} \boldsymbol{D} \boldsymbol{\gamma}$。

3.4.1　子空间 GLRT 的P_{D}和P_{fa}

GLRT 信号子空间的假设检验由式(3.47)给出，用式(3.24)中定义的最大不变统计量($\boldsymbol{\rho},\boldsymbol{r}$)表达如下：

$$\frac{\boldsymbol{y}^\dagger \boldsymbol{P}_G \boldsymbol{y}}{1 + \boldsymbol{y}^\dagger \boldsymbol{P}_G^\perp \boldsymbol{y}} \underset{H_0}{\overset{H_1}{\gtrless}} \eta_0 - 1 \tag{3.27}$$

利用式(3.24)，上式等效于

$$r^{-1} \underset{H_0}{\overset{H_1}{\gtrless}} \eta_0 \tag{3.28}$$

给定最大不变统计量($\boldsymbol{\rho},\boldsymbol{r}$)的联合 PDF，分别在式(3.75)的假设$H_1$和式(3.76)的假设$H_0$下，得到检测概率和虚警概率为

$$\begin{aligned} P_{\mathrm{d}} &= \int_0^1 \mathrm{d}\rho \int_0^{\eta_0^{-1}} f(r,\rho \mid H_1)\,\mathrm{d}r \\ P_{\mathrm{fa}} &= \int_0^1 \mathrm{d}\rho \int_0^{\eta_0^{-1}} f(r,\rho \mid H_0)\,\mathrm{d}r \end{aligned} \tag{3.29}$$

根据附录中定理3.3：

$$P_{\mathrm{d}} = P[r^{-1} > \eta_0 \mid H_1] = 1 - \frac{(\eta_0 - 1)^M}{\eta_0^{K-N+M}} \sum_{k=0}^{K-N} \binom{K-N+M}{k+M} (\eta_0 - 1)^k S_k$$

$$S_k = \int_0^1 \left[G_{k+1}\left(\frac{\rho\delta\cos^2\theta}{\eta_0}\right) f_\beta[\rho; K-(N-M)+1, N-M \mid \delta\sin^2\theta] \right] \mathrm{d}\rho \tag{3.30}$$

令上式中 $\delta=0$,则虚警概率为

$$\begin{aligned} P_{\mathrm{fa}} = P[r^{-1} > \eta_0 \mid H_0] &= 1 - \frac{(\eta_0 - 1)^M}{\eta_0^{K-N+M}} \sum_{k=0}^{K-N} \binom{K-N+M}{k+M} (\eta_0 - 1)^k \\ &= \frac{1}{\eta_0^{K-N+M}} \sum_{n=0}^{M-1} \binom{K-N+M}{n} (\eta_0 - 1)^n \end{aligned} \tag{3.31}$$

3.4.2 子空间 AMF 检验的 P_{d} 和 P_{fa}

式(3.49)中的子空间 AMF 检验为：$\boldsymbol{y}^{\dagger}\boldsymbol{P}_G\boldsymbol{y} \underset{H_0}{\overset{H_1}{\gtrless}} \eta_0$,使用$(\rho,r)$,该检验结果可表达为

$$\boldsymbol{r}^{-1} - 1 \underset{H_0}{\overset{H_1}{\gtrless}} \rho\eta \tag{3.32}$$

检测概率和虚警概率为

$$\begin{aligned} P_{\mathrm{d}} &= \int_0^1 \mathrm{d}\rho \int_0^{(1+\rho\eta)^{-1}} f(r,\rho \mid H_1)\,\mathrm{d}r \\ P_{\mathrm{fa}} &= \int_0^1 \mathrm{d}\rho \int_0^{(1+\rho\eta)^{-1}} f(r,\rho \mid H_0)\,\mathrm{d}r \end{aligned} \tag{3.33}$$

由式(3.75)可知,给定 ρ,统计量 r 是一种无中心的 β 型：$\beta_{K-N+1,M}(\rho\delta\cos^2\theta)$。用类似式(3.28)的方式求出式(3.32)中检验的 P_{d} 和 P_{fa} 为

$$P_{\mathrm{d}} = P[r < (1+\rho\eta)^{-1} \mid H_1] = 1 - \frac{1}{L+M}\sum_{k=0}^{L-1} T_k$$

$$T_k = \int_0^1 f_\beta\left(\frac{1}{1+\rho\eta}; L-k, M+k+1\right) G_{k+1}\left(\frac{\rho\delta\cos^2\theta}{1+\rho\eta}\right) f_\beta(\rho; L+M, N-M \mid \delta\sin^2\theta)\,\mathrm{d}\rho \tag{3.34}$$

为了标记方便,上式中 $L=K-N+1$。令 $\delta=0$,虚警概率为

$$
\begin{aligned}
P_{\mathrm{fa}} &= P[r < (1+\rho\eta)^{-1} \mid H_0] = 1 - \frac{1}{L+M}\sum_{k=0}^{L-1} \tilde{T}_k \\
\tilde{T}_k &= \int_0^1 f_\beta\left(\frac{1}{1+\rho\eta}; L-k, M+k+1\right) f_\beta(\rho; L+M, N-M)\,\mathrm{d}\rho
\end{aligned}
\tag{3.35}
$$

3.4.3　子空间 ACE 检验的P_{d}和P_{fa}

式(3.51)中的 ACE 检验等效于下式:

$$
\begin{aligned}
&\frac{\boldsymbol{y}^\dagger \boldsymbol{P}_G \boldsymbol{y}}{\boldsymbol{y}^\dagger \boldsymbol{P}_G^\perp \boldsymbol{y} + \boldsymbol{y}^\dagger \boldsymbol{P}_G \boldsymbol{y}} \underset{H_0}{\overset{H_1}{\gtrless}} \eta \\
&\boldsymbol{r}^{-1} \underset{H_0}{\overset{H_1}{\gtrless}} (1-\rho)\,\eta_0 + 1
\end{aligned}
\tag{3.36}
$$

上面第二个表达式中,ACE 的门限η_0是根据第一个表达式中 η 的值来确定的:

$$\eta_0 = \eta/1-\eta$$

这样检测概率和虚警概率分别为

$$
\begin{aligned}
P_{\mathrm{d}} &= \int_0^1 \mathrm{d}\rho \int_0^{[1+(1-\boldsymbol{\rho})\eta_0]^{-1}} f(r,\rho \mid H_1)\,\mathrm{d}r \\
P_{\mathrm{fa}} &= \int_0^1 \mathrm{d}\rho \int_0^{[1+(1-\boldsymbol{\rho})\eta_0]^{-1}} f(r,\rho \mid H_0)\,\mathrm{d}r
\end{aligned}
\tag{3.37}
$$

由于式(3.36)中第一式左边的统计量在(0,1)区间内,那么门限 η 就属于 $0<\eta<1$ 的范围。式(3.36)中的P_{d}和P_{fa}分别为

$$
\begin{aligned}
P_{\mathrm{d}} &= P[\boldsymbol{r} < [\eta_0(1-\boldsymbol{\rho})+1]^{-1} \mid H_1] = 1 - \frac{1}{L+M}\sum_{k=0}^{L-1} V_k \\
V_k &= \int_0^1 f_\beta\left[\frac{1}{1+(1-\boldsymbol{\rho})\,\eta_0}; L-k, M+k+1\right] G_{k+1}\left(\frac{\boldsymbol{\rho}\delta\cos^2\theta}{1+(1-\rho)\,\eta_0}\right) \times f_\beta(\boldsymbol{\rho}; L+M, \\
&\quad N-M \mid \delta\sin^2\theta)\,\mathrm{d}\rho
\end{aligned}
\tag{3.38}
$$

令上式的 $\delta=0$,那么P_{fa}为

$$
P_{\mathrm{fa}} = P[\boldsymbol{r} < [\eta_0(1-\boldsymbol{\rho})+1)^{-1} \mid H_0] = 1 - \frac{1}{L+M}\sum_{k=0}^{L-1} \tilde{V}_k \tag{3.39}
$$

$$
\tilde{V}_k = \int_0^1 f_\beta\left[\frac{1}{1+(1-\rho)\,\eta_0}; L-k, M+k+1\right] f_\beta(\boldsymbol{\rho}; L+M, N-M)\,\mathrm{d}\rho
$$

3.5 自适应子空间检测器的性能结果

本节中给出的几项实验结果可反映三种自适应子空间检测器的检测性能。我们考虑的是在信号模型式(3.12)中系数 $\boldsymbol{\alpha}$ 和 $\boldsymbol{\gamma}$ 是确定且未知的。如附录 3.A 所示:给定检验矢量 $\boldsymbol{z} \in \mathcal{C}^{N\times 1}$ 和二次数据矢量 $\boldsymbol{Y} \in \mathcal{C}^{N\times K}$;$K \geqslant N$,系数矢量 $\boldsymbol{\alpha} \in \mathcal{C}^{M\times 1}$,其估计为:$\hat{\boldsymbol{\alpha}} = (\boldsymbol{H}^{\dagger}\boldsymbol{S}^{-1}\boldsymbol{H})^{-1}\boldsymbol{H}^{\dagger}\boldsymbol{S}^{-1}\boldsymbol{z}$。在求估值$\hat{\boldsymbol{\alpha}}$时,并没有对 $\boldsymbol{\alpha}$ 的先验模型。给定信号模型,检测的信号估值为$\hat{\boldsymbol{p}} = [\boldsymbol{H}\hat{\boldsymbol{\alpha}}] \in \mathcal{C}^{N\times 1}$(可能乘非零常数),且三个子空间检测器(即 GLRT,AMF 和 ACE)分别进行一阶的确定性信号$\hat{\boldsymbol{p}}$对应的检验,详见附录 3.A。对于固有随机的矢量 $\boldsymbol{p}$ 和 $\boldsymbol{v}$,不同相干处理间隔(CPI)在矢量样本空间的实现分别对应的是随机缩放的 $\boldsymbol{H}$ 和 $\boldsymbol{D}$ 的列矢量的和。因此,不可能用与任何固定信号匹配的一阶检测器来检测模型所表示的样本空间的子空间信号。

总的来说,得到估值 $\hat{\boldsymbol{p}} \in \mathcal{C}^{N\times 1}$ 后,子空间检测器正好就是与一阶信号$\hat{\boldsymbol{p}}$对应的检测器,不过在干扰噪声未知时有一个例外:如果门限是根据维度为 M 的子空间检测器的虚警概率相应的表达式来选取的。如果假设的信号子空间维度增加 1($1 \leqslant M < N$),而前 M 个维度保持与之前相同,有两个需要考虑的问题:①如果假设的信号 $\boldsymbol{p}$ 和实际信号 $\boldsymbol{v}$ 失配,增加子空间维度并不会增加广义的失配角。如果第($M+1$)个子空间维度恰好可以代表信号分量,新假设的信号模型就与实际的信号模型匹配,那就不会产生因失配造成的信号损耗。②随着假设的信号子空间维度的增加,残差干扰噪声电平也会增加,使性能降低。图 3.1 至图 3.3 说明,这两个作用竞争的结果,确定了检测器的性能。

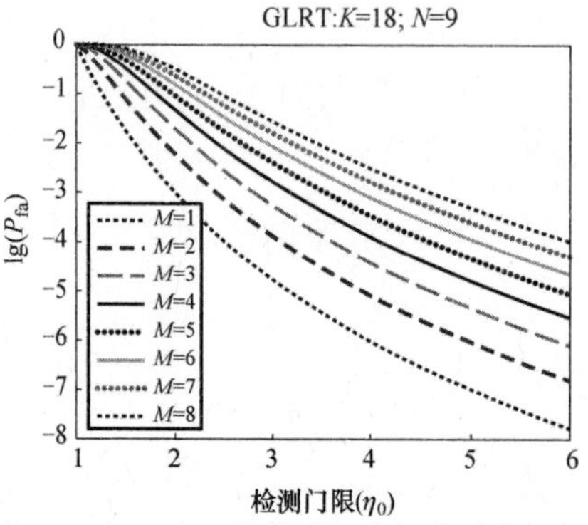

图 3.1 $\lg(P_{\mathrm{fa}})$随式(3.27)中子空间 GLRT 的门限η_0的变化,以 M 为参数.A(图中表明,为了维持虚警概率在确定的水平上,当信号子空间的维度 M 增加时,需要更高的检测门限。)

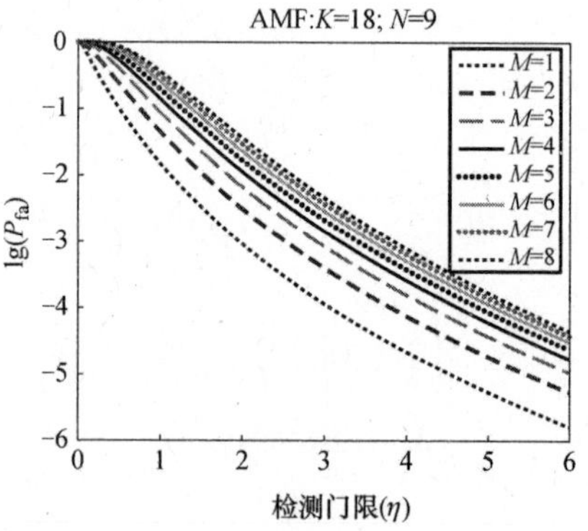

图 3.2 $\lg(P_{\mathrm{fa}})$随式(3.32)中子空间 AMF 的门限η_0的变化,以 M 为参数.B(图中表明,为了维持虚警概率在确定的水平上,当信号子空间的维度 M 增加时,需要更高的检测门限。)

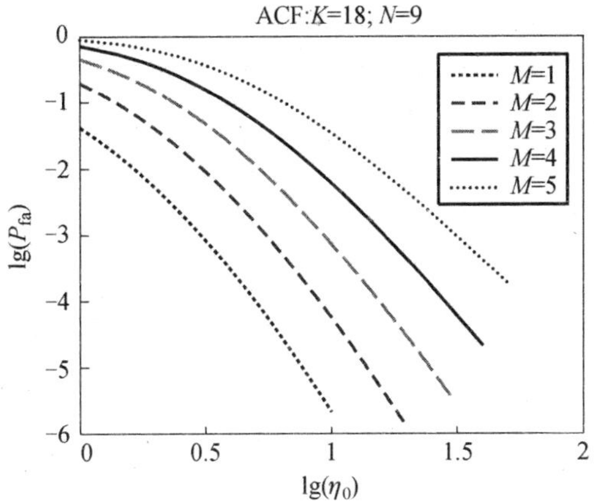

图 3.3　lg(P_{fa})随式(3.36)中子空间 ACE 的门限η_0的变化,以 M 为参数 . C
(图中表明,为了维持虚警概率在确定的水平上,当信号子空间的
维度增加时,需要更高的检测门限。)

图 3.1 至图 3.3 说明:随着信号子空间维度 M 的增加,残差干扰噪声信号功率也会相应增加。如图所示,lg(P_{fa})是检测门限的函数,以子空间维度 M 为参数。图 3.1 至图 3.3 分别代表的是 GLRT 检测器[式(3.47)]、AMF 检测器[式(3.49)]和 ACE 检测器[式(3.51)]。为了确定虚警概率为常数,图中显示随着子空间维度 M 的增加,检测门限也要相应增加。注意,为了计算需要,给定门限的虚警概率是通过计算数值二重积分来估计的,式(3.33)对应 AMF 检测器,式(3.37)对应 ACE 检测器。因为联合密度函数在 $0<r<1$ 和 $0<\rho<1$ 范围内的二重积分为 1,那么估计虚警概率(特别是对于$P_{fa}=10^{-4}$或者更小)就需要对数值误差进行控制,这在大多数的数值积分算法中可以规定为一种参数。式(3.34)和式(3.38)可用于估计检测概率,因为大量加减计算造成的数值误差无须像估计虚警概率那么准确。对于子空间 GLRT,式(3.30)和式(3.31)可分别用于计算检测概率和虚警概率。

检测干扰和噪声中的一阶信号时,随着假定的信号子空间维度从 $M=1$ 增加到 $M=5$,子空间检测器的检测性能下降,图 3.4 至图 3.6 分别给出 GLRT、AME 和 ACE 的结果。$M=1$ 时,假设的信号和实际检测到的信号是匹配的,因此失配角 $\theta=0°$。对于其他假设的信号子空间维度(即 M)的所有示例,信号矩阵 $\boldsymbol{H}$ 的第一列与实际信号匹配,失配角也为 0°。这些图形分别给出了对应子空间的 GLRT、AMF 和 ACE 检测器时检测概率作为 SINR(单位为 dB)的函数。每种情况下检测门限的设置标准是按照虚警概率为10^{-4}来设定的。训练矢量的数目 $K=18$,且每个训练矢量的维度为 $N=9$。选择 $K=2N$ 是为了演示方便。对于每一种检测器和给定的子空间维度 M,检测概率作为 SINR

的函数会从P_{fa}单调增加到1。如果失配角 $\theta=0°$,曲线表明在三种情况下检测概率会随着子空间维度 M 的增加而降低。图3.7所示的是检测概率为0.9时,增加子空间维度 M,三种子空间检测器的SINR损耗曲线。图中显示对于所有子空间维度 M,三种检测器的广义失配角 $\theta=0°$时的结果。门限的选择标准均为要求虚警概率为10^{-4}。对于给定的子空间检测器和检测概率,SINR损耗可定义为达到与 $M=1$ 时对应的检测器进行比较时,保持其他参数相同(比如K、N、P_{fa}),达到相同的检测概率(这里是0.9)所需的额外SINR(单位为dB)。因此根据定义,三种检测器的SINR损耗在 $M=1$ 时为0dB。子空间GLRT和AMF检测器的SINR损耗曲线图大致重合。如图3.7所示,对于子空间ACE检测器而言,SINR损耗随 M 增加会迅速增加。

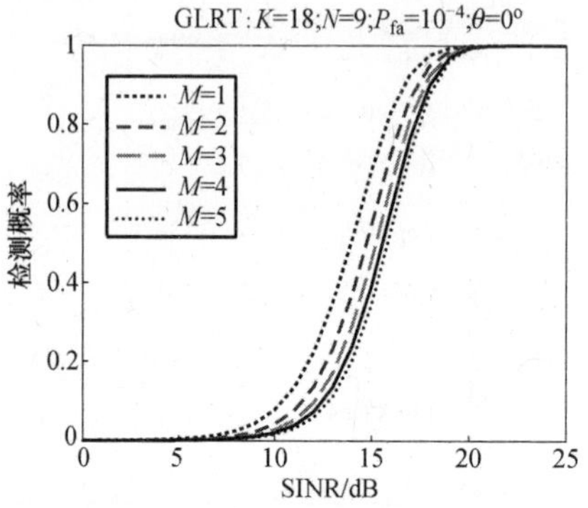

图3.4 不同信号子空间维度 M 的子空间GLET的P_d随SINR(dB)的变化,所有情况的检测门限选为使$P_{fa}=10^{-4}$

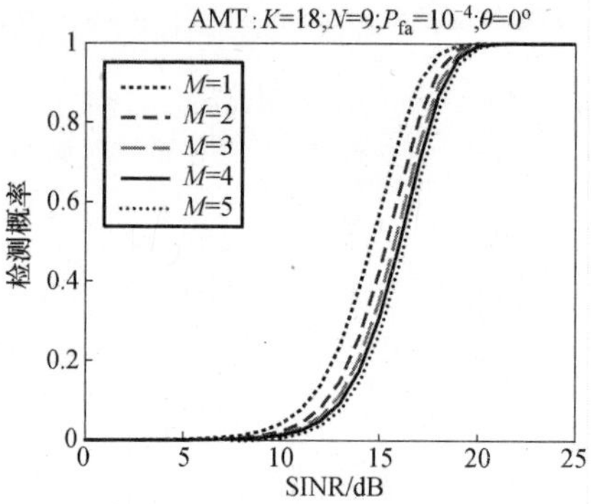

图3.5 不同信号子空间维度 M 的子空间AMF的P_d随SINR(dB)的变化,所有情况的检测门限选为使$P_{fa}=10^{-4}$

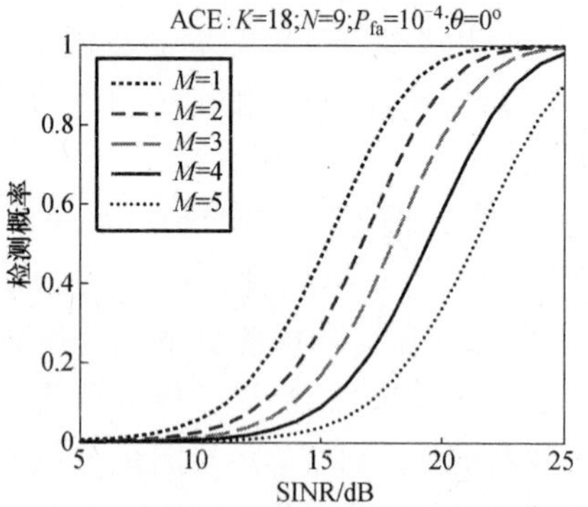

图3.6 不同信号子空间维度 M 的子空间ACE的P_d随SINR(dB)的变化,所有情况的检测门限选为使$P_{fa}=10^{-4}$

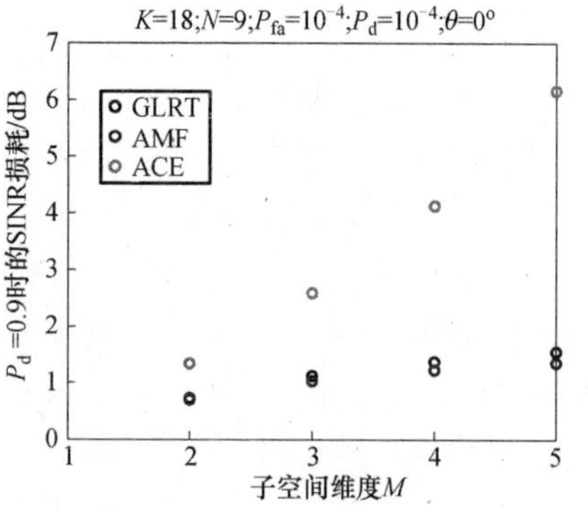

图3.7 子空间GLRT、AMF和ACE检测器在$P_d=0.9$时相对于 $M=1$ 的检测器所允许的额外SINR作为子空间维度 M 的函数,所有情况的失配角 $\theta=0°$

当 SINR 已知时,图 3.8 至图 3.10 所示的是在给定 SINR 时,检测概率 P_d 作为 $\cos^2\theta$ 的曲线,也就是分别为子空间 GLRT,AMF,ACE 检测器的广义失配角的余弦平方的曲线。这些图给出了不同假设的信号子空间维度是 M 时,P_d 与 $\cos^2\theta$ 的相互关系。需要注意的一个重要假设条件是:在每幅图中的不同曲线中,$\cos^2\theta$ 的值是作为横坐标上的独立变量选择的,而 SINR 的值保持固定。对于任意一个确定信号,当维度 M 增加时,失配角 $|\theta|$ 可能是常数也可能随之减少。这里所示的结果是 SINR = 20dB 的情况。其他假设量是:$K = 18$,$N = 9$,$P_{fa} = 10^{-4}$。可以通过三种子空间检测器的检测统计,得到它们在子空间维度 M 增加时的失配信号的抑制特征。如附录 3. A 中所示,子空间 GLRT,AMF 和 ACE 检测器(显示的是等效 ACE 统计值)的检测统计分别是:$(\boldsymbol{y}^{\dagger}\boldsymbol{P}_G\boldsymbol{y})/(1+\boldsymbol{y}^{\dagger}\boldsymbol{P}_G^{\perp}\boldsymbol{y})$,$(\boldsymbol{y}^{\dagger}\boldsymbol{P}_G\boldsymbol{y})$ 和 $(\boldsymbol{y}^{\dagger}\boldsymbol{P}_G\boldsymbol{y})/(\boldsymbol{y}^{\dagger}\boldsymbol{P}_G^{\perp}\boldsymbol{y})$。$\boldsymbol{P}_G$ 和 $\boldsymbol{P}_G^{\perp}$ 分别表示的是 M 维列空间的正交投影矩阵 $\boldsymbol{S}^{-1/2}\boldsymbol{H}$(表示为 $<\boldsymbol{S}^{-1/2}\boldsymbol{H}>$)和它在 $\mathcal{C}^{N\times 1}$ 中的正交分量子空间(维度 $N-M$)。矢量 $\boldsymbol{y}$ 由矢量 $\boldsymbol{z}$ 表示:$\boldsymbol{y}=\boldsymbol{S}^{-1/2}\boldsymbol{z}$。相比 AMF 检测器,GLRT 和 ACE 检测器能对失配信号进行更有效的抑制,其原因就是GLRT和 ACE 统计值的 $\boldsymbol{y}^{\dagger}\boldsymbol{P}_G^{\perp}\boldsymbol{y}$ 这个部分。较强的失配信号分量的出现会对这个部分产生很大影响,降低 GLRT 和 ACE 检测器的检测统计量。但它对于 AMF 测试统计量没有影响。如果 SINR 较高,独立地将失配角选定为 $\theta=90^{\circ}$,那么如图 3.9 所示,AMF 检测器的统计量将随着子空间维度 M 的增加而增加。

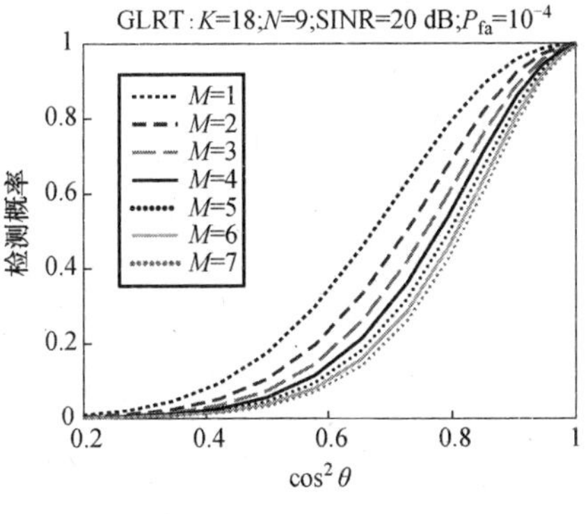

图 3.8 取不同信号子空间维度 M 时,子空间 GLRT 检测器的检测概率作为 $\cos^2\theta$ 的函数,所有情况的虚警概率为 10^{-4},SINR = 20dB。图形表明了子空间 GLRT 的失配信号抑制特性

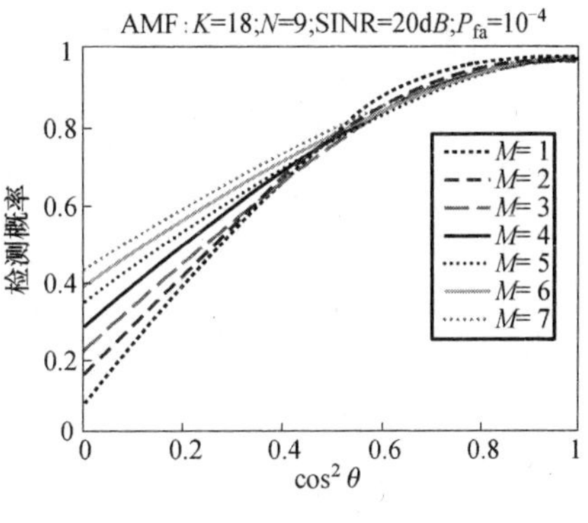

图 3.9 不同信号子空间维度 M 时,子空间 AMF 检测器的检测概率作为 $\cos^2\theta$ 的函数,所有情况的虚警概率为 10^{-4},SINR = 20dB。图形表明子空间 AMF 的失配信号抑制特征

图 3.8 和图 3.10 分别表示给定 SINR 和失配角 θ(规定为独立的量),GLRT 和 ACE 的检测概率随着子空间维度 M 的增加而降低。对检测器而言,这也意味着选择最小的子空间维度是最理想的。如图 3.9 所示,通过比较,增加子空间维度 M 对于 AMF 检测器会产生不同的效果。

图 3.11 至图 3.13 所示分别是 GLRT、AMF 和 ACE 检测器在假设信号与实际信号之间失配所带来的效果。如式(3.66)中的定义,三幅图分别表示的是检测概率与失配角余弦平方$\cos^2\theta$ 的函数关系。图中所示的是信号子空间维度分别是 $M=1$ 和 $M=2$ 时的子空间检测器以 SINR(dB)为参数。对三种检

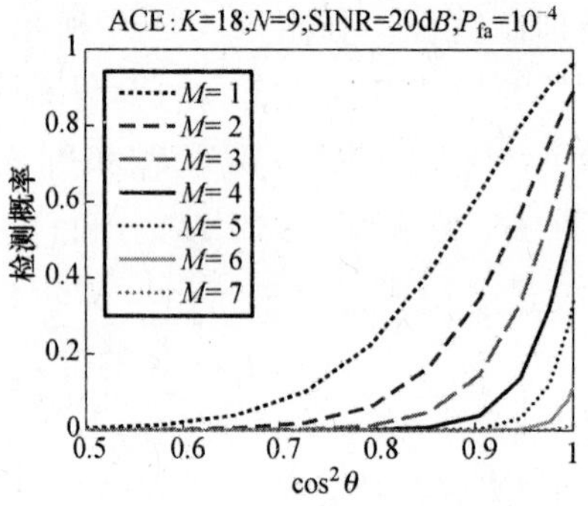

图 3.10　不同信号子空间维度 M 时,子空间 ACE 检测器的检测概率作为$\cos^2\theta$ 函数,所有情况的虚警概率为10^{-4},SINR = 20dB。图形表明了子空间 ACE 的失配信号抑制特征

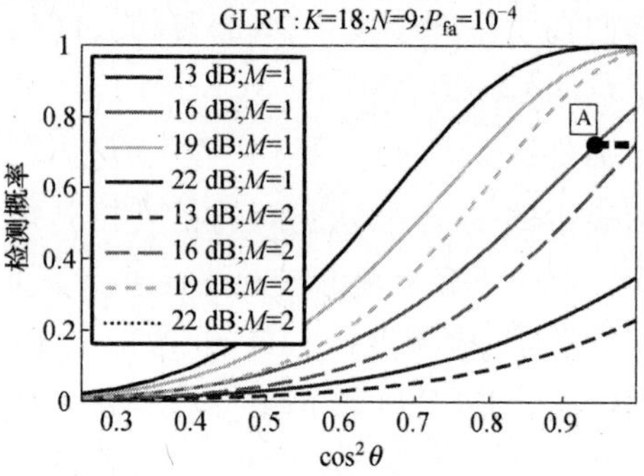

图 3.11　不同 SINR(dB)时子空间GLRT 检测器的P_d作为$\cos^2\theta$ 的函数,$M=1$ 为实线,$M=2$ 为虚线)。所有情况的虚警概率为10^{-4}

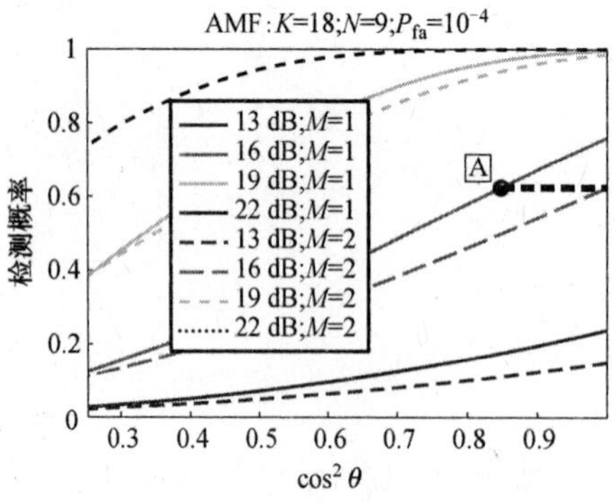

图 3.12　不同 SINR(dB)时子空间 AMF 检测器的P_d作为$\cos^2\theta$ 的函数,$M=1$ 为实线,$M=2$ 为虚线。所有情况的虚警概率为10^{-4}

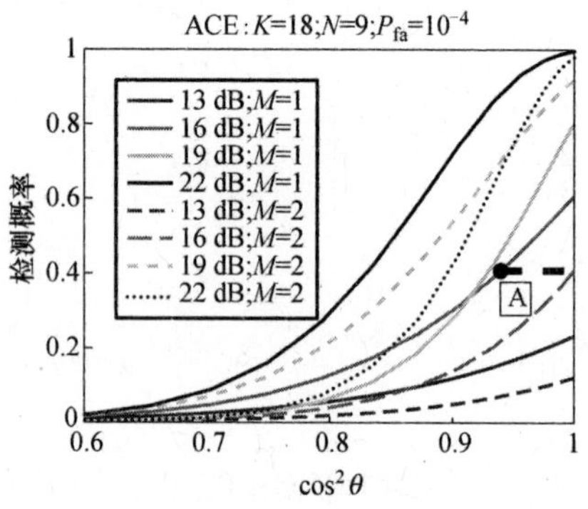

图 3.13　不同 SINR(dB)时子空间 ACE 检测器的P_d作为$\cos^2\theta$ 的函数,$M=1$ 为实线,$M=2$ 为虚线。所有情况的虚警概率为10^{-4}

测器均设定 $K=18$, $N=9$ 以及 $P_{\mathrm{fa}}=10^{-4}$。为了方便说明,我们考虑的是曲线上标 A 的点。对三种检测器而言,点 A 都出现在 $\cos^2\theta$ 与 P_{d} 的关系曲线上 SINR = 16dB, $M=1$ 的地方。对于 GLRT、AMF 和 ACE 三种情况,A 的坐标 $(\cos^2\theta, P_{\mathrm{d}})$ 分别为 (0.944,0.724),(0.85,0.624) 和 (0.94,0.41)。点 A 的 $\cos^2\theta$ 值选择的标准是:SINR = 16dB, $M=1$ 的检测概率正好是对应检测器在子空间维度 $M=2$,SINR = 16dB,失配角 $\theta=0^{\circ}$,而其他量保持不变时的检测概率。

因此,当 $M=2$ 时,假设把失配信号作为信号矩阵 $\boldsymbol{H}$ 的第2列,GLRT、AMF 和 ACE 三种子空间检测器对应的坐标将分别为 $(\cos^2\theta, P_{\mathrm{d}})=(1,0.724)$,(1,0.624),(1,0.41)。注意当 $M=1$ 且信号失配时的检测概率与 $M=2$ 但没有失配时对应的检测器的检测概率是相同的。这三组坐标也分别是 $(\cos^2\theta, P_{\mathrm{d}})$ 平面中,水平虚线与垂直的 $\cos^2\theta=1$ 线以及 $M=2$ 时 SINR = 16dB 的 $\cos^2\theta$ 随 P_{d} 变化的曲线的交点。很明显,从这几幅图可以看出,与 $M=2$(匹配)的子空间检测器在 SINR = 16dB 时的曲线上 A 点右侧的点相比, $M=1$(失配)时的子空间检测器的检测概率更高。类似的,与 $M=2$(匹配)时的子空间检测器在 SINR = 16dB 曲线上 A 点左侧的点相比, $M=1$(失配)时的检测概率更低。点 A 就是两种相互对立因素平衡的位置(也就是说,当信号子空间维度 M 增加时,残差干扰噪声功率增加,同时信号失配误差降低,它们彼此平衡)。注意:之所以将点 A 的位置选择在 SINR = 16dB 这条曲线上,只是为了方便说明,对于其他 SINR 值,也有同样的状态。

随着 SINR 的变化, $\cos^2\theta$ 对 P_{d} 的曲线上, $M=2$, $\theta=0^{\circ}$ 的检测概率的点的轨迹与 $M=1$、同样 SINR 的失配子空间检测器的 P_{d} 是一样的,在图3.14至图3.16中分别用黑点线表示子空间 GLRT、AMF 和 ACE 检测器的这个状态。其他参数,比如 K, N, P_{fa} 保持不变。为了清楚起见,这里的 $\cos^2\theta$ 对 P_{d} 的曲线是针对 $M=1$,而不是像图3.11至图3.13一样包括 $M=2$ 的结果。黑点线将 $\cos^2\theta$ 对 P_{d} 的曲线分隔成两个明显的区域。对于给定 SINR,分割线右侧的所有点,信号失配的 $M=1$ 的子空间检测器比 $M=2$ 且失配角为零对应的子空间检测器的检测概率高。类似的,给定 SINR,分割线左侧的所有点,信号失配的 $M=1$ 的子空间检测器比 $M=2$ 但失配角为零对应的子空间检测器的检测概率低。在后一种情况下,检测概率的差别可能会很大,如图中所示的曲线上的符号 A 和 B 表示的点,分别对应 SINR = 16dB 和 SINR = 13dB。点 A 和 B 的坐标就是子空间检测器在 $M=2$ 时(匹配)的检测概率,对于对应的 SINR 值,点 A 和 B 左侧点的坐标就是 $M=1$ 时子空间检测器的检测概率。这样,与 $M=1$ 时子空间检测器的检测概率相比,信号维度更高(例如, $M=1$,且匹配)的子空间检测器的检测概率明显要高,且取决于失配角。注意,信号模型中假定参数矢量 $\boldsymbol{\alpha}$ 是确定的,因此对于给定的带失配误差的模型,比如式(3.14)和式(3.16),可以用提高子空间维度的办法来提高系统检测性能。图3.17和图3.18中画出了三种检测器分别在 $M=1$ 和 $M=2$ 时的检测概率作为SINR(dB)的函数曲线,就说明了这一点。

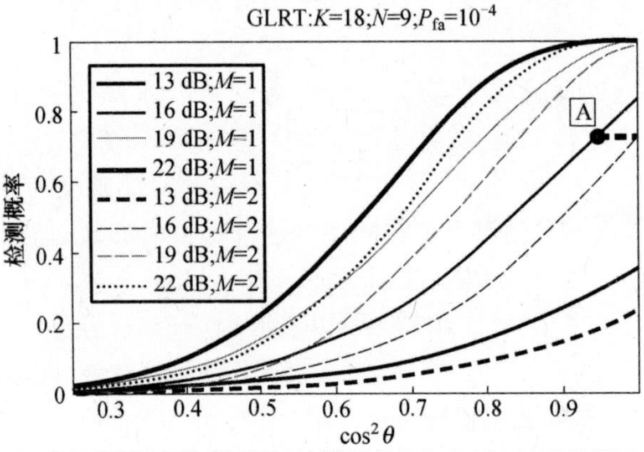

图3.14 不同SINR(dB)时GLRT($M=1$)的 P_d 作为 $\cos^2\theta$ 的函数 $M=2$ 的信号模式与假设完全匹配,因此 P_d 对应实线(给定SINR)和虚线(比如点A为SINR=16dB)的交点,为子空间检测器在 $M=2$ 时的检测概率。这样,对于虚线左边的失配角,$M=2$ 时增加子空间维度会增加检测概率。而在虚线的右边,则会减少检测概率。所有情况的虚警概率为 10^{-4}

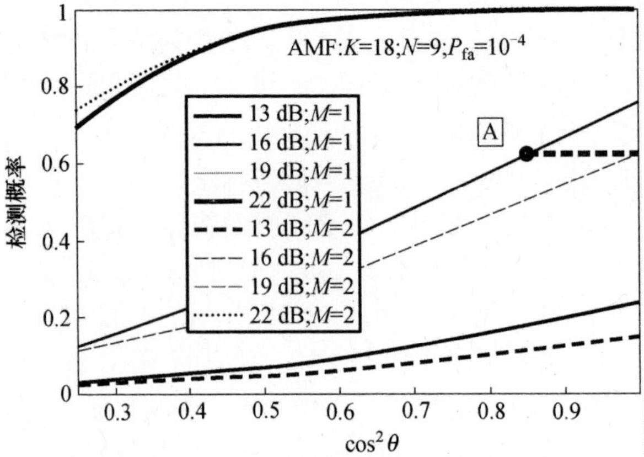

图3.15 对AMF检测器与图3.14对应的结果

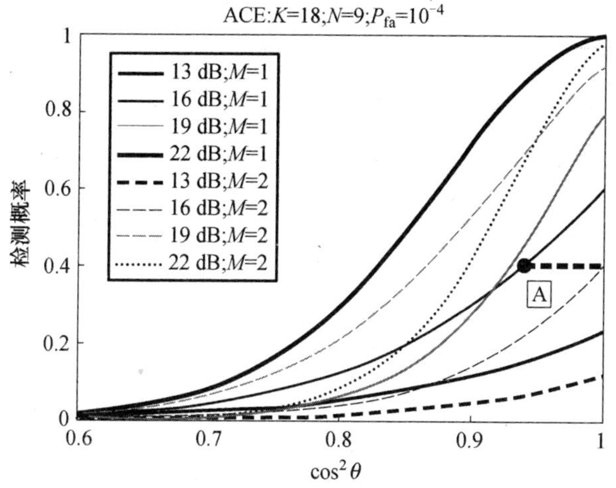

图 3.16　对 ACE 检测器与图 3.14 对应的结果

示例的具体情况如下：考虑一部搜索雷达，在干扰和噪声环境下探测来自点目标的信号回波，该目标落在给定的扇区内，基准为由 N 元均匀线性定义的正侧向，距离是假设的。例如，令假设的信号回波来自正侧向，就得到式(3.14)和式(3.16)定义的渐变协方差矩阵。在这个例子中，参数 $\alpha=0.05$。与信号协方差矩阵中大特征值对应的正交特征矢量就是信号子空间的基本矢量，可以比任何单一的方向矢量更准确地建模搜索扇区内的信号矢量。矩阵 $\boldsymbol{D}$ 的各列为信号协方差矩阵的正交特征矢量，其中 CMT 由式(3.14)和式(3.16)在取 $\alpha=0.05$ 时给出。特征矢量从左至右按照特征值大小降序排列。因此，当假设的信号子空间维度为 $M=1$ 时，假设的信号就是式(3.14)中的矩阵的最大特征值所对应的特征矢量，并带式(3.16)的渐变。举一个例子，考虑 $\alpha=0.05$ 时的实际信号 $\boldsymbol{v}=[1\ \mathrm{e}^{\mathrm{j}2\pi a}\mathrm{e}^{\mathrm{j}4\pi a}\cdots\mathrm{e}^{\mathrm{j}2(N-1)\pi a}]^{\dagger}$，对应的方向矢量指向的方位角 $\sin\phi=0.1$。因为检测器的虚警概率可以设置成与干扰噪声协方差矩阵不相关(CFAR 性质)，所以在本例中这个矩阵可以设为单位矩阵。当 $M=1$ 时，失配角为 $\cos^2\theta=0.5$，图 3.17 中所示的是三种子空间检测器的检测概率与 SINR(dB)的关系曲线。如果将假设的信号子空间维度提高到 $M=2$，会将失配角减少到 $\cos^2\theta=0.94$，图 3.18 中所示的是三种子空间检测器的检测概率与 SINR(dB)的关系曲线。注意改变信号子空间维度 M 并不会使 SINR 改变，只有失配角 θ 会发生变化。因此，相比图 3.17 中所示的检测器，信号子空间维度每增加 1，就可以大幅度提高检测性能，如图 3.18 所示。

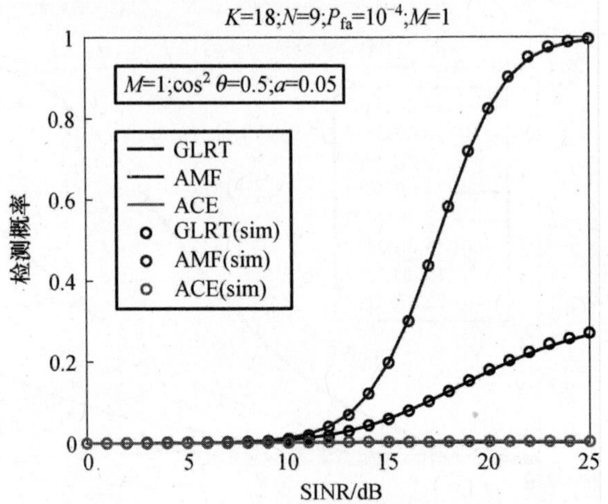

图 3.17 三种检测器的P_d随 SINR 的变化。矩阵 $\boldsymbol{D}$ 的列为信号协方差矩阵的正交特征矢量，其 CMT 如式(3.14)和式(3.16)中的定义，且 $\alpha=0.05$。结果是针对三个检测器在信号子空间维度为 $M=1$ 时，矩阵 $\boldsymbol{H}$ 是 $\boldsymbol{D}$ 的第一列。在这个例子中，实际信号与假设信号不匹配。$\cos^2\theta=0.5$。所有情况的虚警概率为10^{-4}。实线为分析结果，符号为计算机仿真结果

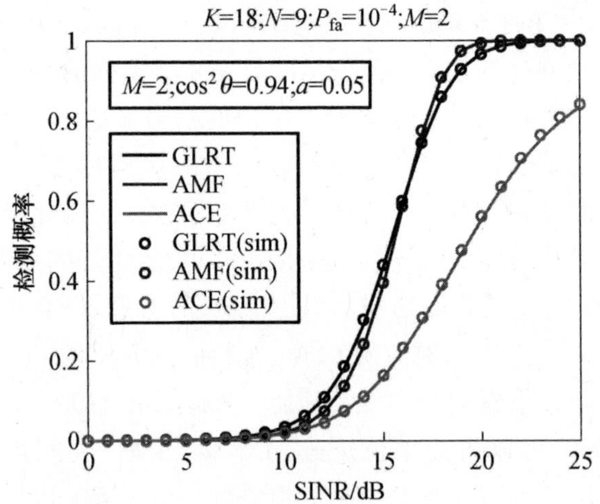

图 3.18 三种检测器的P_d随 SINR 的变化。矩阵 $\boldsymbol{D}$ 的列是信号协方差矩阵的正交特征矢量，其 CMT 如式(3.14)和式(3.16)中的定义，且 $\alpha=0.05$。结果是针对三种检测器在信号子空间维度为 $M=2$ 时，矩阵 $\boldsymbol{H}$ 是 $\boldsymbol{D}$ 的前两列。在这个例子中，实际信号与图 3.17 中是一样的，不过信号子空间的维度增加到$M=2$，而$\cos^2\theta=0.94$。所有情况的虚警概率为10^{-4}。实线为分析结果，符号为计算机仿真结果

3.6 小　结

本章首先简要回顾了二态假设检验,用于检测均值为零、协方差阵已知的高斯噪声中的已知信号。然后介绍了检测属于 M 维的子空间中的信号遇到的问题,以不变性的角度来看未知干扰环境下的检测,且 $1 \leqslant M \leqslant N$。如文中所述,除 $M=1$ 的情况外,子空间信号提供了建模本章所述的各种不同误差造成的不确定性的方法,它们通常不会在乘一个非零因子后成为已知。我们指出,假设检验中的不变框架可以给出系统性的方法,处理大量在这些问题中固有的冗余参数,得到具有 CFAR 特征的子空间检测器。有了 CFAR 特性,接收机可以为任选的不变量假设检验和假设的信号子空间维度 M 选择适合的检测门限,而不需要知道干扰噪声协方差矩阵,并且使虚警概率固定在某个需要的值上。所有不变检验的统计值是由最大不变统计构成的,如果信号子空间维度范围是$1 \leqslant M \leqslant N$,可以证明,最大不变统计为二维统计。当 $M=N$ 时,最大不变统计量缩减为单个标量统计。我们推导了空假设H_0和有假设H_1下的最大不变统计量的联合 PDF。对联合 PDF 的分析包括模型失配误差,即假设的输入信号子空间模型$\boldsymbol{p}=\boldsymbol{H}\boldsymbol{\alpha}$与实际的输入信号失配,后者的形式为:$\boldsymbol{v}=[\boldsymbol{H}\ \boldsymbol{H}_{\perp}]\boldsymbol{\gamma}$,如式(3.12)所述。$N \times M$矩阵 $\boldsymbol{H}$ 为已知,由线性独立的列组成。$\boldsymbol{H}$ 的列空间标记为 $<\boldsymbol{H}>$,是假设信号 $\boldsymbol{p}$ 的子空间。类似的,矩阵$\boldsymbol{H}_{\perp}$的 $N \times (N-M)$ 列代表了与假设的信号子空间正交的子空间。子空间 $<\boldsymbol{H}>$ 与 $<\boldsymbol{H}_{\perp},>$ 是相互正交的,并且是$\mathcal{C}^{N \times 1}$的互补子空间。在我们的模型中,矢量 $\boldsymbol{\alpha} \in \mathcal{C}^{M \times 1}$ 和 $\boldsymbol{\gamma} \in \mathcal{C}^{N \times 1}$ 分别为确定、未知的,在知道确定的输入信号时,这些矢量会引入了不确定性。

虽然根据二维最大不变统计可以构建无数个不变检验,但这里我们将性能分析局限于 GLRT、AMF 和 ACE 这几种子空间检测器。我们推导出了三种子空间检测器的虚警概率和检测概率的解析表达式,并考虑了信号模型失配误差的情况。当 $M=1$ 时,如果方向矢量 $\boldsymbol{p}$ 被信号矢量估计值$\hat{\boldsymbol{p}}=\boldsymbol{H}(\boldsymbol{H}^{\dagger}\boldsymbol{S}^{-1}\boldsymbol{H})^{-1}\boldsymbol{H}^{\dagger}\boldsymbol{S}^{-1}\boldsymbol{z}$ 替代,每一种子空间检测器在形式上与对应的检测器都是一样的。每一种子空间检测器的门限电平需比对应的检测器在 $M=1$ 时的高,以保持虚警概率不变。估计的信号矢量$\hat{\boldsymbol{p}}$是随机的,因为估计的干扰噪声协方差矩阵 $\boldsymbol{S}$ 和测试矢量 $\boldsymbol{z}$ 中的干扰噪声是随机量,与信号本身无关。将 $\boldsymbol{\alpha}$ 和 $\boldsymbol{\gamma}$ 作为随机矢量,可以考虑信号模型本身固有的随机效应。这里并没有对信号模型本身的随机影响进行分析,因为它超出了本章的内容范围。

对于确定的信号,我们已证明,增加子空间维度 M 可以降低 $M=1$ 时,信号失配误差造成检测性能的损失。只有在 $M=1$ 时广义失配角$(0 \leqslant \theta \leqslant \pi/2)$大于某一个失配角门限,才能提高检测性能。对于给定的 SINR,如果 $M=1$ 的检测器的检测概率等于 $M=2$ 时没有信号失配误差的对应的检测器的检测概率,这时的门限角度就是失配角门限。除了失配角，$M=1$ 和 $M=2$ 时的其他量是相同的。失配角门限是 SINR 的函数，广义的失配角余弦平方的门限通常会随着 SINR 的增加而逐渐接近$\cos^2\theta=1$。因此，如果广义的失配角误差的余弦平方大于门限，就不可能单纯地通过提高信号子空间维度来降低由于信号模型失配误差所造成的检测性能的损失。在上述情况下，需要对假定的模型 $\boldsymbol{H}$ 进行调整。对小于模型的广义失配角误差的余弦平方，我们举例说明了可以通过提高信号子空间维度值来减少检测性能的损失。我们对一阶信号的外积做了协方差矩阵的变换，得到的矩阵的特征矢量就定义了矩阵 $\boldsymbol{D}$ 的各列。

附 录 3A

本附录给出下列测试子空间信号检测器的推导：①GLRT；②AMF；③ACE。

首先给出多元复高斯 PDF：

$$f(\boldsymbol{z},\boldsymbol{Y}\mid\boldsymbol{R},\boldsymbol{H}_0)=\frac{\mathrm{e}^{-\mathrm{Tr}[\boldsymbol{R}^{-1}[\boldsymbol{z}\boldsymbol{z}^{\dagger}+\boldsymbol{Y}\boldsymbol{Y}^{\dagger}]]}}{\pi^{(K+1)N}[\det(\boldsymbol{R})]^{(K+1)}} \tag{3.40}$$

式中，$\boldsymbol{R}$ 为未知的干扰加噪声协方差矩阵；Tr[ ]为迹算子；† 代表一个矩阵的 Hermitian 转置。这里采用的干扰模型假定一次矢量（即测试矢量）和二次矢量（即训练矢量）在统计上相互独立，具有相同的协方差矩阵。在选择有假设$\boldsymbol{H}_1$时，一次数据和二次数据为

$$f(\boldsymbol{z},\boldsymbol{Y}\mid\boldsymbol{R},\boldsymbol{p},\boldsymbol{H}_1)=\frac{\mathrm{e}^{-\mathrm{Tr}[\boldsymbol{R}^{-1}[(\boldsymbol{z}-\boldsymbol{p})(\boldsymbol{z}-\boldsymbol{p})^{\dagger}+\boldsymbol{Y}\boldsymbol{Y}^{\dagger}]]}}{\pi^{(K+1)N}[\det(\boldsymbol{R})]^{(K+1)}} \tag{3.41}$$

信号矢量 $\boldsymbol{p}$ 的模型参见 3.3 节中式(3.12)的描述。

A.1 GLRT 的子空间模式

基于假设H_0，估计值$\hat{\boldsymbol{R}}_0=([\boldsymbol{z}\boldsymbol{z}^{\dagger}+\boldsymbol{Y}\boldsymbol{Y}^{\dagger}])/(K+1)$使式(3.40)中的似然函数最大。定义矩阵 $\boldsymbol{S}=\boldsymbol{Y}\boldsymbol{Y}^{\dagger}$，可得

$$\begin{aligned}\max_{\boldsymbol{R}}:f(\boldsymbol{z},\boldsymbol{Y}\mid\boldsymbol{R},H_0)&=f(\boldsymbol{z},\boldsymbol{Y}\mid\boldsymbol{R}=\hat{\boldsymbol{R}}_0,\boldsymbol{H}_0)\\&=c[\det(\boldsymbol{S}+\boldsymbol{z}\boldsymbol{z}^{\dagger})]^{-(K+1)}\end{aligned} \tag{3.42}$$

在上面第二个表达式中，c 是与数据无关的常量，因此是无关紧要的。同样，估计值$\hat{\boldsymbol{R}}_1=([\boldsymbol{z}-\boldsymbol{H}\boldsymbol{\alpha}][\boldsymbol{z}-\boldsymbol{H}\boldsymbol{\alpha}]^{\dagger}+\boldsymbol{Y}\boldsymbol{Y}^{\dagger})/(K+1)$ 在给定 $\boldsymbol{p}=\boldsymbol{H}\boldsymbol{\alpha}$ 时使式(3.41)中的似然函数最大。因此，有

$$\begin{aligned}\max_{\boldsymbol{R}}:f(\boldsymbol{z},\boldsymbol{Y}\mid\boldsymbol{R},\boldsymbol{\alpha},\boldsymbol{H}_1)&=f(\boldsymbol{z},\boldsymbol{Y}\mid\boldsymbol{R}=\hat{\boldsymbol{R}}_1,\boldsymbol{\alpha},\boldsymbol{H}_1)\\&=c[\det(\boldsymbol{S}+[\boldsymbol{z}-\boldsymbol{H}\boldsymbol{\alpha}][\boldsymbol{z}-\boldsymbol{H}\boldsymbol{\alpha}]^{\dagger})]^{-(K+1)}\end{aligned} \tag{3.43}$$

如果 $K\geqslant N$，$\boldsymbol{S}$ 是概率为 1 的正定矩阵，因此上述行列式可以表示为

$$\begin{aligned}&\det(\boldsymbol{S}+[z-\boldsymbol{H\alpha}][z-\boldsymbol{H\alpha}]^\dagger)\\&=\det(\boldsymbol{S})(1+[z-\boldsymbol{H\alpha}]^\dagger\boldsymbol{S}^{-1}[z-\boldsymbol{H\alpha}])\end{aligned}\tag{3.44}$$

令 $\boldsymbol{H}^\dagger\boldsymbol{S}^{-1}[z-\boldsymbol{H\alpha}]=0$,在 $\boldsymbol{\alpha}$ 上取式(3.43)的最大值。把估计 $\hat{\boldsymbol{\alpha}}=(\boldsymbol{H}^\dagger\boldsymbol{S}^{-1}\boldsymbol{H})^{-1}\boldsymbol{H}^\dagger\boldsymbol{S}^{-1}z$代入式(3.43),再重新整理得到

$$\begin{aligned}&\max_{\boldsymbol{R},\boldsymbol{\alpha}}:f(z,\boldsymbol{Y}\mid\boldsymbol{R},\boldsymbol{\alpha},\boldsymbol{H}_1)=f(z,\boldsymbol{Y}\mid\boldsymbol{R}=\hat{\boldsymbol{R}}_1,\boldsymbol{\alpha}=\hat{\boldsymbol{\alpha}},\boldsymbol{H}_1)\\&=c\left[1+z^\dagger\boldsymbol{S}^{-1}z-z^\dagger\boldsymbol{S}^{-1}\boldsymbol{H}(\boldsymbol{H}^\dagger\boldsymbol{S}^{-1}\boldsymbol{H})^{-1}\boldsymbol{H}^\dagger\boldsymbol{S}^{-1}z\right]^{-(K+1)}\end{aligned}\tag{3.45}$$

取式(3.45)和式(3.42)中最大似然的比值得到检测统计量。取比值的$(K+1)$次根,可将统计结果整理如下:

$$\frac{z^\dagger\boldsymbol{S}^{-1}\boldsymbol{H}(\boldsymbol{H}^\dagger\boldsymbol{S}^{-1}\boldsymbol{H})^{-1}\boldsymbol{H}^\dagger\boldsymbol{S}^{-1}z}{(1+z^\dagger\boldsymbol{S}^{-1}z)}\underset{\boldsymbol{H}_0}{\overset{\boldsymbol{H}_1}{\gtrless}}\eta\tag{3.46}$$

定义 $\boldsymbol{y}=\boldsymbol{S}^{-1/2}z$, $\boldsymbol{G}=\boldsymbol{S}^{-1/2}\boldsymbol{H}$,以及正交投影矩阵$\boldsymbol{P}_G=\boldsymbol{G}(\boldsymbol{G}^\dagger\boldsymbol{G})^{-1}\boldsymbol{G}^\dagger$, $\boldsymbol{P}_G^\perp=\boldsymbol{I}_N-\boldsymbol{P}_G$。注意 z 左乘$\boldsymbol{S}^{-1/2}$的目的是白化矢量中的干扰信号。$\boldsymbol{H}$ 左乘同样的矩阵,使 $\boldsymbol{H}$ 的列空间发生变换,$\boldsymbol{P}_G$是变换后的信号子空间的正交投影矩阵。式(3.27)中的子空间 GLRT 等效于

$$\frac{\boldsymbol{y}^\dagger\boldsymbol{P}_G\boldsymbol{y}}{(1+\boldsymbol{y}^\dagger\boldsymbol{P}_G^\perp\boldsymbol{y})}\underset{\boldsymbol{H}_0}{\overset{\boldsymbol{H}_1}{\gtrless}}\frac{\eta}{1-\eta}\tag{3.47}$$

上式就是子空间信号模式的 GLRT。有意思的是,文献[53,54]给出了可以适用于多 CPI 情况的一种 GLRT 的模式。

A.2　AMF 检验的子空间模式

删除式(3.46)中的$(1+z^\dagger\boldsymbol{S}^{-1}z)$,可以得到 AMF 检验的子空间版:

$$z^\dagger\boldsymbol{S}^{-1}\boldsymbol{H}(\boldsymbol{H}^\dagger\boldsymbol{S}^{-1}\boldsymbol{H})^{-1}\boldsymbol{H}^\dagger\boldsymbol{S}^{-1}z\underset{\boldsymbol{H}_0}{\overset{\boldsymbol{H}_1}{\gtrless}}\eta\tag{3.48}$$

如果从最大似然比的形成开始,从两种假设中代入$\hat{\boldsymbol{R}}=\boldsymbol{S}$,然后在未知矢量 $\boldsymbol{\alpha}$ 上取最大似然比的最大,也可以得到上述结果。

利用前面的定义,也可以由下式得到 AMF 检验:

$$\boldsymbol{y}^\dagger\boldsymbol{P}_G\boldsymbol{y}\underset{\boldsymbol{H}_0}{\overset{\boldsymbol{H}_1}{\gtrless}}\eta\tag{3.49}$$

A.3 ACE 检验的子空间模式

文献[55]和[56]分别讨论了匹配子空间检测器(MSD)及其自适应模式,即ACE 检验的子空间模式。当 $M=1$ 时,如果假设初始数据的干扰协方差矩阵是二次数据的干扰协方差矩阵乘以未知正常数,那么就可以推导出 ACE 检验的子空间模式。令初始数据干扰的协方差矩阵为 $q\boldsymbol{R}$,其中 $q>0$ 为未知。二次数据集合中干扰的协方差矩阵为 $\boldsymbol{R}$,也是未知的。要推导出 ACE 检验,将$\boldsymbol{H}_0$时的似然函数换成$\hat{\boldsymbol{R}}=\boldsymbol{Y}\boldsymbol{Y}^{\dagger}=\boldsymbol{S}$,得到最大似然比估计(MLE)的参数 $\boldsymbol{q}$,它不必包含样本协方差矩阵估计值中的因子K^{-1},因为这可以放在 $\boldsymbol{q}$ 中。MLE 为$\hat{\boldsymbol{q}}0=\boldsymbol{z}^{\dagger}\boldsymbol{S}^{-1}\boldsymbol{z}$,接下来将$\hat{\boldsymbol{R}}=\boldsymbol{Y}\boldsymbol{Y}^{\dagger}=\boldsymbol{S}$ 代入$\boldsymbol{H}_1$时的似然函数,得到 $\boldsymbol{\alpha}$ 和 $\boldsymbol{q}$ 的 MLE。估计值为

$$\hat{\boldsymbol{\alpha}}=(\boldsymbol{H}^{\dagger}\boldsymbol{S}^{-1}\boldsymbol{H})^{-1}\boldsymbol{H}^{\dagger}\boldsymbol{S}^{-1}\boldsymbol{z},\hat{\boldsymbol{q}}1=\boldsymbol{z}^{\dagger}\boldsymbol{S}^{-1}\boldsymbol{z}-\boldsymbol{z}^{\dagger}\boldsymbol{S}^{-1}\boldsymbol{H}(\boldsymbol{H}^{\dagger}\boldsymbol{S}^{-1}\boldsymbol{H})^{-1}\boldsymbol{H}^{\dagger}\boldsymbol{S}^{-1}\boldsymbol{z}$$

将估计值$\hat{\boldsymbol{R}}$,$\hat{\boldsymbol{\alpha}}$和$\hat{\boldsymbol{q}}_1$代入似然比,就得到 ACE 检验的子空间版:

$$\frac{\boldsymbol{z}^{\dagger}\boldsymbol{S}^{-1}\boldsymbol{H}(\boldsymbol{H}^{\dagger}\boldsymbol{S}^{-1}\boldsymbol{H})^{-1}\boldsymbol{H}^{\dagger}\boldsymbol{S}^{-1}\boldsymbol{z}}{(\boldsymbol{z}^{\dagger}\boldsymbol{S}^{-1}\boldsymbol{z})}\underset{\boldsymbol{H}_0}{\overset{\boldsymbol{H}_1}{\gtrless}}\eta \tag{3.50}$$

使用正交投影矩阵,上述检验为

$$\frac{\boldsymbol{y}^{\dagger}\boldsymbol{P}_G\boldsymbol{y}}{\boldsymbol{y}^{\dagger}\boldsymbol{y}}\underset{\boldsymbol{H}_0}{\overset{\boldsymbol{H}_1}{\gtrless}}\eta \tag{3.51}$$

作为 $M=1$ 的一个示例,令 $\boldsymbol{p}=\boldsymbol{H}\in\mathcal{C}^{N\times1}$,那么式(3.46)、式(3.48)和式(3.50)中的 GLRT、AMF 和 ACE 检验的子空间信号版将产生下面形式的检验:

$$\frac{|\boldsymbol{p}^{\dagger}\boldsymbol{S}^{-1}\boldsymbol{z}|^2}{(\boldsymbol{p}^{\dagger}\boldsymbol{S}^{-1}\boldsymbol{p})(1+\boldsymbol{z}^{\dagger}\boldsymbol{S}^{-1}\boldsymbol{z})}\underset{\boldsymbol{H}_0}{\overset{\boldsymbol{H}_1}{\gtrless}}\eta$$

$$\frac{|\boldsymbol{p}^{\dagger}\boldsymbol{S}^{-1}\boldsymbol{z}|^2}{\boldsymbol{p}^{\dagger}\boldsymbol{S}^{-1}\boldsymbol{p}}\underset{\boldsymbol{H}_0}{\overset{\boldsymbol{H}_1}{\gtrless}}\eta \tag{3.52}$$

$$\frac{|\boldsymbol{p}^{\dagger}\boldsymbol{S}^{-1}\boldsymbol{z}|^2}{(\boldsymbol{p}^{\dagger}\boldsymbol{S}^{-1}\boldsymbol{p})(\boldsymbol{z}^{\dagger}\boldsymbol{S}^{-1}\boldsymbol{z})}\underset{\boldsymbol{H}_0}{\overset{\boldsymbol{H}_1}{\gtrless}}\eta$$

注意,给定虚警概率,上述三种检验的门限 η 是不同的。对于子空间检测器,可以注意到:未知参数矢量 $\boldsymbol{\alpha}\in\mathcal{C}^{M\times1}$ 可以估计为$\hat{\boldsymbol{\alpha}}=(\boldsymbol{H}^{\dagger}\boldsymbol{S}^{-1}\boldsymbol{H})^{-1}\boldsymbol{H}^{\dagger}\boldsymbol{S}^{-1}\boldsymbol{z}$,信号矢

量 $\boldsymbol{p}\in\mathcal{C}^{N\times1}$ 对应的估计值为 $\hat{\boldsymbol{p}}=\boldsymbol{H}\hat{\boldsymbol{\alpha}}=\boldsymbol{H}(\boldsymbol{H}^{\dagger}\boldsymbol{S}^{-1}\boldsymbol{H})^{-1}\boldsymbol{H}^{\dagger}\boldsymbol{S}^{-1}\boldsymbol{z}$,那么对于信号 $\hat{\boldsymbol{p}}$,三个子空间检测器分别对应下面的一阶信号检测器:

$$\frac{|\hat{\boldsymbol{p}}^{\dagger}\boldsymbol{S}^{-1}\boldsymbol{z}|^2}{(\hat{\boldsymbol{p}}^{\dagger}\boldsymbol{S}^{-1}\hat{\boldsymbol{p}})(1+\boldsymbol{z}^{\dagger}\boldsymbol{S}^{-1}\boldsymbol{z})}\underset{\boldsymbol{H}_0}{\overset{\boldsymbol{H}_1}{\gtrless}}\eta$$

$$\frac{|\hat{\boldsymbol{p}}^{\dagger}\boldsymbol{S}^{-1}\boldsymbol{z}|^2}{\hat{\boldsymbol{p}}^{\dagger}\boldsymbol{S}^{-1}\hat{\boldsymbol{p}}}\underset{\boldsymbol{H}_0}{\overset{\boldsymbol{H}_1}{\gtrless}}\eta \tag{3.53}$$

$$\frac{|\hat{\boldsymbol{p}}^{\dagger}\boldsymbol{S}^{-1}\boldsymbol{z}|^2}{(\hat{\boldsymbol{p}}^{\dagger}\boldsymbol{S}^{-1}\hat{\boldsymbol{p}})(\boldsymbol{z}^{\dagger}\boldsymbol{S}^{-1}\boldsymbol{z})}\underset{\boldsymbol{H}_0}{\overset{\boldsymbol{H}_1}{\gtrless}}\eta$$

尽管上面列出的检测器形式与相应的一阶信号检测器相同,但需要注意的是信号 $\hat{\boldsymbol{p}}\in\mathcal{C}^{N\times1}$ 是一个随机矢量,门限 η 通常是用对应的子空间检测器的方程确定的。在式(3.52)中,当 $M=1$ 时,等式另一边的信号矢量 $\boldsymbol{p}$ 是一个确定性矢量。$\boldsymbol{p}$ 和 $\boldsymbol{v}$ 都是确定性矢量,估计的信号矢量 $\hat{\boldsymbol{p}}=\boldsymbol{H}(\boldsymbol{H}^{\dagger}\boldsymbol{S}^{-1}\boldsymbol{H})^{-1}\boldsymbol{H}^{\dagger}\boldsymbol{S}^{-1}\boldsymbol{z}$ 的随机性仅仅与估计的干扰噪声协方差矩阵 $\boldsymbol{S}$ 和测试矢量 $\boldsymbol{z}$ 中的干扰噪声有关,它们都是与信号无关的随机量。

附 录 3B

给定 $\mathcal{C}^{N\times1}$ 中的两个正交互补子空间的正交投影矩阵 $\boldsymbol{P}_G$ 和 $\boldsymbol{P}_G^{\perp}$,则有 $\boldsymbol{P}_G+\boldsymbol{P}_G^{\perp}=\boldsymbol{I}_N$。因此对于 $1\leqslant M\leqslant N$,有 $\|\boldsymbol{y}\|^2=\boldsymbol{y}^{\dagger}\boldsymbol{P}_G\boldsymbol{y}+\boldsymbol{y}^{\dagger}\boldsymbol{P}_G^{\perp}\boldsymbol{y}$,且式(3.47)、式(3.49)和式(3.51)中的检测统计可以用三个量值 $\|\boldsymbol{y}\|_2^2,\boldsymbol{y}^{\dagger}\boldsymbol{P}_G\boldsymbol{y},\boldsymbol{y}^{\dagger}\boldsymbol{P}_G^{\perp}\boldsymbol{y}$ 中的任意两个来表示。注意当 $M=N$ 时,$\boldsymbol{P}_G=\boldsymbol{I}_N$,因此如文献[57]中所述,二维统计结果缩减为标量统计结果 $\|\boldsymbol{y}\|_2^2$。矩阵 $\boldsymbol{H}$ 的列空间用 $<\boldsymbol{H}>$ 表示。

令 $\boldsymbol{U}$ 为酉阵,前 M 列可以作为 $<\boldsymbol{H}>$ 的正交基,$\boldsymbol{C}$ 为式(3.20)中定义的任何非奇异矩阵。注意,如式(3.20)所述,矩阵 $\boldsymbol{C}$ 的集合为群 $\mathcal{G}$。这一性质对于证明本附录中的结果非常有用。对于矩阵 $\boldsymbol{A}\in\mathcal{G}$,$\boldsymbol{B}\in\mathcal{G}$ 和 $\boldsymbol{D}\in\mathcal{G}$,有 $\boldsymbol{AB}\in\mathcal{G}$ $(\boldsymbol{AB})\boldsymbol{D}=\boldsymbol{A}(\boldsymbol{BD})$。单位矩阵 $\boldsymbol{I}_N\in\mathcal{G}$。对于每一个 $\boldsymbol{A}\in\mathcal{G}$,可得 $\boldsymbol{A}\boldsymbol{I}_N=\boldsymbol{I}_N\boldsymbol{A}=\boldsymbol{A}$,$\boldsymbol{A}^{-1}\in\mathcal{G}$,且 $\boldsymbol{A}\boldsymbol{A}^{-1}=\boldsymbol{A}^{-1}\boldsymbol{A}=\boldsymbol{I}_N$。

在本附录中,我们概述了二维统计[$\|\boldsymbol{y}\|_2^2\boldsymbol{y}^{\dagger}\boldsymbol{P}_G^{\perp}\boldsymbol{y}$]即子空间信号检测问题中的最大不变量的证明。这个证明包含两个独立的部分,分别在文献[27]中的附录 3C 和文献[17]的附录 3A 中进行了描述。第一部分需要证明,矩阵 $\boldsymbol{C}\,\boldsymbol{U}^{\dagger}$($\boldsymbol{C}$

$\in \mathcal{G}$)对数据的变换并不会使二维统计发生变化。在第二部分,我们需要证明,给定$\|\tilde{\boldsymbol{y}}\|_2^2=\|\boldsymbol{y}\|_2^2$且$\tilde{\boldsymbol{y}}^\dagger \boldsymbol{P}_{\tilde{G}}\tilde{\boldsymbol{y}}=\boldsymbol{y}^\dagger \boldsymbol{P}_G \boldsymbol{y}$,可找到矩阵$\boldsymbol{Q}\in\mathcal{G}$,使得$\tilde{\boldsymbol{z}}=\boldsymbol{Q}\boldsymbol{z}$,$\tilde{\boldsymbol{Y}}=\boldsymbol{QYV}$,其中$\boldsymbol{V}$是大小为$\boldsymbol{K}$的酉阵。

对于第一部分,令$\tilde{\boldsymbol{z}}=\boldsymbol{C}\,\boldsymbol{U}^\dagger\boldsymbol{z}$,$\tilde{\boldsymbol{Y}}=\boldsymbol{C}\,\boldsymbol{U}^\dagger\boldsymbol{YV}$,$\boldsymbol{H}=\boldsymbol{C}\,\boldsymbol{U}^\dagger\boldsymbol{H}$,其中$\boldsymbol{C}\in\mathcal{G}$。经过对式(3.23)的简单代换,很容易证明$\|\tilde{\boldsymbol{y}}\|_2^2=\|\boldsymbol{y}\|_2^2$,$\tilde{\boldsymbol{y}}^\dagger\boldsymbol{P}_{\tilde{G}}\tilde{\boldsymbol{y}}=\boldsymbol{y}^\dagger\boldsymbol{P}_G\boldsymbol{y}$(即用任何$\boldsymbol{C}\in\mathcal{G}$来转换数据都不会改变二维统计)。

为了使第二部分的证明简化,我们引用了文献[27]中的附录3C,其具体内容是针对类似的问题,在这里可以直接引用。根据正交投影矩阵$\boldsymbol{P}_G=\boldsymbol{S}^{-1/2}\boldsymbol{H}(\boldsymbol{H}^\dagger\boldsymbol{S}^{-1}\boldsymbol{H})^{-1}\boldsymbol{H}^\dagger\boldsymbol{S}^{-1/2}$和$\boldsymbol{y}=\boldsymbol{S}^{-1/2}\boldsymbol{z}$,可以证明:

$$\|\boldsymbol{y}\|_2^2=\boldsymbol{z}^\dagger\boldsymbol{S}^{-1}\boldsymbol{z};\boldsymbol{y}^\dagger\boldsymbol{P}_G\boldsymbol{y}=\boldsymbol{z}_{1.2}^\dagger\boldsymbol{S}_{1.2}^{-1}\boldsymbol{z}_{1.2};\boldsymbol{y}^\dagger\boldsymbol{P}_G^\perp\boldsymbol{y}=\boldsymbol{z}_2^\dagger\boldsymbol{S}_{22}^{-1}\boldsymbol{z}_2 \tag{3.54}$$

$$\|\tilde{\boldsymbol{y}}\|_2^2=\tilde{\boldsymbol{z}}^\dagger\tilde{\boldsymbol{S}}^{-1}\tilde{\boldsymbol{z}};\tilde{\boldsymbol{y}}^\dagger\boldsymbol{P}_{\tilde{G}}\tilde{\boldsymbol{y}}=\tilde{\boldsymbol{z}}_{1.2}^\dagger\tilde{\boldsymbol{S}}_{1.2}^{-1}\tilde{\boldsymbol{z}}_{1.2};\tilde{\boldsymbol{y}}^\dagger\boldsymbol{P}_{\tilde{G}}^\perp\tilde{\boldsymbol{y}}=\tilde{\boldsymbol{z}}_2^\dagger\tilde{\boldsymbol{S}}_{22}^{-1}\tilde{\boldsymbol{z}}_2 \tag{3.55}$$

被划分的矢量$\boldsymbol{z}$和矩阵$\boldsymbol{S}$分别示于式(3.68)和式(3.69)。矢量$\tilde{\boldsymbol{z}}$和$\tilde{\boldsymbol{S}}$的划分是类似的。定义$N\times N$阶预测矩阵$\boldsymbol{P}$、$\tilde{\boldsymbol{P}}$和白化矩阵$\boldsymbol{W}$、$\tilde{\boldsymbol{W}}$如下:

$$\boldsymbol{P}=\begin{bmatrix}\boldsymbol{I}_M & -\boldsymbol{S}_{12}\boldsymbol{S}_{22}^{-1}\\ 0 & \boldsymbol{I}_{(N-M)}\end{bmatrix};\boldsymbol{W}=\begin{bmatrix}\boldsymbol{S}_{1.2}^{-1/2} & 0\\ 0 & \boldsymbol{S}_{22}^{-1/2}\end{bmatrix} \tag{3.56}$$

$$\tilde{\boldsymbol{P}}=\begin{bmatrix}\boldsymbol{I}_M & -\tilde{\boldsymbol{S}}_{12}\tilde{\boldsymbol{S}}_{22}^{-1}\\ 0 & \boldsymbol{I}_{(N-M)}\end{bmatrix};\tilde{\boldsymbol{W}}=\begin{bmatrix}\tilde{\boldsymbol{S}}_{1.2}^{-1/2} & 0\\ 0 & \tilde{\boldsymbol{S}}_{22}^{-1/2}\end{bmatrix} \tag{3.57}$$

根据式(3.55)至式(3.57),可以证明,条件$\|\boldsymbol{y}\|_2^2=\|\tilde{\boldsymbol{y}}\|_2^2$,$\tilde{\boldsymbol{y}}^\dagger\boldsymbol{P}_{\tilde{G}}\tilde{\boldsymbol{y}}=\boldsymbol{y}^\dagger\boldsymbol{P}_G\boldsymbol{y}$导致

$$\|\boldsymbol{WPz}\|_2^2=\|\tilde{\boldsymbol{W}}\tilde{\boldsymbol{P}}\tilde{\boldsymbol{z}}\|_2^2 \tag{3.58}$$

那么,对于下列形式的酉阵U:

$$\boldsymbol{U}=\begin{bmatrix}\boldsymbol{U}_{1.2} & 0\\ 0 & \boldsymbol{U}_{22}\end{bmatrix} \tag{3.59}$$

可得

$$\tilde{\boldsymbol{z}}=\tilde{\boldsymbol{P}}^{-1}\tilde{\boldsymbol{W}}^{-1}\boldsymbol{UWPz} \tag{3.60}$$

将矩阵 C 和 Q 定义如下：

$$\begin{aligned} C &= \tilde{P}^{-1}\tilde{W}^{-1}UWP \\ Q &= C \end{aligned} \tag{3.61}$$

那么，有

$$\tilde{z} = Qz \tag{3.62}$$

由于矩阵 $\{\tilde{P}^{-1},\tilde{W}^{-1},U,W,P\}\in\mathcal{G}$，矩阵 Q 和 C 都属于群 $\mathcal{G}$，特别是规定了矩阵 $Q\in\mathcal{G}$，使得 $\tilde{z}=Qz$。将式(3.62)代入 $\|y\|_2^2=\|\tilde{y}\|_2^2$，则 $\|y\|_2^2=z^\dagger S^{-1}z$，$\|\tilde{y}\|_2^2=\tilde{z}^\dagger\tilde{S}^{-1}\tilde{z}$，$\tilde{S}=\tilde{Y}\tilde{Y}^\dagger$，且 $S=YY^\dagger$，可以发现 $\tilde{Y}=GYV$，其中 V 是大小为 K 的酉阵。

附录 3C

在本节中，我们推导了子空间信号模型中空假设 H_0 和有假设 H_1 条件下的最大不变统计的联合 PDF。分析中包含了假设信号子空间和实际信号子空间之间失配的情况。假设对给定的数据集实施一系列的变换，就可以更容易地推导出最大不变统计的联合 PDF。由于干扰信号 R 的协方差矩阵是未知的，因此必须记得，在整个附录中对这些数据进行变换仅仅是为了完成分析的需要，而并非真的要对实际数据做变换。除了信号矩阵 H 和 D，我们在本附录中对转换后的随机矢量使用相同的表示符号，因为在限定上下文范围时并不会导致混淆，同时也会避免引入新符号表示的矢量。我们将矩阵 H 的列空间记为 $<H>$。

如附录 3B 中所示，二维统计 $[\|y\|_2^2 y^\dagger P_G y]$ 为子空间信号检测问题在 $1\leq M<N$ 时的最大不变量。注意当 $M=N$ 时，$P_G=I_N$，因此最大不变量成为随机标量 $\|y\|_2^2$，如文献[57]所示。可以验证，以下变换 $z\to R^{-1/2}z$，$Y\to R^{-1/2}Y$ 及 $H\to R^{-1/2}H$ 并不会改变 $\|y\|_2^2=z^\dagger S^{-1}z$ 和 $y^\dagger P_G y=z^\dagger S^{-1}H(H^\dagger S^{-1}H)^{-1}H^\dagger S^{-1}z$ 的值，即左乘一个非奇异矩阵，不会改变最初的假设检验问题。因此，为了便于分析，比较简便的方法是假设检验矢量和二次数据矢量已被上面的变换过程预先白化了。经过预白化操作之后，各个矩阵变为

$$\begin{aligned} &\bar{H}\triangleq R^{-1/2}H \\ &\bar{D}_2\triangleq R^{-1/2}H_\perp \\ &\bar{D}\triangleq R^{-1/2}D=R^{-1/2}[H\,H_\perp]\triangleq[\bar{H}\,\bar{D}_2] \\ &P_{\bar{H}}=\bar{H}(\bar{H}^\dagger\bar{H})^{-1}\bar{H}^\dagger=R^{-1/2}H(H^\dagger R^{-1}H)^{-1}H^\dagger R^{-1/2} \end{aligned} \tag{3.63}$$

尽管矩阵 $\boldsymbol{H}$ 和$\boldsymbol{H}_{\perp}$的列贯穿了$\mathcal{C}^{N\times 1}$中的正交和互补子空间，但对于一般的 $\boldsymbol{R}$，两个子空间 $<\boldsymbol{R}^{-1/2}\boldsymbol{H}>$ 和 $<\boldsymbol{R}^{-1/2}\boldsymbol{H}_{\perp}>$ 是不正交的。因此，在上式中我们将变换后的矩阵$\boldsymbol{R}^{-1/2}\boldsymbol{H}_{\perp}$表示为$\overline{\boldsymbol{D}}_2$（而不是$\overline{\boldsymbol{H}}_{\perp}$），上述最后一个公式定义了子空间 $<\overline{\boldsymbol{H}}>$ 的正交投影矩阵。变换后的检验矢量的分布为：H_0为 $\boldsymbol{z}\sim\mathcal{CN}(\boldsymbol{0}_{N\times 1},\boldsymbol{I}_N)$，$H_1$为$\boldsymbol{z}\sim\mathcal{CN}(\overline{\boldsymbol{D}}\boldsymbol{\gamma},\boldsymbol{I}_N)$。同样，变换后的二次数据矢量的分布为：两种假设条件下均为 $\boldsymbol{Y}\sim\mathcal{CN}(\boldsymbol{0}_{N\times K},\boldsymbol{I}_K\otimes\boldsymbol{I}_N)$。

接下来，转动坐标轴使 $<\overline{\boldsymbol{H}}>$ 中的任意矢量（即$\overline{\boldsymbol{H}}$的列空间，它是$\mathcal{C}^{N\times 1}$中 M 维的子空间）都可以用变换后矢量的前 M 个分量来表示。原则上讲，变换后信号矩阵的奇异值分解导致$\overline{\boldsymbol{H}}=\overline{\boldsymbol{U}}\overline{\boldsymbol{B}}\overline{\boldsymbol{V}}^{\dagger}$，左乘单位矩阵$\overline{\boldsymbol{U}}^{\dagger}$可以实现对坐标轴的旋转。将坐标轴旋转后再进行预先白化则将所有矢量分为两个分量（保留原始标识）：$\boldsymbol{z}=[\boldsymbol{z}_1^{\dagger}\boldsymbol{z}_2^{\dagger}]^{\dagger}$，$\boldsymbol{z}_1\in\mathcal{C}^{M\times 1}$和$\boldsymbol{z}_2\in\mathcal{C}^{(N-M)\times 1}$。同理，二次数据选择和预先白化后的分量为：$\boldsymbol{Y}_1\in\mathcal{C}^{M\times K}$和$\boldsymbol{Y}_2\in\mathcal{C}^{(N-M)\times K}$。因为原始数据被建模为多元高斯分布，那么变换后数据的分布情况仍满足多元高斯分布，因此有H_1：$\boldsymbol{z}\sim\boldsymbol{CN}(\overline{\boldsymbol{U}}^{\dagger}\overline{\boldsymbol{D}}\boldsymbol{\gamma},\boldsymbol{I}_N)$ 其中，$\overline{\boldsymbol{U}}^{\dagger}\overline{\boldsymbol{D}}\boldsymbol{\gamma}=[\boldsymbol{v}_1^{\dagger}\boldsymbol{v}_2^{\dagger}]^{\dagger}$，且$\boldsymbol{v}_1\in\mathcal{C}^{M\times 1}$和$\boldsymbol{v}_2\in\mathcal{C}^{(N-M)\times 1}$。坐标轴的旋转保留了信号的平方幅度信息，因此有

$$\begin{aligned}\|\boldsymbol{v}_1\|_2^2+\|\boldsymbol{v}_2\|_2^2&=\boldsymbol{\gamma}^{\dagger}\overline{\boldsymbol{D}}^{\dagger}\overline{\boldsymbol{U}}\,\overline{\boldsymbol{U}}^{\dagger}\overline{\boldsymbol{D}}\boldsymbol{\gamma}\\&=\boldsymbol{\gamma}^{\dagger}\boldsymbol{D}^{\dagger}\boldsymbol{R}^{-1/2}\overline{\boldsymbol{U}}\,\overline{\boldsymbol{U}}^{\dagger}\boldsymbol{R}^{-1/2}\boldsymbol{D}\boldsymbol{\gamma}\\&=\boldsymbol{v}^{\dagger}\boldsymbol{R}^{-1}\boldsymbol{v}=\boldsymbol{\gamma}^{\dagger}\boldsymbol{D}^{\dagger}\boldsymbol{R}^{-1}\boldsymbol{D}\boldsymbol{\gamma}\end{aligned}\tag{3.64}$$

由式(3.12)可知，上式中 $\boldsymbol{v}=\boldsymbol{D}\boldsymbol{\gamma}$。$\|\boldsymbol{v}_1\|_2^2$是子空间 $<\overline{\boldsymbol{U}}^{\dagger}\boldsymbol{R}^{-1/2}\boldsymbol{H}>$ 中的信号$\overline{\boldsymbol{U}}^{\dagger}\overline{\boldsymbol{D}}\boldsymbol{\gamma}$ 的幅度平方，也是子空间 $<\boldsymbol{R}^{-1/2}\boldsymbol{H}>$ 中信号$\overline{\boldsymbol{D}}\boldsymbol{\gamma}$ 的幅度平方。因此，

$$\begin{aligned}\|\boldsymbol{v}_1\|_2^2&=\|(\overline{\boldsymbol{U}}^{\dagger}\boldsymbol{P}_{\overline{H}}\overline{\boldsymbol{U}})\,\overline{\boldsymbol{U}}^{\dagger}\overline{\boldsymbol{D}}\boldsymbol{\gamma}\|_2^2=\|\boldsymbol{P}_{\overline{H}}\overline{\boldsymbol{D}}\boldsymbol{\gamma}\|_2^2\\&=\boldsymbol{\gamma}^{\dagger}\boldsymbol{D}^{\dagger}\boldsymbol{R}^{-1}\boldsymbol{H}(\boldsymbol{H}^{\dagger}\boldsymbol{R}^{-1}\boldsymbol{H})^{-1}\boldsymbol{H}^{\dagger}\boldsymbol{R}^{-1}\boldsymbol{D}\boldsymbol{\gamma}\end{aligned}\tag{3.65}$$

有必要将广义失配角 θ 和 SINR δ 定义如下：

$$\cos^2\theta\triangleq\frac{\|\boldsymbol{v}_1\|_2^2}{\|\boldsymbol{v}\|_2^2}=\frac{\boldsymbol{\gamma}^{\dagger}\boldsymbol{D}^{\dagger}\boldsymbol{R}^{-1}\boldsymbol{H}(\boldsymbol{H}^{\dagger}\boldsymbol{R}^{-1}\boldsymbol{H})^{-1}\boldsymbol{H}^{\dagger}\boldsymbol{R}^{-1}\boldsymbol{D}\boldsymbol{\gamma}}{\boldsymbol{\gamma}^{\dagger}\boldsymbol{D}^{\dagger}\boldsymbol{R}^{-1}\boldsymbol{D}\boldsymbol{\gamma}}\tag{3.66}$$

$$\delta=\boldsymbol{\gamma}^{\dagger}\boldsymbol{D}^{\dagger}\boldsymbol{R}^{-1}\boldsymbol{D}\boldsymbol{\gamma}\tag{3.67}$$

预先白化和坐标旋转后的二次数据矩阵是多维高斯的，并且对于假设$\boldsymbol{H}_0$和$\boldsymbol{H}_1$，有 $\boldsymbol{Y}\sim\mathcal{CN}(\boldsymbol{0}_{N\times K},\boldsymbol{I}_K\otimes\boldsymbol{I}_N)$。变换后的矩阵和矢量按如下表示：

$$\boldsymbol{z}=\begin{bmatrix}\boldsymbol{z}_1\\\boldsymbol{z}_2\end{bmatrix};\quad\boldsymbol{Y}=\begin{bmatrix}\boldsymbol{Y}_1\\\boldsymbol{Y}_2\end{bmatrix}\tag{3.68}$$

$$\boldsymbol{S}=\begin{bmatrix}\boldsymbol{S}_{11} & \boldsymbol{S}_{12}\\ \boldsymbol{S}_{12}^{\dagger} & \boldsymbol{S}_{22}\end{bmatrix}=\begin{bmatrix}\boldsymbol{Y}_1\boldsymbol{Y}_1^{\dagger} & \boldsymbol{Y}_1\boldsymbol{Y}_2^{\dagger}\\ \boldsymbol{Y}_2\boldsymbol{Y}_1^{\dagger} & \boldsymbol{Y}_2\boldsymbol{Y}_2^{\dagger}\end{bmatrix} \tag{3.69}$$

根据上面的分块矩阵和分块矢量,二维量$[(1+z_2^{\dagger}\boldsymbol{S}_{22}^{-1}z_2)/(1+z^{\dagger}\boldsymbol{S}^{-1}z);(1+z_2^{\dagger}\boldsymbol{S}_{22}^{-1}z_2)^{-1}]$为最大不变统计。$(z^{\dagger}\boldsymbol{S}^{-1}z)=(z_2^{\dagger}\boldsymbol{S}_{22}^{-1}z_2)+z_{1.2}^{\dagger}\boldsymbol{S}_{1.2}^{-1}z_{1.2}$,其中$\boldsymbol{S}_{1.2}=\boldsymbol{S}_{11}-\boldsymbol{S}_{12}\boldsymbol{S}_{22}^{-1}\boldsymbol{S}_{21}$,为矩阵$\boldsymbol{S}$中块$\boldsymbol{S}_{22}$的 Schur 补。$M\times1$ 阶矢量$z_{1.2}=z_1-\boldsymbol{S}_{12}\boldsymbol{S}_{22}^{-1}z_2$。

最大不变统计量的分布

如文献[44]中所述,如果使不同矢量的“2 分量”保持固定,以此得到相关量的条件分布情况,可以方便地评估其联合分布情况。如果没有特别说明,我们均用“条件分布”这个术语来表示“2 分量”恒定时的分布情况。在下面的讨论中,z_1和$\boldsymbol{Y}_1$为随机值,而z_2和$\boldsymbol{Y}_2$为固定值,不能变化。令矢量$\boldsymbol{a}_n\in\mathcal{C}^{K\times1};n=1,2,\cdots,K$表示$\mathcal{C}^{K\times1}$的一个正交基。因为$\boldsymbol{Y}_2\in\mathcal{C}^{(N-M)\times K}$的列具有零均、独立、同分布的复高斯分布,矩阵$\boldsymbol{Y}_2$的每次实现都以概率 1 使秩为$N-M$。对于固定的$\boldsymbol{Y}_2$,令矢量$\boldsymbol{a}_n\in\mathcal{C}^{K\times1};n=1,2,\cdots,(K-N+M)$表示$\boldsymbol{Y}_2$零空间的一个正交基。这样$\boldsymbol{Y}_2\boldsymbol{a}_n=\boldsymbol{0}_{(N-M)\times1};n=1,2,\cdots,(K-N+M)$。剩下的矢量$\boldsymbol{a}_n\in\mathcal{C}^{K\times1};n=(K-N+M+1),\cdots,K$则表示矩阵$\boldsymbol{Y}_2$列空间的正交基。那么,有

$$\boldsymbol{S}_{1.2}=\boldsymbol{Y}_1[\boldsymbol{I}_K-\boldsymbol{Y}_2^{\dagger}(\boldsymbol{Y}_2\boldsymbol{Y}_2^{\dagger})^{-1}\boldsymbol{Y}_2]\boldsymbol{Y}_1^{\dagger}=\boldsymbol{Y}_1\left[\sum_{n=1}^{K-N+M}\boldsymbol{a}_n\boldsymbol{a}_n^{\dagger}\right]\boldsymbol{Y}_1^{\dagger} \tag{3.70}$$

上面的结果出自以下数据:$(\boldsymbol{Y}_2\boldsymbol{Y}_2^{\dagger})^{-1}\boldsymbol{Y}_2$是幂等矩阵,具有$K-N+M$个特征值为 0,对应的特征矢量为$\boldsymbol{a}_n;n=1,2,\cdots,(K-N+M)$,$N-M$个特征值为 1,对应的特征矢量为$\boldsymbol{a}_n;n=(K-N+M+1),\cdots,K$。因为$\boldsymbol{a}_n\in\mathcal{C}^{K\times1};n=1,2,\cdots,K$为$\mathcal{C}^{K\times1}$的正交基,可得$\boldsymbol{I}_K=\sum_{n=1}^{K}\boldsymbol{a}_n\boldsymbol{a}_n^{\dagger}$,因此,有

$$\begin{aligned}z_{1.2}&=z_1-\boldsymbol{Y}_1\boldsymbol{Y}_2^{\dagger}(\boldsymbol{Y}_2\boldsymbol{Y}_2^{\dagger})^{-1}z_2\\&=z_1-\boldsymbol{Y}_1\left[\sum_{n=1}^{K}\boldsymbol{a}_n\boldsymbol{a}_n^{\dagger}\right]\boldsymbol{Y}_2^{\dagger}(\boldsymbol{Y}_2\boldsymbol{Y}_2^{\dagger})^{-1}z_2\\&=z_1-\boldsymbol{Y}_1\left[\sum_{n=K-N+M+1}^{K}\boldsymbol{a}_n\boldsymbol{a}_n^{\dagger}\right]\boldsymbol{Y}_2^{\dagger}(\boldsymbol{Y}_2\boldsymbol{Y}_2^{\dagger})^{-1}z_2\end{aligned} \tag{3.71}$$

上述最后一个等式是由$\boldsymbol{Y}_2\boldsymbol{a}_n=0_{(N-M)\times1};n=1,2,\cdots,(K-N+M)$得来的。对于两种假设$H_0$和$H_1$,有$\boldsymbol{Y}_1\sim\mathcal{CN}(\boldsymbol{0}_{M\times K},\boldsymbol{I}_M\otimes\boldsymbol{I}_K)$,式(3.70)和式(3.71)表明,$\boldsymbol{S}_{1.2}$和$z_{1.2}$是由$\boldsymbol{Y}_1$的统计独立的分量所构成,因此在固定 2 分量时是统计独立的。

$$
\begin{aligned}
&\mathbb{E}_2[\boldsymbol{z}_{1.2}\mid H_0]=\boldsymbol{0}_{M\times 1}\\
&\mathbb{E}_2[\boldsymbol{z}_{1.2}\mid H_1]=\boldsymbol{v}_1\\
&\|\boldsymbol{v}_1\|^2=(\boldsymbol{\gamma}^\dagger\boldsymbol{D}^\dagger\boldsymbol{R}^{-1}\boldsymbol{D}\boldsymbol{\gamma})\cos^2\theta=\delta\cos^2\theta
\end{aligned}
\tag{3.72}
$$

上述最后一个公式由式(3.66)中关于广义失配角余弦的定义以及式(3.67)中关于 SINR 的定义得出。注意,原始的信号矩阵 $\boldsymbol{D}=[\boldsymbol{H}\,\boldsymbol{H}_\perp]$ 被分成 $\mathcal{C}^{N\times 1}$ 中两个正交且互补的子空间 $<\boldsymbol{H}>$ 和 $<\boldsymbol{H}_\perp>$。因此,两个预先白化的子空间 $<\overline{\boldsymbol{H}}>$ 和 $<\overline{\boldsymbol{D}}_2>$ 并不一定是正交的子空间。也就是说 $<\boldsymbol{H}_\perp>$ 中原始信号矢量的分量(由于信号模型失配)会加减到原始子空间 $<\boldsymbol{H}>$ 中即将检测到的信号上去。

定义 $K\times 1$ 阶的矩阵为 $\boldsymbol{W}=\boldsymbol{Y}_2^\dagger(\boldsymbol{Y}_2\boldsymbol{Y}_2^\dagger)^{-1}\boldsymbol{z}_2$,假设 $\boldsymbol{H}_0$ 和 $\boldsymbol{H}_1$ 下,矢量 $\boldsymbol{z}_{1.2}=\boldsymbol{z}_1-\boldsymbol{Y}_1\boldsymbol{W}$ 的条件协方差矩阵为

$$
\begin{aligned}
\mathbb{E}_2[\boldsymbol{z}_{1.2}\boldsymbol{z}_{1.2}^\dagger\mid \boldsymbol{H}_0]&=(1+\boldsymbol{W}^\dagger\boldsymbol{W})\boldsymbol{I}_M\\
&=(1+\boldsymbol{z}_2^\dagger\boldsymbol{S}_{22}^{-1}\boldsymbol{z}_2)\boldsymbol{I}_M\\
\mathbb{E}_2[(\boldsymbol{z}_{1.2}-\boldsymbol{v}_1)(\boldsymbol{z}_{1.2}-\boldsymbol{v}_1)^\dagger\mid \boldsymbol{H}_1]&=(1+\boldsymbol{z}_2^\dagger\boldsymbol{S}_{22}^{-1}\boldsymbol{z}_2)\boldsymbol{I}_M
\end{aligned}
\tag{3.73}
$$

上述结果可由令 $\boldsymbol{y}_1(n)\in\mathcal{C}^{1\times K};1,2,\cdots,M$ 表示 $\boldsymbol{Y}_1$ 的第 n 行得到。例如,假设 H_0 时,矢量 $\boldsymbol{z}_{1.2}$ 的条件协方差矩阵的第 (n,m) 个阵元为

$$
\begin{aligned}
\mathbb{E}_2[\boldsymbol{z}_{1.2}(n)\boldsymbol{z}_{1.2}^*(m)\mid H_0]&=\delta_{n,m}+\mathbb{E}_2[\boldsymbol{W}^\dagger\boldsymbol{y}_1^\dagger(m)\boldsymbol{y}_1(n)\boldsymbol{W}]\\
&=(1+\boldsymbol{W}^\dagger\boldsymbol{W})\delta_{n,m}\\
&=(1+\boldsymbol{z}_2^\dagger\boldsymbol{S}_{22}^{-1}\boldsymbol{z}_2)\delta_{n,m};1\leqslant n,m\leqslant M
\end{aligned}
\tag{3.74}
$$

在上述公式中,$\delta_{n,m}$ 是 Kronecker 变量,当 $n=m$ 时为 1,其他时候为 0。

定义信号对干扰加噪声的损耗因子为 $\rho=(1+\boldsymbol{z}_2^\dagger\boldsymbol{S}_{22}^{-1}\boldsymbol{z}_2)^{-1}$。根据附录中定理 3.4 可知,对于给定的损耗因子 ρ,随机变量 $\boldsymbol{s}=(\boldsymbol{z}_{1.2}^\dagger\boldsymbol{S}_{1.2}^{-1}\boldsymbol{z}_{1.2})/(1+\boldsymbol{z}_2^\dagger\boldsymbol{S}_{22}^{-1}\boldsymbol{z}_2)=(\boldsymbol{z}_{1.2}^\dagger\boldsymbol{S}_{1.2}^{-1}\boldsymbol{z}_{1.2})\rho$ 为非中心复 F 分布,其参数为 $M,K-N+1$,非中心参数为 $\boldsymbol{\rho}\,\|\boldsymbol{v}_1\|_2^2=\boldsymbol{\rho}\delta\cos^2\theta$。

前面提到的随机变量 s 的分布是假定相关矩阵和矢量的 2 分量为固定值而且是推导出来的。这对于 2 分量的每次实现均为有效,它并不涉及 2 分量自身的具体实现,相关的限制条件可以取消,分布可以通用。预先白化的假设信号子空间 $<\overline{\boldsymbol{H}}>$ 的信号功率为 $\|\boldsymbol{v}_1\|_2^2$,$<\overline{\boldsymbol{H}}>$ 的正交互补子空间的信号功率为 $\boldsymbol{v}^\dagger\boldsymbol{R}^{-1}\boldsymbol{v}-\|\boldsymbol{v}_1\|_2^2$。对于假设的 2 分量的分布,信号对干扰加噪声的损耗因子 ρ 本身是根据附录中定理 3.4 求得的,它是非中心 β 分布,参数为 $K-(N-M)+1,N-M$,非中心参数为 $\boldsymbol{\delta}_\perp\triangleq(\boldsymbol{v}^\dagger\boldsymbol{R}^{-1}\boldsymbol{v})-\|\boldsymbol{v}_1\|_2^2=(\boldsymbol{v}^\dagger\boldsymbol{R}^{-1}\boldsymbol{v})\sin^2\theta$。利用

附录中定理3.3中的标记可以表示非中心复β分布的密度,最大不变统计的联合密度函数$\boldsymbol{r}=(1+\boldsymbol{s})^{-1}$和$\rho$可由下式求得:

$$\begin{aligned} f(r\mid\rho,H_1) &= f_\beta(r;K-N+1,M\mid\rho\delta\cos^2\theta) \\ f(\rho\mid H_1) &= f_\beta(\rho;K-(N-M)+1,N-M\mid\delta\sin^2\theta) \\ f(r,\rho\mid H_1) &= f(r\mid\rho,H_1)f(\rho\mid H_1);0\leqslant r,\rho\leqslant 1 \end{aligned} \tag{3.75}$$

对于假设H_0,将上面的信号矢量设为0,$(\boldsymbol{v}^\dagger\boldsymbol{R}^{-1}\boldsymbol{v})=0$,因此$\|\boldsymbol{\gamma}\|_2^2=0$,可得到最大不变量的联合密度函数。将两个非中心参数均设置为0(即$\boldsymbol{\delta}=\boldsymbol{\delta}_\perp=0$),式(3.75)中的$\beta$密度为中心$\beta$密度,因此有

$$f(r\mid\rho,H_0)=f_\beta(r;K-N+1,M)f_\beta(\rho;K-(N-M)+1,N-M);0\leqslant r,\rho\leqslant 1 \tag{3.76}$$

附 录 3D

本附录概述多项相关的分布而不给出证明。我们这么做主要是为了引出本文后面的研究工作。定理3.2和定理3.3中提到的有限和表达式的详细论据可以在文献[44]中找到。随机矢量和随机变量的标记则已在引论中讲述了。

定理3.1　假设随机矢量$\boldsymbol{x}\in\mathcal{C}^{n\times1}$满足高斯分布特点,且$\mathbb{E}[\boldsymbol{x}]=\boldsymbol{b};\boldsymbol{b}\in\mathcal{C}^{n\times1}$,$\mathbb{E}[\boldsymbol{x}\boldsymbol{x}^\dagger]=\boldsymbol{I}_n$(表示为$\boldsymbol{x}\sim\mathcal{CN}(\boldsymbol{b},\boldsymbol{I}_n)$)。那么随机变量$\boldsymbol{y}=\|\boldsymbol{x}\|_2^2$为非中心复卡方密度,复自由度为$n$,非中心参数$c=\|\boldsymbol{b}\|_2^2$。可表示为$\boldsymbol{y}\sim\mathcal{X}_n^2(c)$。当$c=0$时,随机变量$\boldsymbol{y}$为中心复卡方分布:$\boldsymbol{y}\sim\mathcal{X}_n^2$。

定理3.2　给定两个统计独立的随机矢量$\boldsymbol{x}\in\mathcal{C}^{n\times1}$和$\boldsymbol{y}\in\mathcal{C}^{m\times1}$,其中$\boldsymbol{x}\sim\mathcal{CN}(\boldsymbol{b},\boldsymbol{I}_n)$,$\boldsymbol{y}\sim\mathcal{CN}(\boldsymbol{0}_{m\times1},\boldsymbol{I}_m)$。随机变量$\boldsymbol{z}=\|\boldsymbol{x}\|_2^2/\|\boldsymbol{y}\|_2^2$为非中心复$F$分布,非中心参数$c=\|\boldsymbol{b}\|_2^2$,表示为$z\sim F_{n,m}(c)$。随机变量$z$的累积分布函数可由下式求得:

$$P[z\leqslant z_0]=\frac{z_0^n}{(1+z_0)^{n+m-1}}\times\sum_{k=0}^{m-1}\frac{\Gamma(m+n)}{\Gamma(k+n+1)\Gamma(m+k)}z_0^k\,G_{k+1}\left(\frac{c}{1+z_0}\right) \tag{3.77}$$

其中,函数$G_{k+1}(x)$与不完全函数的关系为

$$G_{k+1}(x)=e^{-x}\sum_{n=0}^{k}\frac{x^n}{n!} \tag{3.78}$$

定理3.3　给定随机变量$x\sim F_{n,m}(c)$,随机变量$y=(1+x)^{-1}$为非中心复β密度$y\sim\beta_{n,m}(c)$:

$$
\begin{aligned}
f_\beta(y;m,n \mid c) &= e^{-cy}\sum_{k=0}^{m}\binom{m}{k}\frac{\Gamma(m+n)}{\Gamma(m+n+k)}c^k f_\beta(y;m,n+k) \\
&= e^{-cy} f_\beta(y;m,n)\sum_{k=0}^{m}\binom{m}{k}\frac{\Gamma(n)}{\Gamma(n+k)}[c(1-y)]^k
\end{aligned}
\tag{3.79}
$$

其中，$f_\beta(y;m,n)$为中心复β密度函数，由下式可求得：

$$
f_\beta(y;m,n) = \frac{\Gamma(m+n)}{\Gamma(m)\Gamma(n)}y^{m-1}(1-y)^{n-1}, 0 \leqslant y \leqslant 1 \tag{3.80}
$$

积累分布函数y由下式求得：

$$
P[y \leqslant y_0] = 1 - \frac{1}{(m+n)}\sum_{k=0}^{m-1} f_\beta(y_0;m-k,n+l+1)\,G_{k+1}(c\,y_0) \tag{3.81}
$$

定理3.4 给定零均值复高斯随机矩阵$\boldsymbol{Y}\in\mathcal{C}^{N\times K}$；$K\geqslant N$，且$\boldsymbol{Y}\sim\mathcal{CN}(\boldsymbol{0}_{N\times K},\boldsymbol{I}_N\otimes\boldsymbol{I}_K)$，以及统计独立复高斯随机矢量$\boldsymbol{x}\in\mathcal{C}^{N\times 1}$，$\boldsymbol{x}\sim\mathcal{CN}(b,\boldsymbol{I}_N)$，随机变量$\boldsymbol{z}=\boldsymbol{x}^\dagger(\boldsymbol{Y}\boldsymbol{Y}^\dagger)^{-1}\boldsymbol{x}$为非中心复$F$密度，非中心参数$c=\|\boldsymbol{b}\|_2^2$。也就是说，$\boldsymbol{z}\sim F_{N,K-N+1}(c)$。由定理3.3可知，随机变量$y=(1+z)^{-1}$为复非中心$\beta$密度$y\sim\beta_{K-N+1,N}(c)$。

参考文献

[1] Ward J. Space-Time Adaptive Processing for Airborne Radar. Technical Report 1015, MIT Lincoln Laboratory, Lexington, MA, 1994.

[2] Klemm R. Principles of Space-Time Adaptive Processing. Institute of Electrical Engineering, London, UK, 2002.

[3] Guerci J R. Space-Time Adaptive Processing for Radar. Artech House, Norwood, MA, 2003.

[4] Li J, Blum R S, Stoica P, et al. Guest Editors. Special Issue on MIMO Radar and Its Applications. IEEE Journal on Selected Topics in Signal Processing, vol. 4, no. 1, February 2010.

[5] Forsythe K W, Bliss D W. MIMO Radar Waveform Constraints for GMTI. IEEE Journal of Special Topics in Signal Processing, vol. 4, no. 1, pp. 21 – 32, February 2010.

[6] Krolik J L, Anderson R H. Maximum Likelihood Coordinate Registration for Over-the-Horizon Radar. IEEE Transactions on Signal Processing, vol. 45, no. 4, pp. 945 – 959, April 1997.

[7] Fabrizio G, Farina A. An Adaptive Fitting Algorithm for Blind Waveform Estimation in Diffuse Multipath Channels. IET Radar Sonar Navigation, vol. 3, no. 4, pp. 384 – 405, 2009.

[8] Fabrizio G, Colone F, Lombardo P, et al. Adaptive Beamforming for High-Frequency Over-the-Horizon Passive Radar. IET Radar Sonar Navigation, vol. 5, no. 1, pp. 322 – 330, 2011.

[9] Bose S, Steinhardt A. A Maximal Invariant Framework for Adaptive Detection with Structured and Unstructured Covariance Matrices. IEEETransactionsonSignalProcessing, vol. SP-43, no. 9, pp. 2164 – 2175, September 1995.

[10] Boseand S, Steinhardt A. Optimum Array Detector for a Weak Signal in Unknown Noise. IEEE Transactions

on Aerospace and Electronic Systems, vol. AES-32, no. 3, pp. 911 - 922, July 1996.

[11] Kelly E J. An Adaptive Detection Algorithm. IEEE Transactions on Aerospace and Electronic Systems, vol. AES-22, no. 1, pp. 115 - 127, March 1986.

[12] Khatri C G, Rao C R. Effects of Estimated Noise Covariance Matrix in Optimal Signal Detection. IEEE Transactions on Acoustics Speech and Signal Processing, vol. 35, no. 5, pp. 671 - 679, May 1987.

[13] Robey F C, Fuhrmann D R, Kelley E J, et al. A CFAR Adaptive Matched Filter Detector. IEEE Transactions on Aerospace and Electronic Systems, vol. AES-28, no. 1, pp. 208 - 216, January 1992.

[14] Conte E, Lops M, Ricci G. Asymptotically Optimum Radar Detection in Compound-Gaussian Clutter. IEEE Transactions on Aerospace and Electronic Systems, vol. AES-31, no. 2, pp. 617 - 625, April 1995.

[15] Kraut S, Scharf L L. The CFAR Adaptive Subspace Detector Is a Scale-Invariant GLRT. IEEE Transactions on Signal Processing, vol. 47, no. 9, pp. 2538 - 2541, September 1999.

[16] Richmond C D. Performance of the Adaptive Sidelobe Blanker Detection Algorithm in Homogeneous Environments. IEEE Transactions on Signal Processing, vol. 48, no. 5, pp. 1235 - 1247, May 2000.

[17] Kraut S, Scharf L L, Butler R W. The Adaptive Coherence Estimator: A Uniformly Most-Powerful-Invariant Detection Statistic. IEEE Transactions on Signal Processing, vol. 53, no. 2, pp. 427 - 438, January 2005.

[18] Bidon S, Besson O, Tourneret J - Y. The Adaptive Coherence Estimator Is the Generalized Likelihood Ratio Test for a Class of Heterogeneous Environments. IEEE Signal Processing Letters, vol. 15, pp. 281 - 284, 2008.

[19] Pulsone N B, Zatman M A. A Computationally Efficient Two-Step Implementation of the GLRT. IEEE Transactions on Signal Processing, vol. 48, no. 3, pp. 609 - 616, March 2000.

[20] Pulsone N B, Rader C M. Adaptive Beamformer Orthogonal Rejection Test. IEEE Transactions on Signal Processing, vol. 49, no. 3, pp. 521 - 529, March 2001.

[21] Gerlach K, Steiner M J. Fast Converging Adaptive Detection of Doppler-Shifted, Range-Distributed Targets. IEEE Transactions on Signal Processing, vol. 48, no. 9, pp. 2686 - 2690, September 2000.

[22] Conte E, DeMaio A, Ricci G. Recursive Estimation of the Covariance Matrix of a Compound-Gaussian Process and Its Application to Adaptive CFAR Detection. IEEE Transactions on Signal Processing, vol. 50, no. 8, August 2002.

[23] Besson O, Scharf L L. CFAR Matched Direction Detector. IEEE Transactions on Signal Processing, vol. 54, no. 7, pp. 2840 - 2844, July 2006.

[24] DeMaio A. Rao Test for Adaptive Detectionin Gaussian Interference with Unknown Covariance Matrix. IEEE Transactions on Signal Processing, vol. 55, no. 7, pp. 3577 - 3584, July 2007.

[25] Bandiera F, Besson O, Ricci G. Theoretical Performance Analysis of the W-ABORT Detector. IEEE Transactions on Signal Processing, vol. 56, no. 5, pp. 2117 - 2121, May 2008.

[26] DeMaio A, De Nicola S, Huang Y, et al. Adaptive Detection and Estimation in the Presence of Useful Signal and Interference Mismatches. IEEE Transactions on Signal Processing, vol. 57, no. 2, pp. 436 - 450, February 2009.

[27] Raghavan R S, Pulsone N B, McLaughlin D J. Performance of the GLRT for Adaptive Vector Subspace Detection. IEEE Transactions on Aerospace and Electronic Systems, vol. AES-32, no. 4, pp. 1473 - 1487, October 1996.

[28] Kalson S Z. An Adaptive Array Detector with Mismatch Signal Rejection. IEEE Transactions on Aerospace and Electronic Systems, vol. AES-28, no. 1, pp. 195 - 207, January 1992.

[29] Van Trees H L. Detection, Estimation and Linear Modulation Theory, Part-I. Wiley, New York, 1971.

[30] DiFranco J V, Rubin W L. Radar Detection. Artech House, Dedham, MA, 1980.

[31] Helstrom C W. Statistical Theory of Signal Detection. Pergamon Press, Oxford, 1960.

[32] Middleton D. An Introduction to Statistical Communication Theory. McGraw Hill, New York, 1960.

[33] Whalen A D. Detection of Signals in Noise. Academic Press, Boston, 1971.

[34] Scharf L L. Statistical Signal Processing: Detection, Estimation, and Time Series Analysis. Addison-Wesley, Reading, MA, 1991.

[35] Kay S M. Fundamentals of Statistical Signal Processing; Detection Theory (vol. II). Prentice Hall, NJ, 1998.

[36] Lehmann E L. Testing Statistical Hypotheses. SecondEdition, Wadsworth, Inc. , Belmont, CA, 1991.

[37] Anderson T W. An Introduction to Multivariate Statistical Analysis. (2nd Edition). Wiley, New York, Chapter 5, 1984.

[38] Rao C R. Linear Statistical Inference and Its Applications. Wiley, New York, 1973.

[39] Muirhead R J. Aspects of Multivariate Statistical Theory. Wiley, New York, Chapter 6, 1982.

[40] Eaton M L. Multivariate Statistics-A Vector Space Approach. Lecture Notes-Monograph Series, vol. 53, Institute of Mathematical Statistics, Beachwood, Ohio, 2007.

[41] Abramowitz M, Stegun I Editors. Handbook of Mathematical Functions with Formulas, Graphs and Mathematical Tables. Dover Publications, Inc. , New York, 1972.

[42] Marcum J I. A Statistical Theory of Target Detection By Pulsed Radar. RANDResearchMemo. RM-754, December, 1947.

[43] Nuttall A H. Some Integrals Involving the QM Function. IEEE Transactions on Information Theory, pp. 95 – 96, January 1975.

[44] Kelly E J, Forsythe K M. Adaptive Detection and Parameter Estimation for Multidimen-sional Signal Model. Technical Report # 848, MIT Lincoln Laboratory, April 1989.

[45] Shnidman D A. The Calculation of the Probability of Detection and the Generalized Marcum Q-Function. IEEE Transactions on Information Theory, vol. 35, no. 2, pp. 389 – 400, March 1989.

[46] Zatman M. How Narrow is Narrowband. IEE Proceedings on Radar, Sonar and Navigation, vol. 145, no. 2, pp. 85 – 91, April 1998.

[47] Giniand F, Farina A. Matched Subspace CFAR Detection of Hovering Helicopters. IEEETransactions on Aerospace and Electronic Systems, vol. AES-35, no. 4, pp. 1293 – 1305, October 1999.

[48] Gilbertand E N, Morgan S P. Optimum Design of Directive Antenna Arrays Subject to Random Variations. Bell System Technical Journal, pp. 637 – 663, May 1955.

[49] Papoulis A. Probability, Random Variables and Stochastic Processes. (3rd Edition). McGraw Hill, New York, 1991.

[50] Mailloux R J. Covariance Matrix Augmentation to Produce Adaptive Array Pattern Troughs. Electronics Letters, vol. 31. no. 10, pp. 771 – 772, May 1995.

[51] Zatman M. Production of Adaptive Array Troughs by Dispersion Synthesis. ElectronicsLetters, vol. 31. no. 25, pp. 2141 – 2142, December 1995.

[52] Guerci J R. Theory and Application of Covariance Matrix Tapers for Robust Adaptive Beam-forming. IEEE Transactions on Signal Processing, vol. 47, no. 4, pp. 977 – 985, April 1999.

[53] Raghavan R S. Maximal Invariants and Performance of Some Invariant Hypothesis Tests for an Adaptive Detection Problem. IEEE Transactions on Signal Processing, vol. 61, no. 14, pp. 3607 – 3619, July 2013.

[54] Raghavan R S. Analysis of Steering Vector Mismatch on Adaptive Noncoherent Integration. IEEE Transac-

tions on Aerospace and Electronic Systems, vol. 49, no. 4, pp. 2496 – 2508, October 2013.

[55] Scharf L L, Friedlander B. Matched Subspace Detectors. IEEE Transactions on Signal Processing, vol. 42, no. 8, pp. 2146 – 2157, August 1994.

[56] Kraut S, Scharf L L, McWhorter T. Adaptive Subspace Detector. IEEE Transactions on Signal Processing, vol. 49, no. 1, pp. 1 – 16, January 2001.

[57] Raghavan R S, Qiu H E, McLaughlin D J. CFAR Detection in Dutter with Unknown Correlation Properties. IEEE Transactions on Aerospace and Electronic Systems, vol. 31, no. 2, pp. 647 – 657, April 1995.

第4章 谱特性未知的高斯干扰下点状目标的两级检测器

Antonio De Maio, Chengpeng Hao, Danilo Orlando

4.1 引言:设计原则

近年来,可调谐接收机设计在雷达界掀起了一股热潮。事实证明,可调谐检测器是在有杂波和/或可能的类噪声干扰源存在时应对主瓣目标检测或者抑制相干转发器干扰的有效手段。事实上,利用可调谐接收机可以在接收到的信号远离标称信号时,将检测概率 P_d 调节下来。在这种情况下,标称矢量与实际的取向矢量之间出现失配。因此,我们会把接收机抑制/检测信号的能力表示为方向性。现有的接收机可以按照方向性分为以下两类[1]:

- 鲁棒接收机,回波信号含有与标称(发射)信号不一致的信号分量时仍具有很好的检测性能;
- 敏感接收机,如果信号特征不像感兴趣的信号,则加以抑制,以避免虚警。

如前所述,通过适当的参数,可调谐接收机可以是鲁棒的,也可以是敏感的。从公开发表的文献资料中,我们在这里引用的是文献[1-19]。专业领域的读者可能会注意到在文献[2,19]中,作者设计自适应接收机时假定标称的信号在预先分配的可观察的子空间 $\boldsymbol{H}$ 内(见第3章)。这样的判定方法可归类为稳定接收机。但是,可以对接收机进行调谐来修改 $\boldsymbol{H}$ 的属性。更确切地讲,在判决中,统计量 $\boldsymbol{H}$ 用列满秩矩阵 $\boldsymbol{H}$ 表示。利用秩和/或 $\boldsymbol{H}$ 各列之间的分离角(根据 Euclidean 空间中的内积测得)可以控制失配信号的鲁棒程度。为了理解方便,我们在图4.1(可以在4.2节中找到图中所用的参数)中,绘制出在给定信噪比(SNR) $\boldsymbol{H}$ 的列之间具有不同的分离角时,P_d 与实际和标称的目标方位角之差的关系曲线。具体地讲,我们考虑了四个逐次增加的分离角,即

$$\Delta\theta_1 < \Delta\theta_2 < \Delta\theta_3 < \Delta\theta_4 \tag{4.1}$$

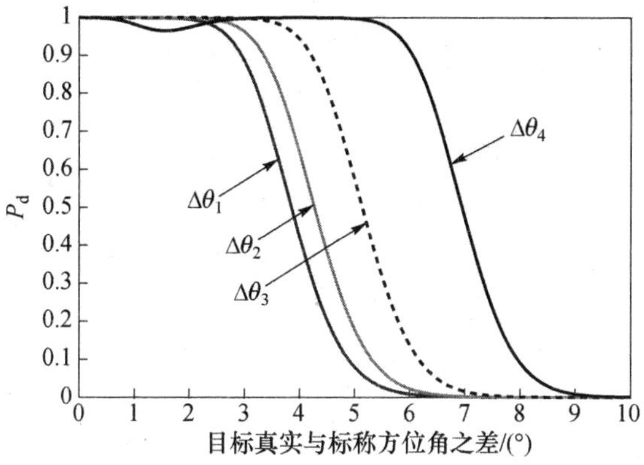

图4.1　子空间检测器的P_d随真实和标称的目标方位角的差的变化

在文献[7,8,14]中,作者导出了采用现有稳定检测器的判决统计合并而得到新的接收机。事实上,可以利用判决统计之间的相似性得出该接收机,其方向性涵盖了所合并的检测器。为了举例说明,考虑下面的统计:

$$d_1 = \frac{A}{B(1+C)}, d_2 = \frac{A}{B}, d_3 = \frac{A}{BC} \tag{4.2}$$

式中,随机变量$A,B,C\in\mathcal{R}^+$,将它们进行组合后得到三个新的参数型判决统计:

$$d_{12}(\mu_{12}) = \frac{A}{B(1+\mu_{12}C)}, \mu_{12}\in[0,1] \tag{4.3}$$

$$d_{13}(\mu_{13}) = \frac{A}{B(\mu_{13}+C)}, \mu_{13}\in[0,1] \tag{4.4}$$

$$d_{123}(\mu_1,\mu_2) = \frac{A}{B(\mu_1+\mu_2 C)}, (\mu_1,\mu_2)\in\{[0,1]\times[0,1]\}\backslash(0,0) \tag{4.5}$$

式中,×表示各个集合的笛卡儿乘积。注意d_{12}的工作特性介于d_1和d_2之间,而d_{13}的工作特性介于d_1和d_2之间,d_{123}的工作特性介于d_1、d_2和d_3之间。

另一类可调谐接收机在文献[3-6]中有所介绍,其中,在设计阶段,作者假设有用信号在锥体范围内,轴向为标称的取向矢量(图4.2)。方向性取决于锥体的孔径,这由设计参数决定。这里所使用的决策方法都是将统计值与门限进行比较,以确定是否存在有用的信号。我们将这一类接收机称为参数接收机。

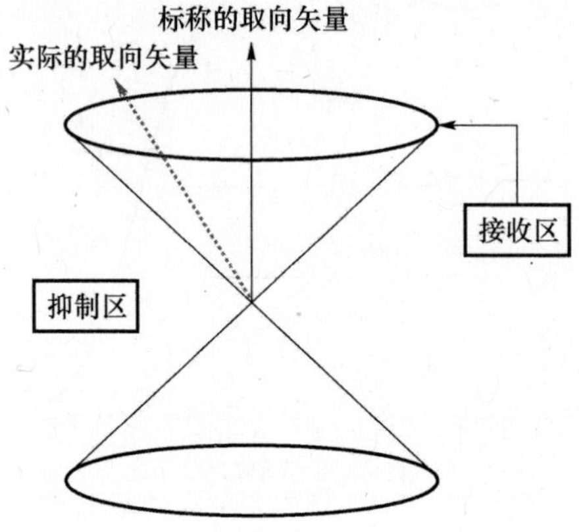

图 4.2　接收/抑制锥体的概念

将方向性相反的两个检测器级联起来也可以构成(稳定和/或参数型的)可调谐接收机。有且仅有每一级都高于相应的门限,才会认为是有信号的状态(H_1假设),否则检测器判为空假设,即H_0。这种结构设计可以看作是两级之间的"与"逻辑(图 4.3),因此级联的顺序对判定并不重要(真值表参见表 4.1)。在后面的章节中,我们将这种判决方案称为两级检测器。

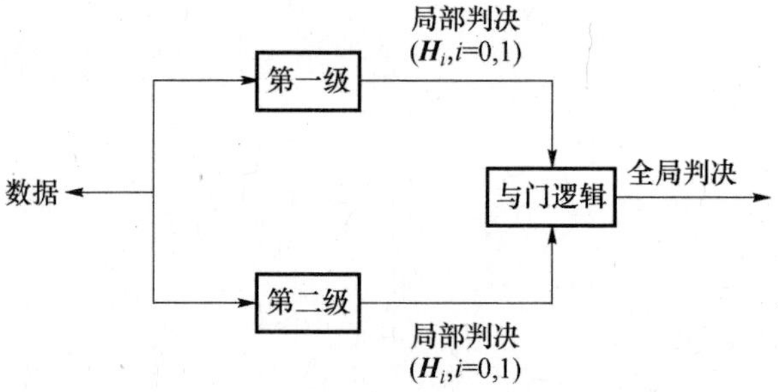

图 4.3　两级的架构

表 4.1　两级检测器真值表

局部判决	H_0	H_1
H_0	H_0	H_0
H_1	H_0	H_1

在雷达系统中,这种两级设计方案是非常普遍的。从公开文献中可以查到多种应用实例。例如,搜索雷达,它并不提供精确的距离和/或角度测量信

息,通常与跟踪雷达组合使用,后者的分辨单元与搜索雷达的分辨单元相比是非常小的[20,21]。另一种采用这种两级概念的系统就是旁瓣切除(SLB)器,它可以压制相干转发器的干扰信号。其设计理念是,使用主天线外的一部辅助天线,通过选择适当的天线增益,将进入旁瓣的信号与进入主波束的信号区别开来(前者可以被抑制)[22-24]。实际上,当辅助通道某个距离单元中接收到的信号与主信道接收到的信号功率比值大于预先设置的门限时,那个距离单元中的雷达信号被切除掉(把接收到的信号看作是由瞬态干扰或者离散杂波源在雷达旁瓣上造成的后向散射所产生的)。必须设定天线增益和切除门限,使得:

- 切除瞬态干扰机的概率最大化;
- 切除雷达主波束接收到的真实目标信号的概率最小化。

但是,如果有高占空比干扰机出现,旁瓣切除会长时间持续处于切除模式,使得目标检测被禁止。旁瓣对消(SLC)系统就是克服这种缺陷的一种切实可行的手段。旁瓣对消采用辅助天线阵自适应地估计干扰信号到达方向和功率,从而调整雷达天线的接收方向图,将干扰机的方向设为零点。旁瓣切除和旁瓣对消相结合则可以应对两种类型的干扰[25]。这里需要注意的是,这些两级系统使用了与天线有关的技术。

接下来,我们将聚焦在基于信号处理技术的两级接收机上,文献[12,26]中对此有过初步探讨。所考虑的架构可以用下式表示:

$$t_1(\boldsymbol{Z}) \underset{H_0}{\overset{H_1}{\gtrless}} \eta_1 \quad , \quad t_2(\boldsymbol{Z}) \underset{H_0}{\overset{H_1}{\gtrless}} \eta_2 \tag{4.6}$$

式中,$\boldsymbol{Z} \in \mathcal{C}^{N\times(K+1)}$,$N,K \in \mathcal{N}$,$K \geqslant N$(见 4.2 节中对此限制条件的证明)是数据矩阵;$t_i \in \mathcal{R}$,$i=1,2$ 是判定统计;(η_1,η_2)是一对门限,用以确定预先配置的虚警概率(P_{fa})。

实际上,对于上述门限存在无数种组合方式,都可以得到同样的P_{fa}值。为了证明这一点,在图 4.4 中,我们展示的是两级检测器的恒P_{fa}的轨迹。另外,以方向性和P_{d}体现的检测器的性能取决于门限的特定值(这一点将在 4.2 节进一步讨论)。具体讲,根据沿恒P_{fa}的轨迹移动,用匹配的检测性能和方向性度量,在两级之间可以有无穷多种差异(图 4.5 和图 4.6)[13]。可以观察到,如果$t_1>0$,$t_2>0$,则

$$\eta_1 = 0, \eta_2 > 0 \Rightarrow \text{两级接收机} \equiv \text{第二级接收机} \tag{4.7}$$

$$\eta_1 > 0, \eta_2 = 0 \Rightarrow \text{两级接收机} \equiv \text{第一级接收机} \tag{4.8}$$

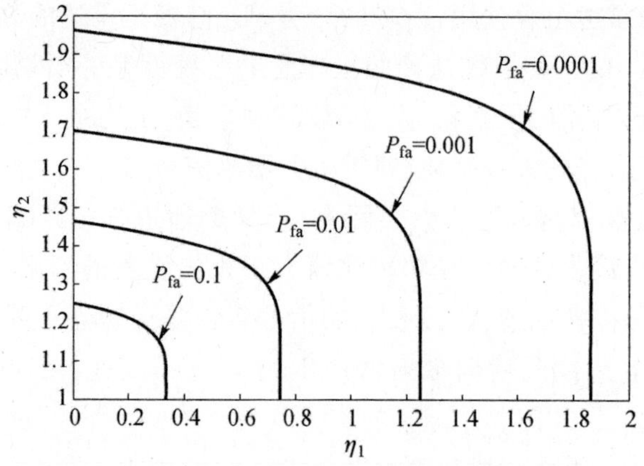

图 4.4　两级检测器的恒P_{fa}轨迹

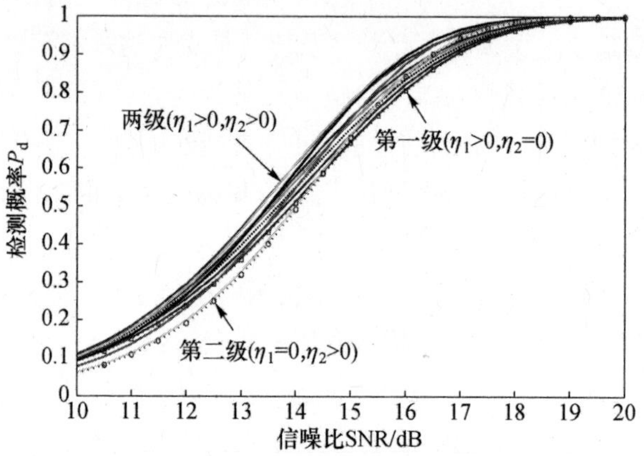

图 4.5　两级检测器沿恒P_{fa}轨迹使用
不同门限值时的检测概率随信噪比的变化

两级检测器方向性的范围取决于各级的性能表现。尤其是将作用相反的两个检测器相耦合，比如，将鲁棒的接收机（作为自适应匹配滤波器（AMF）[27]或子空间检测器（SD）[2]）与敏感接收机（作为白化自适应正交抑制波束形成检测器（W-ABORT）[28]）相结合，得到的决策方法可以确保较大范围的方向性。另外，可以选择具有相似性的检测器，利用两级检测器的灵活性，缩小方向性的范围，使其具有选择性或鲁棒性。在文献[1]中可以看到，强选择性的接收机对未与标称值对准的信号具有强的抑制能力，其代价是对匹配信号的检测能力下降。为了补偿检测性能的损失，同时又对失配信号保持较高的抑制水平，可以将具有强选择的接收机与不那么敏感、匹配检测性能更高的另一部检测器相连接。这样组成的检测器可以确保对旁瓣信号具有较强抑制能力，同时，在完美的匹配条件下性能受到的影响不大（敏感的两级接收机）。基于同样的理由，可设计出鲁棒的两级接收机的决策方法。

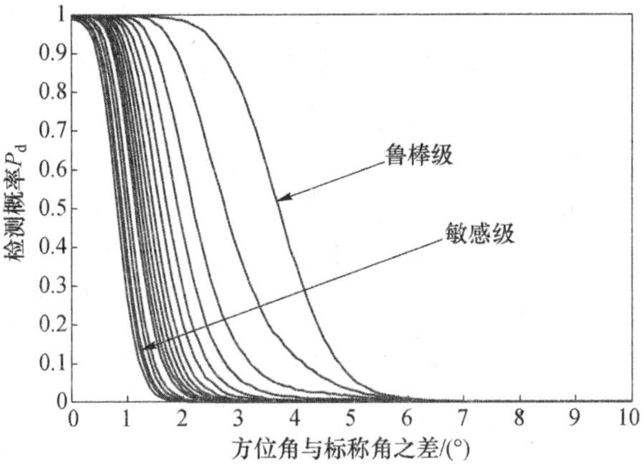

图 4.6　两级检测器沿恒P_{fa}轨迹使用不同门限值时的检测概率随目标真实和标称的方向差异的变化

在 4.2 节中，我们将根据上述设计规则可能构想的大部分接收机结构进行综述。

4.2　两级架构的描述、性能分析和比较

本节主要讲述通过组合现有的决策方案最可能得到的两级检测器进行描述和性能评估。为了读者理解方便，第一步，我们会对性能分析使用的数学工具进行简要的描述。尤其是给定数据矩阵 $\boldsymbol{Z}=[z\ z_1\cdots z_K]$，我们把要理解的检测问题建模为二态假设检验问题：

$$\begin{cases}\boldsymbol{H}_0: \begin{cases} z = \boldsymbol{n} \\ z_k = \boldsymbol{n}_k, k = 1,2,\cdots,K \end{cases} \\ \boldsymbol{H}_1: \begin{cases} z = \alpha\boldsymbol{p} + \boldsymbol{n} \\ z_k = \boldsymbol{n}_k, k = 1,2,\cdots,K \end{cases}\end{cases} \tag{4.9}$$

其中，

- $z\in\mathcal{C}^{N\times 1}$，$N\in\mathcal{N}$为该矢量的维度，表示待检单元（CUT）；
- $z_k\in\mathcal{C}^{N\times 1}$，$k=1,2,\cdots,K$ 为训练样本（或二次数据），用于估值；为保证数据的相似性，通常选择它们为待检单元周围的距离单元；而且，假定 $K\geqslant N$，使二

次数据的样本协方差矩阵以概率 1 为可逆矩阵；

- $\boldsymbol{n}$ 和$\boldsymbol{n}_k, k=1,2,\cdots,K$ 为独立、同分布的零均值复正态随机矢量[1]，协方差矩阵 $\boldsymbol{M}\in\mathcal{C}^{N\times N}$；
- $\boldsymbol{\alpha}\in\mathcal{C}$ 为确定但未知的因子，考虑发射天线增益、阵列传感器辐射方向图、双向的通道损耗以及雷达目标截面积等因素；
- $\boldsymbol{p}\in\mathcal{C}^{N\times 1}$ 为实际的向矢量。

有两点说明。第一，我们假设了所谓的“相似环境”，也就是 CUT 和二次数据共享相同的干扰频谱特性。但是，现实条件可能并不满足“相似环境”的要求。比如，可以看看文献[29]及其参考。第二，目标回波可能在沿不同于标称取方矢量的方向上，比如说在 $\boldsymbol{v}$ 的方向上。基于这个原因，接下来我们会区分实际和标称的导向矢量，并定义 $\boldsymbol{v}$ 和 $\boldsymbol{p}$ 之间的失配如下[30]：

$$\cos^2\theta = \frac{|\boldsymbol{v}^\dagger \boldsymbol{M}^{-1}\boldsymbol{p}|^2}{(\boldsymbol{p}^\dagger \boldsymbol{M}^{-1}\boldsymbol{p})(\boldsymbol{v}^\dagger \boldsymbol{M}^{-1}\boldsymbol{v})} \tag{4.10}$$

式中，$\theta\in[0,\pi/2]$ 为 $\boldsymbol{v}$ 和 $\boldsymbol{p}$ 之间的失配角。

另外，我们在这里需要回顾的是大家所熟知、估计下面小节中陈述的决策方法的P_{d}（对匹配和失配的信号）和P_{fa}又会常常遇到的统计量。更准确地说，我们将表明，（在某些情形下）每一级都可以表示为这些变量的函数，利用这些闭式可以直接评估感兴趣的概率。第一个就是 Kelly 检测器的等效形式[31]：

$$\bar{t}_K = \frac{t}{1-t} = \frac{|\boldsymbol{z}^\dagger \boldsymbol{S}^{-1}\boldsymbol{v}|^2}{(\boldsymbol{v}^\dagger \boldsymbol{S}^{-1}\boldsymbol{v})\left[1+\boldsymbol{z}^\dagger \boldsymbol{S}^{-1}\boldsymbol{z}-\dfrac{|\boldsymbol{z}^\dagger \boldsymbol{S}^{-1}\boldsymbol{v}|^2}{\boldsymbol{v}^\dagger \boldsymbol{S}^{-1}\boldsymbol{v}}\right]} \tag{4.11}$$

其中，

$$t = \frac{|\boldsymbol{z}^\dagger \boldsymbol{S}^{-1}\boldsymbol{v}|^2}{(1+\boldsymbol{z}^\dagger \boldsymbol{S}^{-1}\boldsymbol{z})(\boldsymbol{v}^\dagger \boldsymbol{S}^{-1}\boldsymbol{v})} \tag{4.12}$$

是文献[31]中推导出来的众所周知的接收机的统计，且

$$\boldsymbol{S} = \sum_{k=1}^{K} \boldsymbol{z}\boldsymbol{z}^\dagger \tag{4.13}$$

K 乘以基于二次数据的样本协方差矩阵。而第二个就是

$$\beta = \frac{1}{1+\boldsymbol{z}^\dagger \boldsymbol{S}^{-1}\boldsymbol{z}-\dfrac{|\boldsymbol{z}^\dagger \boldsymbol{S}^{-1}\boldsymbol{v}|^2}{\boldsymbol{v}^\dagger \boldsymbol{S}^{-1}\boldsymbol{v}}} \tag{4.14}$$

β 称为损耗因子（见式(4.19)）。不难证明，在假设H_0[2,30,31]下，有：

- $\bar{t}_K$是复中心 F 分布，复自由度为 $1, K-N+1$，并且与 β 无关；
- β 遵循复中心分布规律，复自由度为 $K-N+2, N-1$。

另外，在假设$\boldsymbol{H}_1$下：

• $\bar{t}_K$在给定β时为复非中心 F 分布，复自由度为 $1, K-N+1$，非中心参数r_t定义如下：

$$r_t^2 = \mathrm{SNR}\beta\cos^2\theta \tag{4.15}$$

其中，

$$\mathrm{SNR} = |\boldsymbol{\alpha}|^2 \boldsymbol{p}^\dagger \boldsymbol{M}^{-1}\boldsymbol{p} \tag{4.16}$$

$\cos^2\theta$ 可由式(4.10)得到；

• β 为复非中心 β 分布，复自由度为 $K-N+2, N-1$。非中心参数r_β定义如下：

$$r_\beta = \mathrm{SNR}\sin^2\theta \tag{4.17}$$

其中，

$$\sin^2\theta = 1 - \cos^2\theta \tag{4.18}$$

可以发现，$\beta\in[0,1]$，因此在式 4.15 中，

$$\mathrm{SNR}\beta \leqslant \mathrm{SNR} \tag{4.19}$$

需要记住的是，下一小节中使用随机表达式的目标是以同样的随机变量进行两级架构的检验统计。在第 3 章中，读者可以找到最常用的检测器的其他统计特征。

最后，为了完整起见，我们在表 4.2 中罗列出了概率密度函数(PDF)和前面提到的复随机变量的累积分布函数(CDF)表达式。（感兴趣的读者可以在文献[1,2,32]中查阅详细内容。）

表 4.2　有用的复分布的 PDF 和 CDF(非中心参数由 δ 表示，所有分布均具有复自由度 N、M)

中心 F 分布的 PDF	$f(x) = \frac{(N+M-1)!}{(N-1)!\,(M-1)!}\frac{x^{N-1}}{(1+x)^{N+M}}, x\geqslant 0$
中心 F 分布的 CDF	$F(x) = \frac{x^N}{(1+x)^{N+M-1}}\sum_{k=0}^{M-1}\binom{N+M-1}{N+k}x^k, x\geqslant 0$
非中心 F 分布的 PDF	$f(x) = \frac{(N+M-1)!}{(N-1)!(M-1)!}\frac{x^{N-1}\mathrm{e}^{-\delta^2/(1+x)}}{(1+x)^{N+M}}\sum_{k=0}^{M}\binom{M}{k}\frac{(N-1)!}{(N+k-1)!}\left(\frac{\delta^2 x}{1+x}\right)^k, x\geqslant 0$
非中心 F 分布的 CDF	$F(x) = \frac{x^N\mathrm{e}^{-\delta^2/(1+x)}}{(1+x)^{N+M-1}}\sum_{k=0}^{M-1}\binom{N+M-1}{N+k}x^k\sum_{i=0}^{k}\left(\frac{\delta^2}{1+x}\right)^i\frac{1}{i!}, x\geqslant 0$
中心 β 分布的 PDF	$f(x) = \frac{(N+M-1)!}{(N-1)!\,(M-1)!}x^{N-1}(1-x)^{M-1}, 0\leqslant x\leqslant 1$
中心 β 分布的 CDF	$F(x) = x^{N+M-1}\sum_{k=0}^{M-1}\binom{N+M-1}{k}\left(\frac{1-x}{x}\right)^k, 0\leqslant x\leqslant 1$

续表

非中心β分布的PDF	$f(x) = \mathrm{e}^{-\delta^2 x}\sum_{k=0}^{N}\binom{N}{k}\frac{(N+M-1)!\delta^{2k}x^{N-1}(1-x)^{M+k-1}}{(M+k-1)!(N-1)!}, 0 \leqslant x \leqslant 1$
非中心β分布的CDF	$F(x) = 1 - \frac{x^{N-1}\mathrm{e}^{-\delta^2 x}}{(1-x)^{-M}}\sum_{k=0}^{N-1}\binom{N+M-1}{k+M}\left(\frac{1-x}{x}\right)^k\sum_{i=0}^{k}\frac{(\delta^2 x)^i}{i!}, 0 \leqslant x \leqslant 1$

4.2.1 自适应旁瓣消隐器

为了降低杂波不均匀时 AMF[27] 的高虚警率，文献[12,13]中提出了自适应旁瓣切除器(ASB)的概念，它是由下式表示的 AMF 和自适应相干估计器(ACE)[33,34] 级联得到的：

$$t_{\mathrm{AMF}} = \frac{|\boldsymbol{z}^{\dagger}\boldsymbol{S}^{-1}\boldsymbol{v}|^2}{\boldsymbol{z}^{\dagger}\boldsymbol{S}^{-1}\boldsymbol{v}} \underset{\boldsymbol{H}_0}{\overset{\boldsymbol{H}_1}{\gtrless}} \eta_{\mathrm{AMF}} \tag{4.20}$$

这个结果又称为自适应归一化匹配滤波器(ANMF)，其表达式为

$$t_{\mathrm{ACE}} = \frac{|\boldsymbol{z}^{\dagger}\boldsymbol{S}^{-1}\boldsymbol{v}|^2}{(\boldsymbol{z}^{\dagger}\boldsymbol{S}^{-1}\boldsymbol{z})(\boldsymbol{z}^{\dagger}\boldsymbol{S}^{-1}\boldsymbol{v})} \underset{\boldsymbol{H}_0}{\overset{\boldsymbol{H}_1}{\gtrless}} \eta_{\mathrm{ACE}} \tag{4.21}$$

如前所述，为了求出P_{fa}和P_{d}的表达闭式，我们需要把所考虑的两部接收机的统计量重写为具有同样变量的函数。为此，采用下面的等效校验替代式(4.21)定义的检验：

$$\begin{aligned}
\bar{t}_{\mathrm{ACE}} &= \frac{t_{\mathrm{ACE}}}{1-t_{\mathrm{ACE}}} \\
&= \frac{|\boldsymbol{z}^{\dagger}\boldsymbol{S}^{-1}\boldsymbol{v}|^2}{(\boldsymbol{v}^{\dagger}\boldsymbol{S}^{-1}\boldsymbol{v})\left[1+\boldsymbol{z}^{\dagger}\boldsymbol{S}^{-1}\boldsymbol{z}-\frac{|\boldsymbol{z}^{\dagger}\boldsymbol{S}^{-1}\boldsymbol{v}|^2}{\boldsymbol{v}^{\dagger}\boldsymbol{S}^{-1}\boldsymbol{v}}\right]} \frac{\left[1+\boldsymbol{z}^{\dagger}\boldsymbol{S}^{-1}\boldsymbol{z}-\frac{|\boldsymbol{z}^{\dagger}\boldsymbol{S}^{-1}\boldsymbol{v}|^2}{\boldsymbol{v}^{\dagger}\boldsymbol{S}^{-1}\boldsymbol{v}}\right]}{\left[\left[1+\boldsymbol{z}^{\dagger}\boldsymbol{S}^{-1}\boldsymbol{z}-\frac{|\boldsymbol{z}^{\dagger}\boldsymbol{S}^{-1}\boldsymbol{v}|^2}{\boldsymbol{v}^{\dagger}\boldsymbol{S}^{-1}\boldsymbol{v}}\right]\right]-1} \\
&= \bar{t}_K \frac{1/\beta}{1/\beta-1} \\
&= \bar{t}_K \frac{1}{1-\beta} \underset{\boldsymbol{H}_0}{\overset{\boldsymbol{H}_1}{\gtrless}} \bar{\eta}_{\mathrm{ACE}}
\end{aligned} \tag{4.22}$$

其中，

$$\bar{\eta}_{\mathrm{ACE}} = \frac{\eta_{\mathrm{ACE}}}{1 - \eta_{\mathrm{ACE}}} \tag{4.23}$$

另外,注意到 AMF 的判决统计可以重新表示为

$$t_{\mathrm{AMF}} = \frac{|z^{\dagger} S^{-1} v|^2}{(v^{\dagger} S^{-1} v)\left[1 + z^{\dagger} S^{-1} z - \dfrac{|z^{\dagger} S^{-1} v|^2}{v^{\dagger} S^{-1} v}\right]}\left[1 + z^{\dagger} S^{-1} z - \frac{|z^{\dagger} S^{-1} v|^2}{v^{\dagger} S^{-1} v}\right] = \frac{\bar{t}_K}{\beta} \tag{4.24}$$

利用前面的结果,可以将 ASB 的P_{fa}写为

$$\begin{aligned}
P_{\mathrm{fa}}(\eta_{\mathrm{AMF}}, \bar{\eta}_{\mathrm{ACE}}) &= Pr_{H_0}\{t_{\mathrm{AMF}} > \eta_{\mathrm{AMF}}, \bar{t}_{\mathrm{ACE}} > \bar{\eta}_{\mathrm{ACE}}\} \\
&= Pr_{H_0}\left\{\frac{\bar{t}_K}{\beta} > \eta_{\mathrm{AMF}}, \bar{t}_K \frac{1}{1-\beta} > \bar{\eta}_{\mathrm{ACE}}\right\} \\
&= Pr_{H_0}\{\bar{t}_K > \max(\eta_{\mathrm{AMF}}\beta, \bar{\eta}_{\mathrm{ACE}}(1-\beta))\} \\
&= \int_0^1 Pr_{H_0}\{\bar{t}_K > \max(\eta_{\mathrm{AMF}}\beta, \bar{\eta}_{\mathrm{ACE}}(1-\beta)) \mid \beta = b\} f_{\beta}(b)\,\mathrm{d}b \\
&= 1 - \int_0^1 Pr_{H_0}\{\bar{t}_K \leqslant \max(\eta_{\mathrm{AMF}}\beta, \bar{\eta}_{\mathrm{ACE}}(1-\beta)) \mid \beta = b\} f_{\beta}(b)\,\mathrm{d}b \\
&= 1 - \int_0^1 F_0\{\max[\eta_{\mathrm{AMF}}\beta, \bar{\eta}_{\mathrm{ACE}}(1-b)]\} f_{\beta}(b)\,\mathrm{d}b
\end{aligned}$$

$$= 1 - \int_0^{\frac{\bar{\eta}_{\mathrm{ACE}}}{\eta_{\mathrm{AMF}}+\bar{\eta}_{\mathrm{ACE}}}} F_0[\bar{\eta}_{\mathrm{ACE}}(1-b)] f_{\beta}(b)\,\mathrm{d}b - \int_{\frac{\bar{\eta}_{\mathrm{ACE}}}{\eta_{\mathrm{AMF}}+\bar{\eta}_{\mathrm{ACE}}}}^1 F_0(\eta_{\mathrm{AMF}} b) f_{\beta}(b)\,\mathrm{d}b \tag{4.25}$$

式中,$Pr_{H_0}\{\cdot\}$为假设$\boldsymbol{H}_0$有效时事件发生的概率;$Pr_{\boldsymbol{H}_0}\{A|B\}$为事件 B 条件下事件 A 的概率;$f_{\beta}(\cdot)$为$\boldsymbol{H}_0$条件下 β 的 PDF,$F_0(\cdot)$为H_0条件下$\bar{t}_K$的 CDF(参见表 4.2)。注意到第四个等式出自全概率定理。

现在要作一个重要的说明。ASB 处理具有文献[35]定义的下列变换群的不变性:

$$G = \{g: [z\, \boldsymbol{Z}_s] \to [\boldsymbol{T}_z \boldsymbol{T}\, \boldsymbol{Z}_s\, \boldsymbol{B}^{\dagger}]\} \tag{4.26}$$

式中,$\boldsymbol{Z}_s = [z_1 z_2 \cdots z_K]$;$\boldsymbol{B} \in \mathcal{C}^{K\times K}$为一个酉阵;$\boldsymbol{T} \in \mathcal{C}^{N\times N}$为满秩矩阵,因此 $\boldsymbol{T}\boldsymbol{v}$ 的值域同 $\boldsymbol{v}$ 的值域重合。这就确保了干扰的未知协方差矩阵的 CFAR 属性。

基于同样的理由,不难发现 ASB 的P_{d}可由下式得到:

$$\begin{aligned}
&P_{\mathrm{d}}(\eta_{\mathrm{AMF}}, \bar{\eta}_{\mathrm{ACE}}, \mathrm{SNR}, \cos^2\theta) \\
&= Pr_{H_1}\{t_{\mathrm{AMF}} > \eta_{\mathrm{AMF}}, \bar{t}_{\mathrm{ACE}} > \bar{\eta}_{\mathrm{ACE}}\}
\end{aligned}$$

$$= 1 - \int_0^1 Pr_{\boldsymbol{H}_1}\{\bar{t}_K \leqslant \max[\eta_{\mathrm{AMF}}\beta, \bar{\eta}_{\mathrm{ACE}}(1-\beta)] \mid \beta = b\} f_{\beta}, r_{\beta}(b)\mathrm{d}b$$

$$= 1 - \int_0^{\frac{\bar{\eta}_{\mathrm{ACE}}}{\eta_{\mathrm{AMF}}+\eta_{\mathrm{ACE}}}} F_1[\bar{\eta}_{\mathrm{ACE}}(1-b)] f_{\beta}, r_{\beta}(b)\mathrm{d}b - \int_{\frac{\bar{\eta}_{\mathrm{ACE}}}{\eta_{\mathrm{AMF}}+\eta_{\mathrm{ACE}}}}^1 F_1(\eta_{\mathrm{AMF}} b) f_{\beta}, r_{\beta}(b)\mathrm{d}b \tag{4.27}$$

式中,$F_1(\cdot)$和f_{β}、$r_{\beta}(\cdot)$分别为基于假设H_1时$\bar{t}_K$的 CDF、β 的 PDF。

式(4.25)和式(4.27)包含以下特殊情况:

$$式(4.25) = \begin{cases} P_{\mathrm{fa}}(\mathrm{AMF}), & \bar{\eta}_{\mathrm{ACE}} = 0 \text{ 且 } \eta_{\mathrm{AMF}} > 0 \\ P_{\mathrm{fa}}(\mathrm{ACE}), & \bar{\eta}_{\mathrm{ACE}} > 0 \text{ 且 } \eta_{\mathrm{AMF}} = 0 \\ 1, & \bar{\eta}_{\mathrm{ACE}} = 0 \text{ 且 } \eta_{\mathrm{AMF}} = 0 \end{cases} \tag{4.28}$$

和

$$式(4.27) = \begin{cases} P_{\mathrm{d}}(\mathrm{AMF}), & \bar{\eta}_{\mathrm{ACE}} = 0 \text{ 且 } \eta_{\mathrm{AMF}} > 0 \\ P_{\mathrm{d}}(\mathrm{ACE}), & \bar{\eta}_{\mathrm{ACE}} > 0 \text{ 且 } \eta_{\mathrm{AMF}} = 0 \\ 1, & \bar{\eta}_{\mathrm{ACE}} = 0 \text{ 且 } \eta_{\mathrm{AMF}} = 0 \end{cases} \tag{4.29}$$

如图 4.7 所示为假设 $N=16, K=32$,在$\eta_{\mathrm{AMF}}\bar{\eta}_{\mathrm{ACE}}$平面中不同$P_{\mathrm{fa}}$值的包络曲线。在图 4.8 中,我们关注的是匹配检测性能($\cos^2\theta=0$),并绘制出了假设$P_{\mathrm{fa}}=10^{-4}, N=16, K=32$ 时P_{d}与 SNR 的关系曲线。尤其是,我们选择了一对门限,确保在$P_{\mathrm{d}}=0.9$ 时的最小和最大损耗,参考通常被视为匹配信号的基准检测器的 Kelly 检测器。可以观察到相对于“Kelly's”接收机,在$P_{\mathrm{d}}=0.9$ 时的最大损耗约为 1dB。

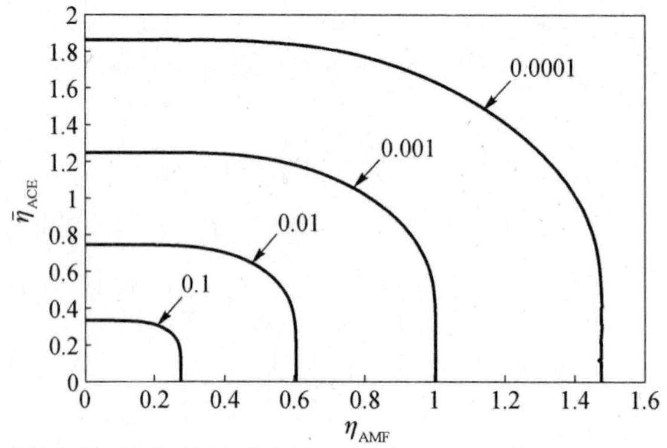

图 4.7　假设 $N=16, K=32$,ASB 的恒P_{fa}包络

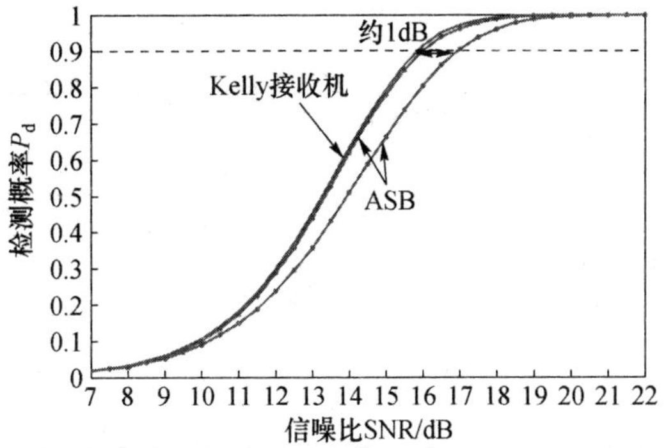

图 4.8　假设 $N=16,K=32,P_{fa}=0.0001$ 时 ASB(实线带点)
和“Kelly's”接收机(实线无标记)的P_d随 SNR 的变化

当出现失配信号时,我们通过查看垂直轴为$\cos^2\theta$、水平轴为 SNR 的恒P_d的轨迹来分析 ASB 的性能。这些曲线源自文献[10],叫“mesa 曲线”。预设失配角为θ,读取水平线上 mesa 曲线的P_d值,就可以看到随 SNR 曲线变化的接收机的性能。在图 4.9 至图 4.11 中,我们分析了存在失配信号时,ASB 与“Kelly's”接收机相比的性能。尤其是在图 4.9 中,可以看出信号匹配时,ASB 相比“Kelly's”接收机,选择性更强,损耗几乎可忽略。门限对的选择是为了保证损耗相对于“Kelly's”接收机最低。在图 4.10 中,我们考虑的是给出最佳鲁棒性的门限配置,这正好与 AMF 的吻合。最后,在图 4.11 中,恒定P_d的轨迹是最具选择性的情况,限制条件为相对于$P_d=0.9$,信号匹配时的“Kelly's”接收机,损耗为 1dB,这时,ASB 与 ACE 表现出同样的方向。

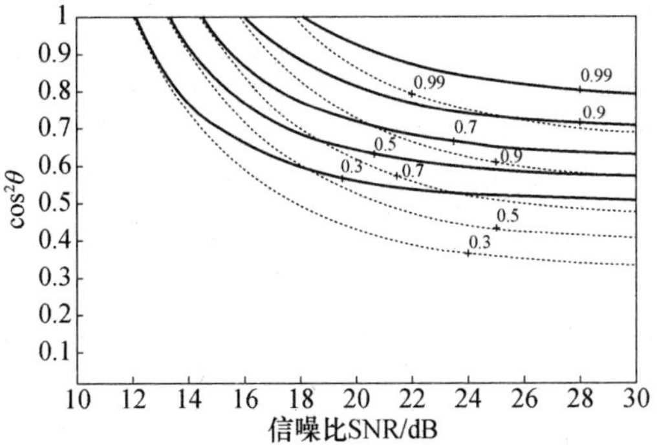

图 4.9　$N=16,K=32,P_{fa}=0.0001$ 时 ASB(实线)
和“Kelly's”接收机(点线)的恒P_d轨迹,门限对的选择
是使相对于$P_d=0.9$ 的“Kelly's”接收机的损耗最小

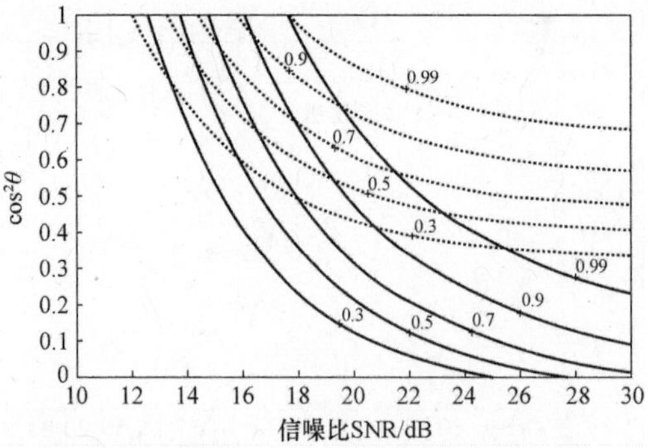

图 4.10　$N=16, K=32, P_{\mathrm{fa}}=0.0001$ 时 ASB(实线)和 Kelly 接收机(点线)的恒P_{d}轨迹,门限对的选择是使性能最鲁棒

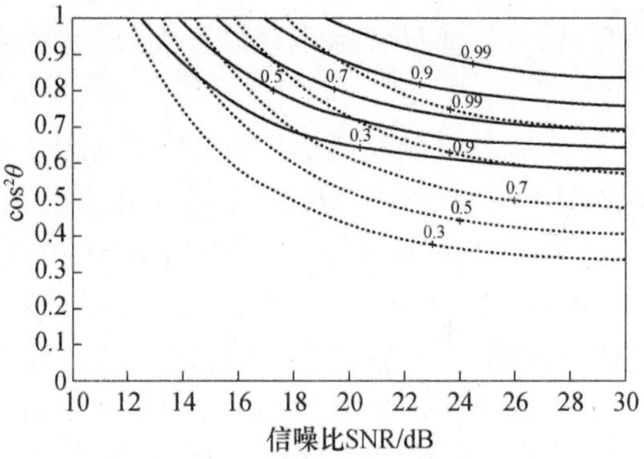

图 4.11　$N=16, K=32, P_{\mathrm{fa}}=0.0001$ 时 ASB (实线)和“Kelly's”接收机(点线)的恒P_{d}轨迹,门限对的选择是使性能最具选择性

4.2.2　提高 ASB 的鲁棒性:基于子空间的自适应旁瓣切除

在文献[16]中提出的基于子空间的 ASB(S-ASB)是一种两级检测器。它可以将 ASB 的方向范围朝更具鲁棒的方向改善。在这里,AMF 被 SD 取代[2],由下式给出:

$$t_{\mathrm{SD}} = \frac{\boldsymbol{z}^{\dagger}\boldsymbol{S}^{-1}\boldsymbol{H}(\boldsymbol{H}^{\dagger}\boldsymbol{S}^{-1}\boldsymbol{H})^{-1}\boldsymbol{H}^{\dagger}\boldsymbol{S}^{-1}\boldsymbol{z}}{1+\boldsymbol{z}^{\dagger}\boldsymbol{S}^{-1}\boldsymbol{z}} \underset{H_0}{\overset{H_1}{\gtrless}} \eta_{\mathrm{SD}} \tag{4.30}$$

其中,

$$\boldsymbol{H} = [\boldsymbol{h}_1\ \boldsymbol{h}_2 \cdots \boldsymbol{h}_q] \in \mathcal{C}^{N\times q} \tag{4.31}$$

为列满秩的矩阵。从这以后,我们假设标称取向矢量属于子空间 $\mathbb{H}$,也就是说被 $\boldsymbol{H}$ 的列贯穿的空间。$\mathbb{H}$ 可以表示为

$$\boldsymbol{H} = [\boldsymbol{v}\ \boldsymbol{h}_2 \cdots \boldsymbol{h}_q] \tag{4.32}$$

注意,如果 $q=1$,SD 与"Kelly's"接收机重合,能实现对匹配信号的最大检测能力。但是,对于失配严重的信号,则不再具有鲁棒性。基于这个原因,在两级接收机架构中,我们设 $q>1$。如文献[16]中所述,尤其是选择

$$\boldsymbol{H} = [\boldsymbol{v}\ \boldsymbol{h}_2] \tag{4.33}$$

式中,h_2为相对于 v 有轻微失配的矢量,它保证了 ASB 的鲁棒性得到提高(见图 4.1,它是假设 $N=16$,$K=32$,$P_{\text{fa}}=10^{-4}$且 $q=2$ 得到的)。接下来,我们选择$\boldsymbol{h}_2$,使得

$$\frac{|\boldsymbol{v}^{\dagger}\boldsymbol{M}^{-1}\boldsymbol{h}_2|^2}{(\boldsymbol{v}^{\dagger}\boldsymbol{M}^{-1}\boldsymbol{v})(\boldsymbol{h}_2^{\dagger}\boldsymbol{M}^{-1}\boldsymbol{h}_2)} = 0.8949 \tag{4.34}$$

其中,协方差矩阵 $\boldsymbol{M}$ 的第(i,j)个阵元为$\rho^{|i,j|}$,$i,j=1,2,\cdots,N$,$\rho=0.95$。通过寻求 SD 和 ACE 的统计表示(它们是相同随机变量的函数)就可以得到P_{d}和P_{fa}的闭式。这里,我们考虑 SD 的等价判决统计为

$$\bar{t}_{\text{SD}} = \frac{1}{1-t_{\text{SD}}} \tag{4.35}$$

$$= \frac{1+\boldsymbol{z}^{\dagger}\boldsymbol{S}^{-1}\boldsymbol{z}}{1+\boldsymbol{z}^{\dagger}\boldsymbol{S}^{-1}\boldsymbol{z}-\boldsymbol{z}^{\dagger}\boldsymbol{S}^{-1}\boldsymbol{H}(\boldsymbol{H}^{\dagger}\boldsymbol{S}^{-1}\boldsymbol{H})^{-1}\boldsymbol{H}^{\dagger}\boldsymbol{S}^{-1}\boldsymbol{z}} \tag{4.36}$$

$$= (1+\beta_2)(\bar{t}_K+1) \tag{4.37}$$

对于 ACE

$$\bar{t}_{\text{ACE}} = \bar{t}_K\left[1+\frac{1}{\beta_2(1+\beta_1)+\beta_1}\right] \tag{4.38}$$

其中随机变量β_1和β_2具有下列统计特征:

- 基于假设H_0:
  - β_1是复中心 F 分布随机变量,复自由度为$(N-q,K-N+q+1)$;
  - β_2满足复中心 F 分布特点,复自由度为$(q-1,K-N+2)$,在统计上与β_1独立;
- 基于假设H_1:
  - β_1是复非中心 F 分布随机变量,复自由度为$(N-q,K-N+q+1)$,非中心参数r_1定义如下:

$$r_1^2 = \text{SNR}\sin^2\theta\,\|\boldsymbol{v}_2\|^2 \tag{4.39}$$

  - 给定β_1和β_2满足复非中心 F 分布,复自由度为$(q-1,K-N+2)$,非中心参数r_2定义如下:

$$r_2^2 = \frac{\text{SNR}\sin^2\theta\,\|\boldsymbol{v}_1\|^2}{1+\beta_1} \tag{4.40}$$

在式(4.39)和式(4.40)中,$\boldsymbol{v}_1 \in \mathcal{C}^{(q-1)\times 1}$,$\boldsymbol{v}_2 \in \mathcal{C}^{(N-q)\times 1}$,定义如下:

$$\boldsymbol{U}\boldsymbol{M}^{-1/2}\boldsymbol{p} = \sqrt{\boldsymbol{p}^{\dagger}\boldsymbol{M}^{-1}\boldsymbol{p}}\begin{bmatrix} \boldsymbol{v} & \cos\theta \\ \boldsymbol{v}_1 & \sin\theta \\ \boldsymbol{v}_2 & \sin\theta \end{bmatrix} \tag{4.41}$$

式中,$\boldsymbol{v} \in \mathcal{C}$;$\boldsymbol{U} \in \mathcal{C}^{N\times N}$为酉阵,使得

$$\boldsymbol{U}\boldsymbol{H}_{qr} = \begin{bmatrix} 10\cdots0 \\ 01\cdots0 \\ 00\cdots1 \\ 00\cdots0 \\ \cdots\cdot \\ \cdots\cdot \\ \cdots\cdot \\ 00\cdots0 \end{bmatrix} \in \mathcal{R}^{N\times q} \tag{4.42}$$

式中,$\boldsymbol{H}_{qr} \in \mathcal{C}^{N\times q}$属于酉阵的一部分(即:$\boldsymbol{H}_{qr}^{\dagger}\boldsymbol{H}_{qr} = \boldsymbol{I}_q$),由$\boldsymbol{H}$的QR因素分解得到,即

$$\boldsymbol{H} = \boldsymbol{H}_{qr}\boldsymbol{H}_T \tag{4.43}$$

式中,$\boldsymbol{H}_T \in \mathcal{C}^{q\times q}$为一种可逆的上三角矩阵。而且,基于$\boldsymbol{H}_1$假设,$\bar{t}_K$分布的非中心参数可以计算为

$$r_t^2 = \frac{\text{SNR}\cos^2\theta}{(1+\beta_1)(1+\beta_2)} \tag{4.44}$$

最后需要说明的是,损耗因子也可以表示为β_1和β_2的函数,即

$$\beta = \frac{1}{(1+\beta_1)(1+\beta_2)} \tag{4.45}$$

S-ASB统计特征的推导细节可查阅文献[1,16]。综合前面的结果,可得S-ASB的P_{fa}为

$$P_{\text{fa}}(\bar{\eta}_{\text{SD}},\bar{\eta}_{\text{ACE}}) = Pr_{\boldsymbol{H}_0}\{\bar{t}_{\text{SD}} > \bar{\eta}_{\text{SD}}, \bar{t}_{\text{ACE}} > \bar{\eta}_{\text{ACE}}\}$$

$$= Pr_{\boldsymbol{H}_0}\left\{(1+\beta_2)(\bar{t}_K+1) > \bar{\eta}_{\text{SD}}, \bar{t}_K\left[1+\frac{1}{\beta_2(1+\beta_1)+\beta_1}\right] > \bar{\eta}_{\text{ACE}}\right\}$$

$$= 1 - Pr_{\boldsymbol{H}_0}\left\{\bar{t}_K \leqslant \max\left(\frac{\bar{\eta}_{\text{SD}}}{1+\beta_2}-1, \bar{\eta}_{\text{ACE}}\frac{\beta_2(1+\beta_1)+\beta_1}{(1+\beta_1)(1+\beta_2)}\right)\right\}$$

$$= 1 - \int_0^{+\infty}\int_0^{+\infty} Pr_{\boldsymbol{H}_0}\left\{\bar{t}_K \leqslant \max\left(\frac{\bar{\eta}_{\mathrm{SD}}}{1+\beta_2} - 1, \bar{\eta}_{\mathrm{ACE}}\frac{\beta_2(1+\beta_1)+\beta_1}{(1+\beta_1)(1+\beta_2)}\right) \middle| \beta_1 = b_1, \beta_2 = b_2\right\}$$

$$f_{\beta_1}(b_1) f_{\beta_2}(b_2)\mathrm{d}b_1\mathrm{d}b_2$$

$$= 1 - \int_0^{+\infty}\int_0^{+\infty} F_0\left[\max\left(\frac{\bar{\eta}_{\mathrm{SD}}}{1+b_2} - 1, \bar{\eta}_{\mathrm{ACE}}\frac{b_2(1+b_1)+b_1}{(1+b_1)(1+b_2)}\right)\right]\times$$

$$f_{\beta_1}(b_1) f_{\beta_2}(b_2)\mathrm{d}b_1\mathrm{d}b_2 \tag{4.46}$$

式中，$f_{\beta_1}(\cdot)$和$f_{\beta_2}(\cdot)$分别为基于假设H_0时β_1和β_2的 PDF；$F_0(\cdot)$为基于假设$\boldsymbol{H}_0$时，$\bar{t}_K$的 CDF，并且

$$\bar{\eta}_{\mathrm{SD}} = \frac{1}{1-\eta_{\mathrm{SD}}} \geqslant 1 \tag{4.47}$$

图 4.12 中绘制了恒P_{fa}的轨迹，作为两个门限的函数。很明显，存在无限个可以提供相同P_{fa}值的门限对。

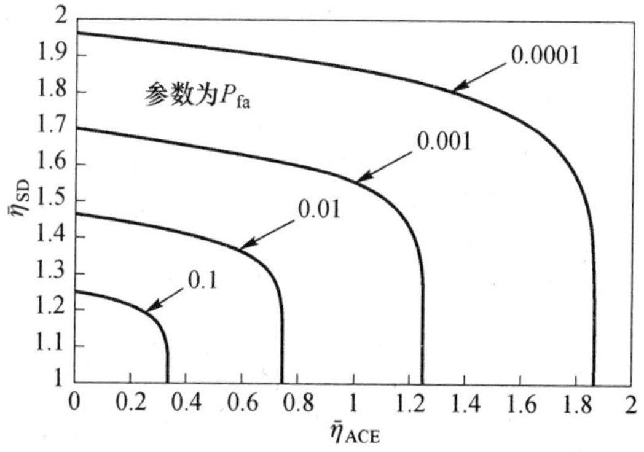

图 4.12　假设 $N=16, K=32, q=2$ 时 S-ASB 的恒P_{fa}轨迹

更重要的是，式(4.46)并不取决于 H，但是 q(看所考虑的分布的自由度)却与 M 有关。因此，S-ASB 确保了针对干扰信号协方差矩阵的 CFAR 特性。

至于P_{d}，不难看出

$$P_{\mathrm{d}}(\bar{\eta}_{\mathrm{SD}}, \bar{\eta}_{\mathrm{ACE}}, \mathrm{SNR}, \boldsymbol{H}, \cos^2\theta) = Pr_{H_1}\{\bar{t}_{\mathrm{SD}} > \bar{\eta}_{\mathrm{SD}}, \bar{t}_{\mathrm{ACE}} > \bar{\eta}_{\mathrm{ACE}}\}$$

$$= 1 - \int_0^{+\infty}\int_0^{+\infty} Pr_{\boldsymbol{H}_1}\left\{\bar{t}_K \leqslant \max\left[\frac{\bar{\eta}_{\mathrm{SD}}}{1+\beta_2} - 1, \bar{\eta}_{\mathrm{ACE}}\frac{\beta_2(1+\beta_1)+\beta_1}{(1+\beta_1)(1+\beta_2)}\right] \middle| \beta_1 = b_1, \beta_2 = b_2\right\}$$

$$f_{\beta_2|\beta_1}(b_2|\beta_1 = b_1) f_{\beta_1, r_1}(b_1)\mathrm{d}b_1\mathrm{d}b_2$$

$$= 1 - \int_0^{+\infty}\int_0^{+\infty} F_1\left[\max\left(\frac{\bar{\eta}_{\mathrm{SD}}}{1+b_2} - 1, \bar{\eta}_{\mathrm{ACE}}\frac{b_2(1+b_1)+b_1}{(1+b_1)(1+b_2)}\right)\right]\times$$

$$f_{\beta_2|\beta_1}(b_2|\beta_1 = b_1) f_{\beta_1, r_1}(b_1)\mathrm{d}b_1\mathrm{d}b_2 \tag{4.48}$$

式中，$F_1(\cdot)$为给定β_1和β_2（假设$\boldsymbol{H}_1$时）$\bar{t}_K$的 CDF；$f_{\beta_1,r_1}(\cdot)$为β_1的 PDF；$f_{\beta_2|\beta_1}(\cdot|\cdot)$为给定$\beta_1$时，$\beta_2$的 PDF，均基于假设$\boldsymbol{H}_1$。

图 4.13 给出了假设 $N=16,K=32,q=2$，$\boldsymbol{H}$ 的列数据是按照本节一开始所表述的标准来选择，沿$P_{fa}=0.0001$ 的恒虚警轨迹移动得到 S-ASB 的极限性能。为了便于比较，我们也列出了"Kelly's"接收机的检测性能。可以观察到，相对于$P_d=0.9$的基准，最大损耗为 1dB，而最小损耗为 0.2dB。图 4.14 和图 4.15 中所示的是失配时的检测性能，在图中绘制了 S-ASB 和"Kelly's"接收机的恒P_d包络（作为 SNR 和$\cos^2\theta$ 的函数）。图 4.14 中所示的曲线针对的是确保 S-ASB 鲁棒性最强时的门限对，而图 4.15 的包络选择门限对对应选择性最好的情况得到的。两幅图都假设 $N=16,K=32,q=2$ 且$P_{fa}=0.0001$。在图 4.16 中将 S-ASB 与 ASB 最鲁棒的性能进行了比较。很明显，S-ASB 的鲁棒性更好一些。

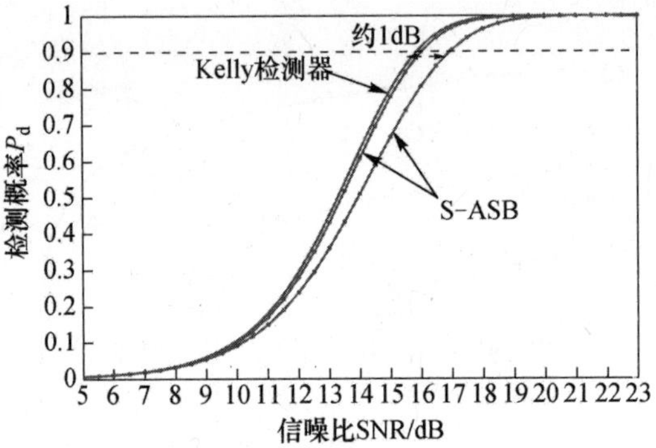

图 4.13 假设 $N=16,K=32,q=2,P_{fa}=0.0001$ 时 S-ASB（实线带点）和"Kelly's"接收机（实线无标记）的P_d随 SNR 的变化

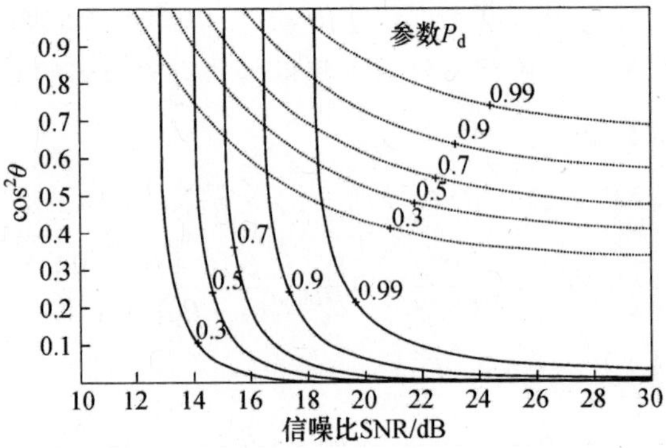

图 4.14 假设 $N=16,K=32,q=2$，门限对对应最鲁棒情况时 S-ASB（实线）和"Kelly's"接收机（点线）的恒P_d包络

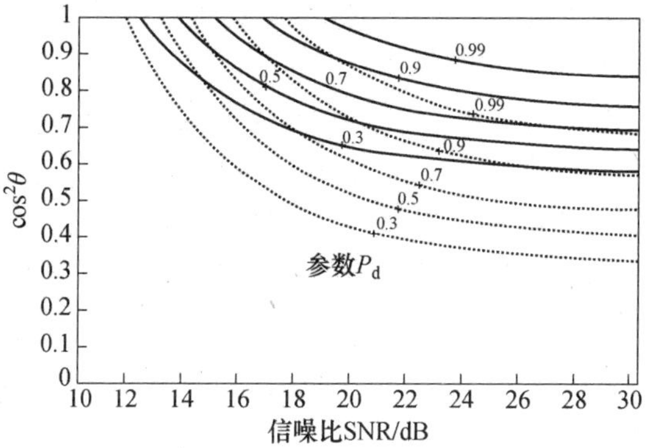

图 4.15　假设 $N=16,K=32,q=2$,门限对对应最具选择性时 S-ASB（实线）和“Kelly's”接收机（点线）的恒P_d包络

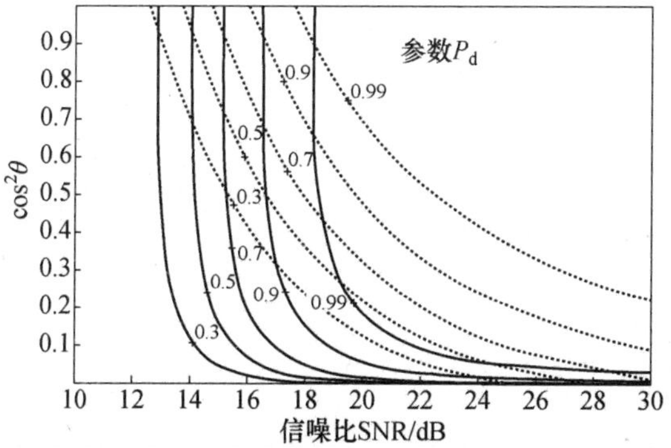

图 4.16　假设 $N=16,K=32,q=2$,门限对对应最鲁棒情况时 S-ASB（实线）和“Kelly's”接收机（点线）的恒P_d包络

4.2.3　提高 ASB 选择性的改进方法

在本小节中,我们提出了提高 ASB 选择性的两级解决方案。更准确地讲,这种架构采用的是比 ACE 更有选择性的接收机,即:

- 文献[10]中提出的自适应正交抑制波束形成检测器(ABORT),对传统的仅有噪声的假设进行了修正,因此在准白化观察空间中,也就是用样本的协方差矩阵白化后的数据空间中,数据中可能包含与标称信号正交的虚假信号;
- 假设在基于$\boldsymbol{H}_0$的条件下存在虚假信号,它在白化的观察空间中,也就是在用真实的噪声协方差矩阵白化后的空间中,正交于标称值,我们就得到 W-ABORT[28];
- 通过 Rao 检验的设计准则推导出 Rao 检测器[36];

• 综合 Kelly 检测器和 W-ABORT 检验统计,就得到参数化的接收机;这个架构也被叫作 KWA[14]。

可以观察到,大多数的具有选择性的检测器都具有卓越的旁瓣抑制能力,但相应的匹配检测性能较差(相对于"Kelly's"接收机)。但是,如 4.1 节中所述,在两级体制中采用选择性接收机可以在保证较高选择性的同时补偿检测损耗。换言之,两级架构在匹配检测性能和抑制不需要的信号之间实现了较好的折中。

最后要说明的是,这里考虑的两级检测器具有相对于变换群式(4.26)的不变性,注意到这一点是很重要的。因此,在面对具有未知协方差矩阵的干扰时它们可以确保 CFAR 特性。

4.2.3.1 AMF-ABORT

文献[10]中用通用的似然比检验(GLRT)[37]推导出的 ABORT 会导致下列二态假设检验问题:

$$\begin{cases} \boldsymbol{H}_0: \begin{cases} \boldsymbol{z} = \boldsymbol{\alpha}_{\perp} \boldsymbol{v}_{\perp} + \boldsymbol{n} \\ \boldsymbol{z}_k = \boldsymbol{n}_k, \quad k = 1,2,\cdots,K \end{cases} \\ \boldsymbol{H}_1: \begin{cases} \boldsymbol{z} = \boldsymbol{\alpha} \boldsymbol{v} + \boldsymbol{n} \\ \boldsymbol{z}_k = \boldsymbol{n}_k, \quad k = 1,2,\cdots,K \end{cases} \end{cases} \tag{4.49}$$

式中,$\boldsymbol{\alpha}_{\perp} \in \mathcal{C}$,且

$$\boldsymbol{v}_{\perp}^{\dagger} \boldsymbol{S}^{-1} \boldsymbol{v} = 0 \tag{4.50}$$

ABORT 检测器具有下列形式:

$$t_{\text{ABORT}} = \frac{1 + t_{\text{AMF}}}{2 + \boldsymbol{z}^{\dagger} \boldsymbol{S}^{-1} \boldsymbol{z}} \tag{4.51}$$

$$= \frac{1 + \bar{t}_K/\beta}{1/\beta + 1 + \bar{t}_K/\beta} \underset{\boldsymbol{H}_0}{\overset{\boldsymbol{H}_1}{\gtrless}} \eta_{\text{ABORT}} \tag{4.52}$$

在文献[10]中,作者提出通过级联 AMF 和 ABORT 构成两级接收机的结构以有效地实现 ABORT。为了得到两级接收机的P_{fa}和P_{d}的闭式,我们将 ABORT 写为

$$\bar{t}_{\text{ABORT}} = \frac{t_{\text{ABORT}}}{1 - t_{\text{ABORT}}} \tag{4.53}$$

$$= \bar{t}_K + \beta \underset{\boldsymbol{H}_0}{\overset{\boldsymbol{H}_1}{\gtrless}} \bar{\eta}_{\text{ABORT}} = \frac{\eta_{\text{ABORT}}}{1 - \eta_{\text{ABORT}}} \tag{4.54}$$

这是由于 AMF-ABROT 的P_{fa}可表示为

$$P_{\text{fa}}(\eta_{\text{AMF}}, \bar{\eta}_{\text{ABORT}}) = Pr_{\boldsymbol{H}_0}\{t_{\text{AMF}} > \eta_{\text{AMF}}, \bar{t}_{\text{ABORT}} > \bar{\eta}_{\text{ABORT}}\}$$

$$= 1 - Pr_{H_0}\{\bar{t}_K \leqslant \max(\eta_{\mathrm{AMF}}\beta, \bar{\eta}_{\mathrm{ABORT}} - \beta)\}$$

$$= 1 - \int_0^1 F_0[\max(\eta_{\mathrm{AMF}}b, \bar{\eta}_{\mathrm{ABORT}} - b)] f_\beta(b)\mathrm{d}b$$

$$\begin{cases} = 1 - \left[\int_0^{\bar{\eta}_{\mathrm{ABORT}}/(1+\eta_{\mathrm{AMF}})} F_0(\bar{\eta}_{\mathrm{ABORT}} - b) f_\beta(b)\mathrm{d}b + \int_{\bar{\eta}_{\mathrm{ABORT}}/(1+\eta_{\mathrm{AMF}})}^1 F_0(\eta_{\mathrm{AMF}}b) f_\beta(b)\mathrm{d}b\right], \\ \qquad \bar{\eta}_{\mathrm{ABORT}}/(1+\eta_{\mathrm{AMF}}) < 1, \\ = 1 - \int_0^1 F_0(\bar{\eta}_{\mathrm{ABORT}} - b) f_\beta(b)\mathrm{d}b, \text{其他} \end{cases} \tag{4.55}$$

式中，$F_0(\cdot)$为假设为H_0时，$\bar{t}_K$的 CDF；$f_\beta(\cdot)$为假设为H_1时，β 的 PDF。

图 4.17 中画出了 AMF-ABORT 在假设 $N=16, K=32$ 时的恒P_{fa}轨迹。通过观察，给定第一级门限，在另外一级的门限范围内，P_{fa}保持恒定，比如$P_{\mathrm{fa}}=0.0001$。

$$\begin{aligned} &\bar{\eta}_{\mathrm{ABORT}} \approx 1.3, \text{且 } 0 \leqslant \eta_{\mathrm{AMF}} \leqslant 0.8 \\ &0 \leqslant \bar{\eta}_{\mathrm{ABORT}} \leqslant 0.6, \text{且} \eta_{\mathrm{AMF}} \approx 1.5 \end{aligned} \tag{4.56}$$

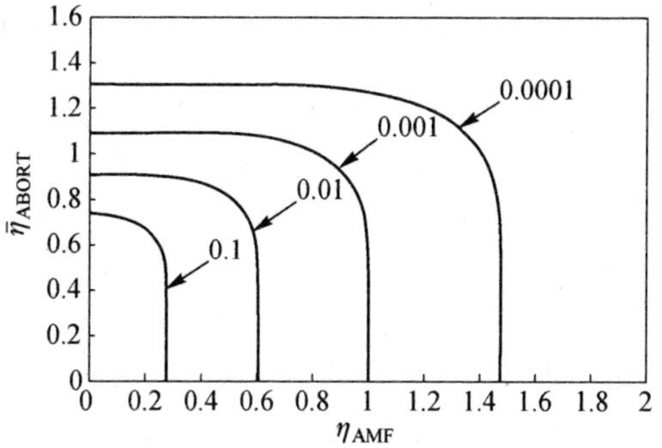

图 4.17　假设 $N=16, K=32$ 时 AMF-ABORT 的恒P_{fa}轨迹

另外，P_{d}有下列表达式：

$$P_{\mathrm{d}}(\eta_{\mathrm{AMF}}, \bar{\eta}_{\mathrm{ABORT}}, \mathrm{SNR}, \cos^2\theta) = Pr_{H_1}\{t_{\mathrm{AMF}} > \eta_{\mathrm{AMF}}, \bar{t}_{\mathrm{ABORT}} > \bar{\eta}_{\mathrm{ABORT}}\}$$

$$\begin{cases} = 1 - \left[\int_0^{\bar{\eta}_{\mathrm{ABORT}}/(1+\eta_{\mathrm{AMF}})} F_1(\bar{\eta}_{\mathrm{ABORT}} - b) f_{\beta,r_\beta}(b)\mathrm{d}b + \int_{\bar{\eta}_{\mathrm{ABORT}}/(1+\eta_{\mathrm{AMF}})}^1 F_1(\eta_{\mathrm{AMF}}b) f_{\beta,r_\beta}(b)\mathrm{d}b\right], \\ \qquad \bar{\eta}_{\mathrm{ABORT}}/(1+\eta_{\mathrm{AMF}}) < 1, \\ = 1 - \int_0^1 F_1(\bar{\eta}_{\mathrm{ABORT}} - b) f_{\beta,r_\beta}(b)\mathrm{d}b, \text{其他} \end{cases} \tag{4.57}$$

式中，$F_1(\cdot)$为假设$\boldsymbol{H}_1$时$\bar{t}_K$的 CDF；$f_{\beta,r_\beta}(\cdot)$为假设$\boldsymbol{H}_1$时β的 PDF。

图 4.18 中画出了假设 $N=16$，$K=32$，$P_{fa}=0.0001$ 时 AMF-ABORT 的P_d随 SNR 变化的曲线。更准确地讲，我们这里展示的是相对于"Kelly's"接收机在$P_d=0.9$时的损耗最小和最大所对应的曲线。可以观察到，这个两级接收机的最大探测损耗约为 0.4dB，而对于所选的参数，ASB 的最大探测损耗约为 1dB。但是，AMF-ABORT 相比 ASB（因此也是对 S-ASB），选择性较低。如图 4.19 所示，在图中假设，相对于 Kelly 检测器在$P_d=0.9$ 且信号匹配时，最大损耗约为 1dB。另外，AMF-ABORT 确保了信号失配时具有与 ASB 一样的鲁棒性，也就是如图 4.20 所示的 AMF，其中恒P_d的轨迹是完全重合的。

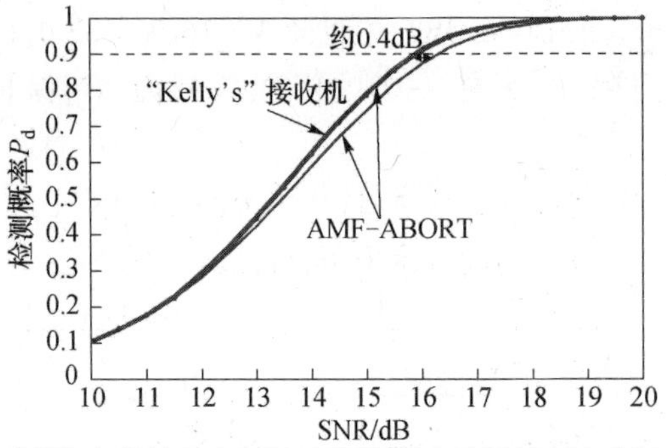

图 4.18　假设 $N=16$，$K=32$，$P_{fa}=0.0001$ 时 AMF-ABORT（实线带点）和"Kelly's"接收机（实线无标记）的P_d随 SNR 变化

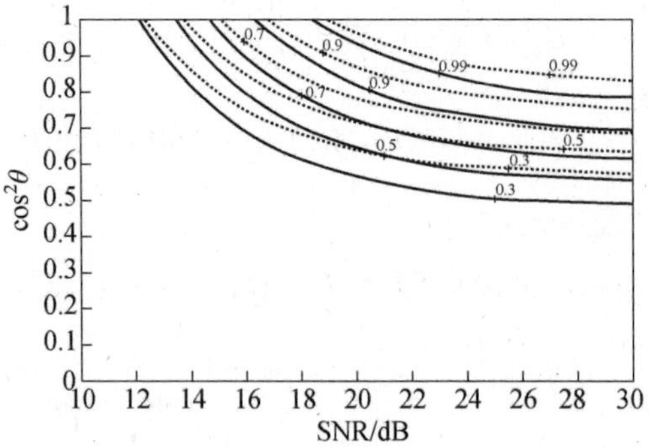

图 4.19　假设 $N=16$，$K=32$，门限对对应最具选择性的情况时，相对于 Kelly 检测器在$P_d=0.9$ 且信号匹配时损耗最大的约束，AMF-ABORT（实线）ASB（点线）的恒P_d包络

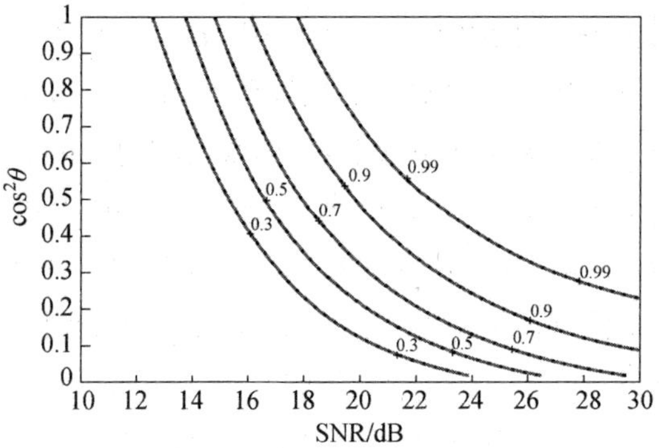

图 4.20 假设 $N=16,K=32$,门限对对应最鲁棒的情况时,
AMF-ABORT(实线)和 ASB(点线)的恒P_d包络

4.2.3.2 AMF-Rao

Rao 检测器[36]在 N 和 K 值较低时,选择性很强,但其匹配检测性能较差。为了克服这个缺陷,可以将 Rao 检测器同 AMF 结合形成两级检测器,既能保证对不需要的信号的有效抑制,又能获得良好的匹配检测性能[36]。把 Rao 检测器改写成下式后可以轻易地求得P_{fa}和P_d:

$$t_{Rao} = \frac{|\boldsymbol{z}^\dagger (\boldsymbol{S}+\boldsymbol{z}\boldsymbol{z}^\dagger)^{-1}\boldsymbol{v}|^2}{\boldsymbol{v}^\dagger \boldsymbol{S}^{-1}\boldsymbol{v}} \tag{4.58}$$

$$= t\beta \tag{4.59}$$

$$= \frac{\bar{t}_K}{1+\bar{t}_K}\beta \underset{\boldsymbol{H}_0}{\overset{\boldsymbol{H}_1}{\gtrless}} \eta_{Rao} \tag{4.60}$$

不难证明,如果 $\beta > \eta_{Rao}$,则有

$$\begin{aligned} P_{fa}(\eta_{AMF},\eta_{Rao}) &= Pr_{\boldsymbol{H}_0}\{t_{AMF} > \eta_{AMF}, t_{Rao} > \eta_{Rao}\} \\ &= 1 - Pr_{\boldsymbol{H}_0}\{\bar{t}_K \leqslant \max(\eta_{AMF}\beta, \eta_{Rao}/(\beta-\eta_{Rao}))\} \\ &= \int_{\eta_{Rao}}^1 \left\{1 - F_0(\max[\eta_{AMF}b, \eta_{Rao}/(b-\eta_{Rao}))]\right\} f_\beta(b)\,\mathrm{d}b \end{aligned} \tag{4.61}$$

和

$$\begin{aligned} P_d(\eta_{AMF},\eta_{Rao},\mathrm{SNR},\cos^2\theta) &= Pr_{\boldsymbol{H}_1}\{t_{AMF} > \eta_{AMF}, t_{Rao} > \eta_{Rao}\} \\ &= \int_{\eta_{Rao}}^1 \left[1 - F_1(\max(\eta_{AMF}b, \eta_{Rao}/(b-\eta_{Rao})))\right] f_{\beta,r_\beta}(b)\,\mathrm{d}b \end{aligned} \tag{4.62}$$

式中，$F_i(\cdot), i=0,1$ 为假设为$\boldsymbol{H}_i, i=0,1$ 时$\bar{t}_K$的 CDF；$f_\beta(\cdot)$和$f_{\beta,r_\beta}(\cdot)$分别为假设为$\boldsymbol{H}_0$和$\boldsymbol{H}_1$时，β 的 PDF。另外，如果 $\beta<\eta_{\text{Rao}}, P_{\text{fa}}=P_{\text{d}}=0$。

图 4.21 所示是P_{fa}取不同值对应的轮廓曲线图，$N=16, K=32$。而且，我们发现，当一级中的门限已知时，P_{fa}在该级的门限对应时间间隔范围内保持不变。图 4.22 所示是假设 $N=16, K=32, P_{\text{fa}}=0.0001$ 时，AMF-Rao 的匹配检测性能。尤其值得注意的是，Rao 检测器可以确保面对匹配信号时，关于 ACE 的选择性得到增强，但代价是检测性能降低。事实上，对于所考虑的参数值，对于“Kelly's”接收机，ASB 和 S-ASB 的最大损耗约 1dB，如图 4.23 所示。Rao 检测器良好的抑制能力使整个检测器的选择性得以提高，这里 AMF-Rao 与 ASB 相比较，限制条件是：$P_{\text{d}}=0.9$，“Kelly's”接收机的匹配信号最大检测损耗为 1dB。

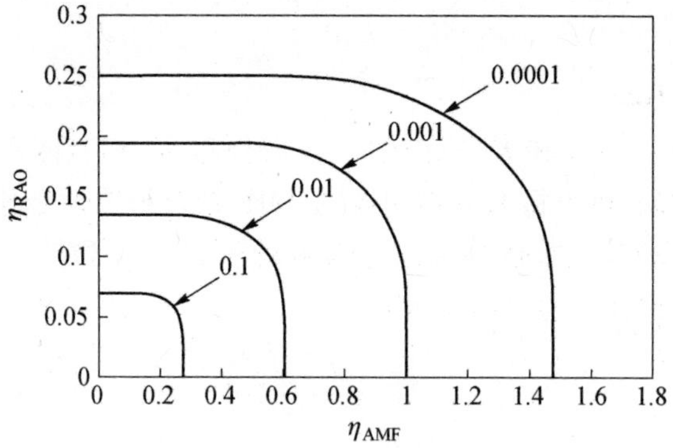

图 4.21　假设 $N=16, K=32$，AMF-Rao 的恒P_{fa}轨迹

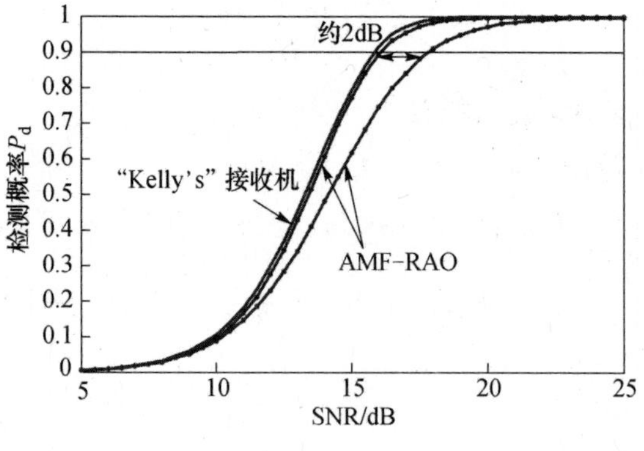

图 4.22　假设 $N=16, K=32, P_{\text{fa}}=0.0001$ 时，
AMF-Rao（实线带点）和“Kelly's”接收机（实线无标记）
的P_{d}随 SNR 的变化

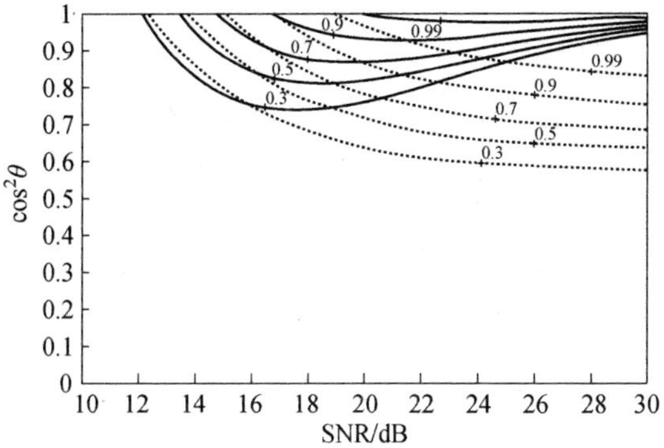

图 4.23　$N=16, K=32$ 时，AMF-Rao（实线）与 ASB（点线）的恒 P_d 轨迹，门限对对应最具选择性的情况，约束是相对于 $P_d=0.9$，对匹配信号的“Kelly's”接收机的最大损耗约为 1dB

4.2.3.3　AMF-WA

文献[28]将 GLRT 用于下列二态假设检验问题，提出了 W-ABORT：

$$\begin{cases} H_0: \begin{cases} z = \alpha_{\perp} v_{\perp} + n, \\ z_k = n_k, k = 1, \cdots, K \end{cases} \\ H_1: \begin{cases} z = \alpha v + n, \\ z_k = n_k, k = 1, \cdots, K \end{cases} \end{cases} \tag{4.63}$$

其中，$\alpha_{\perp} \in \mathcal{C}$，且

$$v_{\perp}^{\dagger} M^{-1} v = 0 \tag{4.64}$$

其决策方案为

$$t_{\mathrm{WA}} = \frac{1}{\left[\dfrac{|z^{\dagger} S^{-1} v|^2}{(1 + z^{\dagger} S^{-1} z)(v^{\dagger} S^{-1} v)} - 1\right]^2 (1 + z^{\dagger} S^{-1} z)}$$

$$= \frac{1}{\left[\dfrac{\bar{t}_K}{1 + \bar{t}_K} - 1\right]^2 (1/\beta + \bar{t}_K/\beta)} \tag{4.65}$$

$$= (1 + \bar{t}_K)\beta \underset{H_0}{\overset{H_1}{\gtrless}} \eta_{\mathrm{WA}} \tag{4.66}$$

上两式分别源自

$$
\begin{aligned}
P_{\mathrm{fa}}(\eta_{\mathrm{AMF}},\eta_{\mathrm{WA}}) &= Pr_{H_0}\{t_{\mathrm{AMF}} > \eta_{\mathrm{AMF}}, t_{\mathrm{WA}} > \eta_{\mathrm{WA}}\} \\
&= 1 - Pr_{\boldsymbol{H}_0}\{\bar{t}_K \leqslant \max(\eta_{\mathrm{AMF}}\beta, \eta_{\mathrm{WA}}/\beta - 1)\} \\
&= 1 - \int_0^1 F_0[\max(\eta_{\mathrm{AMF}}b, \eta_{\mathrm{WA}}/b - 1)] f_{\beta,r_\beta}(b)\,\mathrm{d}b
\end{aligned} \tag{4.67}
$$

和

$$
\begin{aligned}
P_{\mathrm{d}}(\eta_{\mathrm{AMF}},\eta_{\mathrm{WA}},\mathrm{SNR},\cos^2\theta) &= Pr_{\boldsymbol{H}_1}\{t_{\mathrm{AMF}} > \eta_{\mathrm{AMF}}, t_{\mathrm{WA}} > \eta_{\mathrm{WA}}\} \\
&= 1 - \int_0^1 F_1[\max(\eta_{\mathrm{AMF}}b, \eta_{\mathrm{WA}}/b - 1)] f_{\beta,r_\beta}(b)\,\mathrm{d}b
\end{aligned} \tag{4.68}
$$

式中，$F_i(\cdot), i=0,1$ 为假设为$\boldsymbol{H}_i, i=0,1$ 时，$\bar{t}_K$的 CDF；$f_\beta(\cdot)$和 $f_{\beta,r_\beta}(\cdot)$分别为假设为$\boldsymbol{H}_0$和$\boldsymbol{H}_1$时，β 的 PDF。

恒P_{fa}的轨迹与前面小节分析的内容相似，因此这里我们不再列出这个曲线。对于匹配的检测性能，图 4.24 中也只着重指出，这种接收机对于 Kelly 检测器的最大损耗增加到了约 2dB。图 4.25 和图 4.26 中将不同 N 和 K 值时的 AMF-WA 和 AMF-Rao 进行了比较。更准确地讲，图 4.25 中假设 $N=16$，$K=32$，而在图 4.26 中则是 $N=30, K=60$。两个图像的曲线都是在一个约束条件下，即相对 Kelly 检测器在完美匹配的情况下，损耗低于 1dB 左右。很明显，相比 AMF-WA，AMF-Rao 对于系统参数 N 和 K 更为敏感。更准确地讲，当 N 和 K 增加时，就图 4.26 中考虑的系统参数而言，AMF-Rao 选择性降低，而 AMF-WA 检测器的选择性略微占优。

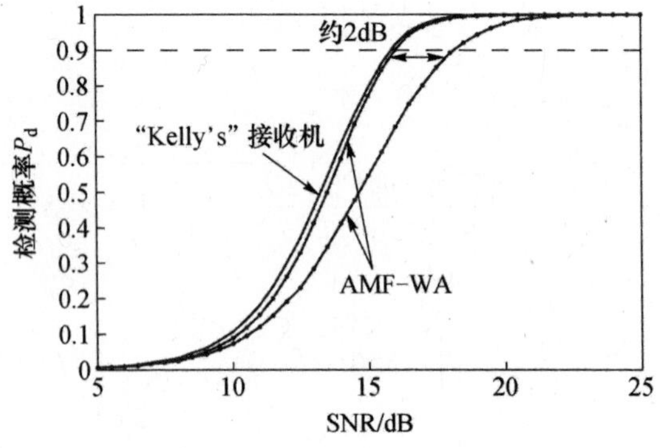

图 4.24　假设 $N=16, K=32, P_{\mathrm{fa}}=0.0001$ 时 AMF-WA（实线带点）和"Kelly's"接收机（实线无标记）的P_{d}随 SNR 的变化

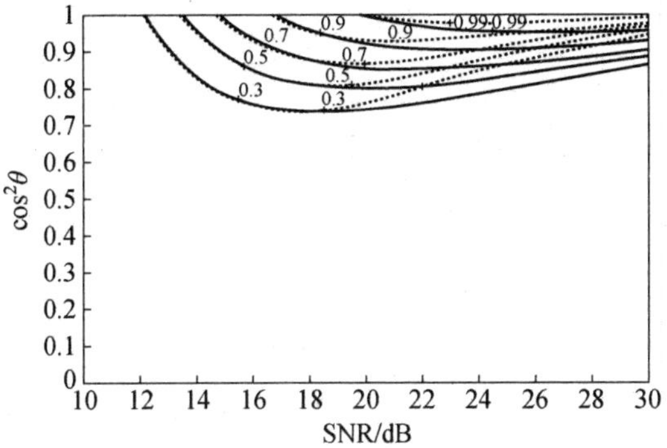

图 4.25　$N=16, K=32, P_{fa}=0.0001$ 时，约束条件为相对于"Kelly's"接收机在$P_d=0.9$ 和匹配信号时最大损耗约 1dB，门限对对应的最具选择性的情况，AMF-WA(实线)与 AMF-Rao(点线)的恒P_d轨迹

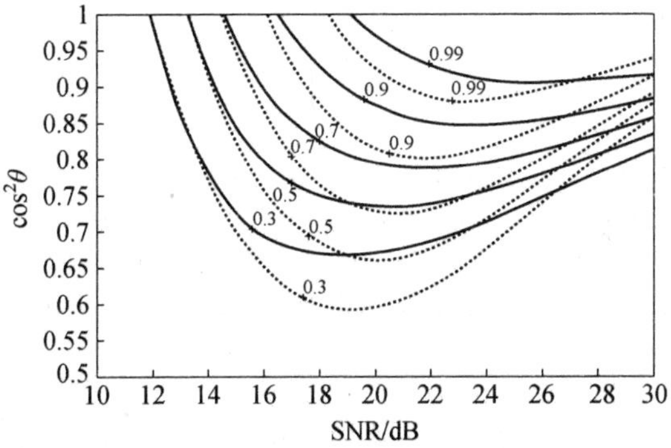

图 4.26　$N=30, K=60, P_{fa}=0.0001$ 时，约束条件为相对于"Kelly's"接收机在$P_d=0.9$ 和匹配信号时最大损耗约为 1dB，门限对对应的最具选择性的情况，AMF-WA(实线)与 AMF-Rao(点线)的恒P_d轨迹

4.2.3.4　AMF-KWA

KWA 是一种合并 Kelly 检测器与 W-ABORT[14] 的统计而组成的接收机。KWA 的决策统计是通过适当地重构"Kelly's"接收机和 W-ABORT 而得到的。尤其是，考虑下面关于 Kelly 统计的等价：

$$\bar{t}_K + 1 = \frac{1 + \boldsymbol{z}^\dagger \boldsymbol{S}^{-1} \boldsymbol{z}}{1 + \boldsymbol{z}^\dagger \boldsymbol{S}^{-1} \boldsymbol{z} - \dfrac{|\boldsymbol{z}^\dagger \boldsymbol{S}^{-1} \boldsymbol{v}|^2}{\boldsymbol{v}^\dagger \boldsymbol{S}^{-1} \boldsymbol{v}}} \tag{4.69}$$

将 W-ABORT 重新改写为

$$t_{WA} = \frac{1 + \boldsymbol{z}^\dagger \boldsymbol{S}^{-1} \boldsymbol{z}}{\left[1 + \boldsymbol{z}^\dagger \boldsymbol{S}^{-1} \boldsymbol{z} - \dfrac{|\boldsymbol{z}^\dagger \boldsymbol{S}^{-1} \boldsymbol{v}|^2}{\boldsymbol{v}^\dagger \boldsymbol{S}^{-1} \boldsymbol{v}}\right]^2} \tag{4.70}$$

KWA 检测器为

$$t_{\mathrm{KWA}} = \frac{1 + z^{\dagger} S^{-1} z}{\left[1 + z^{\dagger} S^{-1} z - \frac{|z^{\dagger} S^{-1} v|^2}{v^{\dagger} S^{-1} v}\right]^{2\gamma}} \tag{4.71}$$

$$= (\bar{t}_K + 1)\beta^{2\gamma-1} \underset{H_0}{\overset{H_1}{\gtrless}} \eta_{\mathrm{KWA}} \tag{4.72}$$

式中,$\gamma \geqslant 0$ 为调谐参数。

可以观察到,分别对于 $\gamma = 1/2$ 和 $\gamma = 1$ 的情况,它包含了 Kelly 检测器和 W-ABORT。另外,当 $\gamma = 0$ 时,它在统计学上等效于能量检测器,即

$$z^{\dagger} S^{-1} z \underset{H_0}{\overset{H_1}{\gtrless}} \eta_{\mathrm{ED}} \tag{4.73}$$

综合以上结果,可得

$$\begin{aligned} P_{\mathrm{fa}}(\eta_{\mathrm{AMF}}, \eta_{\mathrm{KWA}}, \gamma) &= Pr_{H_0}\{t_{\mathrm{AMF}} > \eta_{\mathrm{AMF}}, t_{\mathrm{KWA}} > \eta_{\mathrm{KWA}}\} \\ &= 1 - Pr_{H_0}[\bar{t}_K \leqslant \max(\eta_{\mathrm{AMF}}\beta, \eta_{\mathrm{KWA}}/\beta^{2\gamma-1} - 1)] \\ &= 1 - \int_0^1 F_0[\max(\eta_{\mathrm{AMF}} b, \eta_{\mathrm{KWA}}/b^{2\gamma-1} - 1)] f_{\beta}(b)\,\mathrm{d}b \end{aligned} \tag{4.74}$$

和

$$\begin{aligned} P_{\mathrm{d}}(\eta_{\mathrm{AMF}}, \eta_{\mathrm{KWA}}, \mathrm{SNR}, \cos^2\theta, \gamma) &= Pr_{H_1}\{t_{\mathrm{AMF}} > \eta_{\mathrm{AMF}}, t_{\mathrm{KWA}} > \eta_{\mathrm{KWA}}\} \\ &= 1 - \int_0^1 F_1[\max(\eta_{\mathrm{AMF}} b, \eta_{\mathrm{KWA}}/b^{2\gamma-1} - 1)] f_{\beta, r_{\beta}}(b)\,\mathrm{d}b \end{aligned} \tag{4.75}$$

式中,$F_i(\cdot)$,$i = 0,1$ 为假设为$\boldsymbol{H}_i$时,$\bar{t}_K$的 CDF,$i = 0,1$;$f_{\beta}(\cdot)$和$f_{\beta,r_{\beta}}(\cdot)$分别为假设为$H_0$和$H_1$时,$\beta$ 的 PDF。

为了简便起见,这里不再列出恒虚警P_{fa}的曲线图,它所强调的是:为了达到预设的P_{fa}值,η_{AMF}的任何变化都需要对$\eta_{\mathrm{KWA}}(>0.1)$进行较大的变动。图 4.27 所示是匹配的检测性能(假设 $\gamma = 1.3$),相对于“Kelly's”接收机的最大损耗要比 AMF-WA 和 AMF-Rao 的大,增大到大约 4dB。对于失配信号的性能,我们将 AMF-KWA 的性能与 AMF-WA 和 AMF-Rao 进行了比较,假设 $N = 16, K = 32, N = 30, K = 60$。特别是,图 4.28 和图 4.29 中给出了 AMF-KWA 在 $\gamma = 1.3$ 时的选择性略高于 AMF-WA,抑制能力与 AMF-Rao 相当。图 4.30 和图 4.31 中给出的是 $N = 30, K = 60$ 时的恒P_{d}轨迹。在这种条件下,AMF-KWA 在 $\gamma = 1.3$ 时的选择性略高于 AMF-WA 和 AMF-Rao。

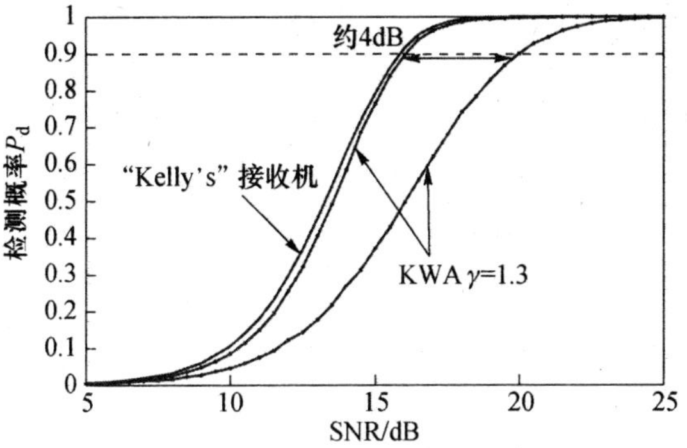

图 4.27　假设 $N=16, K=32, P_{fa}=0.0001$ 时，AMF-KWA(实线带点)和"Kelly's"接收机(实线无标记)的P_d随 SNR 的变化

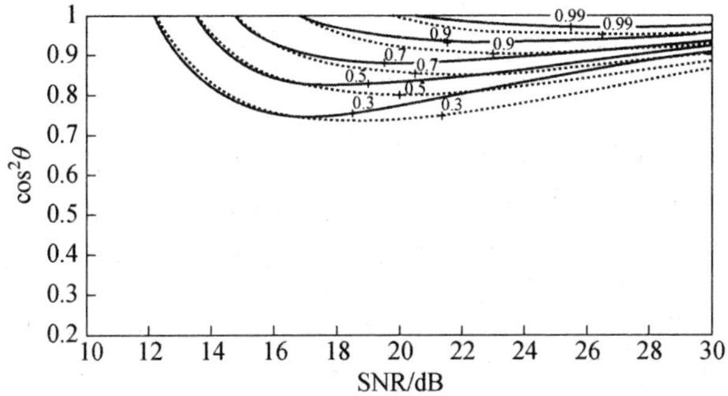

图 4.28　$N=16, K=32, P_{fa}=0.0001$ $\gamma=1.3$ 时，门限对对应最敏感情形，约束为相对于"Kelly's"接收机在$P_d=0.9$ 和匹配信号最大损耗为约 1dB，AMF-KWA(实线)与 AMF-WA(点线)的恒P_d曲线

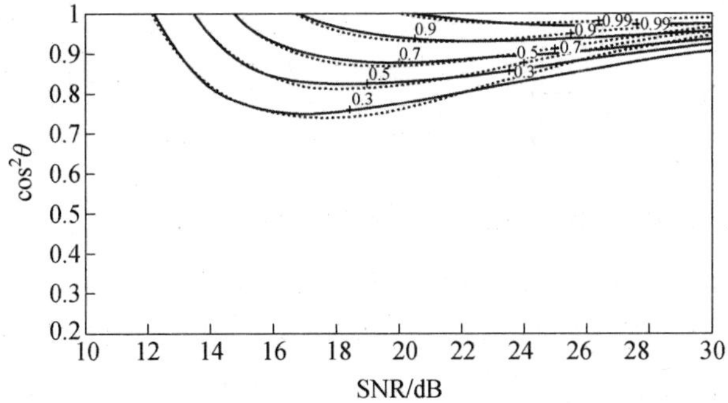

图 4.29　$N=16, K=32, P_{fa}=0.0001$ $\gamma=1.3$ 时，门限对对应最敏感情形，约束为相对于"Kelly's"接收机在$P_d=0.9$ 和匹配信号最大损耗为约 1dB，AMF-KWA(实线)与 AMF-Rao(点线)的恒P_d曲线

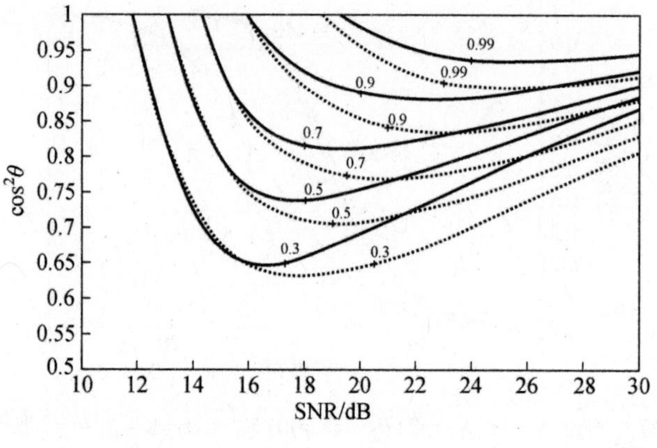

图 4.30　$N=30, K=60, P_{fa}=0.0001\gamma=1.3$ 时，门限对对应最敏感情形，约束为相对于“Kelly's”接收机在$P_d=0.9$ 和匹配信号最大损耗为约 1dB，AMF-KWA（实线）与 AMF-WA（点线）的恒P_d曲线

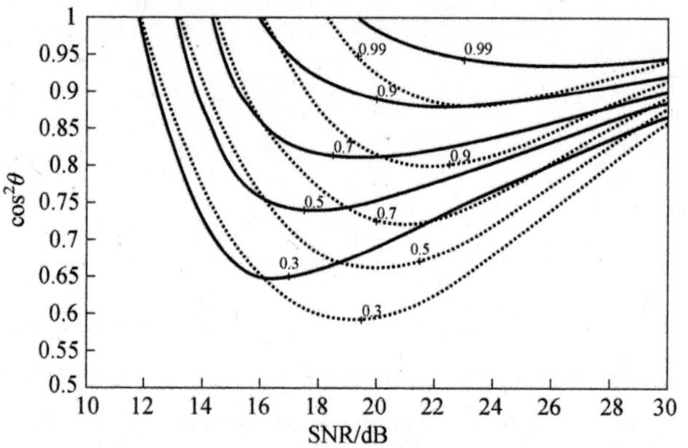

图 4.31　$N=30, K=60, P_{fa}=0.0001\gamma=1.3$ 时，门限对对应最敏感情形，约束为相对于“Kelly's”接收机在$P_d=0.9$ 和匹配信号最大损耗为约 1dB，AMF-KWA（实线）与 AMF-Rao（点线）的恒P_d曲线

4.2.4　提高 ASB 选择性或鲁棒性的改进方法

本小节主要分析可以扩展 ASB 方向范围的两级架构，包括鲁棒的或有选择性的。为此，ASB 的鲁棒级，也即 AMF，被 SD（见 4.2.2 小节）取代；而对于 ACE，也就是 ASB 的选择级，采用的是更具选择性（Rao 检测器、W-ABORT 和 KWA）的方案（见 4.2.3 小节）。

4.2.4.1　WAS-ASB

将 SD 与 W-ABORAT 级联得到一个两级架构，可以提高 S-ASB 的选择性。我们将把这种接收机称为 WAS-ASB。为了推导出P_{fa}和P_d的闭式表达，我们采用

了 SD 的统计表达式(4.37),并观察到 W-ABORT 的决策统计认可下列表达式:

$$t_{\mathrm{WA}} = \frac{\bar{t}_K + 1}{(\beta_1 + 1)(\beta_2 + 1)} \tag{4.76}$$

这样,就可以写出

$$\begin{aligned}P_{\mathrm{fa}}(\bar{\eta}_{\mathrm{SD}}, \eta_{\mathrm{WA}}) &= Pr_{H_0}\{\bar{t}_{\mathrm{SD}} > \bar{\eta}_{\mathrm{SD}}, t_{\mathrm{WA}} > \eta_{\mathrm{WA}}\}\\ &= 1 - Pr_{H_0}\{\bar{t}_K \leqslant \max(\bar{\eta}_{\mathrm{SD}}/(1+\beta_2) - 1, \eta_{\mathrm{WA}}(1+\beta_1)(1+\beta_2) - 1)\}\\ &= 1 - \int_0^{+\infty}\int_0^{+\infty} F_0\left(\max\left(\frac{\bar{\eta}_{\mathrm{SD}}}{1+b_2} - 1, \eta_{\mathrm{WA}}(1+b_1)(1+b_2) - 1\right)\right)\times\\ &\quad f_{\beta_1}(b_1) f_{\beta_2}(b_2)\mathrm{d}b_1\mathrm{d}b_2\end{aligned} \tag{4.77}$$

和

$$\begin{aligned}P_{\mathrm{d}}(\bar{\eta}_{\mathrm{SD}}, \eta_{WA}, \cos^2\theta, \mathrm{SNR}, \boldsymbol{H}) &= Pr_{H_1}\{\bar{t}_{\mathrm{SD}} > \bar{\eta}_{\mathrm{SD}}, t_{\mathrm{WA}} > \eta_{\mathrm{WA}}\}\\ &= 1 - \int_0^{+\infty}\int_0^{+\infty} F_1\left[\max\left(\frac{\bar{\eta}_{\mathrm{SD}}}{1+b_2} - 1, \eta_{\mathrm{WA}}(1+b_1)(1+b_2) - 1\right)\right]\times\\ &\quad f_{\beta_2|\beta_1}(b_2|\beta_1 = b_1) f_{\beta_{1,r_1}}(b_1)\mathrm{d}b_1\mathrm{d}b_2\end{aligned} \tag{4.78}$$

式中,$F_i(\cdot), i=0,1$ 为假设为$\boldsymbol{H}_i, i=0,1$ 时,$\bar{t}_K$的 CDF;$f_{\beta1}(\cdot)$和$f_{\beta2}(\cdot)$分别为假设为H_0时 β 的 PDF;$f_{\beta_{1,r_1}}(\cdot)$为 β_1 的 PDF;$f_{\beta_1|\beta_2}(\cdot|\cdot)$为给定$\beta_1$ 和 β_2 的 PDF,它们都在假设为H_1的条件下。

可以看到式(4.77)强调了 WAS-ASB 具有关于 M 的 CFAR 特性。图 4.32 给出了 WAS-ASB 对于不同P_{fa}值的轨迹,它们是门限对的函数,且 $N=16, K=32, r=2$。注意,对于预设的P_{fa}值,$\bar{\eta}_{\mathrm{SD}}$并不会因为η_{WA}在 0~0.2 范围内变化而发生改变。至于匹配的检测性能,图 4.33 给出了 WAS-ASB 的极限性能,假设 $P_{\mathrm{fa}}=0.0001, N=16, K=32, q=2$,$\boldsymbol{H}$ 的列选择按照 4.2.2 小节开头的规定进行。相对于"Kelly's"接收机在$P_{\mathrm{d}}=0.9$ 时的情况,最大检测损耗约为 2dB,而最小值约为 0.35dB。

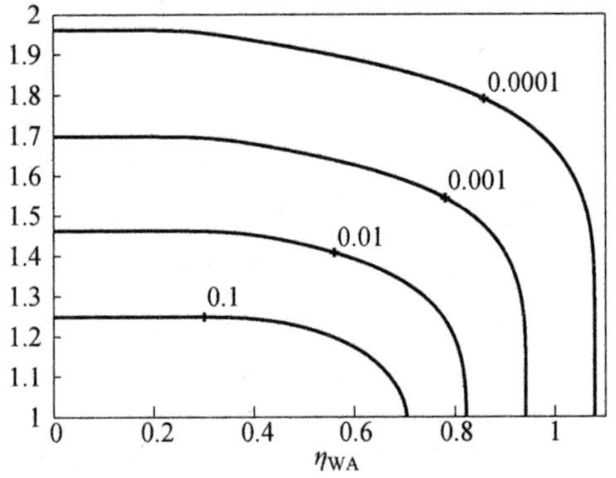

图 4.32　假设 $N=16, K=32, q=2$ 时,WAS-ASB 的恒P_{d}轨迹

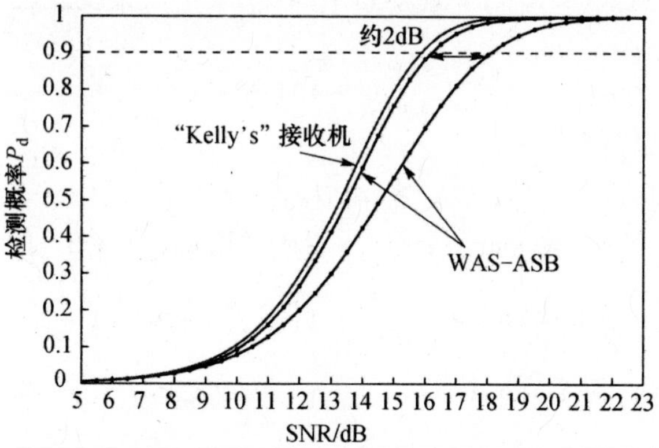

图 4.33　假设 $N=16,K=32,q=2,P_{fa}=0.0001$ 时，WAS-ASB(带标记)和"Kelly's"接收机(无标记)的P_d随 SNR 的变化

图 4.34 和图 4.35 对存在失配信号时的 WAS-ASB 的性能进行了分析，并绘制出恒P_d的轨迹曲线，作为 SNR 和$\cos^2\theta$的函数。更准确地讲，在图 4.34 中，我们选择的是鲁棒性最强的门限对，而在图 4.35 中，我们将选择性最强的 WAS-ASB 的性能与 S-ASB 的进行了比较。两幅图都假设相对于"Kelly's"接收机在$P_d=0.9$时，针对匹配信号是最大可容许损耗，约为 1dB。很明显，WAS-ASB 给出了比 S-ASB 更大的方向性范围。

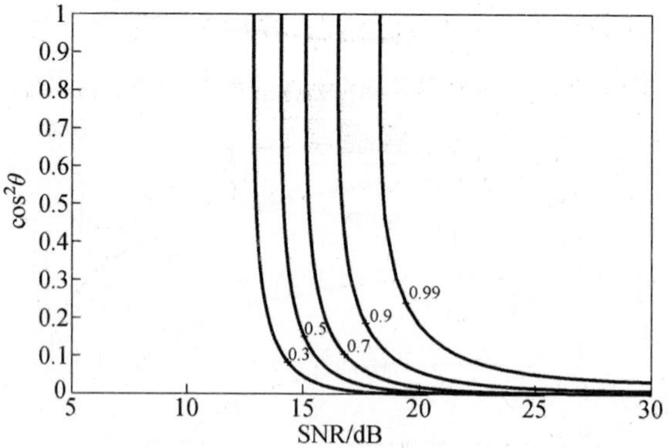

图 4.34　假设 $N=16,K=32,q=2,P_{fa}=0.0001$ 时，门限对对应最鲁棒的情况，约束条件为相对于"Kelly's"接收机的损耗约 1dB 时 WAS-ASB 的P_d随 SNR 的变化

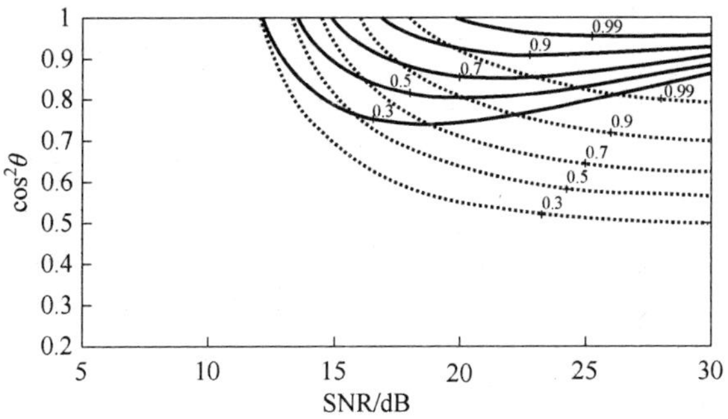

图 4.35　假设 $N=16,K=32,q=2,P_{\mathrm{fa}}=0.0001$ 时，门限对对应最具选择性的情况，约束条件为相对于"Kelly's"接收机的损耗约 1dB 时 WAS-ASB(实线)和 S-ASB(点线)的P_{d}随 SNR 的变化

4.2.4.2　KWAS-ASB

前一小节中描述的 KWA 可以用来代替 W-ABORT，作为 WAS-SAB 的选择级。新产生的两级结构进一步扩展了 WAS-ASB[14]方向性的范围。我们将这种检测器称为 KWAS-ASB。利用前一小节得到的结果，很容易发现：

$$
\begin{aligned}
P_{\mathrm{fa}}(\bar{\eta}_{\mathrm{SD}},\eta_{\mathrm{KWA}},\gamma) &= Pr_{H_0}\{\bar{t}_{\mathrm{SD}}>\bar{\eta}_{\mathrm{SD}},t_{\mathrm{KWA}}>\eta_{\mathrm{KWA}}\}\\
&=1-Pr_{H_0}\{\bar{t}_K\leqslant \max(\bar{\eta}_{\mathrm{SD}}/(1+\beta_2)-1,\eta_{\mathrm{KWA}}[(1+\beta_1)(1+\beta_2)]^{2\gamma-1}-1)\}\\
&=1-\int_0^{+\infty}\int_0^{+\infty}F_0\left\{\max\left(\frac{\bar{\eta}_{\mathrm{SD}}}{1+b_2}-1,\eta_{\mathrm{KWA}}[(1+b_1)(1+b_2)]^{2\gamma-1}-1\right)\right\}\times\\
&\quad f_{\beta_1}(b_1)f_{\beta_2}(b_2)\mathrm{d}b_1\mathrm{d}b_2
\end{aligned}
\tag{4.79}
$$

和

$$
\begin{aligned}
P_{\mathrm{d}}(\bar{\eta}_{\mathrm{SD}},\eta_{\mathrm{KWA}},\cos^2\theta,\mathrm{SNR},\boldsymbol{H},\gamma) &= Pr_{H_1}\{\bar{t}_{\mathrm{SD}}>\bar{\eta}_{\mathrm{SD}},t_{\mathrm{KWA}}>\eta_{\mathrm{KWA}}\}\\
&=1-\int_0^{+\infty}\int_0^{+\infty}F_1\left\{\max\left(\frac{\bar{\eta}_{\mathrm{SD}}}{1+b_2}-1,\eta_{\mathrm{KWA}}[(1+b_1)(1+b_2)]^{2\gamma-1}-1\right)\right\}\times\\
&\quad f_{\beta_2|\beta_1}(b_2|\beta_1=b_1)f_{\beta_1,r_1}(b_1)\mathrm{d}b_1\mathrm{d}b_2
\end{aligned}
\tag{4.80}
$$

式中，$F_i(\cdot)$为假设为$\boldsymbol{H}_i,i=0,1$时，$\bar{t}_K$的 CDF；$f_{\beta_1}(\cdot)$和$f_{\beta_2}(\cdot)$分别为假设为H_0时，β 的 PDF；$f_{\beta_1,r_1}(\cdot)$为β_1的 PDF，$f_{\beta_2|\beta_1}(\cdot|\cdot)$为给定$\beta_1$时，$\beta_2$的 PDF，它们都在假设$H_1$的条件下。

恒P_{fa}的轨迹与 WAS-ASB 的类似，基于这个原因，这里就省略了。图 4.36 中所示的是匹配检测性能，相对于"Kelly's"接收机在$P_{\mathrm{d}}=0.9$时的最大损耗为 4dB(参见 WAS-ASB 的有限表现)。

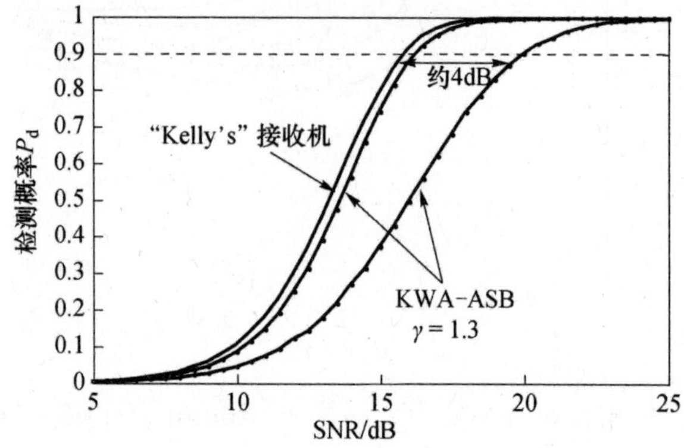

图 4.36　假设 $N=16,K=32,q=2,P_{fa}=0.0001$ 时，$\gamma=1.3$ 的 KWAS-ASB（带标记）和"Kelly's"接收机（无标记）的P_d随 SNR 的变化

图 4.37 对出现失配信号时 KWAS-ASB 和 WAS-ASB 的性能进行了比较，假设 $N=16,K=32,q=2,P_{fa}=0.0001$。而且，门限对的选择标准是：要确保对于匹配信号，相对于"Kelly's"接收机在$P_d=0.9$ 时的损耗为 1dB。如期望的一样，选择 γ 的值大于 1，可以使整个检测器的选择性提高。观察图 4.38 可以证实这一点，其中，$N=30,K=60$。最后，我们发现 KWAS-ASB 与 WAS-ASB 使用一样的 SD，因此在鲁棒性方面或多或少表现相差无几。

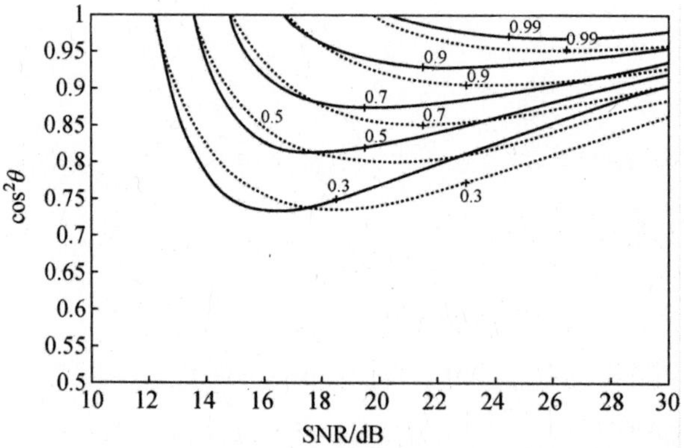

图 4.37　假设 $N=16,K=32,q=2,P_{fa}=0.0001$ 时，门限对对应最具选择性，约束为相对于"Kelly's"接收机的最大损耗约 1dB，$\gamma=1.3$ 的 KWAS-ASB（实线）与"Kelly's"接收机（点线）的恒P_d包络

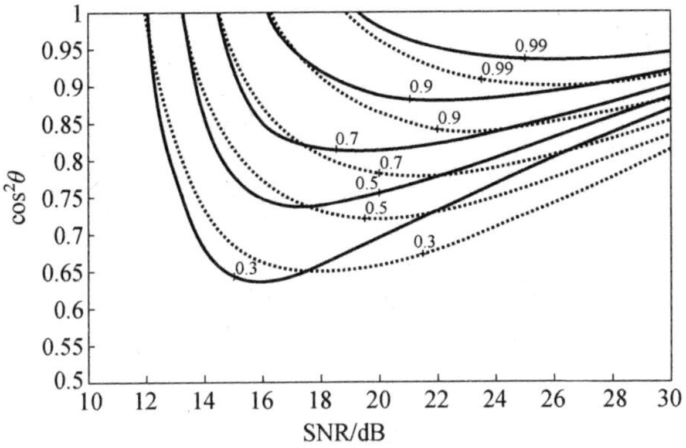

图 4.38　假设 $N=30, K=60, q=2, P_{fa}=0.0001$ 时，门限对对应最具选择性，约束为相对于"Kelly's"接收机的最大损耗约 1dB，$\gamma=1.3$ 的 KWAS-ASB（实线）与"Kelly's"接收机（点线）的恒 P_d 包络

4.2.4.3　SRao-ASB

S-ASB 的另一种改进方式是用 Rao 检测器替换 ACE。这样的架构给出的检测性能优于 S-ASB，而且对于较低的 N、K 值，优于 KWAS-ASB。我们将这种接收机称为 SRao-ASB。利用 4.2.2 和 4.2.3.2 小节的结果可以得到对应的 P_d 和 P_{fa} 的表达。更准确地讲，在下列假设中：

$$\frac{1}{(1+\beta_1)(1+\beta_2)} > \eta_{\mathrm{RAO}} \tag{4.81}$$

P_{fa} 由下式求得：

$$P_{fa}(\bar{\eta}_{\mathrm{SD}}, \eta_{\mathrm{RAO}}) = Pr_{H_0}\{\bar{t}_{\mathrm{SD}} > \bar{\eta}_{\mathrm{SD}}, t_{\mathrm{RAO}} > \eta_{\mathrm{RAO}}\}$$

$$= 1 - Pr_{H_0}\left\{\bar{t}_K \leqslant \max\left(\frac{\bar{\eta}_{\mathrm{SD}}}{1+\beta_2} - 1, \frac{\eta_{\mathrm{RAO}}}{\dfrac{1}{(1+\beta_1)(1+\beta_2)} - \eta_{\mathrm{RAO}}}\right)\right\}$$

$$= \int_0^{\frac{1}{\eta_{\mathrm{RAO}}}-1}\int_0^{\frac{1}{\eta_{\mathrm{RAO}}(1+b_2)}-1} \times \left\{1 - F_0\left[\max\left(\frac{\bar{\eta}_{\mathrm{SD}}}{1+b_2} - 1, \frac{\eta_{\mathrm{RAO}}}{[(1+b_1)(1+b_2)]^{-1} - \eta_{\mathrm{RAO}}}\right)\right]\right\} \times$$
$$f_{\beta_1}(b_1) f_{\beta_2}(b_2) \mathrm{d}b_1 \mathrm{d}b_2 \tag{4.82}$$

而P_d的表达式如下：

$$P_d(\bar{\eta}_{SD},\eta_{RAO},\mathrm{SNR},\cos^2\theta) = Pr_{H_1}\{\bar{t}_{SD} > \bar{\eta}_{SD}, t_{RAO} > \eta_{RAO}\}$$

$$= 1 - Pr_{H_1}\left\{\bar{t}_K \leqslant \max\left(\frac{\bar{\eta}_{SD}}{1+\beta_2} - 1, \frac{\eta_{RAO}}{\dfrac{1}{(1+\beta_1)(1+\beta_2)} - \eta_{RAO}}\right)\right\}$$

$$= \int_0^{\frac{1}{\eta_{RAO}}-1}\int_0^{\frac{1}{\eta_{RAO}(1+b_2)}-1} \times \left\{1 - F_1\left[\max\left(\frac{\bar{\eta}_{SD}}{1+b_2} - 1, \frac{\eta_{RAO}}{[(1+b_1)(1+b_2)]^{-1} - \eta_{RAO}}\right)\right]\right\}$$

$$f_{\beta_2|\beta_1}(b_2 \mid \beta_1 = b_1) f_{\beta_1,r_1}(b_1)\mathrm{d}b_1\mathrm{d}b_2 \tag{4.83}$$

式中，$F_1(\cdot)$，$f_{\beta_1}(\cdot)$，$f_{\beta_2}(\cdot)$，$f_{\beta_1,r_1}(\cdot)$和$f_{\beta_2|\beta_1}(\cdot|\cdot)$已经定义过了。另外，如果式(4.81)不成立，那么$P_{fa} = P_d = 0$。

图4.39所示是SRao-ASB与“Kelly's”接收机相比较的一些极限性能。可以观察到，SRao-ASB相对于“Kelly's”接收机在$P_d = 0.9$时所表现的最大损耗约为2dB，与AMF-Rao类似。至于失配的检测性能，由于SRao-ASB在最鲁棒性时的表现类似于KWAS-ASB，我们关注的是对不需要的信号的抑制能力。

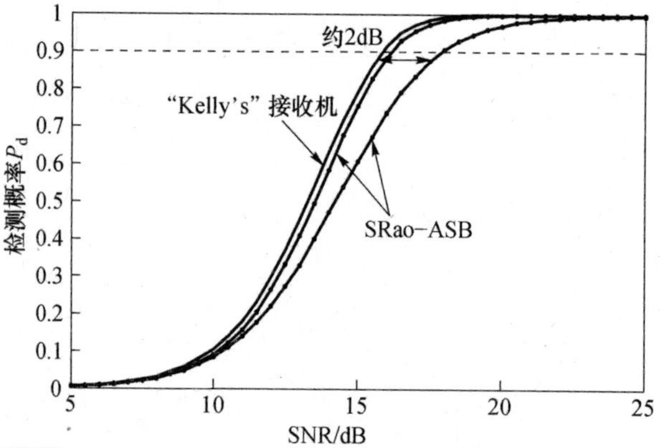

图4.39 假设$N=16$，$K=32$，$q=2$，$P_{fa}=0.0001$时，SRao-ASB（带标记）与“Kelly's”接收机（无标记）的P_d随SNR的变化

图4.40和图4.41所示的是，当N和K选择低值时，SRao-ASB的选择性与KWAS-ASB相当（图4.40），而N和K选择高值时，SRao-ASB比KWAS-ASB的选择性低（图4.41）。上述趋势对于基于Rao检测器的两级接收机（见4.2.3.2小节）来说是很典型的，而这是由于N和/或K选择的值较大时，Rao检测器变得与AMF很相似。

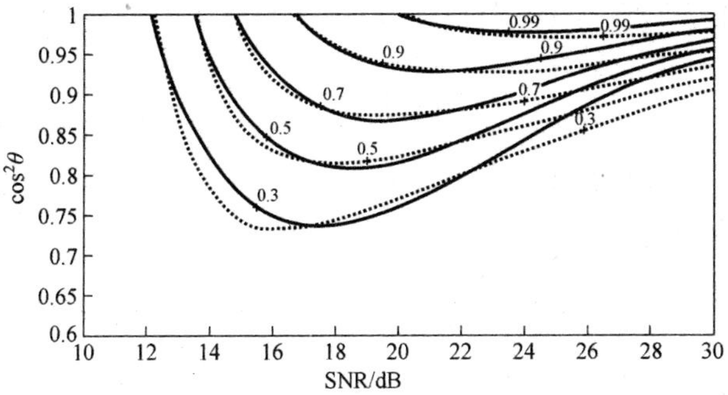

图 4.40 假设 $N=16, K=32, q=2, P_{fa}=0.0001$ 时,门限对对应最具选择性且相对于“Kelly's”接收机的最大损耗约为 1dB,SRao-ASB(实线)与 $\gamma=1.3$ 的 KWAS-ASB(点线)的恒P_d包络

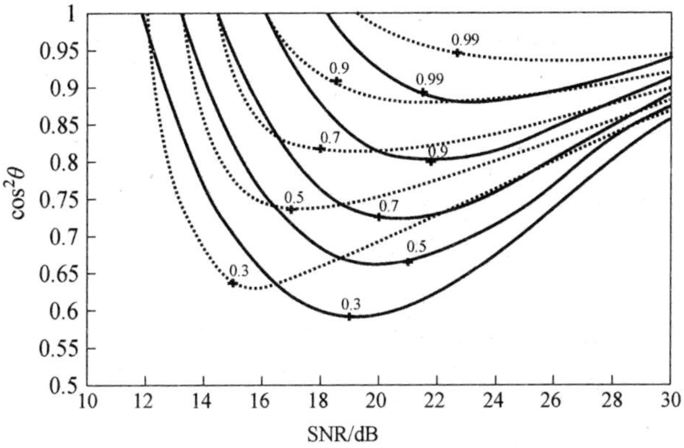

图 4.41 假设 $N=30, K=60, q=2, P_{fa}=0.0001$ 时,门限对对应最具选择性且相对于“Kelly's”接收机的最大损耗约为 1dB,SRao-ASB(实线)与 $\gamma=1.3$ 的 KWAS-ASB(点线)的恒P_d包络

4.2.5 选择性两级检测器

在本小节中,我们利用两级接收机的概念设计出在理想匹配条件下(即相对于 Kelly 检测器的检测损失可忽略不计),确保实际性能与 Kelly 检测器相当、对无用信号抑制能力增强的可调谐接收机。这是将对匹配信号具有非常好的检测性能的 Kelly 检测器和一个选择性接收机级联来实现的。更准确地讲,我们考虑两种不同的配对方式:

(1)“Kelly's”接收机和 KWA(称为 K-KWA);

(2)“Kelly's”接收机和 Rao 检测器(称为 K-Rao)。

值得注意的是,这种两级决策方案在文献[35]中定义的变换群中保持不变,由此确保了相对于干扰信号的协方差矩阵的 CFAR 特性。对P_d和P_{fa}的推导取决于前几节中得到的结果(图 4.42)。

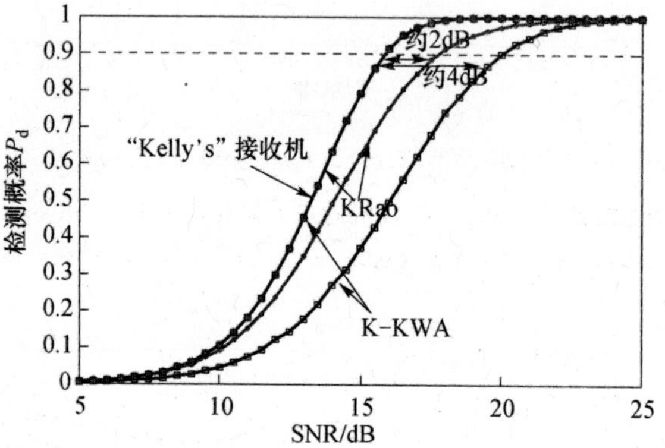

图 4.42　假设 $N=16$, $K=32$, $q=2$, $P_{fa}=0.0001$ 时, $\gamma=1.3$ 的 K-KWA(实线带方标)、K-Rao(实线带点标)和“Kelly's”接收机(实线带圆标)的P_d随 SNR 的变化

更为准确地讲,K-KWA 的P_d和P_{fa}可由下式求得:

$$
\begin{aligned}
P_{fa}(\bar{\eta}_K,\eta_{KWA},\gamma) &= Pr_{H_0}\{\bar{t}_K > \bar{\eta}_K, t_{KWA} > \eta_{KWA}\} \\
&= 1 - Pr_{H_0}\{\bar{t}_K \leqslant \max(\bar{\eta}_K, \eta_{KWA}/\beta^{2\gamma-1} - 1)\} \\
&= 1 - \int_0^1 F_0\left[\max(\bar{\eta}_K, \eta_{KWA}/b^{2\gamma-1} - 1)\right] f_\beta(b)\,db
\end{aligned} \tag{4.84}
$$

和

$$
\begin{aligned}
P_d(\bar{\eta}_K,\eta_{KWA},\gamma,\mathrm{SNR},\cos^2\theta) &= Pr_{H_1}\{\bar{t}_K > \bar{\eta}_K, t_{KWA} > \eta_{KWA}\} \\
&= 1 - Pr_{H_1}\{\bar{t}_K \leqslant \max(\bar{\eta}_K, \eta_{KWA}/\beta^{2\gamma-1} - 1)\} \\
&= 1 - \int_0^1 F_1\left[\max(\bar{\eta}_K, \eta_{KWA}/b^{2\gamma-1} - 1)\right] f_{\beta,r_\beta}(b)\,db
\end{aligned} \tag{4.85}
$$

式中,$F_i(\cdot)$为假设为$\boldsymbol{H}_i$, $i=0,1$ 时$\bar{t}_K$的 CDF;$f_\beta(\cdot)$和$f_{\beta,r_\beta}(\cdot)$分别为假设为H_0和H_1时β的 PDF。

另外,假设$\beta > \eta_{RAO}$,K-Rao 接收机的性能可评估如下:

$$
\begin{aligned}
P_{\mathrm{fa}}(\bar{\eta}_K,\eta_{\mathrm{RAO}}) &= Pr_{H_0}\{\bar{t}_K > \bar{\eta}_K, t_{\mathrm{RAO}} > \eta_{\mathrm{RAO}}\} \\
&= 1 - Pr_{H_0}\{\bar{t}_K \leqslant \max(\bar{\eta}_K, \eta_{\mathrm{RAO}}/(\beta - \eta_{\mathrm{RAO}}))\} \\
&= \int_{\eta_{\mathrm{RAO}}}^{1} \left\{1 - F_0(\max(\bar{\eta}_K, \eta_{\mathrm{RAO}}/(b - \eta_{\mathrm{RAO}})))\right\} f_\beta(b)\,\mathrm{d}b \qquad (4.86)
\end{aligned}
$$

和

$$
\begin{aligned}
&P_{\mathrm{d}}(\bar{\eta}_K,\eta_{\mathrm{RAO}},\gamma,\mathrm{SNR},\cos^2\theta) = Pr_{H_1}\{\bar{t}_K > \bar{\eta}_K, t_{\mathrm{RAO}} > \eta_{\mathrm{RAO}}\} \\
&= 1 - Pr_{H_1}\{\bar{t}_K \leqslant \max(\bar{\eta}_K, \eta_{\mathrm{RAO}}/(\beta - \eta_{\mathrm{RAO}}))\} \\
&= \int_{\eta_{\mathrm{RAO}}}^{1} \left\{1 - F_1(\max(\bar{\eta}_K, \eta_{\mathrm{RAO}}/(b - \eta_{\mathrm{RAO}})))\right\} f_{\beta,r_\beta}(b)\,\mathrm{d}b \qquad (4.87)
\end{aligned}
$$

如果$\beta < \eta_{\mathrm{RAO}}$，那么$P_{\mathrm{fa}} = P_{\mathrm{d}} = 0$。K-KWA 和 K-Rao 的恒$P_{\mathrm{d}}$轨迹与 AMF-KWA 和 AMF-Rao 的情况分别类似，因此这里不再赘述。关于匹配的检测性能，需要注意的是，相对于“Kelly's”接收机，K-KWA 的最大损耗约 4dB（如 AMF-KWA），而 K-Rao 是在$P_{\mathrm{d}} = 0.9$ 时，最大损耗约 2dB（同样如 AMF-Rao）。在图 4.43 中，我们根据确保相对于“Kelly's”接收机的匹配的检测损耗大约为 0.4dB 时的门限对绘制了恒P_{d}的轨迹。失配的检测性能情况是类似的。更准确地讲，如果 SNR 值低于 24dB，K-KWA 比 K-Rao 的选择性稍高；相反，如果 SNR 大于 24dB，K-Rao 的抑制能力稍稍优于 K-KWA。最后，仔细观察图 4.44 可以发现K-KWA相比 KWAS-ASB，可以确保在选择性和匹配检测性能之间达到一个更好的折中。事实上，在相对于“Kelly's”接收机的匹配检测的损耗为 0.4dB 这个约束条件下，K-KWA 比 KWAS-ASB 的选择性要稍微优一点。

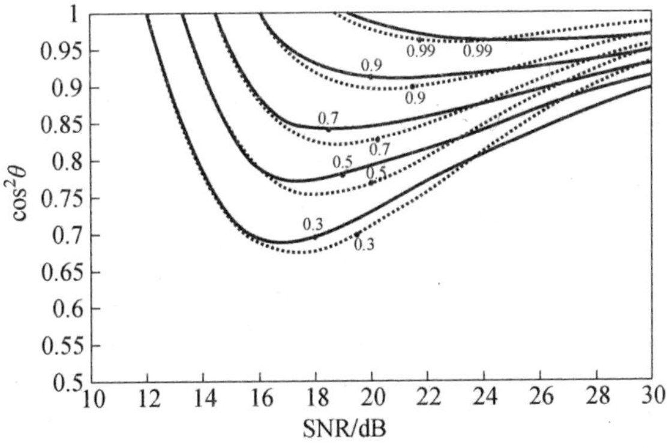

图 4.43　$N = 16, K = 32$，门限对对应最具选择性且相对于“Kelly's”接收机在$P_{\mathrm{d}} = 0.9$ 且信号匹配时的最大损耗约为 0.4dB 时，$\gamma = 1.3$的 K-KWA（实线）和 K-Rao（点线）的恒P_{d}轨迹

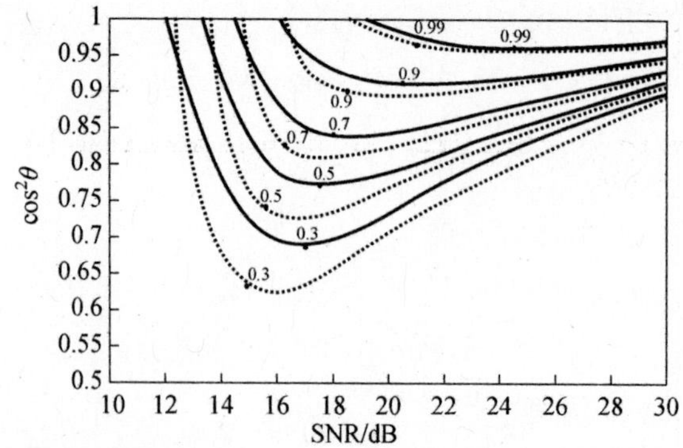

图 4.44　$N=16, K=32, \gamma=1.3$，门限对对应最具选择性且相对于“Kelly's”接收机在 $P_d=0.9$ 且信号匹配时的最大损耗约为 0.4dB 时，K-KWA（实线）和 KWAS-ASB（点线）的恒 P_d 轨迹

在给出结论之前，需要对目前为止介绍的检测算法做一个定性的总结。根据方向性的范围进行分类的结果参见表 4.3，其中 $S_i, i=0,1,2,\cdots$ 是选择性的级别，$S_i<S_{i+1}$，且 $R_i, i=0,1,2,\cdots$ 表示鲁棒性的级别，$R_i<R_{i+1}$。

表 4.3　两级检测器综述（相对于标杆 $N=16, K=32, P_{fa}=10^{-4}$）

接收机	方向性范围	最大损耗值/dB
ASB	R_0　S_1	1
S-ASB	R_1　S_1	1
AMF-ABORT	R_0　S_0	0.4
AMF-Rao	R_0　S_3 低 N,K 值	2
	S_1 高 N,K 值	
AMF-WA	R_0　S_2	2
AMF-KWA（$\gamma=1.3$）	R_0　S_3	4
WAS-ASB	R_1　S_2	2
KWAS-ASB	R_1　S_3	4
SRao-ASB	R_1　S_3 低 N,K 值	2
	S_1 高 N,K 值	
K-KWA（$\gamma=1.3$）	S_3	4
K-Rao	S_3 低 N,K 值	2
	S_1 高 N,K 值	

4.3　小　结

本章综述了均匀高斯干扰中点状目标的两级检测。两级级检测器属于更一般的可调谐接收机类，它们可以通过适当地调整参数改变方向性。它们是由方向性相反的两个检测器级联在一起组成的，当且仅当每一级都高于相应的门限才会被判定为有信号。

我们回顾了几种两级检测器的解决方案，强调了可能将它们的选择性朝敏感和/或鲁棒两个方向扩展。推导出了P_{fa}和P_d的闭式（包括匹配和失配信号），用数值积分的技术得出了性能分析，其目的是表明这些灵活的手段可以保证在抑制旁瓣干扰和探测主瓣目标信号之间实现良好的折中。

注意到所考虑的检测器可以确保相对于干扰协方差矩阵的 CFAR 特性，这很重要。而且，从不变性理论[35]的角度看，基于子空间的检测器给出了最大的方向性范围，但是其不变性却与基于 AMF 或"Kelly's"接收机的那些检测器不尽相同。

有关今后的研究工作主要是对现有检测策略的延伸扩展，比如，对于分布的目标，有必要考虑失配的问题。在这种情况下，需要定义并分析新的模型。另外一个值得关注的问题是对超过两级级联构成的多级检测架构的设计和分析。

参考文献

[1] Bandiera F, Orlando D, Ricci G. Advanced Radar Detection Schemes under Mismatched Signal Models. Synthesis Lectures on Signal Processing No. 8, Morgan & Claypool Publishers, San Rafael, CA, 2009.

[2] Kelly E J, Forsythe K. Adaptive Detection and Parameter Estimation for Multidimensional Signal Models. Lincoln Lab, MIT, Lexington, Tech. Rep. No. 848, April 19, 1989.

[3] De Maio A. Robust Adaptive Radar Detection in the Presence of Steering Vector Mismatches. IEEE Transactions on Aerospace and Electronic Systems, Vol. 41, No. 4, pp. 1322 – 1337, October 2005.

[4] Bandiera F. De Maio A, Ricci G. Adaptive CFAR Radar Detection with Conic Rejection. IEEE Transactions on Signal Processing, Vol. 55, No. 6, pp. 2533 – 2541, June 2007.

[5] Bandiera F, Orlando D, Ricci G. CFAR Detection Strategies for Distributed Targets under Conic Constraints. IEEE Transactions on Signal Processing, Vol. 57, No. 9, pp. 3305 – 3316, September 2009.

[6] Hao C, Bandiera F, Yang J, et al. Adaptive Detection of Multiple Point-Like Targets Under Conic Constraints. Progress in Electromagnetic Research, Vol. 129, pp. 231 – 250, 2012.

[7] Kalson Z. An Adaptive Array Detector with Mismatched Signal Rejection. IEEE Transactions on Aerospace and Electronic Systems, Vol. 28, No. 1, pp. 195 – 207, January 1992.

[8] Hao C, Liu B, Yan S, et al. Parametric Adaptive Radar Detector with Enhanced Mismatched Signals Rejection Capabilities. EURASIP Journal on Advances in Signal Processing, Vol. 2010, Article ID 375136, 11 pages.

[9] DeMaio A. Rao Test for Adaptive Detectionin Gaussian Interference with Unknown Covariance Matrix. IEEE Transactions on Signal Processing, Vol. 55, No. 7, pp. 3577 – 3584, July 2007.

[10] Pulsone N B, Rader C M. Adaptive Beamformer Orthogonal Rejection Test. IEEE Trans-actions on Signal

Processing, Vol. 49, No. 3, pp. 521 – 529, March 2001.

[11] Pulsone N B, Zatman M A. A Computationally Efficient Two-Step Implementation of the GLRT. IEEE Transactions on Signal Processing, Vol. 48, No. 3, pp. 609 – 616, March 2000.

[12] Richmond C D. Statistical Performance Analysis of the Adaptive Side lobe Blanker Detection Algorithm. Proceedings of 31st Annual Asilomar Conference on Signals, Systems, and Computers, Pacific Grove, CA, USA, November 1997.

[13] Richmond C D. Performance of the Adaptive Sidelobe Blanker Detection Algorithm in Homo-geneous Environments. IEEE Transactions on Signal Processing, Vol. 48, No. 5, pp. 1235 – 1247, May 2000.

[14] Bandiera F, Orlando D, Ricci G. One-Stage and Two-Stage Tunable Receivers. IEEE Transactions on Signal Processing, Vol. 57, No. 8, pp. 3264 – 3273, August 2009.

[15] Richmond C D. The Theoretical Performance of a Class of Space-Time Adaptive Detection and Training Strategies for Airborne Radar. Proceedings of 32nd Annual Asilomar Conference on Signals, Systems, and Computers, Pacific Grove, CA, USA, November 1998.

[16] Bandiera F, Orlando D, Ricci G. A Subspace-Based Adaptive Sidelobe Blanker. IEEE Transactions on Signal Processing, Vol. 56, No. 9, pp. 4141 – 4151, September 2008.

[17] Bandiera F, Besson O, Orlando D, et al. AnImprovedAdaptiveSidelobeBlanker. IEEE Transactions on Signal Processing, Vol. 56, No. 9, pp. 4152 – 4161, September 2008.

[18] Hao C, Liu B, Cai L. Performance Analysis of a Two-Stage Rao Detector. Signal Processing, Vol. 91, No. 8, pp. 2141 – 2146, August 2011.

[19] Fabrizio G A, Farina A, Turley M D. Spatial Adaptive Subspace Detection in OTH Radar. IEEE Transactions on Aerospace and Electronic Systems, Vol. 39, No. 4, pp. 1407 – 1427, October 2003.

[20] Skolnik M I. Introduction to Radar Systems, 3rd ed. McGraw-Hill, New York, NY, 2001.

[21] Farinaand A, Studer F A. Radar Data Processing. IntroductionandTracking (Vol. I). JohnWiley& Sons, New York, NY, 1985.

[22] Farina A. Antenna-Based Signal Processing Techniques for Radar Systems. ArtechHouse, Boston, MA, 1992.

[23] DeMaio A, Farina A, Gini F. Performance Analysis of the Sidelobe Blanking System for Two Fluctuating Jammer Models. IEEE Transactions on Aerospace and Electronic Systems, Vol. 41, No. 3, pp. 1082 – 1091, July 2005.

[24] Cui G, DeMaio A, Aubry A, et al. Advanced SLB Architectures with Invariant Receivers. IEEE Transactions on Aerospace and Electronic Systems, Vol. 49, No. 2, pp. 798 – 818, April 2013.

[25] Farina A, Timmoneri L, Tosini R. Cascading SLB and SLC Devices. Signal Processing, Vol. 45, No. 2, pp. 261 – 266, August 1995.

[26] Kreithen D E, Steinhardt A O. Target Detection in Post-STAP Undernulled Clutter. Proceedings of 29th Annual Asilomar Conference on Signals, Systems, and Computers, Vol. 2, pp. 1203 – 1207, November 1995.

[27] Robey F C, Fuhrman D L, Kelly E J, et al. A CFAR Adaptive Matched Filter Detector. IEEE Transactions on Aerospace and Electronic Systems, Vol. 29, No. 1, pp. 208 – 216, January 1992.

[28] Bandiera F, Besson O, Ricci G. An ABORT-Like Detector With Improved Mismatched Signals Rejection Capabilities. IEEE Transactions on Signal Processing, Vol. 56, No. 1, pp. 14 – 25, January 2008.

[29] Capraro G T, Farina A, Griffiths H, et al. Knowledge-BasedRadarSignalandData Processing(A Tutorial Review). IEEE Signal Processing Magazine, Vol. 23, No. 1, pp. 18 – 29, January 2006.

[30] Kelly E J. Performance of an Adaptive Detection Algorithm; Rejection of Unwanted Signals. IEEE Transactions on Aerospace and Electronics Systems, Vol. 25, No. 2, pp. 122 – 123, March 1989.

[31] Kelly E J. An Adaptive Detection Algorithm. IEEE Transactions on Aerospace and Electronic Systems, Vol. 22, No. 2, pp. 115 – 127, March 1986.

[32] Goodman R. Statistical Analysis Based on a Certain Multivariate Complex Gaussian Distribution(An Introduction). The Annals of Mathematical Statistics, Vol. 34, No. 1, pp. 152 – 177, March 1963.

[33] Conte E, Lops M, Ricci G. A symptotically Optimum Radar Detection in Compound Gaussian Noise. IEEE Transactions on Aerospace and Electronic Systems, Vol. 31, No. 2, pp. 617 – 625, April 1995.

[34] Kraut S, Scharf L L. The CFAR Adaptive Subspace Detector is a Scale-Invariant GLRT. IEEE Transactions Signal Processing, Vol. 47, No. 9, pp. 2538 – 2541, September 1999.

[35] Boseand B, Steinhardt A O. A Maximal Invariant Framework for Adaptive Detection with Structured and Unstructured Covariance Matrices. IEEE Transactions on Signal Processing, Vol. 43, No. 9, pp. 2164 – 2175, September 1995.

[36] DeMaio A. Rao Test for Adaptive Detectionin Gaussian Interference with UnknownCovariance Matrix. IEEE Transactions on Signal Processing, Vol. 55, No. 7, pp. 3577 – 3584, July 2007.

[37] Neyman J, Pearson E S. On the Use and Interpretation of Certain Test Criteria for Purpose of Statistical Inference. Biometrika, Vol. 20, pp. 175 – 240, 1928.

[38] Kay S M. Fundamentals of Statistical Signal Processing, Detection Theory, (Vol. II). Prentice-Hall, Englewood Cliffs, NJ, 1998.

第 5 章　干扰中的贝叶斯雷达检测

Pu Wang, Hongbin Li, Braham Himed

5.1 引　言

借助于知识的时空自适应处理(KA-STAP)追求一种智能地利用来自各种资源的先验知识,包括之前的测量、数字地图和实时的雷达平台参数。综合这些先验知识用于检测的自然而系统的方法是贝叶斯干扰框架。这是 KA-STAP 所追求的,因为贝叶斯方法不仅允许正规、系统地使用先验信息(依赖干扰的协方差矩阵),而且通过超参数量化了先验知识中给出的不确定性。还有,把干扰协方差矩阵处理为随机变量,给出了额外的灵活性来表征数据的不均匀性,带来了计算上可控的检测策略。

本章的目标是讨论贝叶斯 KA-STAP 技术的最新内容。5.2 节中展开了讲述了经典的 STAP 信号模型,成为 KA-STAP 模型的框架,包括 5.3 节中的借助知识的均匀模型、借助知识的部分均匀内模型和借助知识的复合高斯模型。然后在 5.4 节,我们讨论了分成两层的 STAP 模型,它给出了描述测试数据和训练数据之间非均匀的新方法。5.5 节则专注于参数化的贝叶斯检测器,它集成了空—时的结构信息,也就是说用多通道的自叠代(AR)处理模型干扰,然后做贝叶斯估计。结果的贝叶斯参数化检测器可以快速实现,并进一步减少了获得可靠检测所需要的训练数据的量。

5.2 通用 STAP 信号模型

在 STAP 中,$J>1$ 部天线辐射具有固定脉冲重复频率 $f_r=1/T_r$ 的、相干的 N 个脉冲构成的串,其中 T_r 为脉冲重复间隔(PTI)。发射的频率为 $f_c=c/\lambda$,其中 c 为传输速度,λ 为波长。在一段被叫做相干处理间隔(见第 1 章)的时间内收集反射波。对于每一个 PRI,收集了 $K+1$ 个快时间(距离)的采样来覆盖距离范围。每次对所感兴趣的距离单元进行检测。对于每次检测,有一个距离的测试单元,相邻的距离单元被用于提供训练数据。因此,接收到的数据被组织成是一个 $J\times N\times(K+1)$ 的数据块,如图5.1所示。(关于数据矢量的结构的细节,请读者看第2章。)对于每一个距离单元,由 J 部天线和 N 个脉冲得到 $J\times N$ 阶的数据矩阵。将每个数据矩阵的列(每个距离单元)相互堆在一起,就得到了一个待检测的距离单元的测试信号 r_0,以及 K 个相邻距离单元的训练数据 r_k, $k=1,2,\cdots,K$,它是维度为 $JN\times 1$ 的矢量。

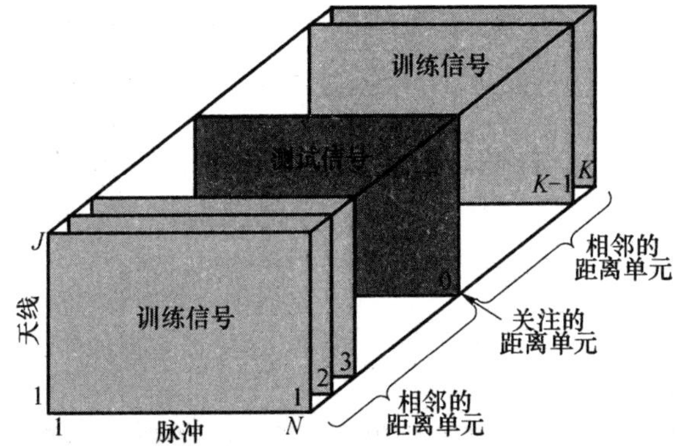

图5.1 在相干处理间隔内的三维STAP数据立方体,其中 J 是空间天线数量,N 是时间脉冲数量,K 是以测试距离单元为中心的训练距离单元的数量(以0编号)

有了三维的数据块,STAP的问题是要在不知道空时关联的干扰的幅度时,检测多个通道的信号[1,2]:

$$\begin{aligned}H_0:\ \boldsymbol{r}_0&=\boldsymbol{d}_0,\boldsymbol{r}_k=\boldsymbol{d}_k,k=1,2,\cdots,K\\H_1:\ \boldsymbol{r}_0&=\alpha\boldsymbol{p}+\boldsymbol{d}_0,\boldsymbol{r}_k=\boldsymbol{d}_k,k=1,2,\cdots,K\end{aligned}\tag{5.1}$$

式中,$\boldsymbol{p}$ 为取向矢量,假定是已知的,它取决于阵列的几何、目标的位置或空间(角度)频率 ω_s 以及速度或(角度)多普勒频率 ω_{d}。对于均匀的等间隔的线阵,(归一的)取向矢量为

$$\boldsymbol{p}=\boldsymbol{p}_{\mathrm{d}}\otimes\boldsymbol{p}_s\tag{5.2}$$

式中,$\boldsymbol{p}_{\mathrm{d}}=[1,\mathrm{e}^{\mathrm{j}\omega_{\mathrm{d}}},\cdots,\mathrm{e}^{\mathrm{j}\omega_{\mathrm{d}}(N-1)}]^{\mathrm{T}}/\sqrt{N}$,$\boldsymbol{p}_s=[1,\mathrm{e}^{\mathrm{j}\omega_{\mathrm{s}}},\cdots,\mathrm{e}^{\mathrm{j}\omega_{\mathrm{s}}(N-1)}]^{\mathrm{T}}/\sqrt{J}$。另外,$\alpha$ 表示未知、确定、复值的信号幅度,假定干扰 $\boldsymbol{d}_0$、$\boldsymbol{d}_{\mathrm{k}}$ 为复圆高斯分布,零均、协方差矩阵分别为 $\boldsymbol{M}_0$ 和 $\boldsymbol{M}_k$,也就是 $\boldsymbol{d}_k\sim CN(0,\boldsymbol{M}_k)$,$k=1,2,\cdots,K$。

假定训练数据包含关于在测试数据中的干扰的信息。否则,就没有利用训练数据的必要了。经典的STAP模型给出了几个方法来描述这样的测试数据与训练数据之间的关系。实际上,常规的STAP模型可以被用于下列场景：

• 均匀的 STAP 模型（$\boldsymbol{M}_0=\boldsymbol{M}_1=\cdots=\boldsymbol{M}_K=\boldsymbol{\Sigma}$）：测试数据$\boldsymbol{d}_0$中的干扰与训练数据$\boldsymbol{d}_k$中的干扰具有相同的协方差矩阵 $\boldsymbol{\Sigma}$。

• 部分均匀的 STAP 模型（$\boldsymbol{M}_0=\lambda\boldsymbol{\Sigma},\boldsymbol{M}_0=\cdots=\boldsymbol{M}_k=\boldsymbol{\Sigma}$）：类似于均匀模型，训练数据具有同样的协方差矩阵，即$\boldsymbol{M}_1=\cdots=\boldsymbol{M}_k=\boldsymbol{\Sigma}$。但是，$\boldsymbol{M}_0$和$\{\boldsymbol{M}_k\}_{k=1}^K$之间相差一个未知的功率尺度因子 λ，即$\boldsymbol{M}_0=\lambda\boldsymbol{\Sigma}$。

• 复合的高斯 STAP 模型，它具有包测试数据与训练数据间以及测试数据之间的两类差异（见第 7 到第 9 章）。特别是，以纹理分量$\boldsymbol{s}_k>0$ 为条件，$\boldsymbol{d}_0$和$\boldsymbol{d}_k$为复圆高斯分布，也就是 $\boldsymbol{d}_k \mid \boldsymbol{S}_k \sim \boldsymbol{CN}(0,\boldsymbol{s}_k^2\boldsymbol{\Sigma})$，而纹理分量$\boldsymbol{s}_k$为正的随机变量，来自于相关的随机过程。等效地，我们写成$\boldsymbol{d}_k=\boldsymbol{s}_k\boldsymbol{w}_k,k=0,1,\cdots,K$，其中闪烁分量$\boldsymbol{w}_k\sim\boldsymbol{CN}(0,\boldsymbol{\Sigma})$ 在测试数据和训练数据之间是均匀的，而纹理分量$\boldsymbol{s}_k$考虑了差异性。

总之，STAP 模型可以用图 5.2(a)中的图形模型来表示，边表示相关节点之间的条件依赖性，圆形表示随机变量（比如干扰和观察到的测试数据和训练数据），方形表示确定性的模型参数（比如常规 STAP 模型中的目标散射幅度和干扰的协方差矩阵），菱形表示用户参数（比如下节要引入的 KA-STPA 模型中的先验协方差矩阵），阴影的圆形代表观察到的随机变量。

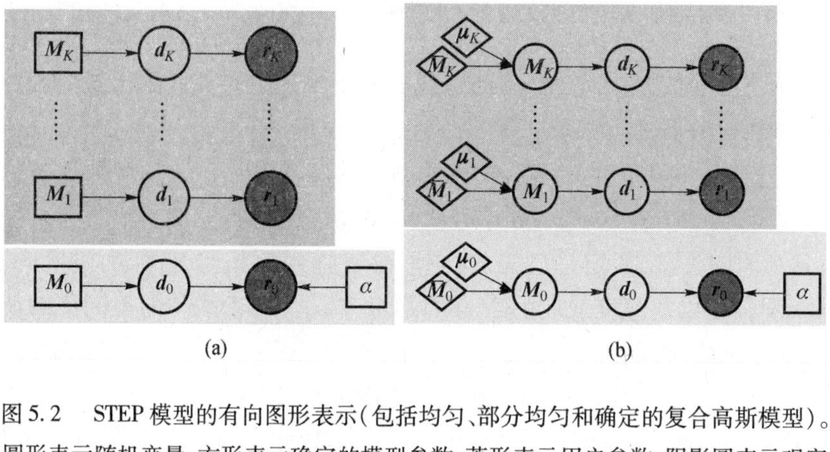

图 5.2 STEP 模型的有向图形表示（包括均匀、部分均匀和确定的复合高斯模型）。圆形表示随机变量、方形表示确定的模型参数、菱形表示用户参数、阴影圆表示观察到的随机变量。注意两个 STEP 模型处理干扰协方差矩阵的不同（确定和统计）方法 (a)常规 STEP 模型；(b)KA-STAP 模型。

在均匀和非均匀的场景中，传统的 STAP 检测器，诸如 RMB（Reed-Mallet-Brennan）检测器[3]、Kelley 的通用似然比（GLRT）检测器[4]、自适应匹配滤波器

(AMF)[5]、局部最强的不变检测器[6]、自适应相干估计器(ACE)[7,8]、Rao 检测器[9]等,涉及对全维空—时干扰协方差矩阵 $\boldsymbol{M}_0$ 的估计、求逆。至少需要 $K \geqslant JN$ 个训练数据以确保对 $JN \times JN$ 的空—时协方差矩阵$\boldsymbol{M}_0$的全秩估计。另外,RMB 的准则表明,平均地说,需要 $K > (2JN - 3)$ 个训练数据才能给出离最佳检测性能差不到 3dB 的结果。这样的条件可能得不到满足,特别是在非均匀或目标密集的环境中,它们只能给出有限的训练数据。于是,在实际应用中有必要减少与传统的 STAP 检测器关联的训练数据的需求。

为应对这个挑战,贝叶斯方法把协方差矩阵$\{\boldsymbol{M}_k\}_{k=0}^{K}$建模为带有若干先验概率分布的随机参数,不同于传统 STAP 中的确定性参数。作为 KA-STAP 模型,贝叶斯 STAP 架构可被表示为图 5.2(b)所示图形模型,其中采用了额外的节点层,以建模具有嵌入到用户参数中的先验信息的干扰协方差矩阵$\boldsymbol{M}_k$(用菱形表示),比如先验协方差矩阵$\overline{\boldsymbol{M}}_k$和超参数$\boldsymbol{\mu}_k$。

5.3　KA-STAP 模型

类似于经典的 STAP 模型,KA-STAP 模型仍然需要建立测试数据与训练数据之间的关系。本节讨论经典的 STAP 模型向 KA-STAP 模型的演变,导出与各模型关联的贝叶斯 STAP 检测。这个推导的关键是,为了分析的可跟踪性,将复逆 Wishart 分布用于$\boldsymbol{M}_0$和$\boldsymbol{M}_k$,它是干扰的复圆高斯分布的先验的共轭。

5.3.1　知识辅助均匀模型

首先考虑均匀模型$\boldsymbol{M}_0 = \boldsymbol{M}_1 = \cdots = \boldsymbol{M}_K = \boldsymbol{\Sigma}$,其中干扰信号$\boldsymbol{d}_k, k = 1,2,\cdots,K$,是关于$\boldsymbol{d}_0$的独立同分布,$\boldsymbol{d}_0$服从复杂圆高斯分布$\boldsymbol{d}_k \sim CN(0,\boldsymbol{\Sigma})$。因此,$H_0$和$H_1$假设下的似然函数可表示为:

首先,考虑均匀的模型$\boldsymbol{M}_0 = \boldsymbol{M}_1 = \cdots = \boldsymbol{M}_K = \boldsymbol{\Sigma}$,其中的扰动信号$\boldsymbol{d}_k, k = 0, 1,\cdots,K$ 为相对于$\boldsymbol{d}_0$的独立、同分布,具有复圆高斯分布,$\boldsymbol{d}_k \sim CN(0,\boldsymbol{\Sigma})$。于是,在假设$H_0$和$H_1$下,似然函数可以表示为

$$p(\boldsymbol{r}_0,\boldsymbol{r}_1,\cdots,\boldsymbol{r}_K \mid \boldsymbol{\Sigma},H_0) = \frac{1}{[\pi^{JN}\det(\boldsymbol{\Sigma})]^{K+1}}\exp[-\mathrm{Tr}(\boldsymbol{\Sigma}^{-1}\boldsymbol{\Gamma}(\boldsymbol{0})] \tag{5.3}$$

$$\begin{aligned} p(\boldsymbol{r}_0,\boldsymbol{r}_1,\cdots,\boldsymbol{r}_K \mid \alpha,\boldsymbol{\Sigma},H_1) &= \frac{1}{[\pi^{JN}\det(\boldsymbol{\Sigma})]^{K+1}}\exp[-\mathrm{Tr}(\boldsymbol{\Sigma}^{-1}\boldsymbol{\Gamma}(\boldsymbol{\alpha})] \\ &= \boldsymbol{\Gamma}(\alpha) = (\boldsymbol{r}_0 - \alpha\boldsymbol{p})(\boldsymbol{r}_0 - \alpha\boldsymbol{p})^{\dagger} + K\boldsymbol{S} \end{aligned} \tag{5.4}$$

样本的协方差矩阵为

$$\boldsymbol{S} = \frac{1}{K}\sum_{k=1}^{K} \boldsymbol{r}_k \boldsymbol{r}_k^{\dagger} \tag{5.5}$$

如图 5.3 所示,借助知识的均匀的 STAP 模型不再考虑 $\boldsymbol{\Sigma}$ 为模型的参数(用一个方形表示),而是一个随机量(表示为圆形),遵循复逆 Wishart 分布,自由度为 $\mu > (JN)$,均值为 $\bar{\boldsymbol{\Sigma}}$[10-13],也就是

$$\boldsymbol{\Sigma} \sim \mathcal{CW}^{-1}[(\mu - JN)\bar{\boldsymbol{\Sigma}}, \mu)] \tag{5.6}$$

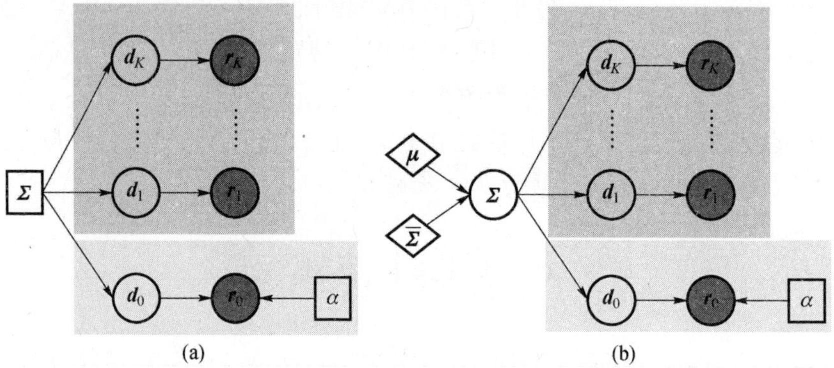

图 5.3　常规的和借助知识的均匀的 STAP 模型,且 $\boldsymbol{M}_0 = \boldsymbol{M}_1 = \cdots = \boldsymbol{M}_K = \boldsymbol{\Sigma}$
(a)常规的均匀场景;(b)借助知识的均匀场景。

或等效为

$$\boldsymbol{p}(\boldsymbol{\Sigma}) = \frac{\det((\mu - JN)\bar{\boldsymbol{\Sigma}})^{\mu}}{\bar{\Gamma}(JN,\mu)\det(\boldsymbol{\Sigma})^{\mu+JN}} \exp[-(\mu - JN)\mathrm{Tr}(\boldsymbol{\Sigma}^{-1}\bar{\boldsymbol{\Sigma}})] \tag{5.7}$$

其中,

$$\bar{\boldsymbol{\Gamma}}(JT,\mu) = \pi^{JN(JN-1)/2}\prod_{k=1}^{JN}\boldsymbol{\Gamma}(\mu - JN + k) \tag{5.8}$$

Γ 表示伽玛函数。矩阵 $\bar{\boldsymbol{\Sigma}}$ 定义了关于干扰的先验知识,而 μ 量化了先验的不确定性。注意到

$$E\{\boldsymbol{\Sigma}\} = \bar{\boldsymbol{\Sigma}} \tag{5.9}$$

$$E\{(\boldsymbol{\Sigma} - \bar{\boldsymbol{\Sigma}})^2\} = \frac{\bar{\boldsymbol{\Sigma}}^2 + (\mu - JN)^2\mathrm{Tr}\{\bar{\boldsymbol{\Sigma}}\}\bar{\boldsymbol{\Sigma}}}{(\mu - JN)^2 - 1} \tag{5.10}$$

就清楚这一点了。结果,μ 越大,$\bar{\boldsymbol{\Sigma}}$ 就越可靠。在图 5.3 中,参数 $\bar{\boldsymbol{\Sigma}}$ 和 μ 均由用户规定。但是,μ 也可以被处理为模型参数来估计,这在后面的章节中讨论。

5.3.2　贝叶斯 GLRT(B-GLRT)与贝叶斯 AMF(B-AMF)

因为干扰协方差矩阵 $\boldsymbol{\Sigma}$ 为随机变量,借助知识的均匀模型的 GLRT 可以通

过平均这个随机的协方差矩阵 $\boldsymbol{\Sigma}$,然后找到对幅度的最大似然估计(ML)来获取。特别是,检验统计为[11-13]

$$
\begin{aligned}
T_{\text{B-GLRT}} &= \frac{\max\limits_{\alpha}\int \boldsymbol{p}(\boldsymbol{r}_0,\boldsymbol{r}_1,\cdots,\boldsymbol{r}_K \mid \alpha,\boldsymbol{\Sigma},H_1)\boldsymbol{p}(\Sigma)\,\mathrm{d}\boldsymbol{\Sigma}}{\int \boldsymbol{p}(\boldsymbol{r}_0,\boldsymbol{r}_1,\cdots,\boldsymbol{r}_K \mid \boldsymbol{\Sigma},H_0)\boldsymbol{p}(\Sigma)\,\mathrm{d}\boldsymbol{\Sigma}} \\
&= \frac{\det[\Gamma(0)+(\mu-JN)\overline{\boldsymbol{\Sigma}}]}{\min\limits_{\alpha}\det[\Gamma(\alpha)+(\mu-JN)\overline{\boldsymbol{\Sigma}}]} \\
&= \frac{|\boldsymbol{p}^{\dagger}\hat{\boldsymbol{\Sigma}}^{-1}\boldsymbol{r}_0|^2}{[\boldsymbol{r}_0^{\dagger}\hat{\boldsymbol{\Sigma}}^{-1}\boldsymbol{r}_0+1](\boldsymbol{p}^{\dagger}\hat{\boldsymbol{\Sigma}}^{-1}\boldsymbol{p}]}
\end{aligned}
\tag{5.11}
$$

并且其中的积分被估计为复逆 Wishart 的归一因子,且

$$
\hat{\boldsymbol{\Sigma}} = K\boldsymbol{S} + (\mu - JN)\overline{\boldsymbol{\Sigma}} \tag{5.12}
$$

它线性地组合了样本的协方差矩阵 $\boldsymbol{S}$ 和先验矩阵 $\overline{\boldsymbol{\Sigma}}$。

将常规的均匀 STAP 模型与 Kelley 的 GLRTF 进行比较:

$$
T_{\text{GLRT}} = \frac{|\boldsymbol{p}^{\dagger}(K\boldsymbol{S})^{-1}\boldsymbol{r}_0|^2}{[\boldsymbol{r}_0^{\dagger}(K\boldsymbol{S})^{-1}\boldsymbol{r}_0+1](\boldsymbol{p}^{\dagger}(K\boldsymbol{S})^{-1}\boldsymbol{p})} \tag{5.13}
$$

很清楚,B-GLRT 用式(5.12)的正规化的协方差矩阵的估计 $\hat{\boldsymbol{\Sigma}}$ 替代了样本的协方差矩阵,它涉及了样本协方差矩阵 $\boldsymbol{S}$ 和先验 $\overline{\boldsymbol{\Sigma}}$ 的简单的有色加载,加载的因子正比于先验参数 μ。众所周知,在训练信号的数量有限时,有色的加载改善了 Kelley 的 GLRT 性能。在这一点上,B-GLRT 给出了均匀 STAP 模型的有色加载方法的又一个解释。

另外,式(5.11)的 B-GLRT 也可以由稍微不同的步骤导出。不是在 $\boldsymbol{\Sigma}$ 上对似然函数积分,而是将信号的联合似然函数在 $\{\boldsymbol{M}_k\}_{k=0}^{K}$ 和 $\boldsymbol{\Sigma}$ 上最大化[13]:

$$
\begin{aligned}
T_{\text{MAP-GLRT}} &= \frac{\max\limits_{\alpha}\max\limits_{\boldsymbol{\Sigma}}\boldsymbol{p}(\boldsymbol{r}_0,\boldsymbol{r}_1,\cdots,\boldsymbol{r}_K,\boldsymbol{\Sigma} \mid \alpha,H_1)}{\max\limits_{\boldsymbol{\Sigma}}\boldsymbol{p}(\boldsymbol{r}_0,\boldsymbol{r}_1,\cdots,\boldsymbol{r}_K,\boldsymbol{\Sigma} \mid H_0)} \\
&= \frac{\max\limits_{\alpha}\{\max\limits_{\boldsymbol{\Sigma}}\boldsymbol{p}(\boldsymbol{r}_0,\boldsymbol{r}_1,\cdots,\boldsymbol{r}_K \mid \alpha,\boldsymbol{\Sigma},H_1)\boldsymbol{p}(\boldsymbol{\Sigma})\}}{\max\limits_{\boldsymbol{\Sigma}}\boldsymbol{p}(\boldsymbol{r}_0,\boldsymbol{r}_1,\cdots,\boldsymbol{r}_K,\boldsymbol{\Sigma} \mid H_0)\boldsymbol{p}(\boldsymbol{\Sigma})}
\end{aligned}
\tag{5.14}
$$

可以看到,上述对 $\boldsymbol{\Sigma}$ 在 H_0 和 H_1 下的估计为最大后验(MAP)估计。类似地,也可以在联合似然函数中用最小均方误差(MMSE)估计替代 MAP 估计,得到 MMSE-GLRT 检测器,它与 B-GLRT 是一样的[13]。

不同于一步的 GKLRT 准则,我们可以采用两步的方法,类似于经典的 AMF 检测器[5],来导出 B-AMF 检测器。首先,假定 $\boldsymbol{\Sigma}$ 是已知的,GLRT 或匹配滤波器为[5]

$$T(\boldsymbol{\Sigma}) = \frac{\max\limits_{\alpha} \boldsymbol{p}(\boldsymbol{r}_0, \boldsymbol{r}_1, \cdots, \boldsymbol{r}_K \mid \alpha, \boldsymbol{\Sigma}, H_1)}{\boldsymbol{p}(\boldsymbol{r}_0, \boldsymbol{r}_1, \cdots, \boldsymbol{r}_K \mid \boldsymbol{\Sigma}, H_0)} = \frac{|\boldsymbol{p}^\dagger \hat{\boldsymbol{\Sigma}}^{-1} \boldsymbol{r}_0|^2}{\boldsymbol{p}^\dagger \boldsymbol{\Sigma}^{-1} \boldsymbol{p}} \tag{5.15}$$

然后,可以得到只利用训练信号的 $\boldsymbol{\Sigma}$ 的 MAP 估计为

$$\begin{aligned}\hat{\Sigma}_{\mathrm{MAP},K} &= \max_{\boldsymbol{\Sigma}} \boldsymbol{p}(\Sigma \mid \boldsymbol{r}_1, \cdots, \boldsymbol{r}_K) \\ &= \max_{\boldsymbol{\Sigma}} \boldsymbol{p}(\boldsymbol{r}_0, \boldsymbol{r}_1, \cdots, \boldsymbol{r}_K \mid \boldsymbol{\Sigma}) \boldsymbol{p}(\boldsymbol{\Sigma}) \\ &= \frac{\hat{\Sigma}}{\mathrm{JN + k + \mu}}\end{aligned} \tag{5.16}$$

最后,把用训练信号得到的 MAP 估计代回到式(5.15),就可以得到贝叶斯 MAP 检测器[13]:

$$T_{\text{B-AMF}} = T(\boldsymbol{\Sigma}) \mid_{\boldsymbol{\Sigma} = \hat{\boldsymbol{\Sigma}}_{\mathrm{MAP},K}} = \frac{|\boldsymbol{p}^\dagger \hat{\boldsymbol{\Sigma}}^{-1} \boldsymbol{r}_0|^2}{\boldsymbol{p}^\dagger \boldsymbol{\Sigma}^{-1} \boldsymbol{p}} \tag{5.17}$$

它通过有色加载扩展了常规的 AMF[5]:

$$T_{\mathrm{AMF}} = = \frac{|\boldsymbol{p}^\dagger \boldsymbol{S}^{-1} \boldsymbol{r}_0|^2}{\boldsymbol{p}^\dagger \boldsymbol{S}^{-1} \boldsymbol{p}} \tag{5.18}$$

用数值方法研究了式(5.11)的 B-GLRT 和式(5.17)的 B-AMF,在借助知识的均匀 STAP 场景中,与常规的 AMF 和 GLRT 检测器进行了对比,其中的扰动$\boldsymbol{d}_k, k=1,2,\cdots,K$ 为独立、同分布地按随机协方差为 $\boldsymbol{\mu} \sim \boldsymbol{CW}^{-1}[(\mu - JN)\bar{\boldsymbol{\Sigma}}, \mu]$ 生成的,先验矩阵$\bar{\boldsymbol{\Sigma}}$具有与多通道的 AR 过程对应的 Toeplitz 块 Toeplitz架构。式(5.2)的空-时取向矢量 $\boldsymbol{p}$ 是用 $J=4$ 个天线和 $N=8$ 个脉冲的均匀线阵生成的,归一的空间角频为$\omega_s=0.4\pi$,归一的多普勒频率为 $\omega_{\mathrm{d}}=0.4\pi$。

信号对干扰加噪声的比(SINR)定义为

$$\mathrm{SINR} = |\alpha|^2 \boldsymbol{p}^\dagger \bar{\boldsymbol{\Sigma}}^{-1} \boldsymbol{p} \tag{5.19}$$

检测性能是用约束条件为虚警概率$P_{\mathrm{fa}}=0.01$ 时一个 SINR 范围内的检测概率P_{d}来估计的。

图 5.4 给出了在借助知识的均匀场景中具有不同的 K 和 μ 值的检测性能。在图 5.4(a)和(b)中很明显,当训练数据的数量与空-时维度可比时,$K \approx JN$,B-GLRT 和 B-AMF 检测器给出了相对于常规的 GLRT 和 AMF 检测器明显的性能改善。在图 5.4(c)和(d)中,对于有足够数量的训练数据,比如 $K=64$,常规的 GLRT 和 AMF 检测器已经改善了很多,但是先验知识的利用仍然导致进一步

的改善。在考虑的 4 个场景中，B-AMF 和 B-GLRT 检测器表现了接近的检测性能，而常规的 GLRT 在小训练数据时要比 AMF 稍好。

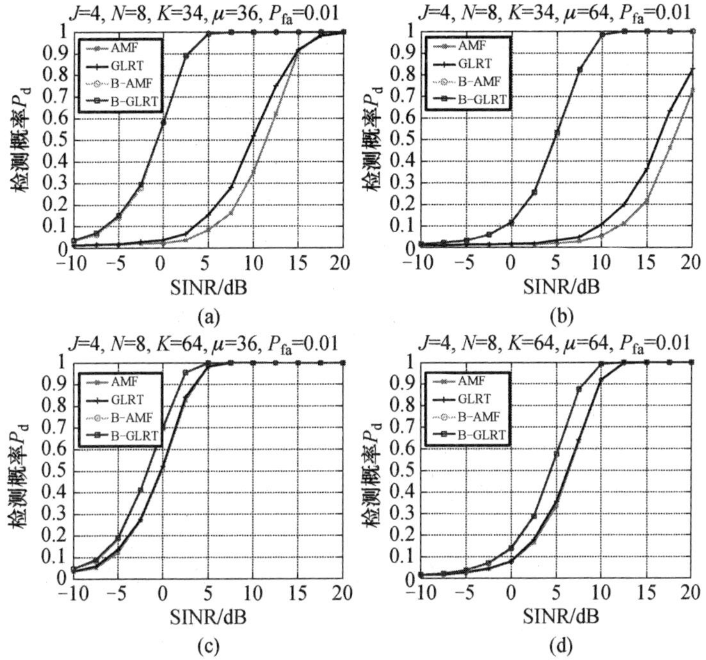

图 5.4　在借助知识的均匀 STAP 模型中，$J=4$、$N=8$、$p_{fa}=0.01$ 时，常规的 STAP 检测器与贝叶斯 STAP 检测器的比较
(a) $K=34$, $\mu=36$；(b) $K=34$, $\mu=64$；(c) $K=64$, $\mu=36$；(d) $K=64$, $\mu=64$。

5.3.3　超参数的选择

应当注意到，B-AMF 和 B-GLRT 检测器中的超参数 μ 被当成是已知的。因此，通过对式(5.12)中 $\hat{\boldsymbol{\Sigma}}$ 的计算，结果B-GLRT检测器式(5.11)和 B-AMF 检测器式(5.17)都是 μ 的函数。

当 μ 未知时，根据式(5.10)的先验方差，认为先验的协方差矩阵 $\bar{\boldsymbol{\Sigma}}$ 接近真实的 $\boldsymbol{\Sigma}$，我们可以选择大一点的 μ 值。但是，如果对于先验的不确定性的信息很少，这样主观地确定 μ 并不足以引导用户使用合适的 μ。

超参数的过估计对检测器性能的影响可以由图 5.5 来说明，图 5.5(a)是对 B-AMF 的，图 5.5(b)是对 B-GLRT 的，它们的仿真架构与图 5.4 是一样的。使用了两个过估计 $\mu=50$ 和 $\mu=100$（针对真的 $\mu=36$）。如果设定 μ 偏离了真实值，可以观察到明显的性能劣化。失配越大，性能越差。

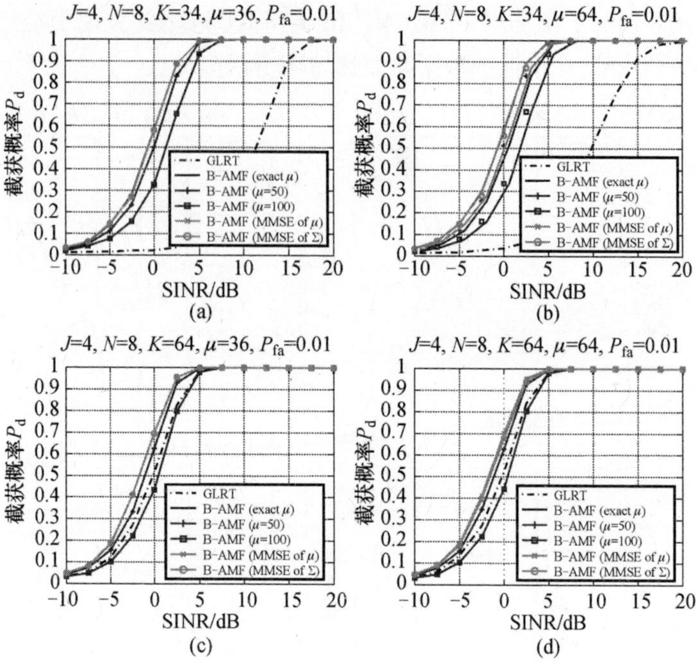

图 5.5　固定和自适应的超参数的选择

(a)不同超参数 μ 的 B-AMF;(b)不同超参数 μ 的 B-GLRT;

(c)不同超参数 μ 的 B-AMF;(d)不同超参数 μ 的 B-GLRT。

这个问题可以通过引入统计均匀的模型架构来探讨[14],也就是把 μ 建模成在一个间隔内的离散的随机变量,即

$$\mu \sim \text{nuif}(\mu_m, \mu_M) \tag{5.20}$$

式中,$\mu_m(>JN)$和 μ_M分别为 μ 的下限和上限。那么,μ 的 MMSE 估计可以由先计算后验分布 $\mu|\boldsymbol{r}_1,\boldsymbol{r}_2,\cdots,\boldsymbol{r}_K$得到:

$$\begin{aligned}
\boldsymbol{p}(\mu|\boldsymbol{r}_1,\boldsymbol{r}_2,\cdots,\boldsymbol{r}_K) &= \int \boldsymbol{p}(\mu,\boldsymbol{\Sigma}|\boldsymbol{r}_1,\boldsymbol{r}_2,\cdots,\boldsymbol{r}_K)\mathrm{d}\boldsymbol{\Sigma} \\
&= \frac{\int \boldsymbol{p}(\boldsymbol{r}_1,\boldsymbol{r}_2,\cdots,\boldsymbol{r}_K|\boldsymbol{\Sigma})\boldsymbol{p}(\boldsymbol{\Sigma}|\mu)\boldsymbol{p}(\mu)\mathrm{d}\boldsymbol{\Sigma}}{\boldsymbol{p}(\boldsymbol{r}_1,\boldsymbol{r}_2,\cdots,\boldsymbol{r}_K)}
\end{aligned}$$

$$= \bar{c}\frac{\det[(\mu-JN)\bar{\boldsymbol{\Sigma}}]^{\mu}}{\det[K\boldsymbol{S}+(\mu-JN)\bar{\boldsymbol{\Sigma}}]^{K+\mu}}\frac{\tilde{\Gamma}(JN,K+\mu)}{\tilde{\Gamma}(JN,\mu)}\boldsymbol{I}_{\mu m,\mu M}(\mu) \tag{5.21}$$

式中,$\boldsymbol{I}_{\mu m,\mu M}(\mu)$为指示函数;$\bar{c}$ 为归一化因子,使得 $\int \boldsymbol{p}(\mu|\boldsymbol{r}_1,\boldsymbol{r}_2,\cdots,\boldsymbol{r}_K)\mathrm{d}\mu=1$。因此,$\mu$ 的 MMSE 估计由后验期望 $\mu|\boldsymbol{r}_1,\boldsymbol{r}_2,\cdots,\boldsymbol{r}_K$ 得到:

$$\hat{\mu}_{\mathrm{MMSE}} = \frac{\sum_{\mu=\mu_M}^{\mu_M} \mu h(\mu)}{\sum_{\mu=\mu_M}^{\mu_M} h(\mu)} \tag{5.22}$$

其中，

$$h(\mu) = \frac{\det[(\mu - JN)\bar{\boldsymbol{\Sigma}}]^{\mu}}{\det[K\boldsymbol{S} + (\mu - JN)\bar{\boldsymbol{\Sigma}}]^{K+\mu}} \frac{\tilde{\Gamma}(JN, K+\mu)}{\tilde{\Gamma}(JN,\mu)} \tag{5.23}$$

式(5.22)中，μ 的 MMSE 估计可以由训练信号$\{\boldsymbol{r}_k\}_{k=1}^{K}$经 $\boldsymbol{S}$、先验协方差矩阵$\bar{\boldsymbol{\Sigma}}$和超参数的范围$(\mu_m,\mu_M)$完全确定。因此，可以直接利用 μ 的 MMSE 估计替代式(5.11)和式(5.17)中的 μ，导致 B-AMF 和 B-GLRT 的自动版：

$$T_{\text{B-GLRT}} = \frac{|\boldsymbol{p}^{\dagger}\hat{\boldsymbol{\Sigma}}^{-1}(\hat{\mu}_{MMSE})\boldsymbol{r}_0|^2}{[\boldsymbol{r}_0^{\dagger}\hat{\boldsymbol{\Sigma}}^{-1}(\hat{\mu}_{\mathrm{MMSE}})\boldsymbol{r}_0 + 1][\boldsymbol{p}^{\dagger}\hat{\boldsymbol{\Sigma}}^{-1}(\hat{\mu}_{\mathrm{MMSE}})\boldsymbol{p}]} \tag{5.24}$$

$$T_{\text{B-AMF}} = = \frac{|\boldsymbol{p}^{\dagger}\hat{\boldsymbol{\Sigma}}^{-1}(\hat{\mu}_{\mathrm{MMSE}})\boldsymbol{r}_0|^2}{\boldsymbol{p}^{\dagger}\hat{\boldsymbol{\Sigma}}^{-1}(\hat{\mu}_{\mathrm{MMSE}})\boldsymbol{p}} \tag{5.25}$$

其中，

$$\hat{\boldsymbol{\Sigma}}(\hat{\mu}_{\mathrm{MMSE}}) = K\boldsymbol{S} + (\hat{\mu}_{\mathrm{MMSE}} - JN)\bar{\boldsymbol{\Sigma}} \tag{5.26}$$

$\hat{\mu}_{\mathrm{MMSE}}$由式(5.22)给出。我们把式(5.24)和式(5.25)分别叫做用 μ 的 MMSE 估计的 B-GLRT 和 B-AMF。

另一个方法是基于分级的贝叶斯模型去更新 $\boldsymbol{\Sigma}$ 的 MMSE 估计[14]。首先，认识到

$$\begin{cases} p(\boldsymbol{\Sigma} \mid \boldsymbol{r}_1, \boldsymbol{r}_2, \cdots, \boldsymbol{r}_K, \mu) \propto p(\boldsymbol{r}_1, \boldsymbol{r}_2, \cdots, \boldsymbol{r}_K \mid \boldsymbol{\Sigma}) p(\boldsymbol{\Sigma} \mid \mu) \\ \boldsymbol{\Sigma} \mid \boldsymbol{r}_1, \boldsymbol{r}_2, \cdots, \boldsymbol{r}_K, \mu \sim \mathcal{CW}^{-1}(K\boldsymbol{S} + (\mu - JN)\bar{\boldsymbol{\Sigma}}, K+\mu) \end{cases} \tag{5.27}$$

它导致

$$p(\boldsymbol{\Sigma} \mid \boldsymbol{r}_1, \boldsymbol{r}_2, \cdots, \boldsymbol{r}_K, \mu) = \sum_{\mu=\mu_m}^{\mu M} p(\boldsymbol{\Sigma} \mid \boldsymbol{r}_1, \boldsymbol{r}_2, \cdots, \boldsymbol{r}_K, \mu) p(\mu \mid \boldsymbol{r}_1, \boldsymbol{r}_2, \cdots, \boldsymbol{r}_K) \tag{5.28}$$

式中，$p(\boldsymbol{\mu} \mid \boldsymbol{r}_1, \boldsymbol{r}_2, \cdots, \boldsymbol{r}_K)$由式(5.21)给出。$\boldsymbol{\Sigma}$ 的 MMSE 估计由下式给出：

$$\begin{aligned} \hat{\boldsymbol{\Sigma}}_{\mathrm{MMSE}} &= \int \boldsymbol{\Sigma} p(\boldsymbol{\Sigma} \mid \boldsymbol{r}_1, \boldsymbol{r}_2, \cdots, \boldsymbol{r}_K) \mathrm{d}\boldsymbol{\Sigma} \\ &= \int \sum_{\mu=\mu_m}^{\mu_M} p(\boldsymbol{\Sigma} \mid \boldsymbol{r}_1, \boldsymbol{r}_2, \cdots, \boldsymbol{r}_K, \mu) p(\mu \mid \boldsymbol{r}_1, \boldsymbol{r}_2, \cdots, \boldsymbol{r}_K) \mathrm{d}\boldsymbol{\Sigma} \\ &= \sum_{\mu=\mu_m}^{\mu_M} E(\boldsymbol{\Sigma} \mid \boldsymbol{r}_1, \boldsymbol{r}_2, \cdots, \boldsymbol{r}_K, \mu) p(\mu \mid \boldsymbol{r}_1, \boldsymbol{r}_2, \cdots, \boldsymbol{r}_K) \end{aligned}$$

$$= \sum_{\mu=\mu_M}^{\mu M} \frac{KS + (\mu - JN)\overline{\boldsymbol{\Sigma}}}{K + \mu - JN} p(\mu \mid \boldsymbol{r}_1, \boldsymbol{r}_2, \cdots, \boldsymbol{r}_K) \tag{5.29}$$

其中最后的等式成立是因为 $\boldsymbol{\Sigma} \mid \boldsymbol{r}_1, \boldsymbol{r}_2, \cdots, \boldsymbol{r}_K, \mu$ 是复的逆 Wishart 分布，如式(3.27)所示。上述方程可以写成

$$\hat{\boldsymbol{\Sigma}}_{\mathrm{MMSE}} = \beta \boldsymbol{S} + (1 - \beta)\overline{\boldsymbol{\Sigma}} \tag{5.30}$$

式中，$\beta = \sum_{\mu=\mu_M}^{\mu M} K\boldsymbol{p}(\mu \mid \boldsymbol{r}_1, \boldsymbol{r}_2, \cdots, \boldsymbol{r}_K)/(K + \mu - JN)$。这等效于对协方差矩阵的完全的自适应有色加载，因此，在用$\hat{\boldsymbol{\Sigma}}_{MMSE}$替代 B-GLRT 和 B-AMF 中的$\hat{\boldsymbol{\Sigma}}$时，给出了完全的自适应贝叶斯检验：

$$T_{\text{B-GLRT}} = \frac{|\boldsymbol{p}^{\dagger} \hat{\boldsymbol{\Sigma}}_{\mathrm{MMSE}}^{-1} \boldsymbol{r}_0|^2}{(\boldsymbol{r}_0^{\dagger} \hat{\boldsymbol{\Sigma}}_{\mathrm{MMSE}}^{-1} \boldsymbol{r}_0 + 1)(\boldsymbol{p}^{\dagger} \hat{\boldsymbol{\Sigma}}_{\mathrm{MMSE}} \boldsymbol{p})} \tag{5.31}$$

$$T_{\text{B-AMF}} = \frac{|\boldsymbol{p}^{\dagger} \hat{\boldsymbol{\Sigma}}_{\mathrm{MMSE}}^{-1} \boldsymbol{r}_0|^2}{\boldsymbol{p}_0^{\dagger} \hat{\boldsymbol{\Sigma}}_{\mathrm{MMSE}}^{-1} \boldsymbol{p}} \tag{5.32}$$

它们分别称为使用 $\boldsymbol{\Sigma}$ 的 MMSE 估计的 B-GLRT 和 AMF 检测器。

用与图 5.4 一样的架构，可以估计完全自适应的 B-GLRT 检测器式(5.24)和式(5.31)，以及完全自适应的 B-AMF 检测器式(5.25)和式(5.32)。在图 5.5(a)和(b)中，使用了两个过估计值 $\mu = 50$ 和 $\mu = 100$，而训练数据量被固定在$K = 34$。将它们与 B-AMF 和 B-GLRT 检测器在具有真值 $\mu = 36$ 时的性能比较，可以观察到明显的性能损耗。另外，采用了 μ 和 $\boldsymbol{\Sigma}$ 的 MMSE 估计的完全自适应的解，图 5.5(a)中的 B-AMF 检测器和图 5.5(b)中的 B-GLRT 检测器表现出了可忽略的性能损耗。把训练数据的量从 $K = 34$ 增加到 $K = 64$，图 5.5(c)和(d)的结果表明，使用过估计的超参数 $\mu = 100$ 时的 B-AMF 和 B-GLRT 检测器的性能比常规的不用任何先验知识的 GLRT 和 AMF 检测器更差。

5.3.4 扩展到部分均匀和复合高斯的模型

在借助知识的均匀模型中的贝叶斯检验导致了其他常规 STAP 模型的 KA-STAP的演进。这里，简单地讨论这个方向的两个发展。本节考虑的第一个模型是借助知识的部分均匀的模型和贝叶斯 ACE 检测器[15]。考虑部分均匀的模型的一个动机来自雷达信号处理中的保护单元[8,16-18]。在 STAP 中，常常使用一定量的保护单元，以抑制旁瓣效应，从而分离测试信号和训练信号，可能造成测试信号和训练信号之间的功率差异[2]。

首先，回顾式(5.1)中常规的部分均匀的模型($\boldsymbol{M}_0 = \lambda\boldsymbol{\Sigma}$ 和$\boldsymbol{M}_1 = \cdots = \boldsymbol{M}_k = \boldsymbol{\Sigma}$)，它具有下列假设：

$$\boldsymbol{d}_0 \sim CN(0, \lambda\boldsymbol{\Sigma}), \quad \boldsymbol{d}_k \sim CN(0, \boldsymbol{\Sigma}) \tag{5.33}$$

式中,λ 为确定、未知的尺度参数。

类似于借助知识的均匀模型,借助知识的部分均匀的模型把干扰协方差矩阵 $\boldsymbol{\Sigma}$ 处理为带有下列分布的随机量:

$$\boldsymbol{\Sigma} \sim CW^{-1}[(\mu - JN)\overline{\boldsymbol{\Sigma}},\mu] \tag{5.34}$$

借助知识的部分均匀的模型的图形表示如图 5.6,其中干扰的协方差矩阵被认为是随机变量,功率尺度 λ 被认为是需要估计的模型参数。

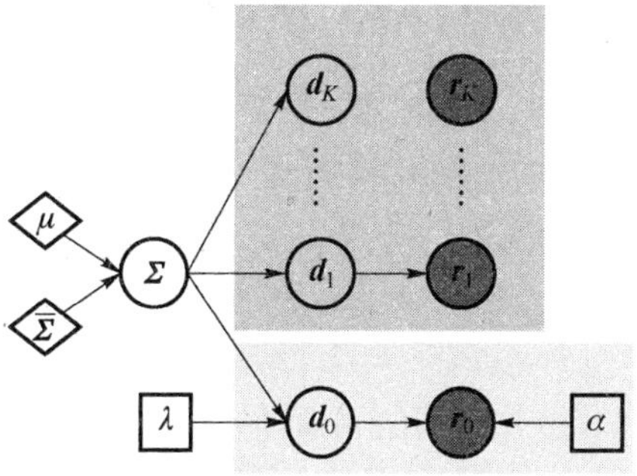

图 5.6　借助知识的部分均匀 STAP 模型,$\boldsymbol{M}_0 = \lambda\boldsymbol{\Sigma}$,
$\boldsymbol{M}_1 = \cdots = \boldsymbol{M}_k = \boldsymbol{\Sigma}$,功率尺度 λ 为模型的未知参数

与借助知识的均匀模型中的 B-AMFB-GLRT 相比,这里的 GLRT 不但根据随机的 $\boldsymbol{\Sigma}$ 和 α 的最大似然估计进行积累,还多用一步去寻求尺度因子 λ 的最大似然估计[15],其推导见附录 5A。结果,可得到下列的 GLRT 结果:

$$T = \frac{|\boldsymbol{p}^{\dagger}\hat{\boldsymbol{\Sigma}}^{-1}\boldsymbol{r}_0|^2}{(\boldsymbol{p}^{\dagger}\hat{\boldsymbol{\Sigma}}^{-1}\boldsymbol{p})(\boldsymbol{r}_0^{\dagger}\hat{\boldsymbol{\Sigma}}^{-1}\boldsymbol{r}_0)} \tag{5.35}$$

式中,$\hat{\boldsymbol{\Sigma}} = K\boldsymbol{S} + (\mu - N)\overline{\boldsymbol{\Sigma}}$为 ACE 的贝叶斯版[8],是常规的部分均匀模型中的 GLRT:

$$T_{\mathrm{ACE}} = \frac{|\boldsymbol{p}^{\dagger}\boldsymbol{S}^{-1}\boldsymbol{r}_0|^2}{(\boldsymbol{p}^{\dagger}\boldsymbol{s}^{-1}\boldsymbol{p})(\boldsymbol{r}_0^{\dagger}\boldsymbol{s}^{-1}\boldsymbol{r}_0)} \tag{5.36}$$

式(5.35)中的 GLRT 称为 KA-ACE 检测器,也可以用 $\boldsymbol{\Sigma}$ 的 MAP 和 MMSE 估计来代替在似然函数中的积分,从而将其推导出[15]。

接下来,我们考虑复合的高斯模型,它专门考虑到了跨距离单元的功率的起落(或纹理),特别是在海杂波中常见的重尾分布。类似于借助知识的均匀模型,借助知识的复合高斯模型进一步假定闪烁分量 $\boldsymbol{\Sigma}$ 为随机变量。特别是,测试和训练的距离单元内的干扰含有两个分量,即:

$$\boldsymbol{d}_k = \boldsymbol{s}_k\boldsymbol{w}_k, k = 0,1,\cdots,K \tag{5.37}$$

而闪烁分量$\boldsymbol{w}_k$和纹理分量$\boldsymbol{s}_k^2$定义为

$$\boldsymbol{w}_k \sim CN(0,\boldsymbol{\Sigma}) \tag{5.38}$$

$$\boldsymbol{\Sigma} \sim CW^{-1}((\mu - JN)\bar{\boldsymbol{\Sigma}},\mu) \tag{5.39}$$

$$\boldsymbol{s}_k^2 \sim \mathrm{IG}(\boldsymbol{q}_k,\boldsymbol{\beta}_k) \tag{5.40}$$

式中,$\mathrm{IG}(q,\beta)$表示逆伽玛分布,参数$q>2$、$\beta>0$。

$$\boldsymbol{p}(\boldsymbol{s}^2) = \frac{\beta^q}{\Gamma(q)\,(\boldsymbol{s}^2)^{q+1}} e^{-\beta/s^2} \tag{5.41}$$

注意,在协方差矩阵和纹理分量的随机性被标定以后,所有单元内的扰动不再遵循高斯假设。

对于这种借助知识的复合高斯模型,贝叶斯检测是采用两步的方法导出的[19]。首先,假定闪烁的协方差矩阵$\boldsymbol{\Sigma}$是已知的,导出仅仅对测试信号$\boldsymbol{r}_0$的GLRT(见附录5B):

$$T = \frac{|\boldsymbol{p}^\dagger \boldsymbol{\Sigma}^{-1}\boldsymbol{r}_0|^2}{(\beta_0 + \boldsymbol{r}_0^\dagger \boldsymbol{\Sigma}^{-1}\boldsymbol{r}_0)\,(\boldsymbol{p}^\dagger \boldsymbol{\Sigma}^{-1}{}_{\boldsymbol{p}})} \tag{5.42}$$

然后,用从训练数据$\{\boldsymbol{r}_k\}_{k=1}^K$中得到的对$\boldsymbol{\Sigma}$的估计替代上述GLRT中假设的$\boldsymbol{\Sigma}$。取决于从训练数据中得到的对$\boldsymbol{\Sigma}$的估计,可以导出三种贝叶斯检测器:

- $\boldsymbol{\Sigma}$的边缘MAP估计最大化后验分布$\boldsymbol{p}(\boldsymbol{\Sigma}|\boldsymbol{r}_1,\boldsymbol{r}_2,\cdots,\boldsymbol{r}_k)$(见附录5B),它是迭代地解下列定点方程得到的:

$$(\mu + K + JN)\boldsymbol{\Sigma} = (\mu - JN)\bar{\boldsymbol{\Sigma}} + \sum_{k=1}^{K} \frac{(q_k + JN)\,\boldsymbol{r}_k\boldsymbol{r}_k^\dagger}{\beta_k + \boldsymbol{r}_k^\dagger\boldsymbol{\Sigma}^{-1}\boldsymbol{r}_k} \tag{5.43}$$

注意,q_k和β_k是假设的、与纹理分量有关的超参数。

- $\boldsymbol{\Sigma}$的联合MAP估计联合地最大化后验分布$\boldsymbol{p}(\boldsymbol{\Sigma},\boldsymbol{s}_1^2,\boldsymbol{s}_2^2,\cdots,\boldsymbol{s}_K^2|\boldsymbol{r}_1,\boldsymbol{r}_2,\cdots,\boldsymbol{r}_k)$(见附录5B),先是对$\boldsymbol{s}_k^2$,然后是对$\boldsymbol{\Sigma}$。类似地,联合MAP估计解下列稍微不同的定点方程:

$$(\mu + K + JN)\boldsymbol{\Sigma} = (\mu - JN)\bar{\boldsymbol{\Sigma}} + \sum_{k=1}^{K} \frac{(q_k + JN + 1)\,\boldsymbol{r}_k\boldsymbol{r}_k^\dagger}{\beta_k + \boldsymbol{r}_k^\dagger\boldsymbol{\Sigma}^{-1}\boldsymbol{r}_k} \tag{5.44}$$

- $\boldsymbol{\Sigma}$的MMSE估计由后验均值给出

$$\hat{\boldsymbol{\Sigma}}_{\mathrm{MMSE}} = \mathbb{E}\{\boldsymbol{\Sigma}|\boldsymbol{r}_1,\boldsymbol{r}_2,\cdots,\boldsymbol{r}_K\} = \int \boldsymbol{\Sigma}\boldsymbol{p}(\boldsymbol{\Sigma}|\boldsymbol{r}_1,\boldsymbol{r}_2,\cdots,\boldsymbol{r}_K)\,\mathrm{d}\boldsymbol{\Sigma} \tag{5.45}$$

它不能被解析地计算出来。利用已知分布的两步Gibbs采样极大地帮助了它的数值计算:

(1)根据逆伽玛分布数值地产生纹理样本s^i:

$$\boldsymbol{s}_K^2|\boldsymbol{\Sigma}^{i-1},\boldsymbol{r}_k \sim \mathrm{IG}[q_k + JN,\beta_k + \boldsymbol{r}_k^\dagger(\boldsymbol{\Sigma}^{i-1})^{-1}\boldsymbol{r}_k] \tag{5.46}$$

式中,$\boldsymbol{\Sigma}^{i-1}$表示由第$(i-1)$次叠代得到的$\boldsymbol{\Sigma}$。

(2)根据逆复Wishart分布数值产生$\boldsymbol{\Sigma}^i$:

$$\boldsymbol{\Sigma}|\boldsymbol{s}^i,\boldsymbol{r}_1,\boldsymbol{r}_2,\cdots,\boldsymbol{r}_K \sim CW^{-1}\left[(\mu - JN)\bar{\boldsymbol{\Sigma}} + \sum_{k=1}^{K}\frac{\boldsymbol{r}_k\boldsymbol{r}_k^\dagger}{\{\boldsymbol{s}_k^2\}^i},\mu + K\right] \tag{5.47}$$

$\boldsymbol{\Sigma}$ 的 MMSE 估计由最后产生的N_r个样本$\boldsymbol{\Sigma}^i$的数值平均给出：

$$\hat{\boldsymbol{\Sigma}}_{\text{MMSE}} \approx \frac{1}{N_r} \sum_{i=N_{bi}+1}^{N_{bi}+N_r} \boldsymbol{\Sigma}^i \tag{5.48}$$

式中，N_{bi}和N_r分别为用于 MMSE 估计所消耗的迭代次数和$\boldsymbol{\Sigma}^i$的 Gibbs 采样数量。

借助知识的复合高斯噪声中的分布目标的贝叶斯检测是与之密切相关的扩展，感兴趣的读者可以从文献[20]获取细节。

5.4　知识辅助两层 STAP 模型

在上一节中，贝叶斯方法被应用于经典的 STAP 模型，包括均匀的、部分均匀的和复合的高斯模型，把干扰协方差矩阵看成是随机参数并通过其先验分布嵌入先验知识。可以观察到结果的贝叶斯检测器具有常规 STAP 检测器被有色加载的形式，不过借助知识的复合高斯模型是个例外（图 5.7）。

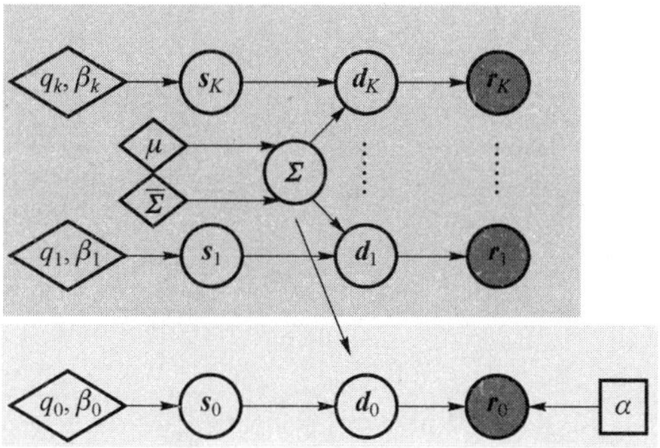

图 5.7　借助知识的复合高斯 STAP 模型，$\boldsymbol{M}_0 = s_0^2\boldsymbol{\Sigma}$、$\boldsymbol{M}_k = s_K^2\boldsymbol{\Sigma}$，$k = 1, 2, \cdots, K$

区别于上一节中的借助知识的模型，本节介绍在贝叶斯框架内的借助知识的两层 STAP 模型，它利用了干扰协方差矩阵的随机性[21]。这个两层 STAP 模型的关键概念是用统计方式来建模、测试数据和训练数据之间的协方差矩阵的失配$\boldsymbol{M}_0 \neq \boldsymbol{M}_t$（$\boldsymbol{M}_1 = \cdots = \boldsymbol{M}_K$）。得到这个概念是通过假定条件分布$\boldsymbol{M}_t | \boldsymbol{M}_0$是一个自由度为 v（$> JN$）、均值为$\boldsymbol{M}_0$的复逆 Wishart 分布，即

$$\boldsymbol{M}_t | \boldsymbol{M}_0 \sim \mathcal{CW}^{-1}[(v - JN)\boldsymbol{M}_0, \mu] \tag{5.49}$$

一方面，上述条件先验分布保证了所产生的$\boldsymbol{M}_t$以概率 1 不同于$\boldsymbol{M}_0$。另一方面，它们又不是完全无关的，否则，训练数据对于$\boldsymbol{M}_0$的干扰就没有意义了。条件分布通过下面的统计特性确立了$\boldsymbol{M}_0$和$\boldsymbol{M}_k$的关系：

$$\mathbb{E}\{\boldsymbol{M}_t | \boldsymbol{M}_0\} = \boldsymbol{M}_0 \tag{5.50}$$

$$\mathrm{cov}\{\boldsymbol{M}_t \mid \boldsymbol{M}_0\} = \frac{\boldsymbol{M}_0^2 + (v - JN)\mathrm{Tr}\{\boldsymbol{M}_0\}\boldsymbol{M}_0}{(v - JN)^2 - 1} \tag{5.51}$$

式(5.50)表明,在$\boldsymbol{M}_0$的条件下,训练数据就测试数据中的干扰而言还是平均均匀的,式(5.51)反映了平均的差异是由超参数ν控制的。超参数ν越大,测试数据和训练数据之间的差异越小。同时,第二层的$\boldsymbol{M}_0$被假定为是具有自由度为μ、均值为$\overline{\boldsymbol{M}}$的复 Wishart 分布,即

$$\boldsymbol{M}_0 \sim \boldsymbol{CW}(\mu^{-1}\overline{\boldsymbol{M}},\mu) \tag{5.52}$$

其中,$\overline{\boldsymbol{M}}$还是先验知识。简单总结一下,统计的非均匀模型是由两层统计模型表现的,一层是借助知识的$\boldsymbol{M}_0$的模型,用它的先验分布表示,类似于借助知识的均匀模型;另一层是$\boldsymbol{M}_0$和$\boldsymbol{M}_t$之间的差异的模型,用条件分布$\boldsymbol{M}_t \mid \boldsymbol{M}_0$表示。对于每一层,用超参数($\mu$ 或 ν)控制先验的不确定性或(平均的)差异。图 5.8 给出了两层 STAP 模型的图形表示。注意,在这样的借助知识的两层 STAP 模型中,训练数据与测试数据的关系是由条件分布式(5.49)反映的,在图 5.8 中用$\boldsymbol{M}_0$到$\boldsymbol{M}_t$的一条边来表示。

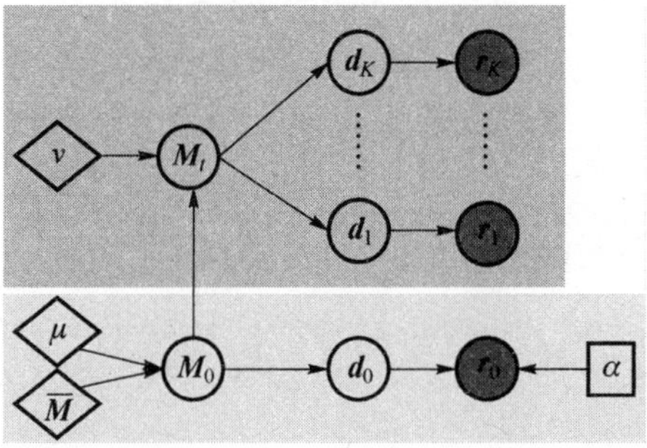

图 5.8　借助知识的两层 STAP 模型,训练数据的协方差矩阵与测试数据的不同,由一条边表示,也就是条件统计的方式

结合式(5.1)、式(5.49)和式(5.52),同时利用测试数据和训练数据的 GLRT取下列形式:

$$T = \frac{\max\limits_{\alpha}\int \boldsymbol{p}(\boldsymbol{r}_1,\boldsymbol{r}_2,\cdots,\boldsymbol{r}_K) \mid \alpha,\boldsymbol{M}_0,\boldsymbol{M}_t,H_1)\boldsymbol{p}(\boldsymbol{M}_t,\boldsymbol{M}_0)\boldsymbol{p}(\boldsymbol{M}_0)\mathrm{d}\boldsymbol{M}_0}{\int \boldsymbol{p}(\boldsymbol{r}_1,\boldsymbol{r}_2,\cdots,\boldsymbol{r}_K) \mid \alpha,\boldsymbol{M}_0,\boldsymbol{M}_t,)\boldsymbol{p}(\boldsymbol{M}_t,\mid \boldsymbol{M}_0)\boldsymbol{p}(\boldsymbol{M}_0)\mathrm{d}\boldsymbol{M}_0}$$

$$\overset{(a)}{\propto} \frac{\int q(\boldsymbol{M}_0)\exp[-(\boldsymbol{r}_0 - \alpha\boldsymbol{q}) + \boldsymbol{M}_0^{-1}(\boldsymbol{r}_0 - \alpha\boldsymbol{p})]\mathrm{d}\boldsymbol{M}_0}{\int q(\boldsymbol{M}_0)\exp[-\boldsymbol{r}_0 + \boldsymbol{M}_0^{-1}\boldsymbol{r}]\mathrm{d}\boldsymbol{M}_0} \tag{5.53}$$

其中，

$$q(\boldsymbol{M}_0) = \frac{\det(\boldsymbol{M}_0)^{v-1}}{\det[\boldsymbol{KS} + (v - JN)\boldsymbol{M}_0]^{v-k}}\boldsymbol{p}(\boldsymbol{M}_0) \tag{5.54}$$

遗憾的是，假设H_0下 α 的最大似然估计没有闭式解。在文献[21]中，认识到分子的上限为下式而给出了 α 的最大似然估计的近似：

$$\begin{aligned}&\max_{\alpha}\int q(\boldsymbol{M}_0)\exp[-(\boldsymbol{r}_0 - \alpha\boldsymbol{p})^{\dagger}\boldsymbol{M}_0^{-1}(\boldsymbol{r}_0 - \alpha\boldsymbol{p})]\mathrm{d}\boldsymbol{M}_0\\ &\leqslant \int q(\boldsymbol{M}_0)\exp(-\boldsymbol{r}_0^{\dagger}\boldsymbol{M}_0^{-1}\boldsymbol{r}_0)\exp\left\{\frac{|\boldsymbol{p}^{\dagger}\boldsymbol{M}_0^{-1}\boldsymbol{r}_0|^2}{\boldsymbol{p}^{\dagger}\boldsymbol{M}_0^{-1}\boldsymbol{p}}\right\}\mathrm{d}\boldsymbol{M}_0\end{aligned} \tag{5.55}$$

这是因为

$$\max_{\alpha}(\boldsymbol{r}_0 - \alpha\boldsymbol{p})^{\dagger}\boldsymbol{M}_0^{-1}(\boldsymbol{r}_0 - \alpha\boldsymbol{p}) = \boldsymbol{r}_0^{\dagger}\boldsymbol{M}_0^{-1}\boldsymbol{r}_0 - \frac{|\boldsymbol{p}^{\dagger}\boldsymbol{M}_0^{-1}\boldsymbol{r}_0|^2}{\boldsymbol{p}^{\dagger}\boldsymbol{M}_0^{-1}\boldsymbol{p}} \tag{5.56}$$

将分子和分母均用后验分布 $\boldsymbol{p}(\boldsymbol{M}_0|\boldsymbol{r}_1,\boldsymbol{r}_2,\cdots,\boldsymbol{r}_K)$ 表示，给出了近似的贝叶斯 GLRT（记作 AGLRT）：

$$T = \frac{\int h(\boldsymbol{M}_0)\exp\left\{\frac{|\boldsymbol{p}^{\dagger}\boldsymbol{M}_0^{-1}\boldsymbol{r}_0|^2}{\boldsymbol{p}^{\dagger}\boldsymbol{M}_0^{-1}\boldsymbol{p}}\right\}\boldsymbol{p}(\boldsymbol{M}_0|\boldsymbol{r}_1,\boldsymbol{r}_2,\cdots,\boldsymbol{r}_K)\mathrm{d}\boldsymbol{M}_0}{\int h(\boldsymbol{M}_0)\boldsymbol{p}(\boldsymbol{M}_0|\boldsymbol{r}_1,\boldsymbol{r}_2,\cdots,\boldsymbol{r}_K)\mathrm{d}\boldsymbol{M}_0} \tag{5.57}$$

其中，

$$h(\boldsymbol{M}_0) = \det(\boldsymbol{M}_0)^{-1}\exp(-\boldsymbol{r}_0^{\dagger}\boldsymbol{M}_0^{-1}\boldsymbol{r}_0) \tag{5.58}$$

可以看到，式(5.57)的贝叶斯 AGLRT 为后验的 $h(\boldsymbol{M}(_0)\exp\left(\frac{|(\boldsymbol{p}(^{\dagger}(\boldsymbol{M}_0^{(i)})^{-1}\boldsymbol{r}_0|^2}{\boldsymbol{p}^{\dagger}(\boldsymbol{M}_0^{(i)})^{-1}\boldsymbol{p}}\right)$的均值与后验的 $h(\boldsymbol{M}_0)$的均值在后验的$\boldsymbol{M}_0|\boldsymbol{r}_1,\boldsymbol{r}_2,\cdots,\boldsymbol{r}_K$分布上的比。因此，可以得到其数值为

$$T = \frac{\sum_{i=N_{bi}+1}^{N_{bi}+N_r} h(\boldsymbol{M}_0^{(i)})\exp\left(\frac{|\boldsymbol{p}^{\dagger}(\boldsymbol{M}_0^{(i)})^{-1}\boldsymbol{r}_0|^2}{\boldsymbol{p}^{\dagger}(\boldsymbol{M}_0^{(i)})^{-1}\boldsymbol{p}}\right)}{\sum_{i=N_{bi}+1}^{N_{bi}+N_r} h(\boldsymbol{M}_0^{(i)})} \tag{5.59}$$

式中，$\boldsymbol{M}_0^i$为来自后验分布 $\boldsymbol{p}(\boldsymbol{M}_0|\boldsymbol{r}_1,\boldsymbol{r}_2,\cdots,\boldsymbol{r}_K)$ 的第 i 次迭代的 Gibbs 采样。$\boldsymbol{p}(\boldsymbol{M}_0|\boldsymbol{r}_1,\boldsymbol{r}_2,\cdots,\boldsymbol{r}_K)$ 的 Gibbs 采样可以由两步来完成：

- 根据分布$\boldsymbol{M}_0|\boldsymbol{M}_t,\boldsymbol{r}_1,\boldsymbol{r}_2,\cdots,\boldsymbol{r}_K$产生$\boldsymbol{M}_0^{(i+1)}$，它遵循复 Wishart 分布：

$$\boldsymbol{M}_0|\boldsymbol{M}_t,\boldsymbol{r}_1,\boldsymbol{r}_2,\cdots,\boldsymbol{r}_K \sim CW\{[\mu\overline{\boldsymbol{M}}^{-1} + (v - JN)\boldsymbol{M}_t^{-1}]^{-1}, v + \mu\} \tag{5.60}$$

- 根据$\boldsymbol{M}_t|\boldsymbol{M}_0,\boldsymbol{r}_1,\boldsymbol{r}_2,\cdots,\boldsymbol{r}_K$分布产生$\boldsymbol{M}_0^{(i+1)}$，它遵循复逆 Wishart 分布：

$$\boldsymbol{M}_t \mid \boldsymbol{M}_0, \boldsymbol{r}_1, \boldsymbol{r}_2, \cdots, \boldsymbol{r}_K \sim CW^{-1}[K\boldsymbol{S} + (v - JN)\boldsymbol{M}_0, v + K] \tag{5.61}$$

另外,统计二层 STAP 模型中的 B-AMF 检测器则取简单的形式:

$$T = \frac{|\boldsymbol{p}^{\dagger} \hat{\boldsymbol{M}}_0^{-1} \boldsymbol{r}_0|^2}{\boldsymbol{p}^{\dagger} \hat{\boldsymbol{M}}_0^{-1} \boldsymbol{p}} \tag{5.62}$$

其中,$\hat{\boldsymbol{M}}_0$可以是$\boldsymbol{M}_0$的基于后验分布$\boldsymbol{M}_0 \mid \boldsymbol{r}_1, \boldsymbol{r}_2, \cdots, \boldsymbol{r}_K$的 MMSE 估计或 MAP 估计。MMSE 估计是上述两步的 Gibbs 采样步骤中$\boldsymbol{M}_0^{(i)}$的最后N_{r}个 Gibbs 采样的样本期望,即

$$\hat{\boldsymbol{M}}_{0,\mathrm{MMSE}} = \frac{1}{N_{\mathrm{r}}} \sum_{i=N_{bi}+1}^{N_{bi}+N_{\mathrm{r}}} \boldsymbol{M}_0^{(i)} \tag{5.63}$$

而$\boldsymbol{M}_0$的 MAP 估计由下列闭式给出:

$$\hat{\boldsymbol{M}}_{0,\mathrm{MAP}} = \overline{\boldsymbol{M}}^{1/2} \boldsymbol{U} \boldsymbol{\Gamma} \boldsymbol{U}^{\dagger} \overline{\boldsymbol{M}}^{1/2} \tag{5.64}$$

式中,$\boldsymbol{U}$ 为这样的矩阵,其 i 列为根据先验知识预白化的样本协方差矩阵的特征矢量:

$$\overline{\boldsymbol{S}} = \overline{\boldsymbol{M}}^{-1/2} \boldsymbol{S} \overline{\boldsymbol{M}}^{-1/2} = \boldsymbol{U} \boldsymbol{\Lambda} \boldsymbol{U}^{\dagger} \tag{5.65}$$

$\boldsymbol{\Lambda} = \mathrm{diag}\{\lambda_i\}$为对角矩阵,它由$\overline{\boldsymbol{S}}$的特征值构成,$\boldsymbol{\Gamma} = \mathrm{diag}\{\lambda_i\}$,其中的 γ 为

$$\gamma_i = \left[\frac{\mu - JN - K}{2\mu} - \frac{K\lambda_i}{2(v - JN)}\right] + \sqrt{\left[\frac{\mu - JN - K}{2\mu} - \frac{K\lambda_i}{2(v - JN)}\right]^2 + \frac{K(v + \mu - JN)}{\mu(v - JN)}\lambda_i} \tag{5.66}$$

文献[21]指出,$\boldsymbol{M}_0$的 MAP 估计在计算时要比 MMSE 估计更吸引人。MAP 估计的解释也很有趣。由式(5.66),MAP 估计就是规范化地提供了样本协方差矩阵的特征值$\boldsymbol{\lambda}_i$而不涉及特征矢量。另外,这个从$\boldsymbol{\lambda}_i$到$\boldsymbol{\gamma}_i$的规范是非线性的、由超参数μ 和 ν 控制。

我们评估了三个贝叶斯 STAP 检测器的性能:①贝叶斯 AGLRT 检测器式(5.57);②使用式(5.63)的 $\boldsymbol{M}_0$ 的 MMSE 估计的 B-AMF 式(5.62),记为 BAMF-MMSE 检测器;③使用式(5.64)的 $\boldsymbol{M}_0$ 的 MAP 估计的 B-AMF 式(5.62),记为 BAMF-MAP 检测器。这个评估是在借助知识的两层 STAP 模型中进行的,其中在测试数据和训练数据中的干扰被产生成协方差矩阵为多通道的 AR 过程。目标的空—时指纹与图 5.4 中所用的一样。

我们首先考虑具有大的μ 值、先验知识相对准确,切相对均匀的、具有大 ν 值的训练数据的场景,如图 5.9(a)所示。与常规的 AMF 和 GLRT 检测器的比较表明了在统计非均匀情况下贝叶斯检测器的改善。在图 5.9(b)中,测试数据与训练数据的差异以一个小的 ν 值增加,贝叶斯检测器相对于常规检测器的改

善也增加了。在贝叶斯检测器中，贝叶斯 AGLRT 和 BAMF-MMSE 检测器，由于进行了 Gibbs 采样，付出了高复杂度的代价，在两种情况下的性能都比简单的 BAMF-MAP 检测器稍微好一点。

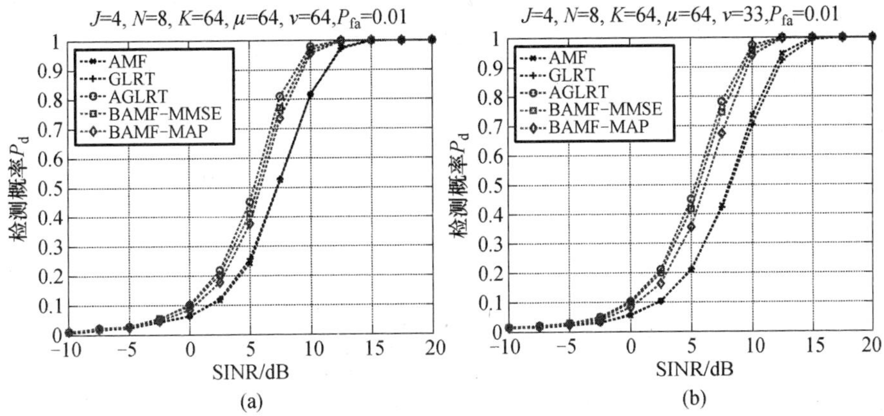

图 5.9　借助知识的两层 STAP 模型中检测概率与 SINR 的关系

(a) $\mu=64,\nu=64$；(b) $\mu=64,\nu=33$。

文献[22]考虑了借助知识的两层 STAP 模型向部分均匀模型的扩展。文献[23,24]做了相关的努力，在那里可以找到在类似、但是被扩展了的借助知识的非均匀模型中的协方差矩阵的估计和性能特性。

5.5　借助知识的含参 STAP 模型

在本节中，我们用借助知识的概念探讨干扰协方差矩阵$\boldsymbol{M}_k$的结构信息，以面对贝叶斯检测器的计算问题。借助知识的参数化的 STAP 模型采用了多通道的 AR 处理来描述测试数据和训练数据中空—时关联的扰动$\boldsymbol{d}_k, k=0,1,\cdots,K$。深入的实验研究表明，阶数合适的 AR 过程模型是表示这样的空—时相关的有效的参数化模型。

特别是，人们使用借助知识的混合多通道 AR(P) 模型，它涉及随机交叉通道或空间协方差矩阵 $\boldsymbol{Q}$，以及确定的与 AR 相关矩阵 $\boldsymbol{A}$，即

$$\boldsymbol{d}_k(n) = -\sum_{p=1}^{P} \boldsymbol{A}^{\dagger}(p)\,\boldsymbol{d}_k(n-p) + \boldsymbol{\varepsilon}_k(n), n = 1,2,\cdots,N \tag{5.67}$$

式中，$\boldsymbol{d}_k(n)$为 J 空间接收机的第 n 个阵列快照；$\boldsymbol{A}=[\boldsymbol{A}^{\mathrm{T}}(1),\boldsymbol{A}^{\mathrm{T}}(2),\cdots,\boldsymbol{A}^{\mathrm{T}}(P)]\in\boldsymbol{C}^{JP\times J}$；$\boldsymbol{A}(p)$为第 p 个时间段的 AR 的系数矩阵；$\boldsymbol{\varepsilon}_k(n)$为 $J\times1$ 的空间噪声矢量，它在时间上是白的、但在空间上却是有色的高斯噪声：$\{\boldsymbol{\varepsilon}_k(n)\}_{k=0}^{K}\sim \boldsymbol{CN}(0,\boldsymbol{Q})$，

$\boldsymbol{Q}$ 表示未知的 $J\times J$ 空间协方差矩阵。另外,随机的空间协方差矩阵 $\boldsymbol{Q}$ 遵循逆复 Wishart 分布,自由度为 μ,均值为 $\overline{\boldsymbol{Q}}$:

$$\boldsymbol{Q} \sim CW^{-1}[(\mu-J))\overline{\boldsymbol{Q}},\mu] \tag{5.68}$$

它类似于借助知识的非参数化的 STAP 模型,但是维度要小一点(J 与 JN)。图 5.10 给出了借助知识的混合参数化 STAP 模型的图形表示,其中各单元的扰动共享同样的协方差矩阵,具有带参数的随机矩阵 $\boldsymbol{Q}$ 和确定性矩阵 $\boldsymbol{A}$ 的形式。

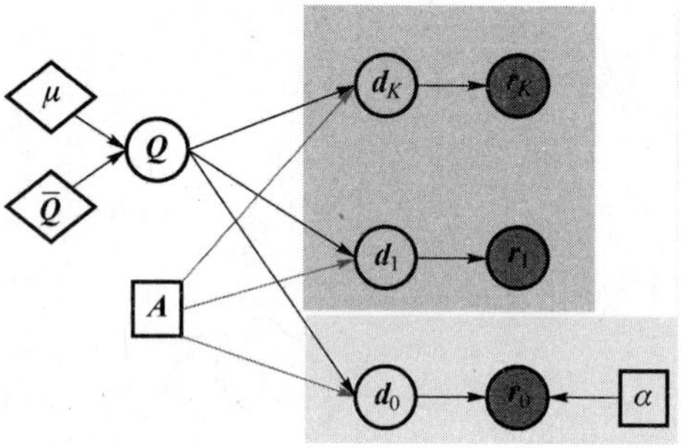

图 5.10　借助知识的混合参数 STAP 模型,$\boldsymbol{M}_0=\boldsymbol{M}_1=\cdots=\boldsymbol{M}_K=f(\boldsymbol{A},\boldsymbol{Q})$,函数 f 由混合多通道 AR 过程加随机空域协方差矩阵和确定性相关矩阵描述

有了借助知识的混合 STAP 模型,我们首先考虑基于贝叶斯框架的两步的参数化检测器,称为借助知识的参数化 AMF(KA-PAMF)[25]。第一步是开发 GLRT,它用给定的时间 AR 系数 $\boldsymbol{A}$ 完成部分自适应。然后,用根据训练信号得到的最大似然估计替代 $\boldsymbol{A}$,修改这个部分自适应的 GLRT 达到完全自适应。

对似然比中的随机空间协方差矩阵积分,就得到给定 $\boldsymbol{A}$ 的部分自适应的P-GLRT[25]:

$$T=\frac{\max\limits_{\alpha}\int f_1(\boldsymbol{r}_1,\boldsymbol{r}_2,\cdots,\boldsymbol{r}_K\mid\alpha,\boldsymbol{Q})p(\boldsymbol{Q})\mathrm{d}\boldsymbol{Q}}{\int f_1(\boldsymbol{r}_1,\boldsymbol{r}_2,\cdots,\boldsymbol{r}_K\mid\alpha=0,\boldsymbol{Q})p(\boldsymbol{Q})\mathrm{d}\boldsymbol{Q}}$$

$$=\frac{\max\limits_{\alpha}\det(\Xi_1)^{-L+J}}{\det(\Xi_0)^{-L+J}}=\frac{\left|\sum\limits_{n=P}^{N-1}\tilde{\boldsymbol{p}}^{+}(n)\boldsymbol{\Psi}^{-1}\tilde{\boldsymbol{r}}_0(n)\right|^2}{\sum\limits_{n=P}^{N-1}\tilde{\boldsymbol{p}}^{+}(n)\boldsymbol{\Psi}^{-1}\tilde{\boldsymbol{p}}(n)} \tag{5.69}$$

式中,$L=(K+1)(N-P)+(\mu+J)$,且

$$\Xi_1=\hat{\boldsymbol{R}}_{xx}(\alpha)+\hat{\boldsymbol{R}}^{\dagger}{}_{yx}(\alpha)\boldsymbol{A}+\boldsymbol{A}^{\dagger}\hat{\boldsymbol{R}}_{yx}(\alpha)\boldsymbol{A}+(\mu-J)\overline{\boldsymbol{Q}} \tag{5.70}$$

其中的相关矩阵(条件为 α)定义为

$$\hat{\boldsymbol{R}}_{xx}(\alpha) = \sum_{n=p}^{N-1}[\boldsymbol{r}_0(n) - \alpha\boldsymbol{p}(n)][\boldsymbol{r}_0(n) - \alpha\boldsymbol{p}(n)]^{\dagger} + \sum_{k=1}^{K}\sum_{n=P}^{N-1}\boldsymbol{r}_k(n)\boldsymbol{r}_k^{\dagger}(n) \tag{5.71}$$

$$\hat{\boldsymbol{R}}_{yy}(\alpha) = \sum_{n=p}^{N-1}[\boldsymbol{y}_0(n) - \alpha\boldsymbol{t}(n)][\boldsymbol{y}_0(n) - \alpha\boldsymbol{t}(n)]^{\dagger} + \sum_{k=1}^{K}\sum_{n=P}^{N-1}\boldsymbol{y}_k(n)\boldsymbol{y}_k^{\dagger}(n) \tag{5.72}$$

$$\hat{\boldsymbol{R}}_{yx}(\alpha) = \sum_{n=p}^{N-1}[\boldsymbol{y}_0(n) - \alpha\boldsymbol{t}(n)][\boldsymbol{r}_0(n) - \alpha\boldsymbol{p}(n)]^{\dagger} + \sum_{k=1}^{K}\sum_{n=P}^{N-1}\boldsymbol{y}_k(n)\boldsymbol{r}_k^{\dagger}(n) \tag{5.73}$$

$JP\times1$ 的矢量$\boldsymbol{y}_k(n)$和 $\boldsymbol{t}(n)$定义为$\boldsymbol{y}_k(n) = [\boldsymbol{r}_k^{\mathrm{T}}(n-1),\cdots,\boldsymbol{r}_k^{\mathrm{T}}(n-P)]^{\mathrm{T}}$,$\boldsymbol{t}(n) = [\boldsymbol{p}^{\mathrm{T}}(n-1),\cdots,\boldsymbol{p}^{\mathrm{T}}(n-P)]^{\mathrm{T}}$。同时,式(5.69)的最后部分是由于下列 α 的最大似然估计最小化了Ξ1 的行列式:

$$\hat{\alpha}_{ML} = \frac{Tr(\tilde{\boldsymbol{S}}^{\dagger}\boldsymbol{\Psi}^{-1}\tilde{\boldsymbol{X}}_0)}{Tr(\tilde{\boldsymbol{S}}^{\dagger}\boldsymbol{\Psi}^{-1}\tilde{\boldsymbol{S}})} \tag{5.74}$$

其中,

$$\boldsymbol{\Psi} = \tilde{\boldsymbol{X}}_0\boldsymbol{P}^{\perp}\tilde{\boldsymbol{X}}_0^{\dagger} + \sum_{k=1}^{K}\tilde{\boldsymbol{X}}_k\tilde{\boldsymbol{X}}_k^{\dagger} + (\mu - J)\overline{\boldsymbol{Q}} \tag{5.75}$$

$\boldsymbol{P}^{\perp}$表示投影矩阵算子,将信号投影到$\tilde{\boldsymbol{S}}^{\dagger}$域的正交补中:$\boldsymbol{P}^{\perp} = \boldsymbol{I} - \boldsymbol{P} = \boldsymbol{I} - \tilde{\boldsymbol{S}}^{\dagger}(\tilde{\boldsymbol{S}})^{\dagger}$,其中$(\cdot)^{+}$表示 Moore-Penrose 伪逆。

$$\tilde{\boldsymbol{S}} \in C^{J\times(N-P)} = [\tilde{\boldsymbol{P}}(P),\cdots,\tilde{\boldsymbol{P}}(N-1)] \tag{5.76}$$

$$\tilde{\boldsymbol{X}}_k \in C^{J\times(N-P)} = [\tilde{\boldsymbol{r}}_k(P),\cdots,\tilde{\boldsymbol{r}}_k(N-1)] \tag{5.77}$$

它们是由时域白化的信号$\tilde{\boldsymbol{r}}_k(n)$和空域白化的取向矢量$\tilde{\boldsymbol{p}}(n)$得到的:

$$\tilde{\boldsymbol{r}}_k(n) = \boldsymbol{r}_k(n) + \boldsymbol{A}^{\dagger}\boldsymbol{y}_k(n) \tag{5.78}$$

$$\tilde{\boldsymbol{p}}(n) = \boldsymbol{p}(n) + \boldsymbol{A}^{\dagger}\boldsymbol{t}(n) \tag{5.79}$$

为了达到完全自适应的 P-GLRT,要用训练信号获得 $\boldsymbol{A}$ 的最大似然估计。因为空间的协方差矩阵是随机的,条件 $\boldsymbol{A}$ 的似然函数是通过在 $\boldsymbol{Q}$ 的分布上对似然函数积分得到的:

$$f(\boldsymbol{r}_1,\boldsymbol{r}_2,\cdots,\boldsymbol{r}_K|\boldsymbol{A}) = \int f(\boldsymbol{r}_1,\boldsymbol{r}_2,\cdots,\boldsymbol{r}_K|\boldsymbol{A},\boldsymbol{Q})p(\boldsymbol{Q})\mathrm{d}\boldsymbol{Q}$$

$$\propto \det\left[\boldsymbol{\Sigma}(\boldsymbol{A}) + (\mu - J)\overline{\boldsymbol{Q}}\right]^{-[\mu+K(N-P)]} \tag{5.80}$$

其中，

$$\boldsymbol{\Sigma}(\boldsymbol{A}) = \sum_{k=1}^{K}\sum_{n=P}^{N-1} \boldsymbol{\varepsilon}_k(n)\,\boldsymbol{\varepsilon}_k^{\dagger}(n) \tag{5.81}$$

因此，$\boldsymbol{A}$ 的最大似然估计等效于将式 5.80 中的行列式最小化，由下式给出：

$$\hat{\boldsymbol{A}}_{\mathrm{ML}} = -\hat{\boldsymbol{R}}_{yy}^{-1}\hat{\boldsymbol{R}}_{yx} \tag{5.82}$$

因为$\boldsymbol{\Sigma}(\boldsymbol{A}) + (\mu - J)\overline{\boldsymbol{Q}} \geqslant \boldsymbol{\Sigma}(\hat{\boldsymbol{A}}_{\mathrm{ML}}) + (\mu - J)\overline{\boldsymbol{Q}}$。其中，$\hat{\boldsymbol{R}}_{xx}$，$\hat{\boldsymbol{R}}_{yy}$和$\hat{\boldsymbol{R}}_{yx}$分别在式(5.71)到式(5.73)中被定义为其中的二次项(只有训练信号)。

用 ML 估计$\hat{\boldsymbol{A}}_{\mathrm{ML}}$替代$\boldsymbol{A}$，全自适应 KA-PAMF 采用如下检测统计：

$$T_{\text{KA-PAMF}} = \frac{\left|\sum_{n=P}^{N-1}\hat{\tilde{\boldsymbol{p}}}^{+}(n)\hat{\boldsymbol{\Psi}}^{-1}\hat{\tilde{\boldsymbol{r}}}_0(n)\right|^2}{\sum_{n=P}^{N-1}\hat{\tilde{\boldsymbol{p}}}^{+}(\mathrm{n})\hat{\boldsymbol{\Psi}}^{-1}\hat{\tilde{\boldsymbol{p}}}(n)} \underset{H_0}{\overset{H_1}{\gtrless}} \gamma_{\text{KA-PAMF}} \tag{5.83}$$

式中，$\gamma_{\text{KA-PAMF}}$为受制于所选的虚警概率的门限；时域白化的矢量 $\hat{\tilde{\boldsymbol{r}}}_k(n)$和$\hat{\tilde{\boldsymbol{p}}}(n)$类似在式(5.78)和式(5.79)中用最大似然估计$\hat{\boldsymbol{A}}_{ML}$替代$\boldsymbol{A}$而得到，空域白化的矩阵$\hat{\boldsymbol{\Psi}}$则是自适应得到的：

$$\hat{\boldsymbol{\Psi}} = \hat{X}_0\hat{\boldsymbol{P}}^{\perp}\hat{X}_0^{\dagger} + \sum_{k=1}^{K}\hat{X}_k\hat{X}_k^{\dagger} + (\mu - J)\overline{\boldsymbol{Q}} \tag{5.84}$$

这与式(5.75)定义的类似。与上面两节中的贝叶斯检测器相比，式(5.83)的 KA-PAMF 采用了空域白化处理后的时域白化。另外，空域白化的矩阵$\hat{\boldsymbol{Q}}$包含三个分量：一个来自训练数据，一个来自消除了目标以后的测试数据(式(5.84)中的第一项)，还有一个来自先验知识$(\mu - J)\overline{\boldsymbol{Q}}$。包含后者就允许KA-PAMF可以更好地处理训练数据非常有限的情况。就计算复杂性而言，KA-PAMF检测器一般要比执行完全空、时白化的贝叶斯检测器的计算更简单，尤其是在 JN 大的时候，后者计算$\boldsymbol{M}_0^{-1}$的复杂度为 $O(J^3N^3)$级。特别是，式(5.84)的计算复杂度大约为 $O(J^2KNP^2) + O(JN^2)$。KA-PAMF 的复杂度 $O(JN^2)$大部分来自空域白化矩阵$\hat{\boldsymbol{\Psi}}$和它固有的 Moore-Penrose 伪逆的计算。

第二个借助知识的参数化检测器，叫作借助知识的参数化 GLRT(KA-GLRT)，是经过对信号和干扰参数的一步联合估计/优化而得到的。因为目标幅度的精确的最大似然估计是不可及的，我们使用 Schur 的补找到它的逼近，而不是这个幅度的最大似然估计的闭式。于是，这可以让我们找到用于 KA-PGLRT 的简单、具有闭式的检验变量。结果表明，KA-PGLRT 适合于空域—子时域的联合白化,并具有使用先验知识的能力。

特别是,KA-PGLRT 检测器取下列形式:

$$
\begin{aligned}
T &= \frac{\max\limits_{\alpha} \max\limits_{A} \int f_1(\boldsymbol{x}_0, \boldsymbol{x}_1, \cdots, \boldsymbol{x}_K \mid \alpha, \boldsymbol{A}, \boldsymbol{Q}) \boldsymbol{p}(\boldsymbol{Q}) \mathrm{d}\boldsymbol{Q}}{\max\limits_{A} \int f_0(\boldsymbol{x}_0, \boldsymbol{x}_1, \cdots, \boldsymbol{x}_K \mid \alpha = 0, \boldsymbol{Q}) \boldsymbol{p}(\boldsymbol{Q}) \mathrm{d}\boldsymbol{Q}} \\
&= \frac{\max\limits_{\alpha} \max\limits_{A} \det(\Xi_1)^{-L+J}}{\max\limits_{A} \det(\Xi_0)^{-L+J}} \\
&= \frac{\det[\hat{\boldsymbol{R}}_{xx}(0) - \hat{\boldsymbol{R}}_{yx}^{\dagger}(0) \hat{\boldsymbol{R}}_{yy}^{-1}(0) \hat{\boldsymbol{R}}_{yx}(0) + (\mu - J) \overline{\boldsymbol{Q}}]}{\min\limits_{\alpha} \det[\hat{\boldsymbol{R}}_{xx}(\alpha) - \hat{\boldsymbol{R}}_{yx}^{\dagger}(\alpha) \hat{\boldsymbol{R}}_{yy}^{-1}(\alpha) \hat{\boldsymbol{R}}_{yx}(\alpha) + (\mu - J) \overline{\boldsymbol{Q}}]}
\end{aligned}
\tag{5.85}
$$

其中第二个等式是在 $\boldsymbol{Q}$ 的先验分布积分得到的,第三个等式是由于行列式Ξi 对 $\boldsymbol{A}$ 最大化,它给出了

$$
\hat{\boldsymbol{A}}_{\mathrm{ML}} = -\hat{\boldsymbol{R}}_{yy}^{-1}(\alpha) \hat{\boldsymbol{R}}_{yx}(\alpha) \tag{5.86}
$$

其中,$\hat{\boldsymbol{R}}_{yy}(\alpha)$和$\hat{\boldsymbol{R}}_{yx}(\alpha)$分别由式(5.72)、式(5.73)定义。

剩下的一步是寻找 α 的最大似然估计,而它就是下列最小化问题的解:

$$
\hat{\alpha}_{\mathrm{ML}} = \arg \min_{\alpha} \det[\hat{\boldsymbol{R}}_{xx}(\alpha) - \hat{\boldsymbol{R}}_{yx}^{\dagger}(\alpha) \hat{\boldsymbol{R}}_{yy}^{-1}(\alpha) \hat{\boldsymbol{R}}_{yx}(\alpha) + (\mu - J) \overline{\boldsymbol{Q}}] \tag{5.87}
$$

认识到式(5.87)中下面部分就是$\hat{\boldsymbol{R}}_{yx}(\alpha)$的 Schur 补[26]:

$$
[\hat{\boldsymbol{R}}_{xx}(\alpha) + (\mu - J) \overline{\boldsymbol{Q}}] - \hat{\boldsymbol{R}}_{yx}^{\dagger}(\alpha) \hat{\boldsymbol{R}}_{yy}^{-1}(\alpha) \hat{\boldsymbol{R}}_{yx}(\alpha) \tag{5.88}
$$

而$\hat{\boldsymbol{R}}_{yy}(\alpha)$是下面定义的方块矩阵的一部分:

$$
\hat{\boldsymbol{R}}(\alpha) = \begin{bmatrix} \hat{\boldsymbol{R}}_{yy}(\alpha) & \hat{\boldsymbol{R}}_{yx}(\alpha) \\ \hat{\boldsymbol{R}}_{yx}^{H}(\alpha) & \hat{\boldsymbol{R}}_{xx}(\alpha) + (\mu - J) \overline{\boldsymbol{Q}} \end{bmatrix} \tag{5.89}
$$

就可以得到 α 的最大似然估计逼近于

$$
\hat{\alpha}_{\mathrm{ML}} = \frac{\mathrm{Tr}\{\boldsymbol{S}^{\dagger} \hat{\boldsymbol{R}}_X^{-1} X_0\} - Tr\{\boldsymbol{T}^{\dagger} \hat{\boldsymbol{R}}_Y^{-1} Y_0\}}{\mathrm{Tr}\{\boldsymbol{S}^{\dagger} \hat{\boldsymbol{R}}_X^{-1} \boldsymbol{S}\} - Tr\{\boldsymbol{T}^{\dagger} \hat{\boldsymbol{R}}_Y^{-1} \boldsymbol{T}\}} \tag{5.90}
$$

其中,

$$
\begin{aligned}
&\boldsymbol{S} \in C^{J(P+1)\times(N-P)} = [\boldsymbol{s}_{P+1}(P), \cdots, \boldsymbol{s}_{P+1}(N-1)] \\
&X_K = [x_{k,P+1}(P), \cdots, x_{k,P+1}(N-1)] \\
&\boldsymbol{t} \in C^{JP\times(N-P)} = [\boldsymbol{t}(P), \cdots, \boldsymbol{t}(N-1)] \\
&\boldsymbol{Y}_K = [\boldsymbol{y}_k(P), \cdots, \boldsymbol{y}_k(N-1)]
\end{aligned}
$$

加上定义$\boldsymbol{s}_{p+1}(n)=[\boldsymbol{t}^{\mathrm{T}}(n),\boldsymbol{p}^{\mathrm{T}}(n)]^{\mathrm{T}}$,$\boldsymbol{x}_{k,p+1}(n)=[\boldsymbol{y}_k^{\mathrm{T}}(n),\boldsymbol{r}_k^{\mathrm{T}}(n)]^{\mathrm{T}}$,以及

$$\hat{\boldsymbol{R}}_X=\boldsymbol{X}_0\boldsymbol{P}_S^{\perp}\boldsymbol{X}_0^{\dagger}+\sum_{k=1}^{K}\boldsymbol{X}_k\boldsymbol{X}_k^{\dagger}+\tilde{\boldsymbol{Q}} \tag{5.91}$$

$$\hat{\boldsymbol{R}}_Y=\boldsymbol{Y}_0\boldsymbol{P}_T^{\perp}\boldsymbol{Y}_0^{\dagger}+\sum_{k=1}^{K}\boldsymbol{Y}_k\boldsymbol{Y}_k^{\dagger} \tag{5.92}$$

其中,

$$\tilde{\boldsymbol{Q}}:\begin{bmatrix}0 & 0\\ 0 & (\mu-J)\overline{\boldsymbol{Q}}\end{bmatrix} \tag{5.93}$$

把上述α的最大似然估计代回式(5.85)的似然比中,进行简化,KA-PGLRT的最终形式为

$$T_{\text{KA-PGLR}}=\frac{\left|\sum_{n=P}^{N-1}\boldsymbol{s}_{P+1}^{+}(n)\hat{\boldsymbol{R}}_X^{-1}\boldsymbol{x}_{0,P+1}(n)-\sum_{n=P}^{N-1}\boldsymbol{t}^{+}(n)\hat{\boldsymbol{R}}_Y^{-1}\boldsymbol{y}_0(n)\right|^2}{\sum_{n=P}^{N-1}\boldsymbol{s}_{P+1}^{+}(n)\hat{\boldsymbol{R}}_X^{-1}\boldsymbol{s}_{P+1}(n)-\sum_{n=P}^{N-1}\boldsymbol{t}^{+}(n)\hat{\boldsymbol{R}}_Y^{-1}\boldsymbol{t}(n)}\underset{H_0}{\overset{H_1}{\gtrless}}\gamma_{\text{KA-PGLR}} \tag{5.94}$$

其中,$\gamma_{\text{KA-PAMF}}$受制于虚警概率的门限。

从式(5.94)可以看到,KA-PGLRT检测器采用借助知识的有色加载步骤,将式(5.91)的$\hat{\boldsymbol{R}}_x$与先验$\overline{\boldsymbol{Q}}$结合起来。还可以证明,KA-PGLRT可以被解释为是在$J(P+1)$维的空域和子时域内的白化。与KA-PAMF检测器相比,KA-PGLRT性能的改善是用复杂性稍微增加换取的,因为要构建式(5.93)的$\tilde{\boldsymbol{Q}}$并如式(5.91)那样对$\tilde{\boldsymbol{Q}}$做叠加。KA-PGLRT空域和子时域的白化是介于全自适应的STAP检测器与和常规的P-AMF[27]之间的,前者如采用全部JN维的联合空—时白化的B-AMF检测器,后者在空域白化后再施加时域白化。就白化处理的复杂性而言,KA-PGLRT的复杂度为大约$O[J^2KN(P+1)^2]+O[J(P+1)N^2]$,多于KA-PAMF的$O(J^2KNP^2)+O(JN^2)$,这主要是因为式(5.91)中$\boldsymbol{S}$的维度$J(P+1)\times(N-P)$要比式(5.76)中$\tilde{\boldsymbol{S}}$的维度$J\times(N-P)$大。

我们验证了KA-PAMF和KA-PGLRT检测器的性能,并将这两个检测器的性能与下列几个检测器进行比较:①利用先验知识$\overline{\boldsymbol{Q}}$作为$\boldsymbol{Q}$的非自适应估计的参数匹配的滤波器(PMF);②常规的P-AMF[27];③贝叶斯P-AMF(B-PAMF);④简化的P-GLRT[26]。扰动$\boldsymbol{d}_k$被生成为多通道的AR(2)过程,其AR系数为$\boldsymbol{A}$,空间协方差矩阵为$\boldsymbol{Q}$。在每次Monte Carlo运行中,空间协方差矩阵$\boldsymbol{Q}$是按逆

Wishart 分布产生的，均值为$\overline{\boldsymbol{Q}}$。

我们首先考虑具有有限训练数据的情况，它是实践中特别具挑战性的。尤其是，当仅仅有 $K=2$ 的训练信号可用时，我们考虑了三个场景：① $N=4J$，这是优选常规的参数检测器（比如 P-AMF 和 P-GLRT）的情况，它得益于有比空间通道数量更多的脉冲（时间观察）；② $N=2J$，这是中间情况；③ $N=J+2$，这是对常规检测器不利的情况。

在第一个场景中，脉冲的数量为 $N=16$，通道的数量为 $J=4$。业已表明，如果 $N \gg J$，常规的参数检测器可以应对非常有限的距离训练信号，甚至没有它们也可以[28]。因此，这样的检测器与借助知识的参数化的检测器相比，比如 KA-PAMF 和 KA-PGLRT，是极具竞争力的。如图 5.11(a) 所示，对于 $\mu=12$、

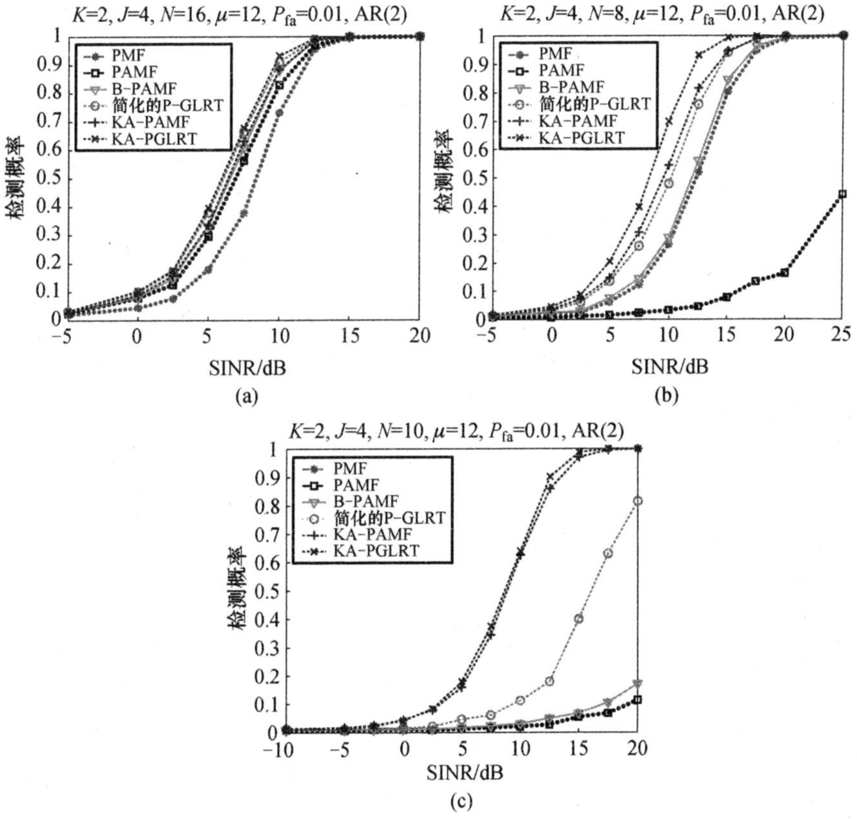

图 5.11　有限训练数据 $K=2$、$P=2$、$\mu=12$、$P_{fa}=0.01$ 时检测概率与 SINR 的关系

(a) 适度的时域观察($N \gg J$)；(b) 中等的时域观察($N=2J$)；(c) 有限的时域观察($N \approx J$)

$P_{fa}=0.01$，可以看到，除了非自适应的 PMF，所有的自适应参数化检测器都获得了相近的检测特性。这表明，这个情况下用 $K=2$ 的距离训练信号和 $N=16$ 个脉冲来估计未知的参数 $\boldsymbol{A}$ 和 $\boldsymbol{Q}$ 是合适的。

接下来，我们把脉冲数减少到 $N=8$，这对于常规的检测器就没有那么有利了。对于与第一个场景一样的距离训练数据 $K=2$，预期常规的参数化检测器的性能会随着脉冲数的减少而有些劣化。如图 5.11(b)所确认的，显然 KA-PAMF 和 KA-PGLRT 检测器给出了在所有所考虑的参数化检测器中最好的结果。而常规的 P-AMF 不能可靠地从时间样本数量减少的训练数据中估计 $\boldsymbol{Q}$ 和 $\boldsymbol{A}$，因此给出了最差的结果。有趣的是，简化的 P-GLRT 从测试数据和训练数据中估计未知的参数，达到了类似于 KA-PAMF 的性能，不过有 0.8dB 的性能损耗。

最具挑战的情况是，$K=2$ 个距离训练信号，$J=8$ 个通道，$N=10$ 个时间观察，如图 5.11(c)所示。因为 $J\approx N$，这被认为是不利的情况。可以看到，两个借助知识的 KA-PAMF 和 KA-PGLRT 检测器结合了从训练数据、测试数据和先验信息学习的知识，可以明显地优于其他参数化检测器。特别是，KA-PAMF 和 KA-PGLRT 相对于简化的 P-GLRT 检测器的性能优越分别是 6dB 和 6.6dB。与其他参数化检测器相比，借助知识的参数化检测器性能增益甚至更大。

最后，在 $J=4$、$K=2$、$P=2$、$\mu=12$ 和 SNR = 10dB 时，我们考虑把检测器的性能当成是脉冲数量 N 的函数。脉冲的数量从 $N=6$ 增加到 $N=32$，对应从低 N/J 过渡到高 N/J。这个仿真的目的是估计仿真的参数化检测器的性能的收敛。如图 5.12(a)所示，可以观察到，KA-PGLRT 在所有被考虑的检测器中给出了最好的检测器能性，当脉冲数量小(比如 $N<10$)时，KA-PAMF 给出了与 P-GLRT 可比的性能，但是当 $N>10$ 时却要稍微差一点。还可以观察到，KA-PAMF 几乎对所有的 N 值，要比它的对手 B-PAMF 和 P-AMF 好。当 $N=32$ 或更大时，所有自适应的参数化检测器都收敛到一起，给出了类似的检测性能，而非自适应的 PMF 性能最差，因为它不能利用训练数据中的有用信息。具有大量距离训练数据 $K=64$ 时所收敛的性能也示于图 5.12(b)中，其中 $J=4$、$N=32$、$P=2$、$K=64$、$\mu=12$、$P_{fa}=0.01$。可以看到，所有的参数化自适应检测器具有同样的性能，而非自适应的 PMF 性能的差距大约为 3dB。结果表明，具有足够的训练数据，参数化的自适应检测器完全能够从训练数据中学习关于未知的干扰协方差矩阵的知识。

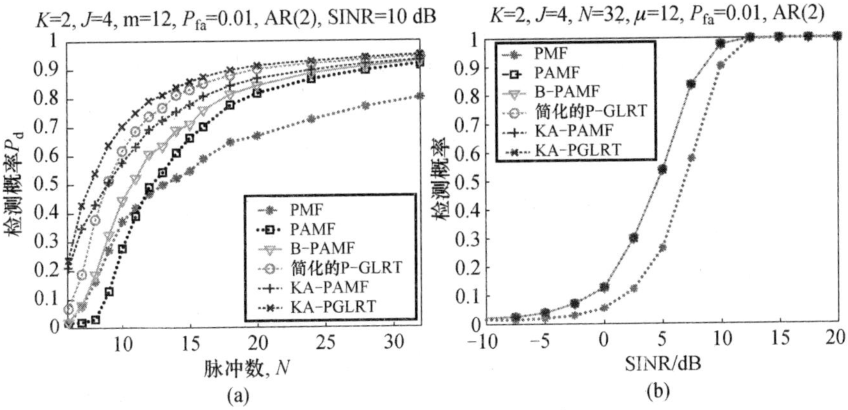

图 5.12　检测概率收敛为时域样本数量 N 或训练数据数量 K 的函数

(a)收敛于 N;(b)收敛于足够大的 K。

5.6　小　结

本章用三个相关的信号模型讨论了基于贝叶斯框架 KA-STAP 的最新发展:①借助知识的经典 STAP 模型;②借助知识的两层 STAP 模型;③借助知识的参数化 STAP 模型。在每一个模型中,KA-STAP 都被发现给出了刻意的有色加载答案,在训练数据有限时,在均匀、部分均匀和有差异的环境中,其性能均优于常规的 STAP。

当先验知识有不确定性时,超参数在结构性统计模型中的自适应选择给出了很好的解决办法。实际上,所导致的检测器不仅是超参数灵活的,而且明显地逼近超参数已知时的最佳的性能。

最后,用结构化的模型积累贝叶斯干扰,对于 KA-STAP 也就是考虑干扰的空—时相关的多通道 AR 模型,是有好处的。最终的检测器能够利用两者:对贝叶斯框架的有色加载和对结构性的多通道 AR 模型中的时—空白化。这基本上就允许我们去挑战训练数据极为有限时的 STAP 场景。

附录 5A　式(5.35)的 KA-ACE 的推导

接着借助知识的部分均匀的 STAP 模型,GLRT 可以由下式得到[15]:

$$T=\frac{\max\limits_{\alpha}\max\limits_{\lambda}\int \boldsymbol{p}(\boldsymbol{r}_0,\boldsymbol{r}_1\cdots,\boldsymbol{r}_K\mid\alpha,\lambda,\boldsymbol{\Sigma},\boldsymbol{H}_1)\boldsymbol{p}(\boldsymbol{\Sigma})\,\mathrm{d}\boldsymbol{\Sigma}}{\max\limits_{\lambda}\int \boldsymbol{p}(\boldsymbol{r}_0,\boldsymbol{r}_1\cdots,\boldsymbol{r}_K\mid\lambda,\boldsymbol{\Sigma},\boldsymbol{H}_0)\boldsymbol{p}(\boldsymbol{\Sigma})\,\mathrm{d}\boldsymbol{\Sigma}}$$

$$
\begin{aligned}
&\overset{(a)}{\propto} \frac{\max_{\alpha}\max_{\lambda}\lambda^{-N}\det[\boldsymbol{\Gamma}(\alpha,\lambda)+(\mu-N)\overline{\boldsymbol{\Sigma}}]^{-L}}{\max_{\lambda}\lambda^{-N}\det[\boldsymbol{\Gamma}(0,\lambda)+(\mu-N)\overline{\boldsymbol{\Sigma}}]^{-L}}\\
&\overset{(b)}{\propto} \frac{\boldsymbol{r}_0^{+}\boldsymbol{\Sigma}^{-1}\boldsymbol{r}_0}{\min_{\alpha}(\boldsymbol{r}_0-\alpha\boldsymbol{p})^{+}\boldsymbol{\Sigma}^{-1}(\boldsymbol{r}_0-\alpha\boldsymbol{p})}\overset{(c)}{\propto}\frac{|\boldsymbol{p}^{+}\hat{\boldsymbol{\Sigma}}^{-1}\boldsymbol{r}_0|^2}{(\boldsymbol{p}^{+}\hat{\boldsymbol{\Sigma}}^{-1}\boldsymbol{p})(\boldsymbol{r}_0^{+}\hat{\boldsymbol{\Sigma}}^{-1}\boldsymbol{r}_0)}
\end{aligned}
\tag{5.95}
$$

其中,(a)是在把积分当成复逆 Wishart 归一因子 $\boldsymbol{\Gamma}(\alpha,\lambda)=\boldsymbol{\lambda}^{-1}(\boldsymbol{r}_0-\alpha\boldsymbol{p})(\boldsymbol{r}_0-\alpha\boldsymbol{p})^{\dagger}+KS$ 得到的;(b)成立是由于 λ 的最大似然估计在$\boldsymbol{H}_i,i=0,1$ 时为下式:

$$
\hat{\lambda}(\alpha)=\frac{(L-JN)}{JN}(\boldsymbol{r}_0-\alpha\boldsymbol{p})^{\dagger}\hat{\boldsymbol{\Sigma}}^{-1}(\boldsymbol{r}_0-\alpha\boldsymbol{p}) \tag{5.96}
$$

其中,$L=K+\mu+1$;(c)成立是由于 α 的最大似然估计为下式:

$$
\hat{\alpha}_M=\frac{\boldsymbol{p}^{\dagger}\hat{\boldsymbol{\Sigma}}^{-1}\boldsymbol{r}_0}{\boldsymbol{p}^{\dagger}\boldsymbol{\Sigma}^{-1}\boldsymbol{p}} \tag{5.97}
$$

其中,$\hat{\boldsymbol{\Sigma}}$由式(5.12)定义。同样,在均匀模型中有

$$
\hat{\boldsymbol{\Sigma}}=KS+(\mu-N)\overline{\boldsymbol{\Sigma}} \tag{5.98}
$$

附录 5B 借助知识的复合高斯模型中的贝叶斯检测器的推导

这里,顺着文献[19]的开发思路,我们要给出三个借助知识的复合高斯模型下的贝叶斯检测器的推导。首先,已知的扰动的协方差矩阵取下列形式:

$$
\begin{aligned}
T&=\frac{\max_{\alpha}\int p(\boldsymbol{r}_0\mid\alpha,\boldsymbol{\Sigma},s_0^2,H_1)\boldsymbol{p}(s_0^2)\mathrm{d}s_0^2}{\int \boldsymbol{p}(\boldsymbol{r}_0\mid\boldsymbol{\Sigma},s_0^2,H_0)\boldsymbol{p}(s_0^2)\mathrm{d}s_0^2}\\
&\overset{(a)}{\propto}\frac{\max_{\alpha}[\beta_0+(\boldsymbol{r}_0-\alpha\boldsymbol{p})^{+}\boldsymbol{\Sigma}^{-1}(\boldsymbol{r}_0-\alpha\boldsymbol{p})]^{-(q_0+JN)}}{(\beta_0+\boldsymbol{r}_0+\boldsymbol{\Sigma}^{-1}\boldsymbol{r}_0)^{-(q_0+JN)}}\\
&\overset{(b)}{\propto}\frac{|\boldsymbol{p}^{+}\boldsymbol{\Sigma}^{-1}\boldsymbol{r}_0|^2}{(\beta_0+\boldsymbol{r}_0+\boldsymbol{\Sigma}^{-1}\boldsymbol{r}_0)(\boldsymbol{p}^{+}\boldsymbol{\Sigma}^{-1}\boldsymbol{p})}
\end{aligned}
\tag{5.99}
$$

其中,(a)成立是由于对$\boldsymbol{s}_k^2$取边界,(b)成立是由于$\hat{\alpha}=(\boldsymbol{p}^{\dagger}\boldsymbol{\Sigma}^{-1}\boldsymbol{r}_0)/(\boldsymbol{p}^{\dagger}\boldsymbol{\Sigma}^{-1}\boldsymbol{p})$。

为了从训练数据$\{\boldsymbol{r}_k\}_{k=1}^{K}$中找到对 $\boldsymbol{\Sigma}$ 的估计,可以考虑通过将后验分布 $\boldsymbol{p}(\boldsymbol{\Sigma},\boldsymbol{s}\mid\boldsymbol{r}_1,\boldsymbol{r}_2,\cdots,\boldsymbol{r}_K)$ 最大化的 $\boldsymbol{\Sigma}$ 的 MAP 估计:

$$
\begin{aligned}
\boldsymbol{p}(\boldsymbol{\Sigma}\mid\boldsymbol{r}_1,\boldsymbol{r}_2,\cdots,\boldsymbol{r}_K)&=\int\boldsymbol{p}(\boldsymbol{\Sigma},\boldsymbol{s}\mid\boldsymbol{r}_1,\boldsymbol{r}_2,\cdots,\boldsymbol{r}_K)\mathrm{d}\boldsymbol{s}\\
&\propto\frac{\exp[-(\mu-JN)\mathrm{Tr}\{\boldsymbol{\Sigma}^{-1}\overline{\boldsymbol{\Sigma}})]}{\det(\boldsymbol{\Sigma})^{\mu+K+JN}}\prod_{k=1}^{K}[\beta_k+r_k^{\dagger}\Sigma^{-1}r_k]^{-(q_k+JN)}
\end{aligned}
\tag{5.100}
$$

其中联合后验分布 $\boldsymbol{p}(\boldsymbol{\Sigma},\boldsymbol{s}|\boldsymbol{r}_1,\boldsymbol{r}_2,\cdots,\boldsymbol{r}_K)$ 可以被计算为

$$p(\boldsymbol{\Sigma},\boldsymbol{s}|\boldsymbol{r}_1,\boldsymbol{r}_2,\cdots,\boldsymbol{r}_K) \propto \boldsymbol{p}(\boldsymbol{r}_1,\boldsymbol{r}_2,\cdots,\boldsymbol{r}_K|\boldsymbol{\Sigma},\boldsymbol{s})\boldsymbol{p}(\boldsymbol{\Sigma})\left[\prod_{k=1}^{K}\boldsymbol{p}(\boldsymbol{s}_k^2)\right]$$
$$\propto \frac{\exp[-(\mu-JN)\mathrm{Tr}(\boldsymbol{\Sigma}^{-1}\overline{\boldsymbol{\Sigma}})]}{\det(\boldsymbol{\Sigma})^{\mu+K+JN}}\prod_{k=1}^{K}\frac{\exp[-(\boldsymbol{\beta}_k+\boldsymbol{r}_k+\boldsymbol{\Sigma}^{-1}\boldsymbol{r}_k)/\boldsymbol{s}_k^2]}{(\boldsymbol{s}_k^2)^{q_k+JN+1}} \tag{5.101}$$

式中，$\boldsymbol{p}(\boldsymbol{r}_1,\boldsymbol{r}_2,\cdots,\boldsymbol{r}_K|\boldsymbol{\Sigma},\boldsymbol{s})=\prod_{k=1}^{K}\boldsymbol{p}(\boldsymbol{r}_K|\boldsymbol{\Sigma},\boldsymbol{s}_k^2)$，且 $\boldsymbol{r}_K|\boldsymbol{\Sigma},\boldsymbol{s}_k^2\sim(0,\boldsymbol{s}_k^2\boldsymbol{\Sigma})$。式(5.100)对 Σ 取导，并令其等于零，这就是 $\boldsymbol{\Sigma}$ 的边缘 MAP 估计，由下列定点迭代获得：

$$(\mu+K+JN)\boldsymbol{\Sigma}=(\mu-JN)\boldsymbol{\Sigma}+\sum_{k=1}^{K}\frac{(q_k+JN)\,\boldsymbol{r}_k\boldsymbol{r}_k^{\dagger}}{\boldsymbol{\beta}_k+\boldsymbol{r}_k^{\dagger}\boldsymbol{\Sigma}^{-1}\boldsymbol{r}_k} \tag{5.102}$$

或者，可以将式(5.101)的后验分布 $\boldsymbol{p}(\boldsymbol{\Sigma},\boldsymbol{s}_1^2,\boldsymbol{s}_2^2,\cdots,\boldsymbol{s}_K^2|\boldsymbol{r}_1,\boldsymbol{r}_2,\cdots,\boldsymbol{r}_k)$ 联合最大化，首先是对 $\boldsymbol{s}_k^2$，然后是对 $\boldsymbol{\Sigma}$。$\boldsymbol{\Sigma}$ 的联合 MAP 估计为

$$(\mu+K+JN)\boldsymbol{\Sigma}=(\mu-JN)\boldsymbol{\Sigma}+\sum_{k=1}^{K}\frac{(q_k+JN+1)\,\boldsymbol{r}_k\boldsymbol{r}_k^{\dagger}}{\boldsymbol{\beta}_k+\boldsymbol{r}_k^{\dagger}\boldsymbol{\Sigma}^{-1}\boldsymbol{r}_k} \tag{5.103}$$

最后，我们也可以考虑Σ的 MMSE 估计，它是由后验期望给出的，即：

$$\hat{\boldsymbol{\Sigma}}_{\mathrm{MMSE}}=E\{\boldsymbol{\Sigma}|\boldsymbol{r}_1,\boldsymbol{r}_2,\cdots,\boldsymbol{r}_K\}=\int\boldsymbol{\Sigma}\boldsymbol{p}(\boldsymbol{\Sigma}|\boldsymbol{r}_1,\boldsymbol{r}_2,\cdots,\boldsymbol{r}_K)\mathrm{d}\boldsymbol{\Sigma} \tag{5.104}$$

它可以用 Gibbs 采样数字计算得到，因为 MMSE 不能解析地导出。Gibbs 采样采取两步循环：

- 在第 i 次迭代上，根据分布 $\boldsymbol{p}(\boldsymbol{s}_k^2|\boldsymbol{\Sigma}^{i-1},\boldsymbol{r}_k)$ 产生纹理向量 $\boldsymbol{s}^i$ 的数字样本：

$$\boldsymbol{s}_k^2\;|\boldsymbol{\Sigma}^{i-1},\boldsymbol{r}_k\sim\mathrm{IG}[q_k+JN,\boldsymbol{\beta}_k+\boldsymbol{r}_k^{\dagger}(\boldsymbol{\Sigma}^{i-1})^{-1}\boldsymbol{r}_k] \tag{5.105}$$

式中，$\boldsymbol{\Sigma}^{i-1}$ 表示从 $i-1$ 次迭代得到的 $\boldsymbol{\Sigma}$。式 5.105 成立是因为

$$\boldsymbol{p}(\boldsymbol{s}_k^2|\boldsymbol{\Sigma}^{i-1},\boldsymbol{r}_k)\propto\boldsymbol{p}(\boldsymbol{r}_K|\boldsymbol{\Sigma}^{i},\boldsymbol{s}_k^2)\boldsymbol{p}(\boldsymbol{s}_k^2)$$
$$=\frac{\exp[-(\boldsymbol{\beta}_k+\boldsymbol{r}_k^{\dagger}\boldsymbol{\Sigma}^{-1}\boldsymbol{r}_k)/\boldsymbol{s}_k^2]}{(\boldsymbol{s}_k^2)^{q_k+JN+1}} \tag{5.106}$$

其中，$\boldsymbol{p}(\boldsymbol{s}_k^2)$ 由式(5.40)给出。

- 使用新样本 $\boldsymbol{s}^i$，那么根据概率 $\boldsymbol{p}(\boldsymbol{\Sigma}|\{|\boldsymbol{s}^i,\boldsymbol{r}_1,\boldsymbol{r}_2,\cdots,\boldsymbol{r}_K\})$ 产生 $\boldsymbol{\Sigma}^i$ 的数字样本：

$$\boldsymbol{\Sigma}|\boldsymbol{s}^i,\boldsymbol{r}_1,\boldsymbol{r}_2,\cdots\boldsymbol{r}_K\sim CW^{-1}\left[(\mu-JN)\overline{\boldsymbol{\Sigma}}+\sum_{k=1}^{K}\boldsymbol{r}_k+\boldsymbol{r}_k/\{s_k^2\}^i,\mu+K\right] \tag{5.107}$$

因为类似地对式(5.101)，有

$$\boldsymbol{p}(\boldsymbol{\Sigma}|\boldsymbol{s},\boldsymbol{r}_1,\boldsymbol{r}_2,\cdots,\boldsymbol{r}_K)\propto\boldsymbol{p}(\boldsymbol{s},\boldsymbol{r}_1,\boldsymbol{r}_2,\cdots,\boldsymbol{r}_K)|\boldsymbol{\Sigma},\boldsymbol{s})\boldsymbol{p}(\boldsymbol{s})$$

$$\propto \frac{\exp\left(-\mathrm{Tr}\left\{\boldsymbol{\Sigma}^{-1}\left[(\mu - JN)\boldsymbol{\Sigma}\right] + \sum_{k-1}^{K} \boldsymbol{r}_k \boldsymbol{r}_k^{\dagger}/ s_k^2\right\}\right)}{\det(\boldsymbol{\Sigma})^{\mu+K+JN}} \tag{5.108}$$

参考文献

[1] Kelly E J, Forsythe K. Adaptive detection and parameter estimation for multidimensional signal models. Technical Report 848, Lincoln Laboratory, MIT, 1989.

[2] Ward J, Space-time adaptive processing for airborne radar. Technical Report 1015, Lincoln Laboratory, MIT, December 1994.

[3] Reed I S, Mallett J D, Brennan L E. Rapid convergence rate in adaptive arrays. IEEE Transactions on Aerospace and Electronic Systems, vol. 10, no. 6, pp. 853 – 863, 1974.

[4] Kelly E J. An adaptive detection algorithm. IEEE Transactions on Aerospace and Electronic Systems, vol. 22, no. 1, pp. 115 – 127, March 1986.

[5] Robey F C, Fuhrmann D R, Kelly E J, et al A CFAR adaptive matched filter detector. IEEE Transactions on Aerospace and Electronic Systems, vol. 28, no. 1, pp. 208 – 216, January 1992.

[6] Bose S, Steinhardt A. A maximal invariant framework for adaptive detection with structured and unstructured covariance matrices. IEEE Transactions on Signal Processing, vol. 43, no. 9, pp. 2164 – 2175, September 1995.

[7] Conte E, Lops M, Ricci G. Asymptotically optimum radar detection in compound Gaussian clutter. IEEE Transactions on Aerospace and Electronic Systems, vol. 31, no. 2, pp. 617 – 625, April 1995.

[8] Kraut S, Scharf L L. The CFAR adaptive subspace detector is a scale-invariant GLRT. IEEE Transactions on Signal Processing, vol. 47, no. 9, pp. 2538 – 2541, September 1999.

[9] De Maio A. Rao test for adaptive detection in Gaussian interference with unknown covariance matrix. IEEE Transactions on Signal Processing, vol. 55, no. 7, pp. 3577 – 3584, July 2007.

[10] Svensson L, Lundberg M. On posterior distributions for signals in Gaussian noise with unknown covariance matrix. IEEE Transactions on Signal Processing, vol. 53, no. 9, pp. 3554 – 3571, September 2005.

[11] De Maio A, Farina A. Adaptive radar detection: a Bayesian approach. in Proceedings of the 2006 International Radar Symposium, Krakow, Poland, May 2006, pp. 85 – 88.

[12] De Maio A, Farina A, Foglia G. Adaptive radar detection: a Bayesian approach. in Proceedings of the 2007 IEEE International Conference on Radar, Waltham, MA, April 2007, pp. 624 – 629.

[13] De Maio A, Farina A, Foglia G. Knowledge-aided Bayesian radar detectors & their application to live data. IEEE Transactions on Aerospace and Electronic Systems, vol. 46, no. 1, pp. 170 – 183, February 2010.

[14] Bidon S, Besson O, Tourneret J Y. Knowledge-aided STAP in heterogeneous clutter using a hierarchical Bayesian algorithm. IEEE Transaction on Aerospace and Electronic Systems, vol. 47, no. 3, pp. 1863 – 1879, July 2011.

[15] Wang P, Sahinoglu Z, Pun M O, et al. Knowledge-aided adaptive coherence estimator in stochastic partially homogeneous environments. IEEE Signal Processing Letters, vol. 18, no. 3, pp. 193 – 196, March 2011.

[16] Besson O, Scharf L L, Kraut S. Adaptive detection of a signal known only to lie on a line in a known subspace, when primary and secondary data are partially homogeneous. IEEE Transaction on Signal Processing,

vol. 54, no. 12, pp. 4698 – 4705, December 2006.

[17] Casillo M, De Maio A, Iommelli S, et al. A persymmetric GLRT for adaptive detection in partially-homogeneous environment. IEEE Signal Processing Letters, vol. 14, no. 12, pp. 1016 – 1019, December 2007.

[18] De Maio A, Iommelli S. Coincidence of the Rao test, Wald test, and GLRT in partially homogeneous environment. IEEE Signal Processing Letters, vol. 15, no. 4, pp. 385 – 388, April 2008.

[19] Bandiera F, Besson O, Ricci G. Knowledge-aided covariancematrix estimation and adaptive detection in compound-Gaussian noise. IEEE Transaction on Signal Processing, vol. 58, no. 10, pp. 5391 – 5396, October 2010.

[20] Bandiera F, Besson O, Ricci G. Adaptive detection of distributed targets in compound-Gaussian noise without secondary data: A Bayesian approach. IEEE Transaction on Signal Processing, vol. 59, no. 12, pp. 5698 – 5708, December 2011.

[21] Bidon S, Besson O, Tourneret J-Y. A Bayesian approach to adaptive detection in non-homogeneous environments. IEEE Transactions on Signal Processing, vol. 56, no. 1, pp. 205 – 217, January 2008.

[22] Bidon S, Besson O. Tourneret J-Y. The adaptive coherence estimator is the generalized likelihood ratio test for a class of heterogeneous environments. IEEE Signal Processing Letters, vol. 15, no. 2, pp. 281 – 284, February 2008.

[23] Besson O, Bidon S, Tourneret J-Y. Covariance matrix estimation with heterogeneous samples. IEEE Transactions Signal Processing, vol. 56, no. 3, pp. 909 – 920, March 2008.

[24] Besson O, Bidon S, Tourneret J-Y. Bounds for estimation of covariance matrices from heterogeneous samples. IEEE Transactions on Signal Processing, vol. 56, no. 7, pp. 3357 – 3362, July 2008.

[25] Wang P, Li H, Himed B. Knowledge-aided parametric tests for multichannel adaptive signal detection. IEEE Transactions on Signal Processing, vol. 59, no. 12, pp. 5970 – 5982, December 2011.

[26] Wang P, Li H, Himed B. ABayesian parametric test formultichannel adaptive signal detection in non-homogeneous environments. IEEE Signal Processing Letters, vol. 17, no. 4, pp. 351 – 354, April 2010.

[27] Román J R, Rangaswamy M, Davis D W, et al. Parametric adaptive matched filter for airborne radar applications. IEEE Transactions on Aerospace and Electronic Systems, vol. 36, no. 2, pp. 677 – 692, April 2000.

[28] Sohn K J, Li H, Himed B. Parametric GLRT for multichannel adaptive signal detection. IEEE Transactions on Signal Processing, vol. 55, no. 11, pp. 5351 – 5360, November 2007.

第 6 章　高斯训练条件下样本欠缺的自适应雷达检测

Yuri I. Abramovich, Ben A. Johnson

6.1 引　言

在有背景干扰(脉冲噪声)环境中的雷达目标检测问题是统计雷达理论中的中心问题。对于高斯的信号和干扰模型,在已知干扰的协方差矩阵时,有很多被确认的优化解(按 Neyman-Pearson 准则),它们已经在本书的前两章中给出了。

当背景干扰(脉冲噪声)信号环境的协方差矩阵未知,仅仅可以用一些观察到的(二次训练)背景信号数据来代表时,就产生了自适应检测的问题。在这种情况下,自适应检测设计的关键问题就是确定最好地利用这个与目标存在时检测到的一次数据在一起的二次训练数据的方法。这个设计问题包括两个方面:

- 估计未知的干扰协方差矩阵;
- 利用这个估计考虑有目标存在时的判决。

尽管这个一般化的问题非常关键,在过去的七八十年中也引起了广泛关注,但是,按照 Neyman-Pearson 准则,目前人们还是没有推导出能证明在各种可能的环境中都是最优的解。

由于这个原因,自适应检测向两个主要的方向发展。第一个方向是检测的处理运算是与在协方差矩阵已知时的最佳 Neyman-Pearson 检测器一样的,但是利用了根据二次训练数据得到的对未知协方差矩阵的估计。在大部分情况下,这个估计使用最大似然(ML)准则。尽管这些最大似然估计器具有很好的逼近效率,还是不能证明使用这样的最大似然估计的协方差矩阵得到的自适应检测器是最佳的(按 Neyman-Pearson 准则)。实际上,人们已演示,有其他的估计器,包括广义上属于缩略估计的一类估计器,它们能提供比最大似然估计器更好的性能。

因此,Kelly 开拓性的论文[4]积极地跟踪、确定了第二个方法,其中的 Neyman-Pearson 准则被另一个足够逼近的、不同的准则所替代。特别是,探测问题被公式化成为一个二态的检验,考虑包含二次训练样本和一个一次样本的整个数据集,并允许干扰的协方差矩阵在两个竞争的状态下可以是不同的。加上一些其他的假设和限制,这个方法允许利用全部的二次数据和一次数据推导出最佳的检测器,而不需要对两套数据规定不同的功能。这就意味着,协方差矩阵的估计是由检验自己所定义的、而不是由某些“另外”的估计准则(比如最大似然)给出的。在大部分情况下(包括 Kelly 的研究),通用的最大似然检测(GLRT)取代了自适应的 Neyman-Pearson 准则下用根据二次训练数据导出的最大似然估计得到的参数来代替未知的参数的解。这样的检测器,如第 2 章所给出的,具有很好的检测性能和其他很多吸引人的特性,这些会在本章的后面讨论。

然而,Kelly 的 GLRT 检测器与利用最大似然协方差估计得到的检测器(也就是在文献[5]中 Robey、Futhrmann、Kelly 和 Nitzberg 的自适应匹配滤波器)的直接比较表明,按 Neyman-Pearson 准则,哪一个都不是严格最优的。因此,尽管 Kelly 的 GLRT 检测器理论上很吸引人,所谓最好的自适应检测器依然需要努力探寻。本章介绍了相对比较新的研究结果(2007—2010 年),它们专门针对高斯信号和干扰环境下的自适应探测问题,而且是二次数据的量不那么大时(也就是样本欠缺的条件下)的。这里样本欠缺这个术语的含义指:它所覆盖的条件是具有独立、同分布的 M 个变量的训练样本的数量 N 与数据的维数 M 是可以比拟的。当 $N<kM$,且 k 是一个小的乘数(比如 2 ~ 4)时,我们就把训练条件看成是样本欠缺的,这主要是因为在这样的假设条件下,我们无法依赖于最大似然协方差矩阵估计的逼近特性。还有,由于同样的原因,在这样的样本欠缺的条件下,GLRT 检测也就不能是 Neyman-Pearson 准则的最佳,因为那也是依赖于最大似然的逼近特性的。

因此,在 6.2 节中,我们讨论自适应探测和自适应波束之间的差异,然后给出这两种十分不同(但往往被混淆)的自适应信号处理的假设和统计特性。该节详细论述了现存的自适应探测技术的优缺点,特别讨论了通用的似然比检测/最大似然以及具有恒虚警(CFAR)性质的作用。在很多自适应滤波的实际应用中,对角加载的协方差矩阵估计导致了更好的性能,基于这样一个事实,我们提出对 GLRT 检测和自适应匹配滤波(AMF)的自适应检测的修改框架。基本来说,我们表明了,在这些技术内的规范的协方差矩阵估计,不同于在最大似然条件下那样被推向零,会使得到的似然比统计地不同于真的(但却是未知的)协方差矩阵所产生的似然比。我们把这样规范的特定方式叫做“预期似然”(EL),在 6.2 节中,它被证明比用标准算法对一系列重要干扰场景(脉冲的)所推导的 GLRT 检测和 AMF 检测具有更好的探测性能,不过仍然保留了恒虚警所具有的不变性。特别是,当对任意干扰(脉冲噪声)场景不能保持恒虚警特性时,实际上离标称的虚警率的偏差是比较小的,完全可以接受。另外,EL 技术导致了这种对角加载方法具有特定的解析水平,而不是用随意跳动的方式被设定。

6.2 节中所讨论的对角加载方法虽然被广泛应用,只是协方差矩阵估计的一种可能的规范(缩小了的)。对于信号子空间中的特征值与噪声子空间中的小特征值明确分开的情况,这是合适的。这种场景的典型例子是小数量的强点源干扰投射到远场的天线阵上。但是在很多要处理杂波背景中的目标检测的雷达应用中,干扰的特征值是慢慢减少下来的,而不是表现出有一个断壁的结构。即使最大和最小特征值之间的差距范围很大,“有意义”的特征值依然很多。这使得估计协方差矩阵所需要的训练样本的数量,即使采用了对角加载,依然很大。这种情况下的另一个方法,是找到一个参数数量较少的模型,可以足够好地描述协方差矩阵。这样的规范就是在本书第 3 章和文献[6]中被叫做“缩小到一个结构”的东西。在 6.3 节中,我们介绍了自适应波束形成和自适应检测技术,采用时变的自回归模型,阶数为 m(TVAR(m)),在对非零的估计的协方差矩阵的求逆中只需要宽度为 $2m+1$ 的中心带。虽然自回归模型(AR(m))也属于这一类,却有更多的限制。实际上,在 $m=M-1$ 的 AR(m)中,我们得到随意的正定 Toeplitz 协方差矩阵,而在 TVAR(m)的情况下,我们得到的是随意的正定 Hermitian 矩阵,可以模型多种干扰场景和阵列结构。这样的模型是由 $m+1$ 个变化的(样本)协方差矩阵所规定的,因此,这个方法需要的 K 个变量的独立、同分布的训练样本的最少数量为 $m+1$,与噪声中有 m 个特征谱明显不同的点源干扰是一样的。在 6.3 节中,我们再次演示这一点,预期似然方法可以用来选择 TVAR(m)模型的 m,使得协方差矩阵与真实的协方差矩阵“很像”,即模型阶数会导致在很多重要的“受制于杂波”的场景中的性能有所改善。从哪个意义上讲,这两个规范的方法(加载和 TVAR(m)模型)都不是全部,关于协方差矩阵的结构的先验信息也可以被用来获得较好的估计精度,最后得到较好的检测性能。

对于这两个规范的方法,利用预期似然做适当的优化,就导致了在一定条件下“实际上”的恒虚警,尽管 GLRT 检测和 AMF 检测器采用无约束的最大似然协方差估计所得到的非常优异的性质消失了。这样的恒虚警特性,在假设为 H_0(没有目标)时的输出信号所具有的概率密度分布函数是与真实的协方差矩阵无关的,因此可以事先计算好,这一点非常吸引人,因此在许多研究中,它成为设计自适应检测器的一个前提。但是,如本章后面所要讨论的,这种方法在很多情况下却并不现实。比如,当利用数据做自适应波束形成训练时,如果数据含有共通道的干扰,在经过相关积累和杂波搬移后,自适应检测的性能是比较差的,为自适应波束形成所用的训练数据与相关处理后输出端的杂波和残余将具有完全不同的统计性能。另外,在现实环境中,真实雷达信号的统计描述的概率密度的尾部是虚警有关,却实际上不能由理论的概率密度分布函数来描述。这样,尽管在理论上恒虚警特性很吸引人,执行这个恒虚警的检测器的框架对于实际应用,在没有某些用自适应门限设定的增补时,却很少是足够现实的(参见第3章和第4章)。

这个情况产生了一个有趣的问题。使用有限的N个独立、同分布的训练样本,要比在严格意义的恒虚警GLRT检测或AMF检测器中利用所有N个样本更好吗?或者说,是不是要比在高效规范或结构化的协方差矩阵估计中使用N_1个训练样本,而保留N_2个样本来估计自适应系统(波束形成器)输出端的功率,以求得到对虚警率的控制更好?这是一个在本章最后一节出现的问题,却是6.2节和6.3节所给出的工作的一个自然延伸。我们演示了在重要的实际情况下,"两步"的自适应检测方法会比"一步"的严格的恒虚警GLRT检测或AMF检测器的性能更好。

总的来说,本章给出了新的不一样的自适应检测器框架,它在样本欠缺的环境中严重依赖于更有效的协方差矩阵估计,使用预期似然准则帮助选择那些规范化的参数。这样的检测器结合两级方法,允许使用更为高效、但却不是恒虚警的设计,在这样的样本欠缺的条件下,结果得到的检测器表现出具有比经典的、采用渐近有效的基于最大似然技术的检测器更好的性能。

6.2　利用预期似然选择的加载改善自适应检测

在未知的干扰环境中的雷达目标检测所使用的自适应信号处理技术起源于Reed、Mallet和Brenman(RMB)等人的前期研究[7],以后有Kelly的培训班论文[4],现在则可用于有高斯或非高斯(球不变)的干扰(见本书的第7章到第9章,以及文献[8-10])的不同的场景(已经在第2章到第4章中有所讨论)。根据实际的应用,对于自适应检测问题,我们会讨论两种很不相同的形式。

6.2.1　由二次数据形成的单个自适应滤波器以及使用一次数据的自适应门限

第一种形式,由RMB提出[7],先用二次(训练)数据设计自适应滤波器,然后用它来处理整个原始数据集(比如在距离单元内)。比如,在外部噪声占压倒优势的自适应天线应用中,被用来估计这样的外部噪声的协方差矩阵、设计自适应天线,就是典型的有限数量的距离单元(甚至没有杂波和目标的"内部驻留间隙")。因为假定外部噪声是在所有的距离单元内均匀的,这个自适应天线的权矢量就被用来处理所有工作中的距离单元,它们通常会包含有杂波和可能的目标。目标检测是在杂波抑制(动目标指示或多普率滤波)和非相参积累后进行的。自适应的门限计算是在这个利用一次距离单元的信号处理链的输出端进行的。这样的(自适应)检测门限是专门为这个特定的(自适应)天线的权矢量计算的,对于高斯型的一次数据,天线的输出也是高斯型的,很可能具有未知的输出噪声功率。对于这样的(条件)高斯模型,计算自适应门限的典型方法是由 Finn 和 Johnson 引入的[11]。在这样的方法中,检测性能比具有强洞察力的(精准的)检测器差是由于两个统计独立的因素。一个因素与(利用一次数据的)自适应门限的计算有关,而另一个与(利用二次数据的)自适应天线中的信噪比(SNR)的劣化有关。因此,自适应天线输出端的信噪比的概率密度分布函数的分析给出了这样的自适应天线(滤波器)的设计性能的完整的描述。特别是接收机的工作特性(ROC),在 Finn 和 Johnson 的论文中为特定的自适应门限设计和(有起伏的)目标在一定的信噪比下的检测给出了推导[11],现在就必须在给定的自适应天线算法的信噪比的概率密度函数上平均。在 RMB 的论文中[7],根据(二次)训练数据准确地计算了无条件的最大似然协方差矩阵估计被用作自适应天线滤波设计时归一化的天线输出信噪比的概率密度函数。这个有名的 β 分布具有极重要的对于观察场景的不变性,也就是说,它仅仅由两个参数完全决定:训练样本的数量 N 和自适应天线(滤波器)的维度 M。样本支持需要的条件为

$$N \approx 2M \tag{6.1}$$

与具有强洞察力的解相比,这给出了大约 3dB 的平均信噪比损耗,也成为研究自适应天线、滤波时人们最常引用的一个要求。

因此,在 20 世纪 80 年代初,很多研究聚焦在特定的干扰类型上,它们的协方差矩阵在 $m(<M)$ 维信号子空间的特征值的大小和 $n=M-m$ 维的噪声子空间的特征值的大小有明显差异。M 个强外部噪声点源加(内部)白噪声就会导致这样的原型。其中,最小的特征值是热噪声的功率,而信号的特征值的总和几乎等于所有外部干扰的总功率。

对于实际的自适应天线应用,20~40dB 的干噪比(INR)是不常见的。实际上,自适应滤波器(天线)的设计只有在最大与最小特征值的比(λ_1/λ_M)比较大的场合才是有效的。实际上,如果 $\boldsymbol{s}$ 是 M 个变量的、归一化的有用信号(目标)的阵列(方向)矢量,$\boldsymbol{R}_0$ 是 M 个变量的干扰协方差矩阵,那么,对于下列这个具有强洞察力的最优滤波器而言,

$$\boldsymbol{w}_{\text{opt}} \equiv \boldsymbol{R}_0^{-1}\boldsymbol{s}, \boldsymbol{s}^{\dagger}\boldsymbol{s} = 1 \tag{6.2}$$

它比下面的"白噪声最佳"的非自适应波束形成器 $\boldsymbol{w}_{wn}\boldsymbol{s}$ 在信噪比上有所改善:

$$\eta \equiv (\boldsymbol{s}^{\dagger}\boldsymbol{R}_0^{-1}\boldsymbol{s})(\boldsymbol{s}^{\dagger}\boldsymbol{R}_0\boldsymbol{s}) \tag{6.3}$$

根据 Kantorovich 不等式[12]

$$\text{如果} s^{\dagger}s = 1, (s^{\dagger}R_0^{-1}s)(s^{\dagger}R_0 s) \leqslant \frac{(\lambda_1/\lambda_M)^2}{4\lambda_1\lambda_M} \tag{6.4}$$

即使对 $\eta=10$ 这样的改善，意味着对于干扰协方差矩阵，大约$\lambda_1/\lambda_M \geqslant 40$。

当然，具有强洞察力的协方差矩阵R_0是未知的，对于实际的自适应检测器，必须要进行估计。给出二次训练数据的最大似然估计的协方差矩阵样式为

$$\hat{R} = \frac{1}{N}X_N X_N^{\dagger} \tag{6.5}$$

式中，$X_N=[x_1,x_2,\cdots,x_N]\in C^{M\times N}\sim CN_N(0,R_0)$为 N 个样本的二次（训练）数据，它们是具有独立同分布的、由 M 个复变量构成的样本$x_j(j=1,2,\cdots,N)$，其分布是高斯的，协方差矩阵为R_0。由于使用了 RMB 的公式，这个样本的协方差矩阵可以直接代入本小节以形成实际的自适应滤波器，其性能细节在文献[7]中有陈述。

对于强点源干扰的子类，其特征值（按降序排列）为

$$\lambda_1 > \cdots > \lambda_m \gg \lambda_{m+1} = \cdots = \lambda_M \tag{6.6}$$

我们知道，对样本协方差矩阵添加超过最小样本特征值的加性白（对角的）噪声（即对角加载），然后才代入式(6.2)，会导致相对于不加载的最大似然协方差矩阵估计在信噪比上明显的改善，因此，RMB 考虑了反过来的情况（样本矩阵的逆或 SMI）[7]。文献[13,14]描述了这个改善，文章表明，对于这样的情况，只要加载因子被选在一定的范围内，归一化的输出信噪比并不取决于这个因子。信噪比的损耗因子，在 RMB 的文章中只是 M 和 N 的函数，在这里就由 m 和 N 决定，而不是 M。

特别是，对角加载的样本矩阵的逆（LSMI）算法的 RMB 的要求式(6.1)被下列条件所取代：

$$N \approx 2m \tag{6.7}$$

这意味着对于 $m \ll M$ 的情况，性能有明显的改善。因为在 20 世纪 80 年代初期，LSMI 算法的性能被广泛探讨，并在大量的雷达和声呐的应用实践中被验证[15,16]。众所周知，对角加载具有很多其他重要特性，使自适应天线对各种场景模型的不精确具有鲁棒性[17-19]。

6.2.2　使用二次数据的复合自适应滤波和检测对各测试单元进行的各种自适应处理

如 6.2.1 小节所述，采用加载的样本矩阵逆比基于最大似然的 RMB 样本矩阵逆的技术更好的信噪比性能增加了人们对自适应天线/滤波器设计中协方差矩阵估计的最大似然准则进行优化的考虑。另外，Kelly[4] 及之后的 RFKN[5] 也探讨了同样的最大似然准则，提出了与自适应检测很不同的问题。这就是我们

考虑自适应检测问题时的另一种形式。这个问题被规范成假设检验,在单个一次数据集(比如一个距离单元)中判定为有、无目标的判决是仅仅根据这个数据集和辅助的训练数据(二次数据)做出的。基本上,这里的训练数据必须用来给出所有做判决所需要的缺失信息,这样的判决包括了自适应天线/滤波器的设计和自适应门限的确定。因为同样的训练数据被用在这两个目的上,自适应天线的信噪比损失(比如在 RMB 的文章中)和自适应门限的损失(比如在 Finn 的文章中)就不能被处理成是独立的随机变量的值,需要对自适应检测的接收机特性曲线做专门的分析。Kelly[4]对 GLRT 检测器进行了分析,RFKN[5]对"恒虚警自适应匹配滤波器"进行了分析。实际上,当与场景无关的概率密度分布函数的输出统计为已知时,不用(在一系列均匀的距离单元上做)自适应门限的计算就可以完成检测。

Kelly 的使用最大似然协方差矩阵估计的 GLRT 检测器和恒虚警 AMF 检测器[5]都具有这个重要的不变性特性。由于它的重要性,这样的不变性(至少对于恒虚警)在现代的自适应检测器的研发中,常常成为自适应检测器设计的一个先决要求,比如在 Scharf 等人的文章中[20-22]。另外,某些模型的不变解可能不存在(比如,对于在一次和二次数据中有不同的干噪比的自适应检测[23]),或者需要额外的性能代价。当不能确保这样的不变性时(常常会这样),基于二次数据的单个一次数据的恒虚警检测在技术上是不可能的,强调这一点是很重要的。但是,在实际中,还是可以确定大量均匀的距离单元(即使它们被统计相同的不同滤波器处理),并用来计算自适应门限。自然,我们必须考虑这个方法的额外损耗。

6.2.2.1 AMF 和 GLRT 检测器之间的差异

自 Kelly 的论文之后,人们考虑了各种自适应检测问题的修改版[8-10,24-26]。但是,在两个方面的问题上常常出现模糊:自适应滤波(对所有一次数据同样的滤波)和自适应检测(对每一集一次数据用不同的滤波)。在文献[27]中,Lekhovytskiy 演示了非规范的(实际上是随机规范的)自适应滤波器的应用,在每个单元具有独立的$\hat{\boldsymbol{R}}_j$时,式(6.5)的$\boldsymbol{W}_j=\hat{\boldsymbol{R}}_j^{-1}\boldsymbol{s}$导致了检测性能的严重劣化。实际上,对不同的$\hat{\boldsymbol{R}}_j$采用单一的门限不得不考虑到由于自适应滤波的模的不同而引起的输出功率的严重起伏。很明显,对于单个自适应天线的应用,这个问题不存在。在$N\approx 2M$时使用最大似然协方差矩阵估计,RMB 会有 3dB 信噪比的平均损耗;而对于采用同样估计的恒虚警 AMF 检测器的接收机,其工作特性会有 6dB 的损耗。两相比较,也会得到同样的模糊[5]。

在本节中,我们考虑 Kelly 文章中的自适应滤波问题,其中各距离单元是由各修改过的滤波器处理的,(无条件的)输出的统计是由一系列(随机的)自适应解的集合平均出来的。这样做的目的包括两方面:首先,根据 LSMI(加载的样本矩阵逆)算法对自适应滤波器良好的性能,我们想探讨 LSMI 或加载的自适应匹配滤波(LAMF)自适应检测器的性能。我们希望并期待LSMI自适应滤波器的优越性将导致它在式(6.6)这样的干扰场景中比加载的自适应滤波检测器更好,结果这个预期是对的。LAMF 检测器的其他性能(比如恒虚警)也需要说明。其次,这个 LAMF 检测器比基于最大似然的 AMF 好意味着自适应检测器(GLRT 或 AMF)的理论框架需要被修改,以便包含 LAMF 检测器。特别是,我们期待修改后的框架要么直接导致具有某些理论上规定加载因子的 LAMF 检测器,要么给出不同的自适应检测器,但是它至少在式(6.6)那样的干扰环境中的性能像 LAMF 那样好。

根据对自适应检测器的大部分研究[4,7],我们假定训练数据只包含干扰,统计的与一次数据中的干扰基本或完全一致。下面,我们考虑干扰完全一样(均匀),或者仅仅是功率有所不同(非均匀)的情况。这个模型与“指导性的训练条件”可以包容,因为二次数据不包含目标,也不包含其他干扰源。这样的均匀训练数据集的选择(通过不均匀的检测器)是自适应雷达研究中一个重要的研究题目[28-32]。但是,这里我们重新考虑传统的 GLRT 检测和 AMF 检测器在它们原来的假设条件下的解。回顾 RFKN 论述的 AMF 检测器[5],它是在协方差矩阵已知时被推导成 GLRT 检测的。在推导了检验的统计之后,基于二次数据的协方差矩阵的最大似然估计代替了已知的协方差矩阵。Kelly 的 GLRT 检测方法把一次数据和二次数据处理成一个数据集,然后对于分别考虑有目标和没有目标的两个假设,用对所有参数(包括干扰协方差矩阵)的最大似然估计来构造判决规则。因此,AMF 和 Kelly 的 GLRT 检测技术都严重地依赖于同样的估计干扰参数的最大似然准则。

从这个意义来说,回顾 RFKN[5] 比较 AMF 和 GLRT 检测器的性能的讨论是非常有意义的。AMF 检测器的规则比 GLRT 检测差,就是因为 AMF 的检验不使用原始的矢量去估计协方差,因此可以期待具有比较差的检测性能;而相比之下,GLRT 检测在对各种假设下的似然优化过程中使用所有的数据(一次的和二次的)。这个说法可以容易地通过比较采用 N 个二次样本的 Kelly 的GLRT检测技术的检测器的性能与采用 $N+1$ 个二次样本的 AMF 检测器的性能来验证。如果这样的期待是正确的,那么,$N+1$ 个量的 AMF 应该总是比 N 个量的 Kelly 的 GLRT 的性能要好。但是事实并非如此。尤其是,GLRT 的检测是有效地基于对两个假设H_0和H_1有两个干扰协方差矩阵的估计的[4]。对于H_0,

$$\text{恒定的}\hat{\boldsymbol{R}}\,|\,H_0 = \boldsymbol{X}_N\boldsymbol{X}_N^{\dagger} + \boldsymbol{Y}\boldsymbol{Y}^{\dagger} \tag{6.8}$$

式中,$\boldsymbol{X}_N = [\boldsymbol{x}_1, \boldsymbol{x}_2, \cdots, \boldsymbol{x}_N] \in \mathcal{CN}_N(\boldsymbol{0}, \boldsymbol{R}_0)$ 为 N 个样本的二次(训练)数据,它们是

由 M 个复变量描述的高斯分布的独立、同分布的样本$x_j(j=1,2,\cdots,N)$组成的，协方差矩阵为$\boldsymbol{R}_0$。而对于H_1，

$$\text{恒定的}\hat{\boldsymbol{R}}\mid H_1=\boldsymbol{X}_N\boldsymbol{X}_N^{\dagger}+\left[\boldsymbol{I}_M-\frac{\boldsymbol{s}\,\boldsymbol{s}^{\dagger}\,(\boldsymbol{X}_N\boldsymbol{X}_N^{\dagger})^{-1}}{\boldsymbol{s}^{\dagger}\,(\boldsymbol{X}_N\boldsymbol{X}_N^{\dagger})^{-1}\boldsymbol{s}}\right]\boldsymbol{Y}\boldsymbol{Y}^{\dagger}\left[\boldsymbol{I}_M-\frac{(\boldsymbol{X}_N\boldsymbol{X}_N^{\dagger})^{-1}\boldsymbol{s}\,\boldsymbol{s}^{\dagger}}{\boldsymbol{s}^{\dagger}\,(\boldsymbol{X}_N\boldsymbol{X}_N^{\dagger})^{-1}\boldsymbol{s}}\right] \tag{6.9}$$

一次样本为

$$\boldsymbol{Y}=\begin{cases}\boldsymbol{X}_0\sim\mathcal{CN}(\boldsymbol{0},\boldsymbol{R}_0), & H_0\\ \boldsymbol{X}_0+a\boldsymbol{s}, & H_1\end{cases} \tag{6.10}$$

式中，$\boldsymbol{s}\in\boldsymbol{C}^{M\times1}$为目标波前矢量；$a$ 为未知的（复）目标幅度。

可以看到，对于H_1，一次样本 $\boldsymbol{Y}$ 对于式(6.9)的协方差矩阵估计的贡献并不同于对应目标信号波前的任何干扰成分。相反，这个分量会与可能的目标信号在一起，会被下面的投影矩阵所排斥：

$$\left[\boldsymbol{I}_M-\frac{\boldsymbol{s}\,\boldsymbol{s}^{\dagger}\,(\boldsymbol{X}_N\boldsymbol{X}_N^{\dagger})^{-1}}{\boldsymbol{s}^{\dagger}\,(\boldsymbol{X}_N\boldsymbol{X}_N^{\dagger})^{-1}\boldsymbol{s}}\right] \tag{6.11}$$

因为目标检测只有这个分量是基本的，对消这个分量时，更新式(6.9)中一次样本所产生的协方差矩阵是没有意义的。结果，在某些情况下，GLRT 检测被发现要比 AMF 好，但比其他的要差。在 RFKN 的文章中[5]，作者明确：GLRT 检验在 Neyman-Pearson 准则下不是最佳的，因为 AMF 检验的检测概率在某些情况下要比 GLRT 检验更高。同样的道理，AMF 检测器也不是最佳的。我们要表明，对于加载的 AMF 在具有非最大似然的协方差矩阵估计时，在某些情况下也要比 AMF 和 GLRT 检测器好[如式(6.6)]，很清楚，最大似然估计准则并不保证最优，需要重新考虑。

对角加载（以及快速最大似然技术 FML[32]）与很多要假设协方差矩阵类型受限的方法还是不同的，但它仍然使用最大似然准则。当然，如果用得适当，任何或多或少限制（最大似然）搜索的关于干扰特性的可靠的先验信息都会导致自适应检测器性能的改善，尽管要维持恒虚警特性并不是那么容易。如 6.1 节所讨论的，“收缩到一个结构”来使用先验信息的典型例子会限制在均匀天线阵（或脉冲串）的 Toeplitz 协方差矩阵类上。实际上，可以直接演示，局限于对角加载或有限子空间（快速最大似然 FML）类的协方差矩阵的最大似然的优化导致零加载和最大信号子空间，这使得最优解成为同样的具有最大似然的无约束（最大似然）样本协方差矩阵估计。因此，加载和快速最大似然技术与最大似然方法是固有的对立。

这把我们引导到重要的问题上，在 GLRT 和 AMF 检测器的框架内的最大似然原则是否要被其他产生更一般的自适应检测器的更通用的原则所替代，这些

检测器会是 LAMF,或至少在某些情况下不比 LAMF 更差的检测器。虽然这些考虑大部分起源于已知的 SMI 和 LSMI 的性能之间的矛盾,但是还是存在理论上的重要考,要关注小样本数量时(在雷达应用中这是典型的)的最大似然门限。这把我们引导到我们叫做"预期似然(EL)"的框架上去[33,34]。

6.2.2.2　预期似然框架

对于协方差矩阵,给定 $N>M$ 个独立、同分布的训练样本$\boldsymbol{X}_N$,如式(6.8)[35],让我们考虑传统的最大似然函数(LF):

$$f(\boldsymbol{R} \mid \boldsymbol{X}_N) = \frac{\text{常数}}{\det(\boldsymbol{R})^N}\exp[-\mathrm{Tr}(\boldsymbol{R}^{-1}\boldsymbol{X}_N\boldsymbol{X}_N^{\dagger})] \tag{6.12}$$

那么下式的概率为 1:

$$\det(\boldsymbol{X}_N\boldsymbol{X}_N^{\dagger}) \neq 0 \tag{6.13}$$

似然比[36]为

$$\mathrm{LR}(\boldsymbol{R},\boldsymbol{X}_N) = [f(\boldsymbol{R} \mid \boldsymbol{X}_N)\det(\boldsymbol{X}_N\boldsymbol{X}_N^{\dagger})]^{\frac{1}{N}} = \frac{\det(\boldsymbol{R}_0^{-1}\hat{\boldsymbol{R}})\exp(M)}{\exp[\mathrm{Tr}(\boldsymbol{R}_0^{-1}\tilde{\boldsymbol{R}}_N)]} \tag{6.14}$$

其中,$\hat{\boldsymbol{R}}$[样本协方差矩阵式(6.5)]也可以被处理为是 $\boldsymbol{R}$ 的似然函数(见文献[35])。可以看到, Anderson 通过直接将 LF$f(\boldsymbol{R}|\boldsymbol{X}_N)$最大化推导的[37](无约束的)最大似然解 $\boldsymbol{R}_{\mathrm{ML}}=\hat{\boldsymbol{R}}$ 会给出最后似然比为 1 的结果:

$$\max_{\boldsymbol{R}}\mathrm{LR}(\boldsymbol{R},\boldsymbol{X}_N) = \mathrm{LR}(\hat{\boldsymbol{R}},\boldsymbol{X}_N) = 1 \tag{6.15}$$

与样本的支持数量 N 和滤波器的维度 M 无关。

同时,对于真的(确切、但通常是未知的)协方差矩阵$\boldsymbol{R}_0$,似然比的概率密度分布函数为

$$\mathrm{LR}(\boldsymbol{R}_0,\boldsymbol{X}_N) = \frac{\det(\boldsymbol{R}_0^{-\frac{1}{2}}\hat{\boldsymbol{R}}\boldsymbol{R}_0^{-\frac{1}{2}})\exp(M)}{\exp[\mathrm{Tr}(\boldsymbol{R}_0^{-\frac{1}{2}}\hat{\boldsymbol{R}}\boldsymbol{R}_0^{-\frac{1}{2}})]} \tag{6.16}$$

它与 $\boldsymbol{R}$ 无关,这是因为

$$\hat{\boldsymbol{C}} \equiv \boldsymbol{R}_0^{-1/2}\hat{\boldsymbol{R}}\boldsymbol{R}_0^{-1/2} \sim \mathcal{CW}(N,M,\boldsymbol{I}_M) \tag{6.17}$$

式中,$\hat{\boldsymbol{C}}$ 为具有 Wishart 分布的"白噪声"的样本矩阵,它(在 $N>M$ 时)仅仅由两个参数决定,也就是 N 和 M。后面,我们要引入这个比在复数情况下推导得到的概率密度分布函数的矩和序列的表示,它与文献[38]中实数情况下推导得到的是类似的。

当 $\mathrm{LR}(\boldsymbol{R}_0,\boldsymbol{X}_N)$ 的概率密度分布函数确定后,无论是采用分析或是采用 Monte Carlo 仿真,都可以选择合适的量用于预期似然框架。如果任何给定的协

方差矩阵估计的似然超过了所选的这个门限(它统计地表示与真实(未知的)参数关联的似然),那么,就可以认为这个协方差矩阵的估计是可以接受的。请看图6.1的似然比的概率密度分布函数在 $M=12$、$N=24$ 时的一个例子。

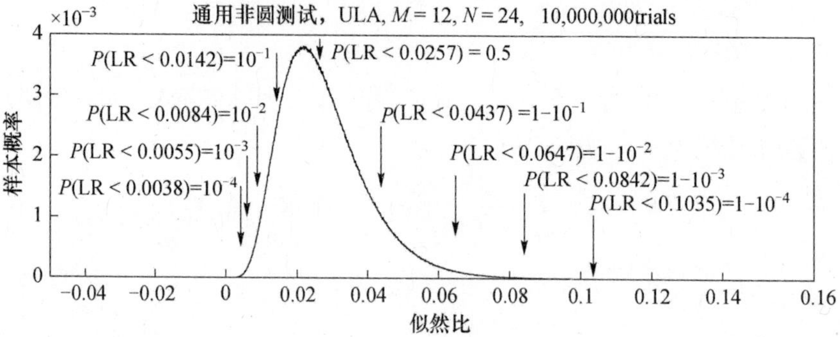

图6.1 12个阵元、24个训练样本的常规检测的概率密度分布函数一例。注意,在根据真实的协方差矩阵 $\boldsymbol{R}_0$ 所产生的 LR($\boldsymbol{R}_0,\boldsymbol{X}_N$)值和由最大似然估计 $\boldsymbol{R}_{\mathrm{ML}}=\hat{\boldsymbol{R}}$ 所给出的最大似然的值之间的大量分布。实际上,似然比的中值仅为0.0257,且99.99%概率的似然比小于0.1051

根据RMB[7]的文献,SMI办法的平均信噪比的变差大约是3dB,这在实际应用中常常被认为是可以接受的。基于图6.1的概率密度分布函数,似乎会自然地用会产生与真实协方差矩阵给出的那个似然比相同的估计来取代最大似然估计。预期似然的估计方法,不同于最大似然估计的准则,可以证明是固有地会根据直接的似然匹配给出参数(比如加载因子和干扰信号子空间的维数)的恰当选择,而并不需要根据“外部条件”做到这一点,这在文献[15,16]中就指出了。另外,我们可以演示,这样的预期似然规则在结合GLRT和AMF检测器的框架时所给出的检测准则,其性能在某些场景下比标准的GLRT和AMF检测器要好,在选择与数据无关的加载因子时与LAMF检测器类似。

在GLRT检测方法中的最大似然估计问题并不是在考虑Kelly的“单数据”GLRT检测方法时唯一要面对的问题。实际上,Kelly的方法中的判决规则将由全部输入数据形成,没有对一次和二次输入配置不同功能的先验[4]并不是那么直白的。根据单一的一次数据的快拍,很难接受同样干扰有两个不同的协方差矩阵估计。人们预期,用适当的方法搜索对检测问题最优的单干扰的协方差矩阵,可能依赖于一次数据的快拍,而不是依赖于假设。这样的方法会建议一次和二次数据都由根据一次数据所做的假设检验的测试门限来处理,加上认为二次数据中没有目标的先验认识。后一点意味着GLRT检测方法的修改应当考虑两组办法而不是“使用全部输入数据”的一组方法,由于这个原因将使用 EL 而不是最大似然估计。这个新的 GLRT 检测框架将给出至少像 LAMF 那样有效的自适应检测器,即使是那些对 LAMF 最为有利的场景。最后,我们的直觉是,如果不同的自适应技术具有同样的性能,只要能达到模型问题的潜在精度,由于要实际,最简单的方法就是最好的。

根据常规的单集 GLRT 检测准则,(单一)快拍的 $\boldsymbol{Y}$ 中存在目标的判决H_1(或没有目标的H_0)是根据下面的规则做出的:

$$\boldsymbol{\Lambda}^*(\boldsymbol{Y}) = \frac{\max\limits_{\mu\in\Omega_1} f(\boldsymbol{Y}|\mu_1,H_1)}{\max\limits_{\mu\in\Omega_0} f(\boldsymbol{Y}|\mu_1,H_0)} \underset{H_0}{\overset{H_1}{\gtrless}} h^* \tag{6.18}$$

式中,$f(\boldsymbol{Y}|\mu_1,H_1)$为(一次)数据 $\boldsymbol{Y}$ 在假设H_1(有目标信号)下的概率密度分布函数;$\mu\in\Omega_1$为完全定义概率密度分布函数的未知(非随机的)参数。在大部分情况下,未知的边缘概率密度分布函数的随机参数会被处理成如同$\mu\in\Omega_1$。类似地,$f(\boldsymbol{Y}|\chi_1,H_0)$是(一次)数据在假设$H_0$(没有目标信号)下的概率密度分布函数,它由$\chi\in\Omega_0$定义。门限 h^* 的定义为

$$\int_{\boldsymbol{\Lambda}^*(\boldsymbol{Y})>h^*} f(\boldsymbol{Y}|\chi_1,H_0)\mathrm{d}\boldsymbol{Y} \leqslant P_{\mathrm{fa}},\ \forall\chi\in\Omega_0 \tag{6.19}$$

式中,P_{fa}为想要的虚警概率。

注意,对于有限维的数据集 $\boldsymbol{Y}$,GLRT 检测准则并不具有刚性的理论判定,对于给定边缘概率密度分布函数的比如$f_\mu(\mu)$和$f_\chi(\chi)$的贝叶斯准则也是类似的。只有渐近($N\to\infty$)的考虑会用来判定 GLRT 检测方法,尽管它的外观就是很直观的。实际上,这意味着除了式(6.18)的对 μ 和 χ 的最大似然估计外,对于有限的 N,还可以使用其他估计,并可能导致更好的检测性能。应当探讨在这里是否还有其他的估计器可用,特别是对协方差矩阵的估计。

为了适合这个单集的 GLRT 检测框架,Kelly[4] 考虑了一个单独的全数据集$\{\boldsymbol{X}_N;\boldsymbol{Y}\}$和引入了$\chi=\boldsymbol{R}$ 和 $\mu=(\boldsymbol{R},a)$加上对干扰协方差矩阵的两个不同的解式(6.8)和式(6.9)。在两集的 GLRT 检测框架中(2S-GLRT),我们引入

$$f(\boldsymbol{X}_N|_\eta,\chi_{12}),\quad \eta\in\Omega_2 \tag{6.20}$$

$$f(\boldsymbol{Y}|_{\chi_0},\chi_{12};H_0),\quad \chi_0\in\Omega_0 \tag{6.21}$$

$$f(\boldsymbol{Y}|_\mu,\chi_{12};H_1),\quad \mu\in\Omega_1 \tag{6.22}$$

式中,$\chi_{12}\in\Omega_{12}$,Ω_{12}为描述一次数据 $\boldsymbol{Y}$ 和二次数据集$\boldsymbol{X}_N$的概率密度分布函数的公共参数集;η、χ_0和 μ 为规定各集合和假设的参数。

对训练(二次)数据$\boldsymbol{X}_N$和一次数据的快拍 $\boldsymbol{Y}$ 的先验分类意味着对χ_{12}的估计不取决于假设H_0或H_1,这同样发生在式(6.21)和式(6.22)中。因此,可以考虑下面的选择:

$$\text{GLRT}:\Lambda_{12} = \max_{\eta,\chi_{12}} f(\boldsymbol{X}_N\,|\,\eta,\chi 12)\frac{\max\limits_{\mu\in\Omega_1} f(\boldsymbol{Y}\,|\,\mu,\chi_{12};H_1)}{\max\limits_{\mu\in\Omega_0} f(\boldsymbol{Y}\,|\,\chi_0,\chi_{12};H_0)}\underset{H_0}{\overset{H_1}{\gtrless}} h^* \tag{6.23}$$

注意,这个在χ_{12}上的联合优化已经与标准的 AMF 的方法是不同的了,即

$$\text{AMF}:\Lambda_{12}^{(2)} = \frac{\max\limits_{\mu\in\Omega_1} f(\boldsymbol{Y}\,|\,\mu,\chi_{12\text{ML}};H_1)}{\max\limits_{\mu\in\Omega_0} f(\boldsymbol{Y}\,|\,\chi_0,\chi_{12\text{ML}};H_0)}\underset{H_0}{\overset{H_1}{\gtrless}} h^* \tag{6.24}$$

其中,

$$\chi_{12\text{ML}} = \arg\max_{\eta,\chi_{12}} f(\boldsymbol{X}_N\,|_{\,\eta},\chi_{12}) \tag{6.25}$$

另外,式(6.23)的联合最优化应当导致χ_{12}中的一个同时对H_0和H_1的解。这个解取决于真实的一次数据的快拍 $\boldsymbol{Y}$,但是与这个一次数据的快拍的假设无关,这一点很重要。因此,至少在原则上,式(6.23)的 GLRT 检测方法同 Kelly 的解和 AMF 技术是不同的,即使我们对式(6.23)的 GLRT 检测和式(6.24)的 AMF 检测器采用了同样的最大似然准则。

但是,在大部分情况下,我们可以用下列似然比(LR)取代似然函数(LF)$f(\boldsymbol{X}_{N\,|\,\eta},\chi_{12})$:

$$\text{LR}(\boldsymbol{X}_N\,|\chi_{12}) = \max_{\eta}\frac{f(\boldsymbol{X}_N\,|\,\eta,\chi_{12})}{f_0(\boldsymbol{X}_N)} \in (0,1] \tag{6.26}$$

它们对$\chi_{12\text{ML}}$具有同样的最大似然解:

$$\arg_{\chi_{12}}\max_{\eta,\chi_{12}} f(\boldsymbol{X}_N\,|_{\,\eta},\chi_{12}) = \arg\max_{\chi_{12}}\text{LR}(\boldsymbol{X}_N\,|\chi_{12}) \tag{6.27}$$

这个似然比最重要的性质是,对于真的(真实、准确)$\chi_{12}^{(0)}$,其概率密度分布函数不取决于$\chi_{12}^{(0)}$,也就是说,它是独立于场景的,仅仅取决于参数 M 和 N,能够被事先计算。因此对于给定的概率P_0,可以找到对应的上、下界(分别为α_{U}和α_{L}),使得

$$\int_{\alpha_{\text{L}}}^{1} w[\text{LR}(\boldsymbol{X}_N\,|\chi_{12}^{(0)})]\text{dLR} = \int_0^{\alpha_U} w[\text{LR}(\boldsymbol{X}_N\,|\chi_{12}^{(0)})]\text{dLR} = P_0 = 1-\varepsilon\ (0<\varepsilon\ll 1) \tag{6.28}$$

这样,精确的参数$\chi_{12}^{(0)}$产生的似然门限会以高的概率$(1-2\varepsilon)$落在规定的界限内。式(6.28)中,$w[\,\cdot\,]$为独立于场景的似然比 $\text{LR}(\boldsymbol{X}_N\,|\chi_{12}^{(0)})$的概率密度分布

函数。

对于大部分具有小样本量($N \approx M$)的情况,图 6.1 表明:

$$\alpha_U \ll 1 \tag{6.29}$$

因此最大似然解$\chi_{12\mathrm{ML}}$按照似然比的观点看,是远离真实的参数集的。当然,很小的似然比不但可以由真实的参数产生,也会由各种完全有误差的解产生。由于这个理由,我们使用基于似然比匹配的“预期似然”方法,该匹配是针对参数的估计$\hat{\chi}_{12}(\beta)$的,使得

$$\hat{\chi}_{12}(\beta_0) = \chi_{12\mathrm{ML}} \tag{6.30}$$

其中的参数是对应某些确定的考虑协方差矩阵的类型的先验假设的。

我们现在可以采用下面的两集通用最大似然检测(2S-GLRT)技术:

$$\text{ML-GLRT}:\varLambda_{12}^{(3)} = \max_{\beta}\frac{\max\limits_{\mu\in\Omega_1} f(\boldsymbol{Y}|\mu,\hat{\chi}_{12}(\beta);H_1)}{\max\limits_{\mu\in\Omega_0} f(\boldsymbol{Y}|\chi_0,\hat{\chi}_{12}(\beta);H_0)} \underset{H_0}{\overset{H_1}{\gtrless}} h^* \tag{6.31}$$

其中,β 满足

$$\alpha_L \leqslant \mathrm{LR}(\boldsymbol{X}_N|\beta) \leqslant 1 \tag{6.32}$$

$$\text{EL-GLRT}:\varLambda_{12}^{(4)} = \max_{\beta}\frac{\max\limits_{\mu\in\Omega_1} f(\boldsymbol{Y}|\mu,\hat{\chi}_{12}(\beta);H_1)}{\max\limits_{\mu\in\Omega_0} f(\boldsymbol{Y}|\chi 0,\hat{\chi}_{12}(\beta);H_0)} \underset{H_0}{\overset{H_1}{\gtrless}} h^* \tag{6.33}$$

其中,β 满足

$$\alpha_L \leqslant \mathrm{LR}(\boldsymbol{X}_N|\beta) \leqslant \alpha_u \tag{6.34}$$

这两个方法的唯一差异是 ML-GLRT 允许参数化估计$\hat{\chi}_{12}(\beta)$所产生的似然比 $\mathrm{LR}(\boldsymbol{X}_N|\beta)$逼近单位上界,而根据式(6.28),EL-GLRT 限制似然比在一个实际参数聚集的值的范围内。

类似地,也可以引入 EL-GLRT 检测器,用预期似然的估计代替最大似然的估计:

$$\text{EL-AMF}:\varLambda_{12}^{(5)} = \frac{\max\limits_{\mu\in\Omega_1} f(\boldsymbol{Y}|\mu,\hat{\chi}_{12EL};H_1)}{\max\limits_{\mu\in\Omega_0} f(\boldsymbol{Y}|\chi_0,\hat{\chi}_{12EL};H_0)} \underset{H_0}{\overset{H_1}{\gtrless}} h^* \tag{6.35}$$

预期估计是这样的:给定训练数据$\boldsymbol{X}_N$,产生事先专门计算了的似然比 LR_0,即

$$\mathrm{LR}[\boldsymbol{X}_N|\hat{\chi}_{12}(\beta_{EL})] = \mathrm{LR}_0 \tag{6.36}$$

这个LR_0的值是根据与场景无关的概率密度分布函数 $\mathrm{LR}(\boldsymbol{X}_N|\chi_{12}^{(0)})$选择的。比如说,可以选择这个分布函数的期望或中值,也可以选择特定的量,这取决于

滤波器设计者的目标。

在下面的小节中,我们推导典型高斯干扰模型和目标信号条件下的两个集合的(2S)ML-GLRT、EL-GLRT 和 EL-AMF 技术。然后,将这些技术的检测性能与标准的 AMF 和干扰参数已知的具有强洞察力的情况进行比较。

6.2.2.3 高斯模型下的两集 GLRT 和 AMF 检测器

在大部分对 GLRT 检测的研究中,目标是用结构(波前)给定的具有未知的复标量因子的矢量来建模的,也就是有一个未知的确定性参数[见式(6.10)]。在本小节中,典型的目标模型采用了 SwerlingI 模型[39],它是具有均匀的初相和瑞利分布包络的高斯模型(瑞利目标)。

6.2.2.3.1 均匀的干扰训练条件,功率已知的起伏目标

在这种情况下,假定未知的唯一信息是干扰的协方差矩阵,它对于训练数据和一次数据是一样的:

$$\Omega_0 = \Phi,\ \Omega_1 = \Phi,\ \Omega_2 = \Phi, \Omega_{12} = \{\boldsymbol{R}\} \tag{6.37}$$

$$f(\boldsymbol{X}_N) = \frac{1}{\pi^N \det(\boldsymbol{R})^N}\exp[-\mathrm{Tr}(\boldsymbol{R}^{-1}\boldsymbol{X}_N\boldsymbol{X}_N^\dagger)] \tag{6.38}$$

$$f(\boldsymbol{Y}\mid H_1) = \frac{1}{\pi\det(\boldsymbol{R}+\boldsymbol{\sigma}_S^2 s s^\dagger)}\exp[-\boldsymbol{Y}^\dagger(\boldsymbol{R}+\boldsymbol{\sigma}_S^2 s s^\dagger)\boldsymbol{Y}] \tag{6.39}$$

式中,$\boldsymbol{s}$ 为目标信号波前矢量;$\boldsymbol{\sigma}_S^2$为目标功率。

因此,根据式(6.31)到式(6.34),2S-GLRT 检验为

$$\Lambda_{12} = \max_{R(\beta)}\frac{1}{1+\boldsymbol{\sigma}_S^2\boldsymbol{s}^\dagger\boldsymbol{R}^{-1}(\beta)\boldsymbol{s}}\exp\left[\frac{\boldsymbol{\sigma}_S^2\,|\boldsymbol{Y}^\dagger\boldsymbol{R}^{-1}(\beta)\boldsymbol{s}|^2}{1+\boldsymbol{\sigma}_S^2\boldsymbol{s}^\dagger\boldsymbol{R}^{-1}(\beta)\boldsymbol{s}}\right] \tag{6.40}$$

约束为

$$\text{ML-GLRT}\quad \alpha_{\mathrm{L}} \leqslant \frac{\det(\boldsymbol{R}^{-1}(\beta)\hat{\boldsymbol{R}}_N)\exp(M)}{\exp[\mathrm{Tr}(\boldsymbol{R}^{-1}(\beta)\hat{\boldsymbol{R}}_N)]} \leqslant 1 \tag{6.41}$$

$$\text{EL-GLRT}\quad \alpha_{\mathrm{L}} \leqslant \frac{\det(\boldsymbol{R}^{-1}(\beta)\hat{\boldsymbol{R}}_N)\exp(M)}{\exp[\mathrm{Tr}(\boldsymbol{R}^{-1}(\beta)\hat{\boldsymbol{R}}_N)]} \leqslant \alpha_{\mathrm{U}} \tag{6.42}$$

式中,$\hat{\boldsymbol{R}}_N$ 为样本的协方差矩阵$\frac{1}{N}\boldsymbol{X}_N\boldsymbol{X}_N^\dagger$。

AMF 技术基于下式:

$$\Lambda_{12} = \frac{1}{1+\boldsymbol{\sigma}_S^2\boldsymbol{s}^\dagger\hat{\boldsymbol{R}}^{-1}(\beta)\boldsymbol{s}}\exp\left[\frac{\boldsymbol{\sigma}_S^2\,|\boldsymbol{Y}^\dagger\hat{\boldsymbol{R}}^{-1}(\beta)\boldsymbol{s}|^2}{1+\boldsymbol{\sigma}_S^2\boldsymbol{s}^\dagger\hat{\boldsymbol{R}}^{-1}(\beta)\boldsymbol{s}}\right] \tag{6.43}$$

约束为

$$\text{标准 ML-AMF}\quad \hat{\boldsymbol{R}}(\beta=\beta_0)=\hat{\boldsymbol{R}}_N \tag{6.44}$$

$$\text{EL-AMF}\quad \frac{\det[\hat{\boldsymbol{R}}^{-1}(\beta_{EL})\hat{\boldsymbol{R}}_N]\exp(M)}{\exp[\mathrm{Tr}(\hat{\boldsymbol{R}}^{-1}(\beta_{EL})\hat{\boldsymbol{R}}_N)]}=\mathrm{LR}_0 \tag{6.45}$$

式(6.41)和式(6.42)中，

$$\gamma_0{}^{(1)}\equiv \mathrm{LR}(\boldsymbol{X}_N|\boldsymbol{R}_0)=\frac{\det(N^{-1}\hat{\boldsymbol{C}})\exp(M)}{\exp[\mathrm{Tr}(N^{-1}\hat{\boldsymbol{C}})]} \tag{6.46}$$

式中，$\hat{\boldsymbol{C}}\sim \boldsymbol{CW}(N,M,\boldsymbol{I}_M)$为由一个与场景无关的(复 Wishart)概率密度分布函数描述的。实际上，文献[1]的附录1给出了它的h阶矩为

$$E\{\gamma_0{}^{(1)h}\}=\left(\frac{e}{N}\right)Mh\frac{(N+h)^{-M(N+h)}}{N^{-M(N+h)}}\frac{\prod_{j=1}^{M}\Gamma(N+h+1-j)}{\prod_{j=1}^{M}\Gamma(N+1-j)} \tag{6.47}$$

$$=N^{MN}e^{Mh}Mh\frac{1}{(N+h)^{M(N+h)}}\frac{\prod_{j=1}^{M}\Gamma(N+h+1-j)}{\prod_{j=1}^{M}\Gamma(N+1-j)} \tag{6.48}$$

类似于文献[38](见文献[1]中的附录1)，$\gamma^{0(1)}$和$w(\gamma^{0(1)})$的概率密度分布函数可以应用Meilin变换表示成一个无穷级数。或者，概率密度分布函数也可以通过Monte Carlo方法模拟。因为$\boldsymbol{\gamma}^{0(1)}$和$w(\boldsymbol{\gamma}^{0(1)})$的概率密度分布函数只取决于$M$和$N$，对于任何场景的模拟，如果使用相同的$M$和$N$(包括只有噪声时)，都将精确地给出具有足够尾部的概密度分布函数。对$\boldsymbol{w}(\boldsymbol{\gamma}^{0(1)})$的概率密度分布函数按$d(\gamma^{0(1)})$积分，直到与对应的$H_0$和$H_1$假设下的虚警的排斥和/或接受概率有足够精度的相似，就可以得到对应的界限(上限α_{U}和下限α_{L})。

6.2.2.3.2　均匀的干扰训练条件，功率未知的起伏目标

在这种情况下：

$$\Omega_0=\Phi,\Omega_1=\{\sigma_s{}^2\},\ \Omega_2=\Phi,\Omega_{12}=\{\boldsymbol{R}\} \tag{6.49}$$

根据式(6.31)，首先，需要得到目标信号功率σ_S^2的最大似然估计：

$$\max_{\sigma_S^2}\frac{1}{1+\boldsymbol{\sigma}_S^2\boldsymbol{s}^\dagger\boldsymbol{R}^{-1}(\beta)\boldsymbol{s}}\exp\left[\frac{\boldsymbol{\sigma}_S^2|\boldsymbol{Y}^\dagger\boldsymbol{R}^{-1}(\beta)\boldsymbol{s}|^2}{1+\boldsymbol{\sigma}_S^2\boldsymbol{s}^\dagger\boldsymbol{R}^{-1}(\beta)\boldsymbol{s}}\right] \tag{6.50}$$

因为$\sigma_S^2\geqslant 0$，其解为

$$\hat{\sigma}_S^2=\begin{cases}\dfrac{|\boldsymbol{Y}^\dagger\boldsymbol{R}^{-1}(\beta)\boldsymbol{s}|^2-\boldsymbol{s}^\dagger\boldsymbol{R}^{-1}(\beta)\boldsymbol{s}}{[\boldsymbol{s}^\dagger\boldsymbol{R}^{-1}(\beta)\boldsymbol{s}]^2}, & \dfrac{|\boldsymbol{Y}^\dagger\boldsymbol{R}^{-1}(\beta)\boldsymbol{s}|^2}{\boldsymbol{s}^\dagger\boldsymbol{R}^{-1}(\beta)\boldsymbol{s}}\geqslant 1\\ 0, & \dfrac{|\boldsymbol{Y}^\dagger\boldsymbol{R}^{-1}(\beta)\boldsymbol{s}|^2}{\boldsymbol{s}^\dagger\boldsymbol{R}^{-1}(\beta)\boldsymbol{s}}<1\end{cases} \tag{6.51}$$

解 $\hat{\sigma}_s^2=0$ 很清楚地意味着在输入数据中没有目标信号存在,因此 2S-GLRT 检验为

$$\Lambda_{12}=\max_{R(\beta)}\frac{\boldsymbol{s}^{\dagger}\boldsymbol{R}^{-1}(\beta)\boldsymbol{s}}{|\boldsymbol{Y}^{\dagger}\boldsymbol{R}^{-1}(\beta)\boldsymbol{s}|^2}\exp\left[\frac{|\boldsymbol{Y}^{\dagger}\boldsymbol{R}^{-1}(\beta)\boldsymbol{s}|^2}{\boldsymbol{s}^{\dagger}\boldsymbol{R}^{-1}(\beta)\boldsymbol{s}}\right]H\left(\frac{|\boldsymbol{Y}^{\dagger}\boldsymbol{R}^{-1}(\beta)\boldsymbol{s}|^2}{\boldsymbol{s}^{\dagger}\boldsymbol{R}^{-1}(\beta)\boldsymbol{s}}-1\right)\underset{H_0}{\overset{H_1}{\gtrless}}h^* \tag{6.52}$$

式中,$H(x)$ 为单位阶跃函数:

$$H(x)=\begin{cases}1, x\geqslant 0\\0, x<0\end{cases} \tag{6.53}$$

注意到函数

$$f(x)=\mathrm{e}^x/x \tag{6.54}$$

对于 $x\geqslant 1$ 是单调的,因此这个判决规则可以用人们更熟悉的下式替代:

$$\Lambda_{12}=\max_{\boldsymbol{R}(\beta)}\frac{|\boldsymbol{Y}^{\dagger}\boldsymbol{R}^{-1}(\beta)\boldsymbol{s}|^2}{\boldsymbol{s}^{\dagger}\boldsymbol{R}^{-1}(\beta)\boldsymbol{s}}\underset{H_0}{\overset{H_1}{\gtrless}}h^*>1 \tag{6.55}$$

同时还有对 β 同样的约束,如同式(6.41)对 ML-GLRT 和式(6.42)对 EL-GLRT。这个最大化可以解释为在自适应滤波器设置到 $\hat{\boldsymbol{w}}(\beta)=\hat{\boldsymbol{R}}^{-1}$时,是想要将样本的输出信扰比最大化,而干扰的输出功率被计算为 $\hat{\boldsymbol{w}}+(\beta)\hat{\boldsymbol{R}}(\beta)\hat{\boldsymbol{w}}(\beta)$。

如果对 $x>1$ 时放松这个制约,考虑无约束的情况(通过 $H(x-1)$)在 $\boldsymbol{R}(\beta)$ 上最大的Λ_{12}:

$$\Lambda_{12}=\max_{R(\beta)}\frac{\mathrm{e}^x}{x} \tag{6.56}$$

其中,

$$x=\frac{|\boldsymbol{Y}^{\dagger}\boldsymbol{R}^{-1}(\beta)\boldsymbol{s}|^2}{\boldsymbol{s}^{\dagger}\boldsymbol{R}^{-1}(\beta)\boldsymbol{s}}\geqslant 0 \tag{6.57}$$

这个优化可能潜在地导致 $x\to 0$ 的解,根据式(6.51)就意味着对目标功率的一个负的估计,接下来就是没有检测到目标。因此允许这样的无约束优化,检测规则就应当是

$$\Lambda_{12}=\frac{|\boldsymbol{Y}^{\dagger}\hat{\boldsymbol{R}}^{-1}(\hat{\beta})\boldsymbol{s}|^2}{\boldsymbol{s}^{\dagger}\hat{\boldsymbol{R}}^{-1}(\hat{\beta})\boldsymbol{s}}\underset{H_0}{\overset{H_1}{\gtrless}}h^*>1 \tag{6.58}$$

其中,

$$\hat{\boldsymbol{R}}(\hat{\beta}) = \arg\max_{\boldsymbol{R}(\beta)} \frac{\boldsymbol{s}^{\dagger}\boldsymbol{R}^{-1}(\beta)\boldsymbol{s}}{|\boldsymbol{Y}^{\dagger}\boldsymbol{R}^{-1}(\beta)\boldsymbol{s}|^{2}}\exp\left[\frac{|\boldsymbol{Y}^{\dagger}\boldsymbol{R}^{-1}(\beta)\boldsymbol{s}|^{2}}{\boldsymbol{s}^{\dagger}\boldsymbol{R}^{-1}(\beta)\boldsymbol{s}}\right] \tag{6.59}$$

制约于常规的最大似然式(6.41)或 EL-GLRT 的约束式(6.42)。

因为 x 的矩函数式(6.52)或式(6.54)被函数式(6.59)所替代,而它是不受条件 $\boldsymbol{x}>1$ 约束的,我们可以期待与检验式(6.55)和式(6.58)到式(6.59)不同的检测性能。即使 $\boldsymbol{R}=\boldsymbol{R}_0$,检验式(6.55)可能与取决于式(6.56)的无约束检验具有不同的性能。

类似地,可以引入 AMF 的判决规则:

$$\frac{\boldsymbol{s}^{\dagger}\hat{\boldsymbol{R}}^{-1}(\beta)\boldsymbol{s}}{|\boldsymbol{Y}^{\dagger}\hat{\boldsymbol{R}}^{-1}(\beta)\boldsymbol{s}|^{2}}\exp\left[\frac{|\boldsymbol{Y}^{\dagger}\hat{\boldsymbol{R}}^{-1}(\beta)\boldsymbol{s}|^{2}}{\boldsymbol{s}^{\dagger}\hat{\boldsymbol{R}}^{-1}(\beta)\boldsymbol{s}}\right]H\left(\frac{|\boldsymbol{Y}^{\dagger}\hat{\boldsymbol{R}}^{-1}(\beta)\boldsymbol{s}|^{2}}{\boldsymbol{s}^{\dagger}\hat{\boldsymbol{R}}^{-1}(\beta)\boldsymbol{s}}-1\right)\underset{H_0}{\overset{H_1}{\gtrless}} h^{*} > 1 \tag{6.60}$$

或

$$\frac{|\boldsymbol{Y}^{\dagger}\hat{\boldsymbol{R}}^{-1}(\hat{\beta})\boldsymbol{s}|^{2}}{\boldsymbol{s}^{\dagger}\hat{\boldsymbol{R}}^{-1}(\hat{\beta})\boldsymbol{s}}\underset{H_0}{\overset{H_1}{\gtrless}} h^{*} > 1 \tag{6.61}$$

其中,$\hat{\boldsymbol{R}}(\beta)$ 应当要么用标准的办法 $\hat{\boldsymbol{R}}(\beta=\beta_0)=\hat{\boldsymbol{R}}_{\mathrm{N}}$ 选择,得到有名的 ML-AMF 方法;或者用式(6.45)选择,得到 EL-AMF 规则。

6.2.2.3.3 干扰矩阵有任意的尺度因子,功率未知的起伏目标

这里,假定在训练数据内的干扰(总)功率与一次数据中的不一样,因此,干扰的协方差矩阵在有一个任意的尺度因子的条件下才是一样的[20]。

特别地:

$$\mathbb{E}[\boldsymbol{X}_N\boldsymbol{X}_N^{\dagger}] = c_2 NR,\ \mathbb{E}[\boldsymbol{Y}\boldsymbol{Y}^{\dagger}\,|\,H_0] = c_1 R \tag{6.62}$$

$$\Omega_0 = \{c_1\},\Omega_1 = \{c_1,\sigma_s^{\ 2}\}\Omega_2 = \{c_2\},\Omega_{12} = \{\boldsymbol{R}\} \tag{6.63}$$

根据式(6.26)和式(6.31),我们首先需要找到

$$\mathrm{LR}(\boldsymbol{X}_N\,|\,\boldsymbol{R}) = \max_{c_2}\frac{f(\boldsymbol{X}_N\,|\,c_2)}{f_0(\boldsymbol{X}_N)} \tag{6.64}$$

因为

$$\max_{c_2}\frac{1}{\pi^{N}c_2^{MN}\det(\boldsymbol{R})}\exp\left[-\frac{1}{c_2}\mathrm{Tr}(\boldsymbol{R}^{-1}\boldsymbol{X}_N\boldsymbol{X}_N^{\dagger})\right] \tag{6.65}$$

导致最大似然估计

$$\hat{c}_{\mathrm{ML}} = \frac{1}{M}\mathrm{Tr}(\boldsymbol{R}^{-1}\hat{\boldsymbol{R}}_N) \tag{6.66}$$

这样得到的就是人们熟悉的式(6.64)的“球检验”:

$$\mathrm{LR}(\boldsymbol{X}_N|\boldsymbol{R}(\beta)) = \left(\frac{\det(\boldsymbol{R}^{-1}(\beta)\hat{\boldsymbol{R}}_N)}{\left[\frac{1}{M}\mathrm{Tr}t(\boldsymbol{R}^{-1}(\beta)\hat{\boldsymbol{R}}_N)\right]^M}\right)^N \tag{6.67}$$

对于 GLRT 检测的检测规则:

$$\max_{c_1} f(\boldsymbol{Y}|H_0) = \frac{\det(\boldsymbol{R}^{-1}(\beta))}{\left[\frac{1}{M}\mathrm{Tr}(\boldsymbol{R}^{-1}(\beta)\hat{\boldsymbol{R}}_N)\right]^M} \tag{6.68}$$

和
$$\max_{c_1\ \sigma_s^2} f(\boldsymbol{Y}|H_1) = \frac{\max\limits_{\substack{\sigma_s^2>0\\ c_1>0}}\left[-\boldsymbol{Y}^\dagger\boldsymbol{R}^{-1}(\beta)\boldsymbol{Y} + \frac{\sigma_s^2}{c_1}\frac{|\boldsymbol{Y}^\dagger\boldsymbol{R}^{-1}(\beta)\boldsymbol{s}|^2}{1+\frac{\sigma_s^2}{c_1}\boldsymbol{s}^\dagger\boldsymbol{R}^{-1}(\beta)\boldsymbol{s}}\right]}{\det[c_1 R(\beta)]\left[1+\frac{\sigma_s^2}{c_1}\boldsymbol{s}^\dagger\boldsymbol{R}^{-1}(\beta)\boldsymbol{s}\right]} \tag{6.69}$$

首先,解下列对数似然方程找到$\sigma_{s\mathrm{ML}}^2$:

$$\frac{\partial}{\partial\sigma_s^2}\ln f(\boldsymbol{Y}|H_1) = 0 \tag{6.70}$$

因此,

$$1+\frac{\sigma_s^2}{c_1}\boldsymbol{s}^\dagger\boldsymbol{R}^{-1}(\beta)\boldsymbol{s} = \frac{1}{c_1}\frac{|\boldsymbol{Y}^\dagger\boldsymbol{R}^{-1}(\beta)\boldsymbol{s}|^2}{\boldsymbol{s}^\dagger\boldsymbol{R}^{-1}(\beta)\boldsymbol{s}} \tag{6.71}$$

这样就得到下列估计:

$$\hat{\sigma}_{sML}^2 = \frac{|\boldsymbol{Y}^\dagger\boldsymbol{R}^{-1}(\beta)\boldsymbol{s}|^2 - c_1\,\boldsymbol{s}^\dagger\boldsymbol{R}^{-1}(\beta)\boldsymbol{s}}{[\boldsymbol{s}^\dagger\boldsymbol{R}^{-1}(\beta)\boldsymbol{s}]^2} \tag{6.72}$$

对于
$$\frac{|\boldsymbol{Y}^\dagger\boldsymbol{R}^{-1}(\beta)\boldsymbol{s}|^2}{\boldsymbol{s}^\dagger\boldsymbol{R}^{-1}(\beta)\boldsymbol{s}} \geqslant c_1 \tag{6.73}$$

把式(6.71)代入式(6.69),得到

$$\max_{c_1\ \sigma_s^2} f(\boldsymbol{Y}|H_1) = \frac{\boldsymbol{s}^\dagger\boldsymbol{R}^{-1}(\beta)\boldsymbol{s}}{c_1^{M-1}\det(R(\beta))\ |\boldsymbol{Y}^\dagger\boldsymbol{R}^{-1}(\beta)\boldsymbol{Y}|^2}\exp\left\{\frac{1}{c_1}\left[-\boldsymbol{Y}^\dagger\boldsymbol{R}^{-1}(\beta)\boldsymbol{Y} + \frac{|\boldsymbol{Y}^\dagger\boldsymbol{R}^{-1}(\beta)\boldsymbol{s}|^2}{\boldsymbol{s}^\dagger\boldsymbol{R}^{-1}(\beta)\boldsymbol{s}}\right]\right\} \tag{6.74}$$

因此方程

$$\frac{\partial}{\partial c_1}\ln\left[\max_{\sigma_s^2} f(\boldsymbol{Y}|H_1)\right] = 0 \tag{6.75}$$

导致解

$$\hat{c}_{1ML} = \frac{1}{M-1}\left[\boldsymbol{Y}^{\dagger}\boldsymbol{R}^{-1}(\beta)\boldsymbol{Y} - \frac{|\boldsymbol{Y}^{\dagger}\boldsymbol{R}^{-1}(\beta)\boldsymbol{s}|^2}{\boldsymbol{s}^{\dagger}\boldsymbol{R}^{-1}(\beta)\boldsymbol{s}}\right] \tag{6.76}$$

Schwarz 不等式给出 $\hat{c}_{1ML} \geqslant 0$，把上式代入式(6.73)，就得到

$$\frac{|\boldsymbol{Y}^{\dagger}\boldsymbol{R}^{-1}(\beta)\boldsymbol{s}|^2}{\boldsymbol{s}^{\dagger}\boldsymbol{R}^{-1}(\beta)\boldsymbol{s}\,\boldsymbol{Y}^{\dagger}\boldsymbol{R}^{-1}(\beta)\boldsymbol{Y}} \geqslant \frac{1}{M} \tag{6.77}$$

因此 2S-GLRT 判决规则为

$$\max_{\boldsymbol{R}(\beta)} \frac{H\left(\hat{\cos}^2 - \frac{1}{M}\right)}{\left[1 - \hat{\cos}^2\right]^{M-1}\hat{\cos}^2} \underset{\boldsymbol{H}_0}{\overset{\boldsymbol{H}_1}{\gtrless}} h^* > 1 \tag{6.78}$$

其中，

$$\hat{\cos}^2 \equiv \frac{|\boldsymbol{Y}^{\dagger}\boldsymbol{R}^{-1}(\beta)\boldsymbol{s}|^2}{\boldsymbol{s}^{\dagger}\boldsymbol{R}^{-1}(\beta)\boldsymbol{s}\,\boldsymbol{Y}^{\dagger}\boldsymbol{R}^{-1}(\beta)\boldsymbol{Y}} \tag{6.79}$$

代入，

$$\text{ML-GLRT:}\quad \alpha_{\mathrm{L}} \leqslant \frac{\det(\boldsymbol{R}^{-1}(\beta)\hat{\boldsymbol{R}}_N)}{\left[\frac{1}{M}\mathrm{Tr}(\boldsymbol{R}^{-1}(\beta)\hat{\boldsymbol{R}}_N)\right]^M} < 1 \tag{6.80}$$

$$\text{EL-GLRT:}\quad \alpha_{\mathrm{L}} \leqslant \frac{\det[\boldsymbol{R}^{-1}(\beta)\hat{\boldsymbol{R}}_N]}{\left[\frac{1}{M}\mathrm{Tr}(\boldsymbol{R}^{-1}(\beta)\hat{\boldsymbol{R}}_N)\right]^M} \leqslant \alpha_{\mathrm{U}} \tag{6.81}$$

证明下列函数：

$$f(\hat{\cos}^2) = \frac{1}{\left[1 - \hat{\cos}^2\right]^{M-1}\hat{\cos}^2} \tag{6.82}$$

对于 $\hat{\cos}^2 \geqslant 1/M$ 是单调的是很直接的，因此，与前面一样的理由，2S-GLRT 的判决规则可以表示成传统的形式：

$$\frac{|\boldsymbol{Y}^{\dagger}\boldsymbol{R}^{-1}(\beta)Y|^2}{\boldsymbol{s}^{\dagger}\boldsymbol{R}^{-1}(\beta)\boldsymbol{s}\,\boldsymbol{Y}^{\dagger}\hat{\boldsymbol{R}}^{-1}(\beta)\boldsymbol{Y}} \underset{H_0}{\overset{H_1}{\gtrless}} h^* \geqslant \frac{1}{M} \tag{6.83}$$

其中，

$$\hat{\boldsymbol{R}}^{-1}(\beta) = = \arg\max_{\boldsymbol{R}(\beta)} \frac{1}{\left[1 - \hat{\cos}^2\right]^{M-1}\hat{\cos}^2} \tag{6.84}$$

受制于与式(6.80)或式(6.81)同样的约束。

自然地，为了避免性能由于这个函数在整个 $0 \leqslant \hat{\cos}^2 \leqslant 1$ 间隔内非单调而产生的不必要的劣化，式(6.82)的优化并不被直接应用。

我们现在可以引入传统的 ML-AMF 的解(那是自适应的相关估计检测器 ACE)为

$$\hat{\cos}_{ML}^2 = \frac{|\boldsymbol{Y}^\dagger \hat{\boldsymbol{R}}_N^{-1}\boldsymbol{s}|^2}{\boldsymbol{s}^\dagger \hat{\boldsymbol{R}}_N^{-1}\boldsymbol{s}\,\boldsymbol{Y}^\dagger \hat{\boldsymbol{R}}_N^{-1}\boldsymbol{Y}} \underset{H_0}{\overset{H_1}{\gtrless}} h^* > \frac{1}{M} \tag{6.85}$$

EL-AMF 的解为

$$\hat{\cos}_{ML}^2 = \frac{|\boldsymbol{Y}^\dagger \hat{\boldsymbol{R}}^{-1}(\beta_{EL})\boldsymbol{s}|^2}{\boldsymbol{s}^\dagger \hat{\boldsymbol{R}}^{-1}(\beta_{EL})\boldsymbol{s}\,\boldsymbol{Y}^\dagger \hat{\boldsymbol{R}}^{-1}(\beta_{EL})\boldsymbol{Y}} \underset{H_0}{\overset{H_1}{\gtrless}} h^* > \frac{1}{M} \tag{6.86}$$

其中,β_{EL}由下列条件决定:

$$\frac{\det(\hat{\boldsymbol{R}}(\beta_{EL})^{-1}\hat{\boldsymbol{R}})}{\left[\frac{1}{M}\mathrm{Tr}(\hat{\boldsymbol{R}}(\beta_{EL})^{-1}\hat{\boldsymbol{R}})\right]^M} = \mathrm{LR}_0 \tag{6.87}$$

界α_L和α_U,以及LR_0是由与场景无关的概率密度分布函数描述的,这个函数在文献[41]中为$\boldsymbol{\gamma}_0^{(2)}$的推导中给出了:

$$\boldsymbol{\gamma}_0^{(2)} = \frac{\det(\hat{\boldsymbol{C}})}{\left[\frac{1}{M}\mathrm{Tr}(\hat{\boldsymbol{C}})\right]^M} \tag{6.88}$$

$$\hat{\boldsymbol{C}} \sim \mathcal{CW}(N,M,\boldsymbol{I}_M) \tag{6.89}$$

$$\boldsymbol{w}(\boldsymbol{\gamma}_0^{(2)}) = \boldsymbol{C}(M,N)[\boldsymbol{\gamma}_0^{(2)}]^{N-M}\boldsymbol{G}_{M,M}^{M,0}\left(\boldsymbol{\gamma}_0 \left| \begin{matrix} \frac{M^2-1}{M},\frac{M^2-2}{M},\cdots,\frac{M^2-M}{M} \\ 0,1,\cdots,M-1 \end{matrix} \right.\right) \tag{6.90}$$

其中,

$$C(M,N) = (2\pi)^{\frac{M-1}{2}}M^{\frac{1-2MN}{2}}\frac{\Gamma(MN)}{\prod_{j=1}^{M}\Gamma(N-j+1)} \tag{6.91}$$

而$\boldsymbol{G}_{M,M}^{M,0}(.)$是 Meijer 的 G 函数[42]。

注意,因为可以给出最大似然估计 $\hat{\sigma}_{sML}{}^2$ 和 $\hat{c}_{ML}$的解析解,上述众知的模型就算已被阐明了。同样的方法可用于更为复杂的模型,用数字的方式得到估计[23]。

6.2.2.4 对角加载的和 FML 自适应检测器,"有利的"场景

根据这个研究的两层目标,人们为上述两集的 GLRT 检测和 AMF 检测规则

中的协方差矩阵 $\boldsymbol{R}(\beta)$ 的估计规定了特殊的参数集，并称之为是对角加载和快速最大似然(FML)。下面，我们考虑已知是对 LSMI 和 FML 自适应滤波技术最有利的场景。基于 LSMI 的 LAMF 检测器也是由与数据无关的(常数)加载因子确定的。这种常规的 LAMF 检测器将与采用自适应的、与数据相关的加载因子的新的 2S-GLRT 和 EL-AMF 方法进行比较。

LSMI 处理最愿意看到的场景可以等效地由下列形式的协方差矩阵来描述：

$$\boldsymbol{R}_0 = \mu \boldsymbol{U}_s \boldsymbol{\Lambda}_s \boldsymbol{U}_s^{\dagger} + \boldsymbol{U}_n \boldsymbol{U}_n^{\dagger} \tag{6.92}$$

其中，为了简单起见，白噪声的功率被设置为 1；$\boldsymbol{U}_s$ 为由 m 个信号子空间的特征矢量构成的 $M \times m$ 阶矩阵；$\boldsymbol{U}_n$ 为由噪声子空间的特征矢量构成的 $M \times n$ 阶矩阵；$\mu \boldsymbol{\Lambda}_s \gg \boldsymbol{I}_m$ 为信号子空间的特征矢量构成的 m 个变量的矩阵。下列条件

$$m < M, \mu \gg 1 \tag{6.93}$$

(一般情况下为 $\mathrm{eig}_m \boldsymbol{R}_0 \gg \sigma_n^2$)就是“最有利的”，意思是通常信号子空间的特征值与噪声子空间的特征值有几十分贝的差异。对于这样的干扰协方差矩阵，人们展示了[13]由 LSMI 技术产生的下列自适应滤波器 w_{LSMI}

$$w_{\mathrm{LSMI}} \equiv (\beta \boldsymbol{I}_m + \hat{\boldsymbol{R}}_N)^{-1} \boldsymbol{s} \tag{6.94}$$

式中，$\hat{\boldsymbol{R}}_N \equiv \boldsymbol{X}_N \boldsymbol{X}_N^{\dagger}/N$；加载因子 β 在下列的大范围内选择：

$$\mu \lambda_m \gg \beta > 1 \left(\text{一般说来}, eig_m \boldsymbol{R}_0 \gg \beta \gg \sigma_n^2\right) \tag{6.95}$$

给出规范的输出信噪比(信噪比损耗因子)：

$$\gamma_{\mathrm{LSMI}} = \frac{[\boldsymbol{s}^{\dagger} (\beta \boldsymbol{I}_M + \hat{\boldsymbol{R}}_N)^{-1} \boldsymbol{s}]^2}{\boldsymbol{s}^{\dagger} (\beta \boldsymbol{I}_M + \hat{\boldsymbol{R}}_N)^{-1} \boldsymbol{R}_0 (\beta \boldsymbol{I}_M + \hat{\boldsymbol{R}}_N)^{-1} \boldsymbol{s}\, \boldsymbol{s}^{\dagger} \boldsymbol{R}_0^{-1} \boldsymbol{s}} \tag{6.96}$$

它可以由下列 β 分布近似描述：

$$w(\gamma_{\mathrm{LSMI}}) = \frac{N!}{(N-m)!(m-1)!} (1 - \gamma_{\mathrm{LSMI}})^{m-1} \gamma_{\mathrm{LSMI}}^{N-m} \tag{6.97}$$

这个分布仅仅取决于 N 和 m，与加载因子或其他的场景参数无关。另外，

$$E\{\gamma_{\mathrm{LSMI}}\} \approx 3\mathrm{dB}, N \approx 2m \tag{6.98}$$

在文献[43]中，用同样的概率密度分布函数来描述 FML(Hung-Turner 类的)自适应变换器的信噪比损耗因子：

$$w_{\mathrm{FML}} = (\hat{\sigma}_n^2 \boldsymbol{I}_M + \hat{\boldsymbol{U}}_m \hat{\boldsymbol{A}}_m \hat{\boldsymbol{U}}_s^{\dagger}) \tag{6.99}$$

其中，

$$\hat{\sigma}_n^2 \equiv \frac{1}{M-m} \sum_{j=1}^{M-m} \lambda_{m+j}, \hat{\boldsymbol{A}}_m \equiv \mathrm{diag}[\hat{\lambda}_j - \hat{\sigma}_n^2], j = 1, 2, \cdots, m \tag{6.100}$$

$\boldsymbol{U}_j$和$\lambda_j(j=1,2,\cdots,M)$出自下列样本(最大似然)协方差矩阵的特征值分解:

$$\hat{\boldsymbol{R}}_N = \hat{\boldsymbol{U}}\hat{\Lambda}\hat{\boldsymbol{U}}, \hat{\boldsymbol{U}} = [\hat{\boldsymbol{U}}_m, \hat{\boldsymbol{U}}_n]\hat{\Lambda} = \mathrm{diag}[\hat{\Lambda}_m, \hat{\Lambda}_n] \tag{6.101}$$

注意与 LSMI 的算法不同,FML 技术需要确定信号子空间的维度 m。对于式(6.92)、式(6.93)比较好的条件,这个阶数可以按信息理论准则(ITC)处理 $\hat{\boldsymbol{R}}$ 来估计,且精度较好[44]。这个方法实际上类似于预期似然的哲理,本章的 6.2.2.5 节表明,在很多场合下,预期似然匹配给出了如同任何信息理论准则所给出的可靠阶数估计。因此,对于 FML 方法,预期似然的 FML(EL-FML)与常规的 FML[式(6.92)到式(6.93)]之间没有实质上的差别。为此,比较分析集中在具有固定的对角加载的 LAMF 检测器上:

$$\hat{\boldsymbol{R}}_{\mathrm{LSMI}} = \beta_c \boldsymbol{I}_m + \boldsymbol{R}_N \tag{6.102}$$

根据常规的 AMF 方法,LAMF 检测器可以由式(6.102)代入检测测试推导出来,而不一定要知道协方差矩阵[5]。

因此,对于有利的场景,自适应检测器的比较将如下所述。

6.2.2.4.1 均匀干扰训练条件,功率未知的起伏目标

2S-GLRT:

$$\max_{\beta} \frac{|\boldsymbol{Y}^\dagger(\beta \boldsymbol{I}_M + \hat{\boldsymbol{R}}_N)^{-1}\boldsymbol{s}|^2}{\boldsymbol{s}^\dagger(\beta \boldsymbol{I}_M + \hat{\boldsymbol{R}}_N)^{-1}\boldsymbol{s}} \mathop{\gtrless}_{H_0}^{H_1} h^* > 1 \tag{6.103}$$

受制于

$$\alpha_{\mathrm{L}} \leqslant \frac{\det[(\beta \boldsymbol{I}_M + \hat{\boldsymbol{R}}_N)^{-1}\hat{\boldsymbol{R}}_N]\exp(M)}{\exp\{\mathrm{Tr}[(\beta \boldsymbol{I}_M + \hat{\boldsymbol{R}}_N)^{-1}\hat{\boldsymbol{R}}_N]\}} \leqslant 1 \quad (\text{ML-GLRT}) \tag{6.104}$$

或

$$\alpha_{\mathrm{L}} \leqslant \frac{\det[(\beta \boldsymbol{I}_M + \hat{\boldsymbol{R}}_N)^{-1}\hat{\boldsymbol{R}}_N]\exp(M)}{\exp\{\mathrm{Tr}[(\beta \boldsymbol{I}_M + \hat{\boldsymbol{R}}_N)^{-1}\hat{\boldsymbol{R}}_N]\}} \leqslant \alpha_{\mathrm{U}} \quad (\text{EL-GLRT}) \tag{6.105}$$

ML-AMF:

$$\frac{|\boldsymbol{Y}^\dagger \hat{\boldsymbol{R}}_N^{-1}\boldsymbol{s}|^2}{\boldsymbol{s}^\dagger \hat{\boldsymbol{R}}_N^{-1}\boldsymbol{s}} \mathop{\gtrless}_{H_0}^{H_1} h^* > 1 \tag{6.106}$$

EL-AMF:

$$\frac{|\boldsymbol{Y}^\dagger(\hat{\beta} \boldsymbol{I}_M + \hat{\boldsymbol{R}}_N)^{-1}\boldsymbol{s}|^2}{\boldsymbol{s}^\dagger(\hat{\beta} \boldsymbol{I}_M + \hat{\boldsymbol{R}}_N)^{-1}\boldsymbol{s}} \mathop{\gtrless}_{H_0}^{H_1} h^* > 1 \tag{6.107}$$

其中,

$$\hat{\beta} = \arg_{\beta}\left\{\frac{\det[(\beta \boldsymbol{I}_M + \hat{\boldsymbol{R}}_N)^{-1}\hat{\boldsymbol{R}}_N]\exp(M)}{\exp\{\mathrm{Tr}[(\beta \boldsymbol{I}_M + \hat{\boldsymbol{R}}_N)^{-1}\hat{\boldsymbol{R}}_N]\}} \equiv \mathrm{LR}_0\right\} \tag{6.108}$$

LAMF：

$$\frac{|\boldsymbol{Y}^{\dagger}(\beta_c \boldsymbol{I}_M + \hat{\boldsymbol{R}}_N)^{-1}\boldsymbol{s}|^2}{\boldsymbol{s}^{\dagger}(\beta_c \boldsymbol{I}_M + \hat{\boldsymbol{R}}_N)^{-1}\boldsymbol{s}} \underset{H_0}{\overset{H_1}{\gtrless}} h^* > 1 \tag{6.109}$$

其中,常数β_c大约为 2 或 3。

6.2.2.4.2　非均匀干扰训练条件,功率未知的起伏目标

2S-GLRT：

$$\max_{\beta} \frac{|\boldsymbol{Y}^{\dagger}(\beta \boldsymbol{I}_M + \hat{\boldsymbol{R}}_N)^{-1}\boldsymbol{s}|^2}{\boldsymbol{s}^{\dagger}(\beta \boldsymbol{I}_M + \hat{\boldsymbol{R}}_N)^{-1}\boldsymbol{s}\,\boldsymbol{Y}^{\dagger}(\beta \boldsymbol{I}_M + \hat{\boldsymbol{R}}_N)^{-1}\boldsymbol{Y}} \underset{H_0}{\overset{H_1}{\gtrless}} h^* > \frac{1}{M} \tag{6.110}$$

受制于

$$\alpha_L \leqslant \frac{\det[(\beta \boldsymbol{I}_M + \hat{\boldsymbol{R}}_N)^{-1}\hat{\boldsymbol{R}}_N]}{\left\{\frac{1}{M}\mathrm{Tr}[(\beta \boldsymbol{I}_M + \hat{\boldsymbol{R}}_N)^{-1}\hat{\boldsymbol{R}}_N]\right\}^M} \leqslant 1 \quad (\text{ML-GLRT}) \tag{6.111}$$

或

$$\alpha_L \leqslant \frac{\det[(\beta \boldsymbol{I}_M + \hat{\boldsymbol{R}}_N)^{-1}\hat{\boldsymbol{R}}_N]}{\left\{\frac{1}{M}\mathrm{Tr}[(\beta \boldsymbol{I}_M + \hat{\boldsymbol{R}}_N)^{-1}\hat{\boldsymbol{R}}_N]\right\}^M} \leqslant \alpha_{\mathrm{U}} \quad (\text{EL-GLRT}) \tag{6.112}$$

ML-AMF(ACE)：

$$\frac{|\boldsymbol{Y}^{\dagger}\hat{\boldsymbol{R}}_N^{-1}\boldsymbol{s}|^2}{\boldsymbol{s}^{\dagger}\hat{\boldsymbol{R}}_N^{-1}\boldsymbol{s}\,\boldsymbol{Y}^{\dagger}\hat{\boldsymbol{R}}_N^{-1}\boldsymbol{Y}} \underset{H_0}{\overset{H_1}{\gtrless}} h^* > \frac{1}{M} \tag{6.113}$$

EL-AMF：

$$\frac{|\boldsymbol{Y}^{\dagger}(\hat{\beta} \boldsymbol{I}_M + \hat{\boldsymbol{R}}_N)^{-1}\boldsymbol{s}|^2}{\boldsymbol{s}^{\dagger}(\hat{\beta} \boldsymbol{I}_M + \hat{\boldsymbol{R}}_N)^{-1}\boldsymbol{s}\,\boldsymbol{Y}^{\dagger}(\hat{\beta} \boldsymbol{I}_M + \hat{\boldsymbol{R}}_N)^{-1}\boldsymbol{Y}} \underset{H_0}{\overset{H_1}{\gtrless}} h^* > \frac{1}{M} \tag{6.114}$$

其中,

$$\hat{\beta} = \arg_{\beta}\left\{\frac{\det[(\beta \boldsymbol{I}_M + \hat{\boldsymbol{R}}_N)^{-1}\hat{\boldsymbol{R}}_N]}{\left\{\frac{1}{M}\mathrm{Tr}[(\beta \boldsymbol{I}_M + \hat{\boldsymbol{R}}_N)^{-1}\hat{\boldsymbol{R}}_N]\right\}^M} \equiv \mathrm{LR}_0\right\} \tag{6.115}$$

LAMF：

$$\frac{|\boldsymbol{Y}^{\dagger}(\beta_c \boldsymbol{I}_M+\hat{\boldsymbol{R}}_N)^{-1}\boldsymbol{s}|^2}{\boldsymbol{s}^{\dagger}(\beta_c \boldsymbol{I}_M+\hat{\boldsymbol{R}}_N)^{-1}\boldsymbol{s}\,\boldsymbol{Y}^{\dagger}(\beta_c \boldsymbol{I}_M+\hat{\boldsymbol{R}}_N)^{-1}\boldsymbol{Y}} \underset{H_0}{\overset{H_1}{\gtrless}} h^* > \frac{1}{M} \tag{6.116}$$

其中,常数β_c大约为2或3。

自然地,人们有兴趣将这三个检测器与基于FML的检测器进行性能比较。基于FML的检测器可以用类似的办法引入,现在式(6.99)中的信号子空间的维度m被用作为2S-GLRT优化的参数。当FML的矩阵估计对"最有利的"场景按式(6.92)和式(6.93)使用真实的m时,EL-FML具有同样的性能。

注意,在所有这些检测器中,只有类似于ML-AMF(ACE)的检测器和标准的GLRT检测器是严格意义的恒虚警检测器[5,40]。实际上,对于没有信号的一次数据$\boldsymbol{Y}$及一次和二次数据中的干扰性质没有失配时,上述ML-AMF检测器具有仅仅是M和N的函数的概率密度分布函数。文献[5,40]中对这样的概率密度分布函数已经进行了分析,可以用来计算虚警门限。对于上面所讲的其他的检测器,无法证明严格的恒虚警特性。但是,对于有利的场景,可以表明,输出的无信号统计的某些不变性对于实际的虚警门限计算是足够的。这种不变性由下面的两个定理说明。

定理6.1 假定"有利的"干扰协方差具有下列形式:

$$\boldsymbol{R}_0=\mu\boldsymbol{U}_s\boldsymbol{\Lambda}_s\boldsymbol{U}_s^{\dagger}+\boldsymbol{U}_n\boldsymbol{U}_n^{\dagger},\mu\gg 1,\boldsymbol{\Lambda}_s>\boldsymbol{I}_M \tag{6.117}$$

令下列LSMI的估计中

$$\hat{\boldsymbol{R}}_{\mathrm{LSMI}}=\beta\boldsymbol{I}_M+\hat{\boldsymbol{R}}_N,\hat{\boldsymbol{R}}_N=\boldsymbol{X}_N\boldsymbol{X}_N+/N,\boldsymbol{X}_N\sim\mathcal{CN}_N(0,\boldsymbol{R}_0) \tag{6.118}$$

的加载因子β在范围$\mu>\beta\geqslant 1$内选择,那么:

(1) 检验统计

$$\hat{t}_1\equiv\frac{|\boldsymbol{Y}^{\dagger}(\beta\boldsymbol{I}_M+\hat{\boldsymbol{R}}_N)^{-1}\boldsymbol{s}|^2}{\boldsymbol{s}^{\dagger}(\beta\boldsymbol{I}_M+\hat{\boldsymbol{R}}_N)^{-1}\boldsymbol{s}},\boldsymbol{Y}\sim CN(0,\boldsymbol{R}_0) \tag{6.119}$$

可以被近似地(当$\mu\to\infty$时)表示为

$$\hat{t}_1\simeq\frac{|[\boldsymbol{Y}_{1n}^{\dagger}-\boldsymbol{Y}_{1s}^{\dagger}(\boldsymbol{Z}_s\boldsymbol{Z}_s^{\dagger})^{-1}\boldsymbol{Z}_s\boldsymbol{Z}_n^{\dagger}]\boldsymbol{Z}_{e_1}|^2}{\boldsymbol{e}_1^{\mathrm{T}}\boldsymbol{Z}_{e_1}} \tag{6.120}$$

其中,
$$\boldsymbol{Z}\equiv\left\{\beta\boldsymbol{I}_n+\frac{1}{N}\boldsymbol{z}_n[\boldsymbol{I}_n-\boldsymbol{Z}_s^{\dagger}(\boldsymbol{Z}_s\boldsymbol{Z}_s^{\dagger})^{-1}\boldsymbol{Z}_s]\boldsymbol{Z}_n^{\dagger}\right\}^{-1} \tag{6.121}$$

$$
\begin{aligned}
&\boldsymbol{y}_{1n} \in \mathcal{CN}^{n\times 1} \sim \mathcal{CN}(\boldsymbol{0},\boldsymbol{I}_n)\\
&\boldsymbol{y}_{1s} \in \mathcal{CN}^{m\times 1} \sim \mathcal{CN}(\boldsymbol{0},\boldsymbol{I}_m)\\
&\boldsymbol{Z}_n \in \mathcal{CN}^{n\times N} \sim \mathcal{CN}(\boldsymbol{0},\boldsymbol{I}_n)\\
&\boldsymbol{Z}_m \in \mathcal{CN}^{m\times N} \sim \mathcal{CN}(\boldsymbol{0},\boldsymbol{I}_m)\\
&\boldsymbol{e}_1 \in \mathcal{R}^{n\times 1} = [1,0,\cdots,0]^{\mathrm{T}}
\end{aligned}
\tag{6.122}
$$

其中的Y_{1n}、Y_{1s}、Z_n、Z_m是相互独立的。

(2)下列检验统计

$$
\hat{t}_2 \equiv \frac{|\boldsymbol{Y}^{\dagger}(\beta\boldsymbol{I}_M+\hat{\boldsymbol{R}}_N)^{-1}\boldsymbol{s}|^2}{\boldsymbol{s}^{\dagger}(\beta\boldsymbol{I}_M+\hat{\boldsymbol{R}}_N)^{-1}\boldsymbol{s}\,\boldsymbol{Y}^{\dagger}(\beta\boldsymbol{I}_M+\hat{\boldsymbol{R}}_N)^{-1}\boldsymbol{Y}},\boldsymbol{Y}\sim\mathcal{CN}(0,\boldsymbol{R}_0) \tag{6.123}
$$

可以被(当$\mu\to\infty$时)近似为

$$
\hat{t}_2 \cong \hat{t}_1 \boldsymbol{L}_{\mathrm{LGPI}}{}^{-1} \tag{6.124}
$$

其中，

$$
\begin{aligned}
L_{\mathrm{LGIP}} &\equiv \boldsymbol{Y}^{\dagger}(\beta\boldsymbol{I}_M+\hat{\boldsymbol{R}}_N)^{-1}\boldsymbol{Y}\\
&\simeq \boldsymbol{y}_{1s}^{\dagger}\left[\frac{1}{N}\boldsymbol{Z}_s\boldsymbol{Z}_s^{\dagger}-\frac{1}{N^2}\boldsymbol{Z}_s\boldsymbol{Z}_n^{\dagger}\left(\beta\boldsymbol{I}_n+\frac{1}{N}z_n\boldsymbol{Z}_n^{\dagger}\right)^{-1}\boldsymbol{Z}_n\boldsymbol{Z}_s^{\dagger}\right]^{-1}\\
&\quad \boldsymbol{y}_{1s}-2Re[\boldsymbol{y}_{1s}^{\dagger}(\boldsymbol{Z}_s\boldsymbol{Z}_s^{\dagger})^{-1}\boldsymbol{Z}_s\boldsymbol{Z}_n^{\dagger}\boldsymbol{Z}\boldsymbol{y}_{1n}]+\boldsymbol{Y}_{1n}^{\dagger}\boldsymbol{Z}\boldsymbol{y}_{1n}
\end{aligned}
\tag{6.125}
$$

它的证明在文献[1]的附录 2 中。

虽然很粗略,这样的表示意味着对于满足式(6.92)至式(6.93)的具有足够大的μ的场景,没有目标的一次数据的检验统计可以表示为是独立、同分布的"白噪声"数据的函数,其概率密度分布函数将仅仅依赖于参数N、M、m和β。对于 LAMF,这样的表示至少可以用 Monte Carlo 仿真直接计算虚警门限。当然,在这样的情况下,必须要说明阶数m,但是,对于式(6.92)和式(6.93)这样的"有利"场景并不是一个问题,在这些场景中,信息理论准则是相当鲁棒的。对于这样的性质,LAMF 检测器可以被处理为实际上是恒虚警的。

上述推导给出了对$\hat{t}_1$和$\hat{t}_2$的最精确的表示,即使对于小得合理的β,计算门限也是足够了。对于比较大的β值,表达式可以不那么复杂,特别是对于满足下式的情况:

$$
N\beta \gg 1 \tag{6.126}
$$

$$
\hat{t}_1 \simeq \frac{1}{\beta}|[\boldsymbol{y}_{1n}^{\dagger}-\boldsymbol{y}_{1s}^{\dagger}(\boldsymbol{Z}_s\boldsymbol{Z}_s^{\dagger})^{-1}\boldsymbol{Z}_s\boldsymbol{Z}_n^{\dagger}]\,e_1|^2 \tag{6.127}
$$

$$
L_{\mathrm{LGIP}} \simeq N\boldsymbol{y}_{1s}^{\dagger}(\boldsymbol{Z}_s\boldsymbol{Z}_s^{\dagger})^{-1}-\boldsymbol{y}_{1s}+\boldsymbol{y}_{1n}^{\dagger}\boldsymbol{y}_{1n}/\beta \tag{6.128}
$$

同时有

$$
\hat{f} \equiv \boldsymbol{Y}_{1s}^{\dagger}(\boldsymbol{Z}_s\boldsymbol{Z}_s^{\dagger})^{-1}-\boldsymbol{y}_{1s} \sim \frac{\hat{f}^{m-1}}{B(m,N+1-m)\,(1+\hat{f})^{N+1}} \tag{6.129}
$$

$$\hat{g} \equiv \boldsymbol{y}_{1n}^{\dagger} \boldsymbol{y}_{1n} \sim \frac{\hat{g}^{M-m+1} \exp[-\hat{g}]}{\Gamma(M-m)} \tag{6.130}$$

式中，B 为不完全的 β 函数。注意，统计的 L_{LGIP} 可以被认为是文献[28]为均匀检测所引入的“广义内积”(GIP)检验的加载版。

为了把这样的不变性推广到新的 2S-GLRT 和 EL-AMF 技术，只要展示(在有利的干扰条件下)式(6.104)和式(6.111)中的 GLRT 检测可以近似地被表示为是同样的随机“白噪声”变量 $\boldsymbol{Z}_s$ 和 $\boldsymbol{Z}_n$ 的函数。当研究式(6.103)和式(6.110)的 GLRT 的优化时，很难得到无目标时的门限的解析表示。但是，因为优化后的检验统计和约束可以被表示为“白噪声”变量，它们的概率密度分布函数可以由 N、M、m、α_L 和 α_U 来表示，可以事先采用 Monte Carlo 仿真来计算。

对于 EL-AMF，这样的似然比表示意味着‘预期似然’的加载因子 β 是同样的“白噪声”变量 $\boldsymbol{Z}_s$ 和 $\boldsymbol{Z}_n$ 的函数，有同样的似然比的期望的中值 LR_0，因此，EL-AMF的无目标检验统计是 N、M、m 和 LR_0 的函数，也是可以用 Monte Carlo 仿真事先计算的。似然比的不变性可以用下面的定理来陈述：

定理 6.2 假定“有利”的干扰协方差矩阵的形式如下：

$$\boldsymbol{R}_0 = \mu \boldsymbol{U}_s \boldsymbol{\Lambda}_s \boldsymbol{U}_s^{\dagger} + \boldsymbol{U}_n \boldsymbol{U}_n^{\dagger}, \mu \gg 1 \tag{6.131}$$

令下列 LSMI 估计

$$\hat{\boldsymbol{R}}_{\mathrm{LSMI}} = \beta \boldsymbol{I}_M + \hat{\boldsymbol{R}}_N, \hat{\boldsymbol{R}}_N = \boldsymbol{X}_N \boldsymbol{X}_N^{\dagger}/N, \boldsymbol{X}_N \sim \mathcal{CN}_N(0, \boldsymbol{R}_0) \tag{6.132}$$

中的加载因子 β 在范围 $\mu > \beta \gtrsim 1$ 中选择，那么下列似然比

$$\gamma_{l0}{}^{(1)} \equiv \frac{\det(\hat{\boldsymbol{R}}^{-1}{}_{\mathrm{LSMI}} \hat{\boldsymbol{R}}_N) \exp(M)}{\exp(\mathrm{Tr}(\hat{\boldsymbol{R}}^{-1}{}_{\mathrm{LSMI}} \hat{\boldsymbol{R}}_N))} \tag{6.133}$$

$$\gamma_{l0}{}^{(2)} \equiv \frac{\det(\hat{\boldsymbol{R}}^{-1}{}_{\mathrm{LSMI}} \hat{\boldsymbol{R}}_N)}{\left[\frac{1}{M}\mathrm{Tr}(\hat{\boldsymbol{R}}^{-1}{}_{\mathrm{LSMI}} \hat{\boldsymbol{R}}_N)\right]^M} \tag{6.134}$$

可以近似地表示为

$$\gamma_{l0}{}^{(1)} = \frac{\det[\mathcal{Z}(\mathcal{Z}^{-1} - \beta \boldsymbol{I}_N)]}{\exp[-\beta \mathrm{Tr}(\mathcal{Z})]} \tag{6.135}$$

$$\gamma_{l0}{}^{(1)}(\beta = 0) = 1 \tag{6.136}$$

$$\gamma_{l0}{}^{(1)}(\beta \gg 1) = \beta^{-(M-m)} \det(\mathcal{Z}^{-1} - \beta \boldsymbol{I}_N) \exp(M - m) \tag{6.137}$$

$$\gamma_{l0}{}^{(2)} = \frac{\det[\mathcal{Z}(\mathcal{Z}^{-1} - \beta \boldsymbol{I}_N)]]}{[1 - \beta \mathrm{Tr}(\mathcal{Z}/M)]^M} \tag{6.138}$$

$$\gamma_{l0}{}^{(2)}(\beta = 0) = 1 \tag{6.139}$$

$$\gamma_{l0}{}^{(2)}(\beta \gg 1) = \beta^{-(M-m)} \det(\mathcal{Z}^{-1} - \beta \boldsymbol{I}_N)(1 - m/M)^{-M} \tag{6.140}$$

文献[1]的附录3中有它们的证明。

在下一小节中,我们将表明这些近似对于那些由强点源干扰所组成的实际场景(它们是对这样的检测器有利的)中的虚警门限计算已经足够精确了。

6.2.2.5 2S-GLRT、AMF 和 LAMF 检测器的性能分析

6.2.2.5.1 “有利的”干扰场景

考虑一个 $M=12$ 的均匀线阵传感器,以及 $m=6$ 个独立的高斯干扰源,每一个具有 30dB 的信号对白噪声的比(SWNR)。干扰的到达角(DOA)为

$$\boldsymbol{w}_6 = \sin(\theta_6) = [-0.8, -0.4, 0.2, 0.5, 0.7, 0.9] \tag{6.141}$$

干扰协方差矩阵的特征谱为

$$\boldsymbol{R}_0 = \sigma_n^2 \boldsymbol{I}_M \sum_{j=1}^{6} \sigma_j^2 \boldsymbol{s}(w_j)\, \boldsymbol{s}^{\dagger}(w_j) \tag{6.142}$$

式中,σ_n^2为白噪声的功率,且

$$\sigma_n{}^2 = 1, \sigma_j{}^2 = 1000, w_j = 2\pi \frac{d}{\lambda}\sin(\theta_j) \tag{6.143}$$

如图6.2所示,它是完全地满足“有利的”干扰条件式(6.92)到式(6.93)的,因为$\lambda_7/\lambda_8 = \lambda_7/\sigma_n^2 \approx 35\text{dB}$。注意,在我们的假设下,考虑到训练数据由 N 个独立、同分布的样本组成,上述自适应检测器可用于任何空域、时域或空-时域。实际上,图6.2的特征谱是专门选择看起来像是具有3个天线传感器和4个重复周期的机载侧视雷达的地面散射的空时协方差矩阵的[45]。

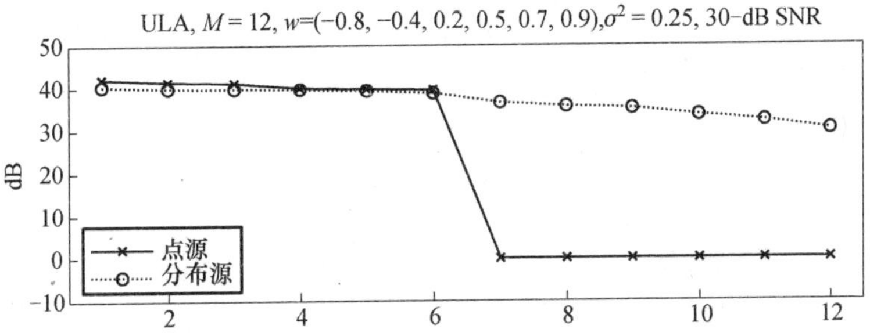

图6.2 强洞察力检测器的用于模拟的“有利”和“不利”的干扰协方差矩阵的特征谱。合适的场景是由强的点源干扰组成的,允许清晰地划分信号子空间和噪声子空间,而不合适的场景包含了散布的源,它在特征值分解后难于清晰地确定噪声子空间

为了表示两个极端的情况,选择了两个分开的目标到达角,即

$$\frac{\boldsymbol{s}_0^{\dagger}[\boldsymbol{I} - \boldsymbol{s}_6(\boldsymbol{s}_6^{\dagger}\boldsymbol{s}_6)^{-1}\boldsymbol{s}_6^{\dagger}]\boldsymbol{s}_0}{\boldsymbol{s}_0^{\dagger}\boldsymbol{s}_0} = \begin{cases} 0.949, w_0^{\dagger} = -0.60 \\ 0.040, w_0^{L} = 0.18 \end{cases} \tag{6.144}$$

在第一个情况下（STAP 术语中的“快目标”），总的干扰抑制并没有带来目标信号对白噪声的比值明显的劣化。而在第二个情况下（“慢目标”），目标至少离一个干扰比较近，结果的干扰“零陷”导致信号功率的明显减少。

注意，对于具有强洞察力的检测器（$\boldsymbol{R}=\boldsymbol{R}_0$），以及对标准的 GLRT 检测器和 AMF 检测器，如果输出信噪比是如下相同的状态，将并不影响接收机的工作特性：

$$\sigma_{sL}^2\,\boldsymbol{s}_0^{LH}\,\boldsymbol{R}_0^{-1}\,\boldsymbol{s}_0^L=\sigma_{sL}^2\,\boldsymbol{s}_0^{HH}\,\boldsymbol{R}_0^{-1}\,\boldsymbol{s}_0^{\dagger} \tag{6.145}$$

当然，标准的 GLRT 检测和 AMF 检测器是恒虚警检测器，因此，它们的虚警率（门限）并不取决于式（6.144）给出的具体场景。对于引入的 2S-GLRT、EL-AMF 和 LAMF 检测器，有必要展示在前面的 6.2.2.4 节中讲述的无目标输出的统计不变性对于恒定的虚警门限已经足够了。

在我们所有的模拟中，训练的样本数量 N 是根据 RMB 规则选的，确保在 SMI 自适应滤波器中有 3dB 的信噪比损失：$N=2M=24$。

6.2.2.5.2 均匀的干扰训练条件，功率未知的起伏目标

首先，考虑下列具有强洞察力的检测器：

$$\frac{|\boldsymbol{y}^{\dagger}\,\boldsymbol{R}_0^{-1}\boldsymbol{s}|^2}{\boldsymbol{s}^{\dagger}\,\boldsymbol{R}_0^{-1}\boldsymbol{s}}\underset{H_0}{\overset{H_1}{\gtrless}}h>1 \tag{6.146}$$

它的接收机工作特性具有众知的解析式：

$$P_d=\exp\left[-\frac{h}{1+\sigma_s^2\,\boldsymbol{s}_0^{\dagger}\,\boldsymbol{R}_0^{-1}\,\boldsymbol{s}_0}\right] \tag{6.147}$$

式中，h 为门限；$\sigma_s^2\boldsymbol{s}_0^{\dagger}\boldsymbol{R}_0^{-1}\boldsymbol{s}_0$为输出信噪比。

对自适应匹配滤波（ML-AMF）检测器，虚警概率P_{fa}和目标检测概率可以表示为多少与 RFKN 不同的如下形式[5]（见文献[1]的附录 4）：

$$\begin{aligned}P_{fa}&={}_2F_1(N-M+1,N-M+2,N+1;-h)\\&=\frac{1}{(1+h)^{N-M+1}}\,{}_2F_1\left(N-M+1,M-1,N+1;-\frac{h}{1+h}\right)\end{aligned} \tag{6.148}$$

式中，${}_2F_1(\alpha,\beta,\gamma,x)$为超几何函数[42]，且

$$P_d=\left[\frac{1+\sigma_s^2\,\boldsymbol{s}^{\dagger}\,\boldsymbol{R}^{-1}\boldsymbol{s}}{1+\sigma_s^2\,\boldsymbol{s}^{\dagger}\,\boldsymbol{R}^{-1}\boldsymbol{s}+h}\right]^{N-M+1}\times$$

$$F_1\left(M-1,-(N-M+1),N-M+1,N+1;\frac{\sigma_s^2\,\boldsymbol{s}^{\dagger}\,\boldsymbol{R}^{-1}\boldsymbol{s}}{1+\sigma_s^2\,\boldsymbol{s}^{\dagger}\,\boldsymbol{R}^{-1}\boldsymbol{s}},\frac{\sigma_s^2\,\boldsymbol{s}^{\dagger}\,\boldsymbol{R}^{-1}\boldsymbol{s}+h}{1+\sigma_s^2\,\boldsymbol{s}^{\dagger}\,\boldsymbol{R}^{-1}\boldsymbol{s}+h}\right) \tag{6.149}$$

式中，$F_1(\alpha,\beta,\gamma,x)$ 为两个变量的超几何函数[42]。注意在文献[1]中，

$$ {}_2F_1\left(M-10,0,N+1;\frac{\sigma_s^{\ 2}}{1+\sigma_s^{\ 2}}\right)=1 \tag{6.150} $$

因此对 $h=0$，$P_d=1$，而对 $\sigma_s^2=0$，$P_d=P_{fa}$。可以用这些解析式证实 Monte Carlo 仿真结果。特别是，对于具有强洞察力的检测器，我们将比较模拟的和理论的接收机工作特性，并使用 GNU 科学实验室（GSL）的免费软件 gsl_sf_hyperg_2F1（http://www.gnu.org/software/gsl/）来计算 ${}_2F_1(\alpha,\beta,\gamma,x)$，并发现虚警概率为 $10^{-2}\sim10^{-4}$ 时的门限值 h。将这些解析计算的值与大量的 Monte Carlo 试验的值对比，给出了与其他 Monte Carlo 结果所确认的精度之间有相当好的匹配。

接下来我们考虑新的检测器性能，从 LAMF 开始，我们期待把它用作具有自适应（与数据有关的）加载因子的 2S-GLRT 和 EL-AMF 检测器的标杆，而这是理论框架所建议的。图 6.3 给出了通过 10^6 次 Monte Carlo 试验得到的式（6.14）中的 $\mathrm{LR}_{\gamma0l}^{(1)}$ 在具有 3 个固定的加载因子 β＝0.5、1.6、2.5 时的概率密度分布函数的示例。我们看到加载因子 $\beta=1.6$ 与图 6.1 中真的协方差矩阵 $\boldsymbol{R}_0$ 所产生的似然比的分布最为接近，中值为 0.0257。因此，对于这样的场景，我们期待 $\beta=1.6$ 相对于噪声功率 $\sigma_n^2=1$ 是"足够"恒定的加载因子。

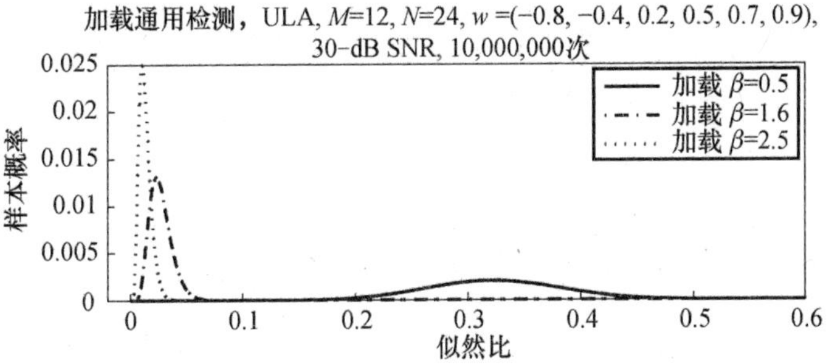

图 6.3　具有不同的加载因子和 6 个干扰的一般测试的概率密度分布函数样例，它们与图 6.1 具有同样的 $M=12$ 和 $N=24$

对这样相对较低的对角加载，我们的"无目标"统计输出的"白噪声"近似式 6.120 的精度成为首先需要讨论的关键问题。图 6.4 给出了"无目标"统计输出的概率密度分布函数样例，它是用式（6.144）的"慢目标"做 10^6 个 Monte Carlo 试验计算得到的（这里没有给出对"快目标"的概率密度分布函数，因为它们是鉴别不出来的），这也就展示了虚警概率相对于目标场景的不变性。

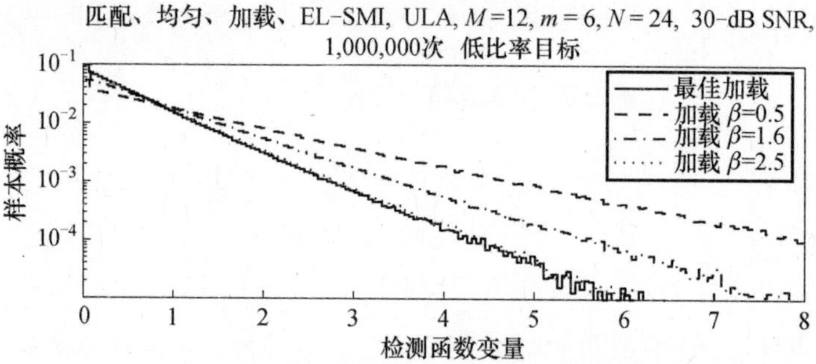

图 6.4　LAMF 检测器的无目标输出信号的概率密度分布函数样例，它们具有不同的加载因子和一个接近 6 个干扰之一的目标

为了确认我们的“无目标”理论近似对于“无目标”的输出统计的精度，可以计算无目标时的 LAMF 检测器在加载因子为 $\beta = 0.5 \sim 48$ 时输出信号样例的概率密度分布函数（10^4个测试，“慢目标”的场景），然后决定与所需要的虚警概率（比如$P_{fa} = 10^{-2}$）对应的门限。比较这样的值与利用理论的“白噪声”表示式(6.120)得到的（10^6个测试）真实的门限值（还是对$P_{fa} = 10^{-2}$），我们发现对应门限值有高的精度，如图 6.5 所示。因此对于这个场景，LAMF 检测器实际上是一个恒虚警检测器，因为对于任何 m 值（协方差矩阵的主特征值数量），虚警门限值可以事先以足够的精度计算。这个比较也证明了 EL-AMF 和 2S-GLRT 检测器的恒虚警特性，因为它们是基于同样的分析近似的（见定理 6.2）。

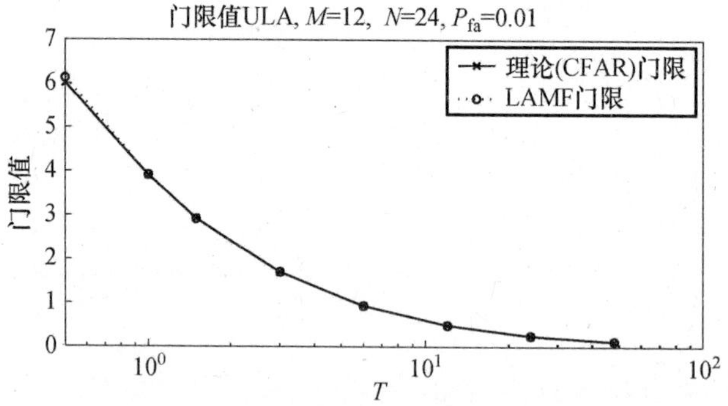

图 6.5　$P_{fa} = 10^{-2}$和不同的加载因子时，理论（只有噪声）和实际的（LAMF 检测器的无目标输出信号）门限值。曲线的对应表明了 LAMF 检测器的恒虚警特性

现在我们要考虑的具有强洞察力的标准的 AMF 和 LAMF 检测器的接收机工作特性，对于虚警率设置在$P_{fa} = 10^{-4}$的情况，图 6.6 给出它们的曲线。这里只给出了$P_{fa} = 10^{-2}$和10^{-3}的接收机工作特性，因为它们的变化很小。（另外，对于慢目标，其接收机工作特性与快目标是一样的，所以这里也没有给出）。我们

看到了，对于具有强洞察力的检测器[式(6.146)]，仿真的(理想的)和分析的(实际的)接收机工作特性之间具有良好的匹配，这也证明了仿真的精度。虽然目标模型不同(在我们的研究中是起伏的，而在文献[4,5]中是不起伏的)，标准的 AMF 检测器(ML-AMF)表现出了类似于在文献[5]中的性能。实际上，对于 $P_{fa}=10^{-4}$ 和 $P_d=0.5$，ML-AMF 的信噪比损失大约是 5dB，而对应在文献[7]中大约为 3dB。对于这一点的第一个解释是由于自适应门限，使 AMF 引起了额外的大约 2dB 的损耗。回顾 RMB 损耗就是自适应天线滤波器的损耗，并不含有任何门限损耗。

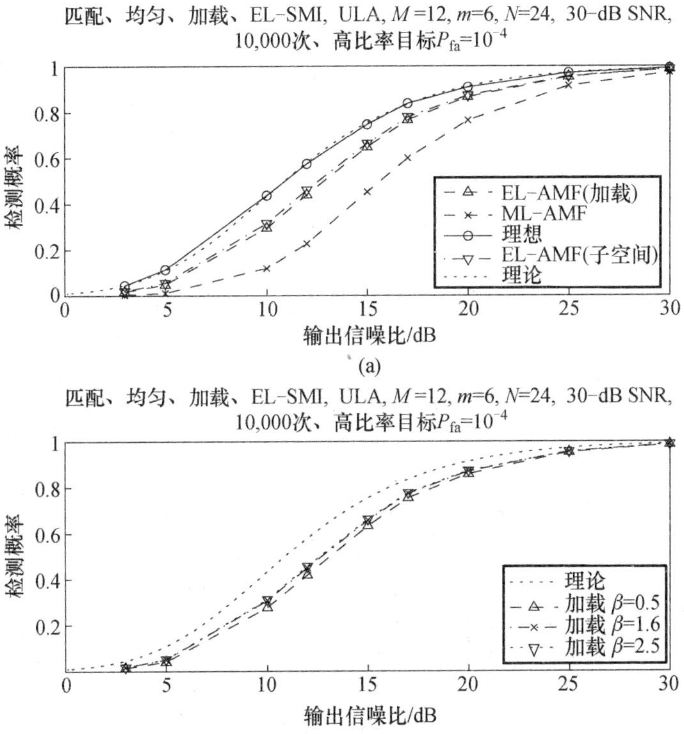

(b)

图 6.6 不同的自适应匹配滤波变量条件下 $P_{fa}=10^{-4}$ 时 AMF 对快目标的接收机特性(上图)和加载(下图)。注意，LAMF 的性能实际上对于精确的加载值并不敏感。即使对于一个小的对角加载($\beta=0.5$)，LAMF 的“最优”加载 $\beta\approx1.6$(根据预期似然预计的)也只表现出很小的扰动(<0.1dB)

从图 6.6 得到的最重要的结果是加载的自适应匹配滤波器(EL-AMF)在性能上真的要好不少。实际上，对于 $P_{fa}=10^{-4}$ 和 $P_d=0.5$ 的信噪比损耗因子是 1.6dB，而标准的 AMF 是 5dB。不怎么期待的一个事实是，很小的加载因子($\beta=0.5$)仅仅象征性地影响到具有 $\beta\approx1.6$ 的“最佳”加载因子的 LAMF 一点点

(<0.1dB)。这个固定的“最佳”的加载因子并不需要被精确地实现。实际上，虽然没有展现出来，$\beta=12$、24、48 的接收机工作特性性能与 $\beta=1.6$ 的是很难区分的。这反映了 LSMI 在具有强的点源干扰时选择加载因子的不灵敏性[46,47]。

这样，在考虑 LAMF 的优越和性能不随加载因子在 $1\leqslant\beta<\mu$ 的范围内的变化方面，事实证明我们的期待在这样“有利的”场景下是正确的。它的准恒虚警特性明显地使 LAMF 在这样的情况下特别吸引人，这和它的高性能为我们“理论推导的”2S-GLRT 和 EL-AMF 检测器设置了一个标杆。

接下来，考虑式(6.103)和式(6.104)的 ML-GLRT 方法的接收机工作特性，这里仅仅引入了似然比的下界(它取决于最佳的加载因子 β 或干扰子空间的维度 m)。图 6.7 给出了 ML-GLRT 对“高比率/快”目标的接收机工作特性，如前一样，对于“低比率/慢”目标，接收机特性看起来是一样的。选择下界 $\alpha_L=0.0142$使得对于真实的矩阵$\boldsymbol{R}_0$，产生低于这个门限的似然比的概率非常低：$P(\mathrm{LR}(\boldsymbol{R}_0|\boldsymbol{X}_N)<\alpha_L)$设置为 <0.1(见图 6.1)。如我们所期待的，ML-GLRT 的性能实际上与(标准的)ML-AMF 方法在有它的(未加载的)样本矩阵逆时是一样的。另外，这样好的重合不是由于最终在检测的检验优化式(6.103)中选择无关紧要的零加载因子造成的。

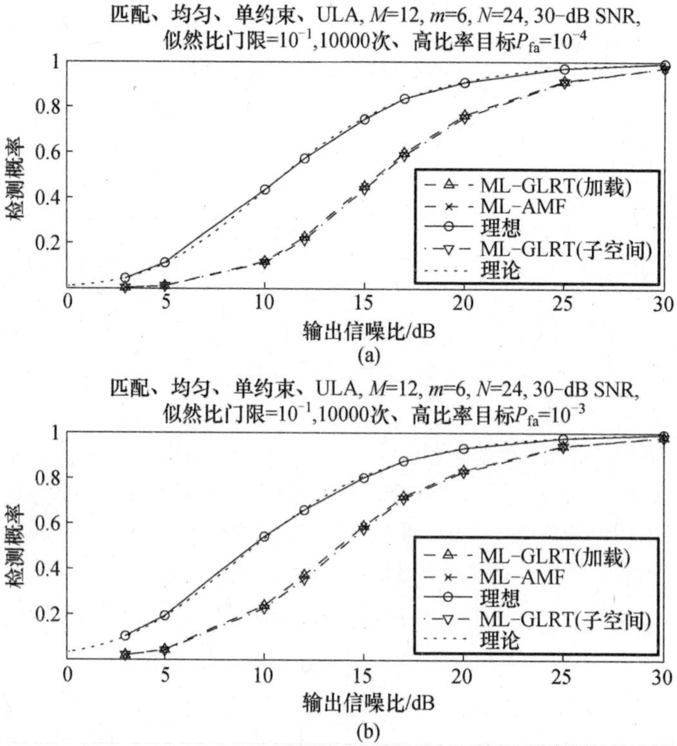

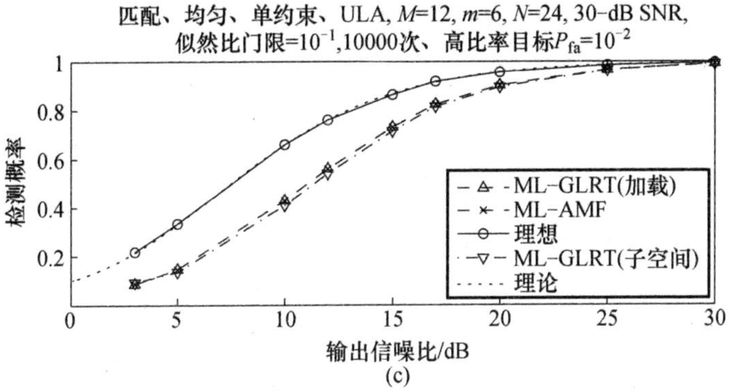

(c)

图6.7　ML-GLRT在三个虚警概率下对高比率目标的接收机工作特性

所选择的达到3dB输出信噪比的加载因子的概率密度分布函数如图6.8所示。可以看到,尽管性质不同,我们的2S-GLRT检测器与传统的(零加载的)ML-GLRT检测器具有相同的性能。这证明了我们的判断,单个快拍不会产生明显的差别,即使是对于小样本数支撑的研究也是这样。对于由Kelly[4]分析的特定的目标模型,协方差矩阵估计的差别造成了ML-GLRT的性能比ML-AMF稍好,而对于其他一些模型,这两个技术是一样的(比如在文献[20]中),或者甚至AMF的性能比GLRT检测还要好(比如文献[5]中)。

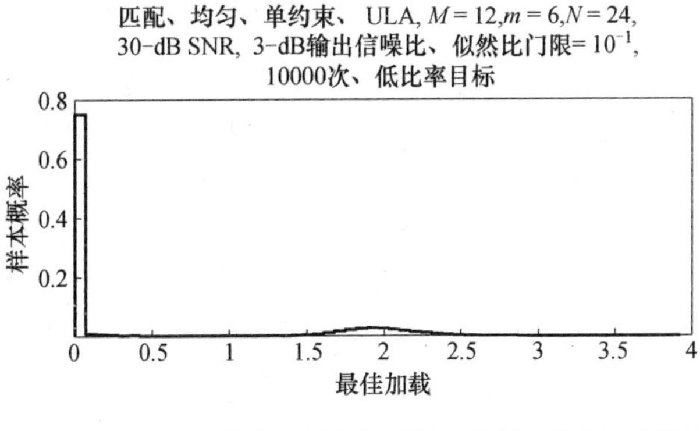

图6.8　ML-GLRT技术中最佳加载的概率密度分布函数样例

当根据EL-GLRT方法的式(6.103)和式(6.105)采用最佳加载的似然比的上、下界时,结果就完全不同了。图6.9给出了高比率目标的接收机工作特性,低比率目标的接收机工作特性实际上是一样的,所以没有在这里展示。尽管可接受的似然比值的区域更大,对于$P(\mathrm{LR}<\alpha_{\mathrm{L}})=10^2$和$P(\mathrm{LR}<\alpha_{\mathrm{U}})=10^2$($\alpha_{\mathrm{L}}=0.0084$和$\alpha_{\mathrm{U}}=0.0647$),EL-GLRT的接收机工作特性与由EL-AMF和LAMF方法所生成的结果令人吃惊地接近。实际上,在这种情况下,我们看到了与2SML-GLRT和ML-AMF同样的改善。可以观察到同样的对角加载的实际性能和干扰

子空间维度的选择，尽管我们还是看到了这样的事实：优化的信号子空间的维度在 2S EL-GLRT 算法中的总是离正确的维度相差甚远。

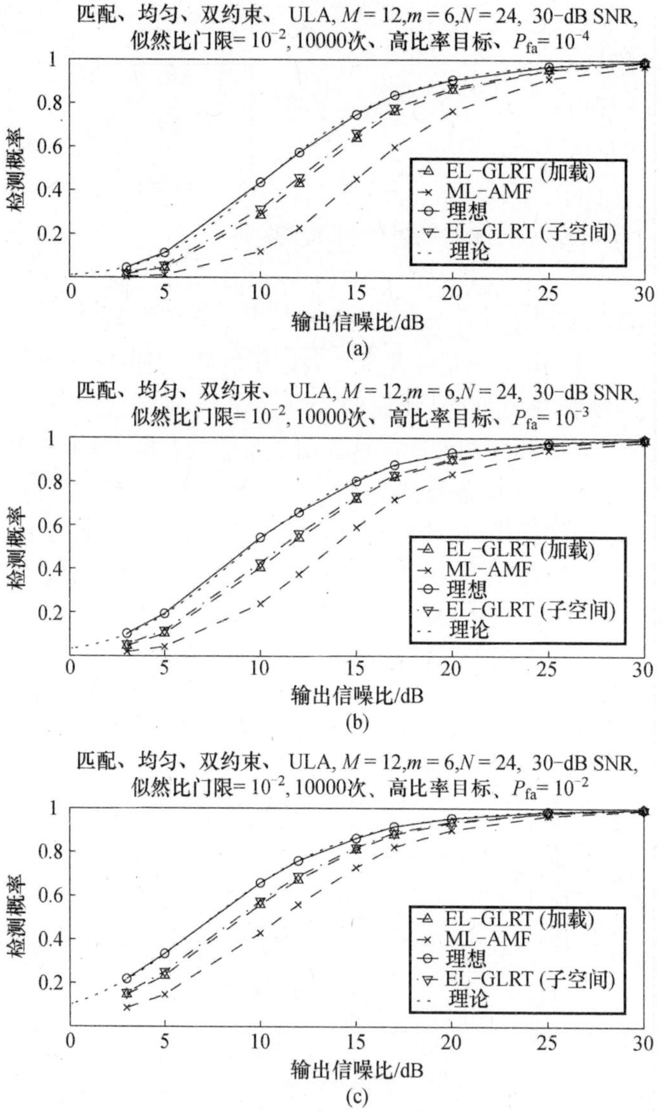

图 6.9　EL-GLRT 在三个虚警概率下对高比率目标的接收机工作特性

对均匀干扰环境中具有起伏目标的典型场景的分析清楚地表明，基于最大似然的 ML-GLRT 和 ML-AMF 检测器具有同样的性能，当新的预期似然被标准的最大似然准则替代来寻找合适的对角加载或干扰子空间的维度时，两技术都会得到明显、实际上一样的性能改善。

如期待的那样，对于这样的“有利的”场景，LAMF 的与数据无关的加载式(6.109)与“理论推导的”EL-GLRT 和 EL-AMF 技术具有同样的性能。完全不同的检测器 EL-GLRT、EL-AMF 和 LAMF 之间性能的精确重合几乎就意味它们在将自适应检测问题公式化的时候都达到了终极的性能。

注意，采用适当的加载($\beta=1.6$)后的矩阵 $\hat{\boldsymbol{R}}_{\mathrm{LSMI}}$所产生的似然比统计地接近真实的矩阵$\boldsymbol{R}_0$。这样的匹配可以被用作选择对角加载因子的新的导引，但是从理论的观点看，也可以被处理成对我们的预期似然技术的又一个佐证。

6.2.2.5.3　非均匀的干扰训练条件，功率未知的起伏目标

本小节简单地介绍采用这个不一样的信号模型、检测规则以及式(6.110)到式(6.116)中的似然比的仿真结果，它们表明：总的发现与均匀干扰训练条件下的发现是一样的。

我们从下列具有强洞察力的检测器的接收机工作特性开始：

$$\frac{|\boldsymbol{y}^{\dagger}\boldsymbol{R}_0^{-1}\boldsymbol{s}|^2}{\boldsymbol{s}^{\dagger}\boldsymbol{R}_0^{-1}\boldsymbol{s}\,\boldsymbol{y}^{\dagger}\boldsymbol{R}_0^{-1}\boldsymbol{y}} \underset{H_0}{\overset{H_1}{\gtrless}} h > \frac{1}{M} \tag{6.151}$$

它可以被解析地计算成[48]

$$P_{\mathrm{d}} = \left[\frac{(1-h)(\sigma_s^2\boldsymbol{s}^{\dagger}\boldsymbol{R}^{-1}\boldsymbol{s}+1)}{(1-h)(\sigma_s^2\boldsymbol{s}^{\dagger}\boldsymbol{R}^{-1}\boldsymbol{s}+1)+h}\right]^{M-1} \tag{6.152}$$

在$\sigma_s^2=0$ 时$P_{\mathrm{d}}=F_{\mathrm{fa}}$。这个表达式可以再次被用来佐证我们的 Monte Carlo 仿真的精确度。

如前一样，我们从分析传统的 ML-AMF(自适应相关估计)检测器的式(6.113)开始，将它与 LAMF 和 EL-AMF 相比。对所有实际的目的，被用于这个模型当成预期似然标杆的“球形检验”似然比的概率密度分布函数的 Monte Carlo 仿真同我们在图 6.1 中看到的“通用(非球形)检验”是一样的，对产生不同加载因子的似然比的比较表明了它们与用$\beta=2.5$ 的加载因子产生的概率密度分布函数的对应。

同前面均匀的情况类似，我们检查理论的对无目标的输出统计的“白噪声”近似的精度(见定理 6.1)，发现了它们与直接计算的虚警门限值的完美匹配。

图 6.11 给出了对于具有强洞察力的 ML-AMF(自适应相关估计)和加载的自适应匹配滤波检测器的高比率目标样本的接收机工作特性，后者使用了我们的三个加载因子例。如所期待的，理论的和强洞察力的样本的接收机工作特性之间匹配得很好。对于$P_{\mathrm{fa}}=10^{-4}$和$P_{\mathrm{d}}=0.5$，ML-SMF(自适应相关估计)具有类似的大约 3.5dB 的检测损耗[5,40]。

LAMF 检测器在所有三个加载因子下具有实际上相同的性能(对于强洞察力的检测器仅仅只有 1 ~ 1.5dB 的劣化),这一点也不奇怪。图 6.10 还给出了加载因子从与加载的样例矩阵 LR[$\hat{\boldsymbol{R}}_{\mathrm{LSMI}}(\beta)$]匹配一直到中等的似然比值 0.026 的 EL-AMF的概率密度分布函数样例。可以看到,对一次和训练数据的干扰协方差矩阵的并不精确的假设已经导致了加载因子明显大于可接受的量值,大约为 1.6 ~ 3.5。更为重要的是,图 6.11 表明,EL-AMF 与加载合适的 LAMF 一样地好。还有,FML 检测器正确地找到了源的数量,与 EL-AMF 和 LAMF 也一样地好。

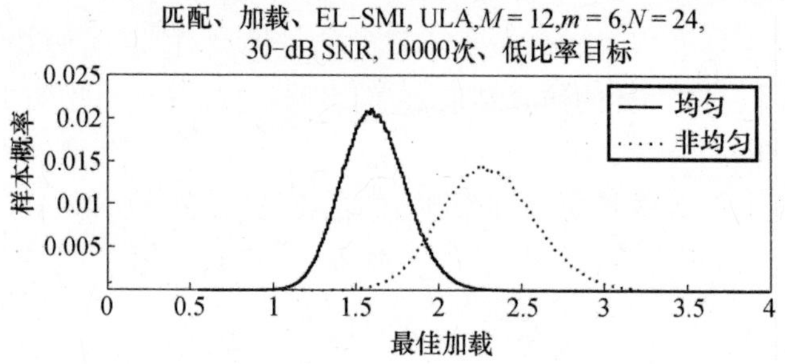

图 6.10　在 EL-AMF 技术中最佳加载的概率密度分布函数样例

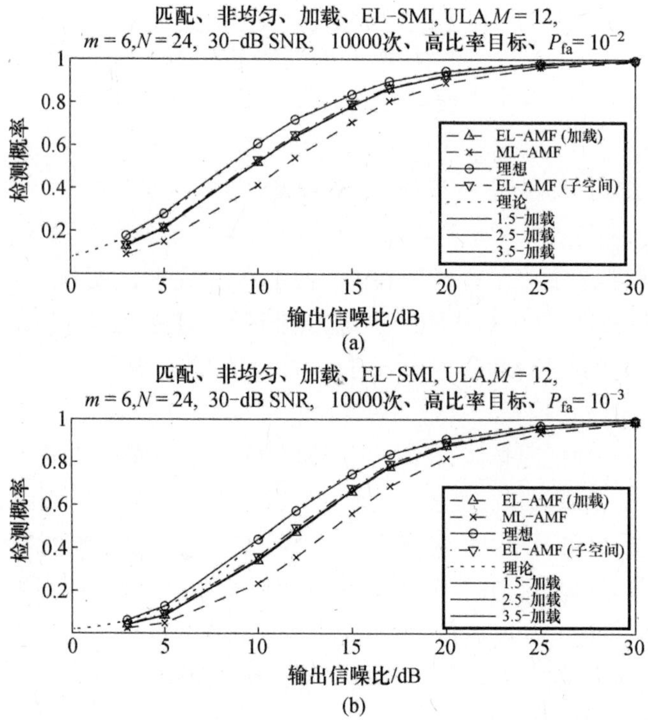

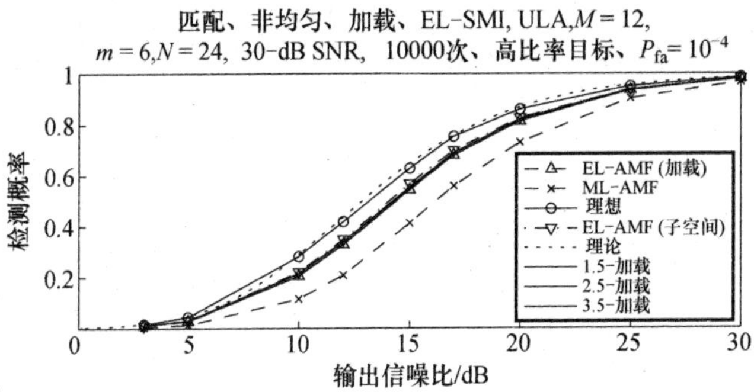

(c)

图6.11　非均匀条件下AMF在三个虚警概率下对高比率目标的接收机工作特性

现在,考虑ML-GLRT式(6.110)和式(6.111)的的结果,下界是对似然比优化了的:$P(\mathrm{LR} < \alpha_{\mathrm{L}}) = 0.01$(根据图6.3,$\alpha_{\mathrm{L}} = 0.0145$)。图6.12给出了"慢目标"的接收机工作特性(对于"快目标",几乎是一样的)。一点也不吃惊,对于所有的P_{fa}和P_{d},标准的ML-AMF(自适应相关估计)和ML-GLRT对于各种对角加载和干扰子空间维度的选择,具有几乎相同的性能。再一次地,这样的重合并不意味着这些方程式是最终等价的。实际上,在大约40%的检验中,最后的干扰子空间维度被选为$\hat{m} = 9$,而只有大约10%的实验选择了真实的干扰的秩(等于6)。

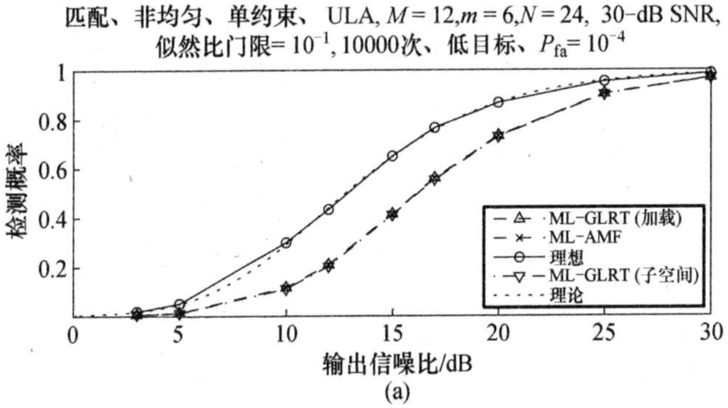

(a)

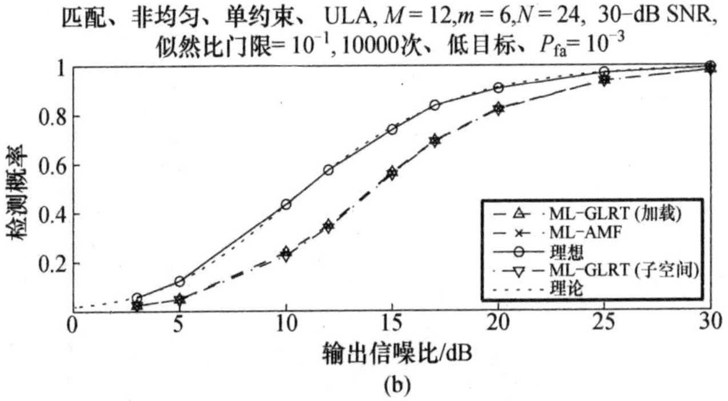

(b)

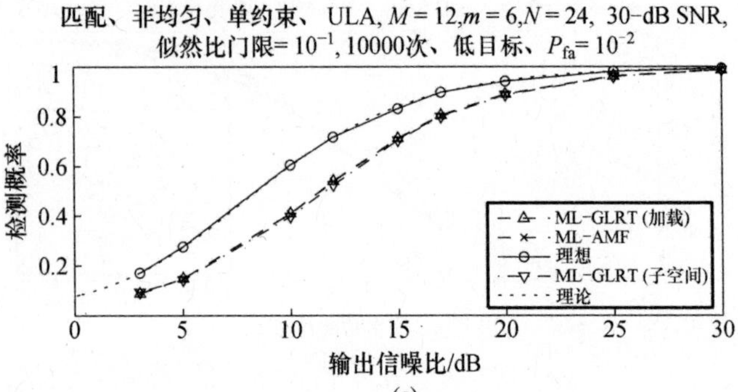

(c)

图 6.12　非均匀条件下 ML-GLRT 在三个虚警概率下对低比率目标的接收机工作特性

分析优化了 ML-GLRT 的加载因子(这里没有展示)后的概率密度分布函数的样例会得到类似的看法。对于无目标的输入数据,这个概率密度分布函数由一个在$\beta \approx 0$处单峰主导,而且在$\beta \approx 2.8$处还有一个峰。第二个峰在 3 ~ 5dB 的小信噪比的时候存在,对于足够强的目标(大约大于 15dB),它就消失了,同时零加载主导了选择(对于信噪比大于 15dB,概率在 0.9 以上)。这很清楚地意味着,这样的最优加载系数和干扰子空间维度的"随意游走"实际上并没有与接收机工作特性对应,因为它们被发现与标准的自适应匹配滤波器(ML-AMF)检验在零加载的时候是一样的。

最后,考虑这个场景下 EL-GLRT 技术式(6.110)和式(6.112)的结果,其中的上界和下界由条件 $P(\mathrm{LR} > \alpha_{\mathrm{U}} = 10^{-2}$ 和 $P(\mathrm{LR} > \alpha_{\mathrm{L}} = 10^{-2}$(根据图 6.3,$\alpha_{\mathrm{L}} = 0.0056, \alpha_{\mathrm{U}} = 0.0659$)规定。图 6.13 表明,EL-GLRT 的接收机工作特性重复了实际上与 EL-AMF 不能区分的趋势。尽管这样,EL-GLRT 的最优的加载系数具有比较小的特点,与一次数据的信噪比强相关。

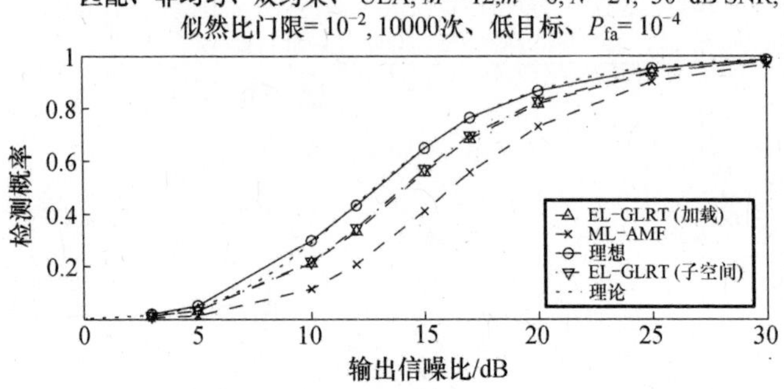

(a)

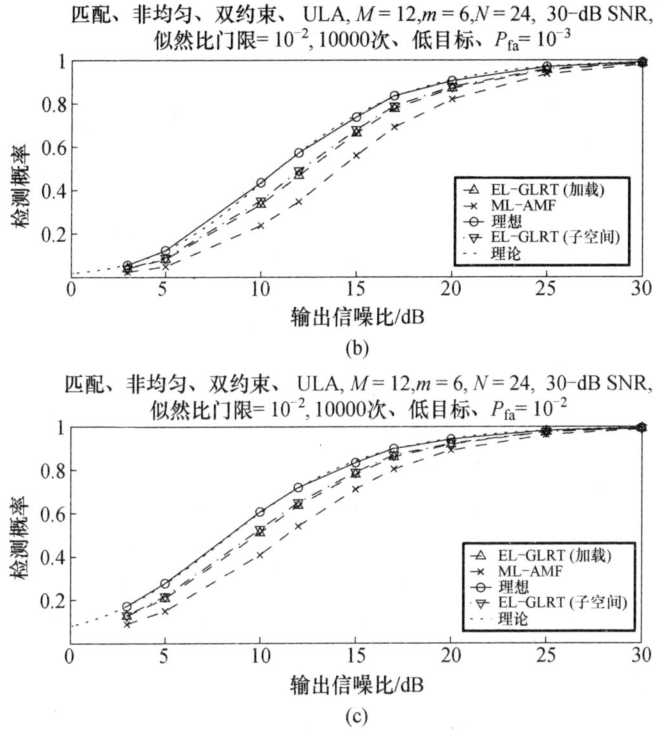

图 6.13　非均匀条件下 EL-GLRT 在三个虚警概率下对低比率目标的接收机工作特性

考虑到这些,就应该分析样例加载系数随输出信噪比从 3dB 变化到 30dB 时的分布(这里并没有全部解释)。我们发现,对于小的输出信噪比,概率密度分布函数在 $\beta=1.5$ 和 $\beta=3.2$ 处具有明显的两个峰。当信噪比增加时,第二个峰减小,一直到在 30dB 信噪比时,它就消失了。

对式(6.82)的函数 $\hat{\cos}^2(\theta)$ 最大化的详细分析揭示了小输出信噪比时出现双峰的原因,图 6.14 给出了“慢目标”在 3dB 输出信噪比时 $f(\hat{\cos}^2)$ 的概率密度分布函数的样例。可以看到,这个函数在 $\hat{\cos}^2=1/M$ 附近的最大化可以“驱使”变量要么进入 $f(\hat{\cos}^2)<1/M$(这表明没有检测出来),要么进入可以容忍的 $f(\hat{\cos}^2)>1/M$ 的范围。在前一个情况下,要选择比较大的加载系数(在允许的范围内),而在后一种情况下,可以发现比较小的加载系数是最优的。优化干扰子空间的维度 m 会展示类似的特性。值得指出的是,尽管优化的 $\hat{\cos}^2$ 与具有强洞察力的情况(还有 EL-AMF)相比有明显的分布变化,但是整个接收机工作特性与 EL-AMF 的是完全一样的,只是与具有强洞察力的相比要低 1dB。

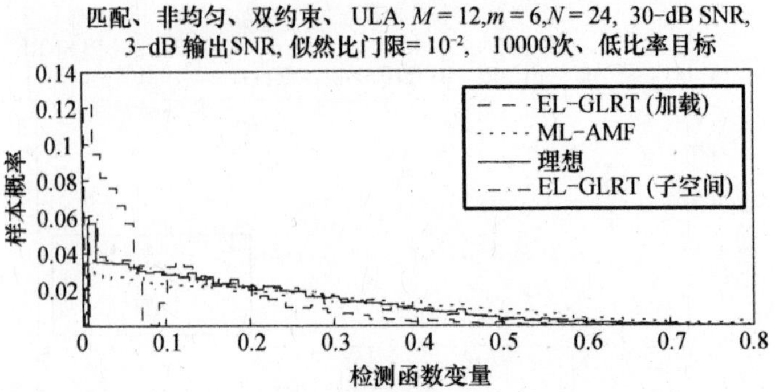

图 6.14 "慢目标"场景在 3dB 输出信噪比时的 $\hat{\cos}^2$ 的概率密度分布函数的样例

这样的详细分析展示了 EL-GLRT、EL-AMF、LAMF 检测器性能的精确等效不是由于这些处理对于所给模型的全部等价，如同文献[20]中的例子那样。这三个十分不同的算法的性能精确等效表明，这些不同的方法都通过自适应检测问题的本质达到了终极的性能。很明显，这里为 EL-GLRT 和 EL-AMD 所使用的特殊参数（分别是$P_{界}=10^{-2}$和$P_{中}=0.5$）对于所展示的性能并没有实际上的影响。

6.2.2.5.4 "不利的"干扰场景

在对我们的研究做出结论时，要考虑到新的检测器对于对 LSMI 和/或 FML 技术"不利的"干扰模型的性能，这一点很重要，也就是说，要考虑具有满秩的（没有噪声子空间）干扰场景，以及协方差矩阵的特征值大小（按序排列后）没有明显跳跃变化的场景。

实际上，自适应的过程对于比值λ_1/λ_M小的情况并没有意义。即使具有强洞察力的检测器对"白噪声匹配"的接收机在这种情况下也只有一点点改善，因为与自适应关联的损耗实际上超过了潜在的改善。这种场景的典型例子是输入白噪声。当然，没有人会考虑对内部噪声的自适应过程，当强干扰源的数量超过天线传感器的数量时（也就是超过阵列的自由度）就是这样。如果关于外部干扰的可用信息包含在训练数据中，那么合适地设计自适应检测器在这样的场景下也能获得成功。

现在，考虑式(6.141)和式(6.143)那样的具有六个干扰源的场景，但是现在每个源都等量地"扩展"（分布）了[49]。这里的干扰协方差矩阵$\boldsymbol{R}_0$可以写成[50]

$$\boldsymbol{R}_0=\boldsymbol{B}\odot\left[\sigma_n^2\boldsymbol{I}_M+\sum_{j=1}^{6}\sigma_j^2\boldsymbol{s}(w_j)\,\boldsymbol{s}^{\dagger}(w_j)\right] \tag{6.153}$$

式中[49]，

$$\boldsymbol{B}=\{\exp[-\nu|l-k|]\}_{l,k=1,2,\cdots,M},\beta>0 \tag{6.154}$$

是"扩展矩阵"；$\odot$表示 Schur-Hadamand 矩阵乘积（元素对应积）。类似于文献[49]，我们使用的扩展因子为$\nu=0.25$。

这样扩展的"消灭了"原来点源协方差矩阵的噪声子空间图 6.2 所展示的特征谱的特性现在是比率为$\lambda_1/\lambda_M=10$，而原来的是$\lambda_1/\lambda_M\approx 35$dB。另外，具有强洞察力的最佳滤波器（$\boldsymbol{W}_{\text{opt}}=\boldsymbol{R}_0^{-1}\boldsymbol{s}$）相对于"白噪声"匹配滤波器（$\boldsymbol{W}_{wn}=\boldsymbol{s}$）拥有信噪比的改善，对于高比率的（快）目标仅仅只有 0.4dB，而对于低比率的（慢）目标大约是 0.27dB；相比之下，在有利的场景中，它们分别是 28.5dB 和 26.7dB。

我们考虑具有功率未知的起伏目标的非均匀的训练条件（根据前面的结果，我们期待有对均匀场景的类似的特性）。因为具有强洞察力的检测器或 ACE 的接收机工作特性并不取决于场景，而完全由 N、M、P_{fa}和输出信噪比决定，ACE 检测器将再次比具有强洞察力的检测器差大约 3.5dB。我们需要探讨 EL-AMF 和合适加载的 LAMF 检测器能否通过对角加载和 FML 样本协方差矩阵估计来减少性能损耗。因为球形测试 LR($\boldsymbol{R}_0$) 的概率密度分布函数是与场景相关的，这样也就同图 6.1 已经显示的一样，我们可以分析三个不同的加载因子$\beta=$ 3、5000、10000 的球形测试 LR($\hat{\boldsymbol{R}}_{\text{LSMI}}$) 的概率密度分布函数，图 6.15 给出了其中后面的两个。

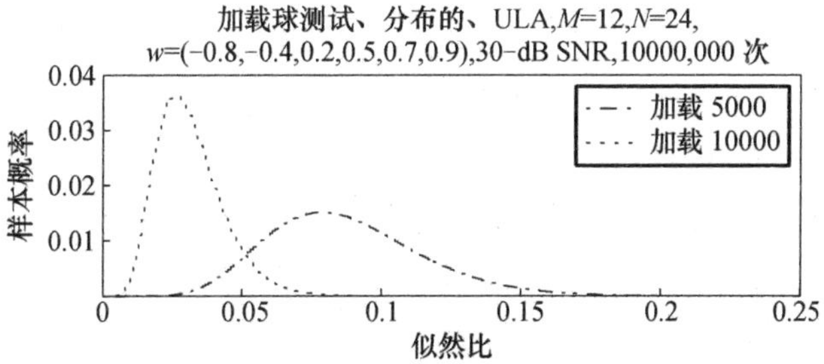

图 6.15　扩展（分布式的）干扰目标的加载球形测试的概率密度分布函数的样例

对于有利的场景，传统的加载因子$\beta=3$（相对于单位内部噪声功率）是处于一种同零加载一样好的局面，因为它不会影响概率密度分布函数集中到 LR 的 0.9996~1 范围内的似然比。只有对于大的加载因子，比如 5000 和 10000（图 6.15），似然比的概率密度分布函数的特性才类似于预期似然的标杆。注意，$\beta=10000$ 意味着对角加载与真的协方差矩阵（$\boldsymbol{R}_0$的最大特征值是同一量级的。实际上，这样的加载驱使 LAMF 接近"白噪声匹配"的检测器：

$$\frac{|\boldsymbol{y}^{\dagger}\boldsymbol{s}|^2}{\boldsymbol{y}^{\dagger}\boldsymbol{y}\boldsymbol{s}^{\dagger}\boldsymbol{s}}\underset{H_0}{\overset{H_1}{\gtrless}}h>\frac{1}{M} \tag{6.155}$$

因此可以理解，具有强洞察力的最佳滤波性能，使信噪比得到明显改善。

自然地，6.2.2.4 节中证明的对于"有利的"协方差矩阵的恒虚警特性在这样的场景中、这样的加载因子下不再存在。实际上，对于低比率（慢）的目标和

$\beta = 10000$，虚警概率为$P_{\text{fa}} = 10^{-2}$、10^{-3}、10^{-4}分别由门限值为 0.43、0.56、0.66 产生，而对于高比率（快）的目标，它们将分别为 0.22、0.32、0.42。尽管损失了恒虚警特性，但是 LAMF 的接收机工作特性分析仍然有意义（图 6.16）。而具有强洞察力的检测器的接收机工作特性再次展示了分析计算与仿真之间完美的匹配，我们看到了 $\beta = 3$ 时 LAMF 的性能与自适应相关估计如预期那样是一样的。同时，“适度加载”的 LAMF 检测器（$\beta = 5000$、10000）与具有强洞察力的检测器相比，只有 0.4dB 的劣化。EL-AMF 具有类似的性能也就一点都不奇怪了。

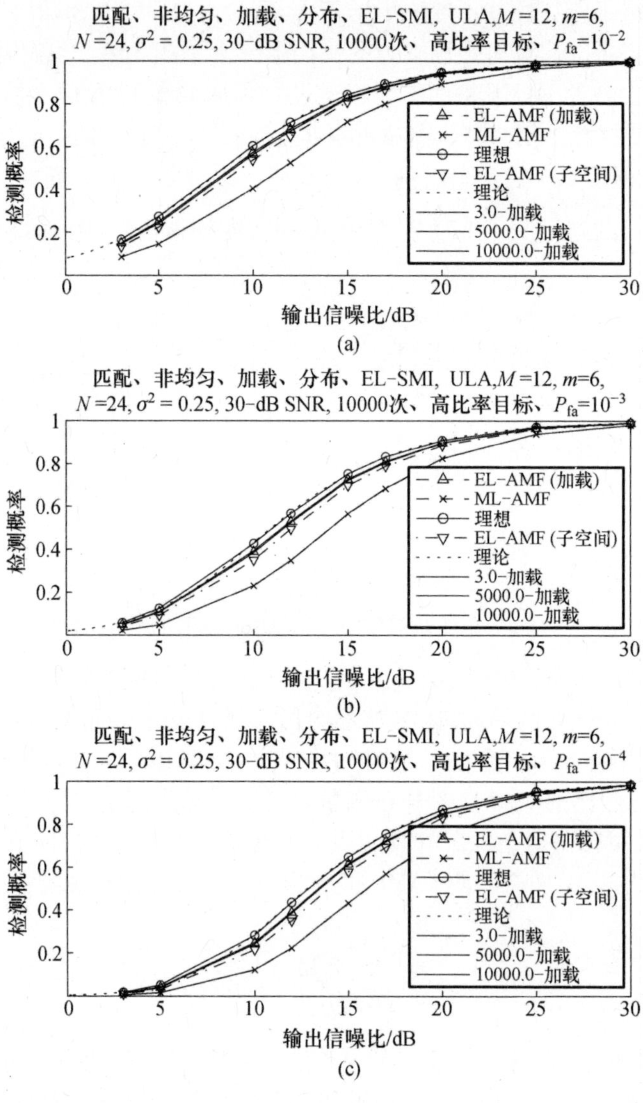

图 6.16　非均匀条件下自适应匹配滤波对散布干扰下的高比率目标的接收机工作性能

图 6.17 给出了 EL-AMF 技术中最佳加载因子时的概率密度分布函数(百万次试验的计算)的样例,这个最佳是通过将加载的样例协方差矩阵 $\hat{\boldsymbol{R}}_{\text{LSMI}}$ 的球形测试的似然比与期待的似然比的值 $\text{LR}_0=0.026$(图 6.1)匹配而得到的。如我们所期待的,最佳的加载因子大部分都落在范围 $5000\leqslant\beta\leqslant10000$ 内。有趣的是,最佳信号子空间的维度的直方图(图中没有展示)不是单值的:146 个测试选择了 $\hat{m}=6$,而剩下的是 $\hat{m}=7$。而"加载的"EL-AMF 检测器同完美加载的 LAMF 一样好,EL-FML 检测器(信号子空间的维度由式(6.114)和式(6.115)的 LR 匹配找到)则稍微差一点(少 0.2dB)。参数 m 的粗略离散可能是这个小小的劣势的原因。

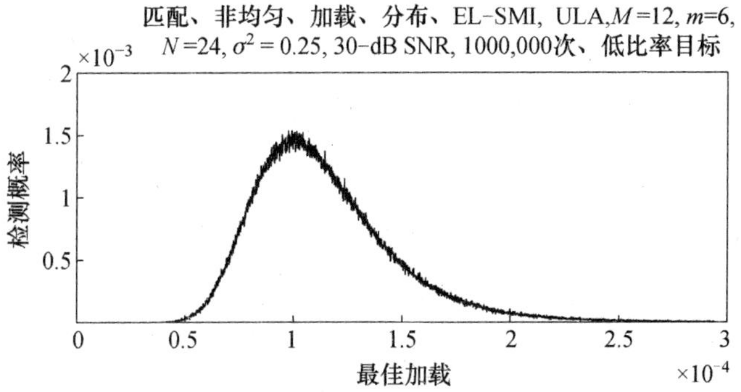

图 6.17　EL-AMF 技术中对散布的干扰扩展
最佳加载后的概率密度分布函数的样例

需要注意的是,常规的推荐方案,比如产生于"有利的"条件的加载因子选择 $\beta=3$,或者信号子空间选择 $m=6$,在这里是完全不适合的。

但是,统计上看适当加载的 LAMF 检测器与 EL-AMF 在实际情况下是等效的,仅当样本协方差矩阵可用时,唯一的选择就通过与"预期的"LR 进行匹配,采用"适当的加载因子"(比如 $\beta=10^4$)。

低比率(慢)目标的结果与 2S EL-GLRT 检测器类似:2S ML-GLRT 与传统的 ACE 相当,2S EL-GLRT、EL-AMF 和适当加载的 LAMF 在边界上逊于有洞察力的检测器。

需要指出的是,2S EL-GLRT、EL-AMF 和 LAMF 在 CFAR 特性上的损失其原因在于 EL 匹配使其接近鲁棒的"白噪声"匹配检测器,从协方差矩阵 $\boldsymbol{R}_0(\neq\boldsymbol{I}_M)$ 信号 $\boldsymbol{s}$ 来看,它并不是 CFAR 检测器。

6.2.3 观察

在本节中,我们追随两个主要的目标。首先,根据 LAMI 和 FML 自适应匹配滤波器的技术性质,我们引进利用同样类型的协方差矩阵估计的自适应检测器。我们这么做是期待这样的检测器将比常规最大似然协方差矩阵估计的检测器更好的性能,至少对于具有宽开的信号和噪声特征值空间的(有利的)干扰是这样。获得这点之后,我们接着说明了一个重要的理论问题,它是在确立了这些 LAMI 和 FML 检测器的优势之后出现的。也就是说,有必要对 Kelly 提出的GLRT检测器[4]和 RFKN 提出的 AMF 检测器[5]的框架提出修正,以便包含这些先进的检测器。我们寻求这个修正的理论框架,既可以调整已有的检测器,也可以产生新的检测器,它们至少在有利的场景中像 LAMF 和 FML 检测器那样有效。

更具体的是,对于第一个目标,我们展示了(对于有利的干扰)利用对角加载的协方差矩阵估计的 LAMF 检测器,其加载因子是从最小信号特征值和噪声特征值之间的范围内选择的,它确实给出了检测性能的改善。另外,对于这样的干扰,我们还展示了重要的"无目标"检测统计的不变性。我们表明了这些统计对于真实的协方差矩阵是不变的,可以很好地由"白噪声产生的"数据近似,其概率密度分布函数仅仅是滤波器维度、训练样本数量、信号子空间维度和加载因子的函数。近似的精度足够高,可以预计虚警门限,这意味着在这样的情况下,LAMF 检测器实际上具有恒虚警特性。

LAMF 检测器给出了相对于具有强洞察力的检测器几乎可以忽略的损耗,这样,提出一个能够给出类似检测性能的理论上的检测框架就成为一个具有挑战性的问题。为了达到我们研究的第二个目标,我们重新考虑两个自适应检测中的重要问题,它们基于传统的(Kelly 的单样本)GLRT 和 AMF 技术中提出来的。第一个问题考虑 Kelly 提出的安排[4],判决规则是由输入数据的全部,不加对一次和二次输入任何先验的不同功能的安排得到的。特别是,尽管假设二次数据是没有目标分量的,在这个技术中忽略任何用来使这个假设更好的选择规则。我们重新规范了 GLRT 检测问题,使它成为一个两集的自适应检测问题,承认训练数据的无目标状态,因此干扰协方差矩阵的估计与一次数据有关,却不依赖于要做的检验的假设。

更具体地说,我们引进了一个新的 2S-GLRT 技术,对两个假设的单个协方差矩阵的估计是自适应地从可用的解集中选择的,使与似然比关联的"检测函数”最大化。不同于大部分公布的研究，我们使用了信号起伏的 SwerlingI 模型，它是由正的（可能是未知的）功率描述的。这个模型对优化的似然比属性引入了某些重要的变化。最重要的是，因为非正的最大似然目标功率估计是不可用的，必须用零估计来替代，它所对应的就是没有目标。

我们要考虑的第二个（更重要的）问题与在传统的 GLRT 和 AMF 技术中使用的最大似然准则有关。因为支撑 GLRT 检测技术的只是一种逼近的概念，因此没有理由说不能找到除了最大似然估计以外的估计会更适合于检测，特别是在训练样本的数量比较小的时候，这一点很重要。三个直接的观察告诫我们不要挑战这个信条。第一个观察来自 Kelly 的 GLRT 检测和 AMF 方法之间的性能差异，对于不同的模型，人们可以发现其中一个比另一个好[5]。文献[5]中建议，Kelly 的技术因为涉及协方差矩阵估计中的额外的（一次数据）单拍就应当要好一点，这很容易被驳斥，因此性能的差异应当被归结到所使用的特定的估计。

第二个观察来自这样一个事实，即 LSMI 或 FML 的样本协方差矩阵的估计，虽然发现在 LAMF（FML）检测器中是很成功的，却也被发现并不是最大似然的协方差矩阵估计。

第三个观察来自由真实的协方差矩阵产生的真实的似然比（它就是一个归一的似然函数）与由 GLRT 和 AMF 检测器采用的（无约束的）最大似然估计之间的比较。最大似然的协方差矩阵估计（样本矩阵）总是给出使似然比最大的最终值，它等于一个与样本数量无关的值，而真实的协方差矩阵在相对少的样本的支持下产生一个小得多的似然比。对于本节分析的特定的例子，一个 $M=12$ 的均匀线阵传感器、$N=24$ 个样本，对于真实的协方差矩阵，发现似然比的中值只有 0.025，且以 0.99 的概率，似然比落在 0.008 ~ 0.07 的范围内。这样，对于比较少数量的样本支持，最大似然估计离真实的协方差矩阵太远了，即使按照似然比/似然函数的观点来看也是这样。

由于这个理由，我们引入了叫做“预期似然”的方法，试图找到统计产生与真实的协方差矩阵有同样的似然比的估计。这在现实中是可行的，因为由真实的协方差矩阵所产生的 LR 的概率密度函数并不取决于矩阵本身，而仅仅取决于参数 M 和 N，因此它可以被我们事先计算。

我们使用了上述著名的协方差矩阵的估计族：对角加载的样本矩阵（也就是加载的无约束的最大似然解）和最大似然解的有限子空间干扰的近似。对于这些估计,分别由传统的最大似然准则导致加载因子趋于零,而干扰子空间的维度则达到最大。对于两集 ML-GLRT,加载因子和干扰子空间的维度仅仅受似然比的下界约束,而似然比的最大值允许达到最大值 1,就像在最大似然的解中那样。尽管有这样的新公式,Monte Carlo 仿真表明,两集 ML-GLRT 检测器的性能几乎与传统的使用标准的最大似然协方差矩阵估计(零加载,全干扰秩)的 ML-AMF(自适应相关估计)方法是一样的。于是,再次证明检测器的性能主要是由最大似然估计器的类型决定的,而不是使用这个估计的是 GLRT 检测方法还是 AMF 方法所决定的。

新的预期似然方法搜索对角加载或干扰子空间的维度,使得修正的最大似然估计给出恰当的似然比,落在由真实协方差矩阵所具有似然比的值范围内。具体地说,对于两集 EL-GLRT 方法,我们将检测功能在事先计算的似然比上下界约束的解集范围内最大化。对于 EL-AMF(自适应相关估计)技术,我们搜寻产生真实协方差矩阵的中间似然比的值的加载解。对于仅仅具有有限数量解的有限秩的近似,如果在界限内没有可用的解,我们直接就找离似然比上限最接近的那个解。

对于具有信号和噪声子空间的特征值分开数十分贝的场景,大量 Monte Carlo 仿真表明,EL-GLRT 和 EL-AMF 方法实际上具有相同的性能。对于这个例子中有限维的近似,所有的解具有同样的子空间维度,因为只有真的干扰秩的估计接近于有边界的似然比区域,在“自适应”和“固定的”子空间维度之间才没有差异。当加载因子取决于输出的信噪比,在白噪声功率的 1.5 ~3 倍的范围内波动时,EL-GLRT 的判决性能与 EL-AMF 方法的是一样的,后者的加载因子是仅仅根据训练样本选择的。更为重要的是,性能要比 ML-GLRT 和 ML-AMF 检测器稍微好一点(损耗因子改善到低于$P_{\mathrm{d}}=0.5$和$P_{\mathrm{fa}}=10^{-2}\sim10^{-4}$时的具有强洞察力的情况的 1 ~1.5dB,而标准的 GLRT 和自适应相关估计技术要低 5dB),在这种情况下,实际上再次与 LAMF 技术采用鲁棒的办法选择恒定的加载因子($\beta=3\sigma_n^2$)是一样的。

这些结果表明,我们采用适当办法(对角加载、有限的干扰维度)的预期似然准则,与最大似然准则相比,在检测性能上给出了相当的改善,而后者在小样本量的支持下所产生的解会远离精确的解。我们强调,所引入的办法包括标准的(无约束)最大似然协方差估计,但是最大的差别来自企图得到与真实协方差矩阵统计逼近的似然比,而不是得到(最终的)似然比的值的最大化。这是与某些在一个限定的协方差矩阵集合(比如 Toeplitz 协方差矩阵类)中进行优化搜寻的重要区别。任何先验的协方差矩阵的结构信息总可以导致检测性能的改善,但是我们选择最原生的一类,以便强调在准则上的差异(预期似然对最大似然),而不是在协方差矩阵的描述上的差异。

更加具体地说,这个方法允许我们产生对于有利场景和 LSMI/FML 应用的解,展示与“恒定加载”的 LAMF 检测器具有同样的检测性能。在这种情况下,修正的两集 EL-GLRT 和 EL-AMF 框架具有同样的性能,这个事实可以看成是现在常规的 LSMI/FML 技术适用于自适应检测器中的又一例证。实际上,我们相信,对于两集 EL-GLRT、EL-AMF(具有自适应选择的加载)、常规的 LAMF(恒定加载),这三种不同技术的接收机工作特性令人惊讶地精确重合,这实际上意味着它们都达到了由自适应检测问题本身的模型所设定的最好可能的性能。

对于有利的场景,人们已经知道,因为加载因子可以鲁棒地选择,所以 LSMI 自适应滤波器的信噪比性能不会依赖于任何特定的加载值[13,14]。现在我们也展示了这个性质已经扩展到了包含 LAMF 检测器在虚警门限调节到所选择的加载因子值时的性能。

我们考虑的其他模拟场景是专门选择不具有这样的“有利”性的,具有全秩的“分布的”干扰源和相对小的信号子空间与噪声子空间的特征值的间隔。我们展示了对于给定的样本数量支持,仍然可以选择固定的加载因子,使 LAMF 的性能像 EL-AMF 在具有依赖于数据的加载因子时那样好。这样的检测器都明显地比标准的 AMF(自适应相关估计)技术要好,虽然付出的代价是恒虚警特性有所损失。但是,对于这样的场景的加载因子必须选得与最大的特征值可比,不像在前面“有利”的场景下最佳的加载因子是与白噪声的功率(最小的特征值)可比的。很明显,需要考虑某些“认识环境”的行为,以避免大量的加载因子选择活动。从这个观点看,具有通用的似然比拟合,仅仅根据训练数据给出自适应的加载因子选择的 EL-AMF 方法具有重要的实际上的优势。

对于“有利”的场景,EL-AMF 和两集 EL-GLRT 检测器都拥有好的恒虚警特性,这类似于 LAMF 检测器。这些检测器的输出的无目标统计可以以较高的精度被近似为只有白噪声的数据。这些统计的概率密度分布函数是样本支持数 N、滤波器(天线)的维度 M 为主的特征值数量 m,似然比的上、下限α_{LR}、α_{U}(对于 EL-GLRT),以及似然比的中值(对于 EL-AMF)的函数。虽然没有推导这些概率密度分布函数的精度分析，我们还是展示了白噪声 Monte Carlo 仿真可以被用来给出足够精度的虚警门限值。

6.3 利用协方差矩阵架构改善自适应检测

在6.2节和文献[1]中已经表明，像加载和 FML 这样的降秩技术也可以用于遇到“小秩”协方差矩阵估计(CME)的自适应检测器。在由有限秩的干扰和白噪声的模型所描述的场景中，我们展示了性能的明显改善和这样的“小秩”技术的鲁棒性。

但是，对于处理扩展/分布/散开/宽带的干扰源(表现在多普勒和空间频率上[51])的应用，协方差矩阵秩的典型值既不是很小，也不是明确了的，因此就需要用其他的模型了，比如阶数为 m 的自回归模型 AR(m)，这里的 m 与 M 相比是小的[52,53]。

我们强调，在本节中处理散布的干扰(或者反向散射杂波)时，仍然仅仅考虑具有强洞察力的$\boldsymbol{w}_{\text{opt}}$要明显优于非自适应的“白噪声最优”滤波器$\boldsymbol{w}_{WN}=\boldsymbol{s}/\boldsymbol{s}^{\dagger}\boldsymbol{s}$的情况，这与在图6.2中说明的散布的源的情况相反。在我们这里所考虑的情况中，性能的改善比与自适应(比如滤波器的样本支撑)有关的全部损失要大得多，因此，对于散布的干扰，我们仍然根据6.2节给出的 Kantorovich 不等式，处理真实的协方差矩阵 $\boldsymbol{R}$ 具有大的特征值之比λ_1/λ_M的情况。于是，不是考虑那种在6.2节中被认为式(6.6)给出的模型的有利的“断壁式”的干扰特征值，我们需要把散布的干扰考虑成或许用小阶数的 AR 模型会更好地描述的“平滑式”的特征谱。

当 AR(m)模型，或者更一般地说，具有 Toeplitz 协方差矩阵的静态模型被用于某些实际应用时[54]，它们通常被认为是过约束的。实际上，在处理 TAP(那是典型地用于自适应多门杂波中的)中的时间序列时，必须考虑严格的静态杂波和严格的周期脉冲序列。如果杂波不是静态的(比如由于机载雷达的平台运动，或者超视距雷达的电离层运动)，或者脉冲串不是周期的，杂波的协方差矩阵就不再是 Toeplitz 的。对于天线阵的应用，Toeplitz 的协方差模型甚至更受制约，因为它要求一个完美校准过的均匀直线天线阵。

因此，移掉这个静态的假设，代之以可以描述任意一个 M 个变量的正定的 Toeplitz 协方差矩阵($m=M-1$)的 AR(m)模型，我们现在就想找一个模型可以模拟地描述(对于 $m=M-1$)任意的 M 个变量的 Hermitian 协方差矩阵。这样的一个近似常常用于自适应处理:白噪声中的 $m<M$ 个点源(秩为一的)的模型。但是,对于散布的源,这个模型可能需要 m 等于主协方差矩阵的特征值的数量,因此会明显地超过散布的干扰的数量 n。对于这样的场景,我们搜寻一个像"AR(m)的"模型,它可以描述一个主特征值数量明显超出模型阶数 m 的 Hermitian 协方差矩阵。

我们期待的是,对于最大可能的阶数 $m_{\max}=M-1$,这样的"像 AR(m)"的模型可以精确地描述任何给定的 M 个变量的正定 Hermitian 协方差矩阵。这样的近似得到了 Dym-Gohberg 的条带矩阵扩展技术的证明[55],其中任何给定的 M 个变量的正定 Hermitian 矩阵 $\boldsymbol{R}$ 被转换成一个唯一的 TVAR(m)的近似 $\boldsymbol{R}_m$,它的明显特性是它的元素在 $(2m+1)$ 宽的中心条带内与 $\boldsymbol{R}$ 的完全一样,而一出这个宽度,它的元素就被延展成使逆矩阵 $\boldsymbol{R}_m^{-1}$ 的元素在这个宽度外就为零。(注意,正定的 Toeplitz 矩阵 AR(m)近似具有同样的性质。)

我们最近展示了[56],在 $N>m$ 个独立、同分布的高斯训练样本上平均的传统样本 CEM $\hat{\boldsymbol{R}}$ 的 Dym-Gohberg 或 DG 变换是 TVAR(m)协方差矩阵 $\boldsymbol{R}_m$ 的最大似然估计。然后,在文献[57,58]中,还是对给定 $N>m$ 个独立、同分布的高斯样本,介绍了估计 TVAR(m)或 AR(m)模型的阶数 m 的方法。这些结果允许基于 TVAR(m)的自适应检测有效地用于真实的 TVAR 干扰、真实的 AR 干扰,以及非 TVAR 干扰。在前两个情况中,任何研究都应当聚焦于性能相对于有无穷样本支撑的具有强洞察力的检测器的劣化(统计损耗)。对于后一个情况,研究还应考虑到模型失配的损耗,而它显然是与场景有关的。实际上,当 TVAR(m)模型仅仅用于近似任意的 Hermitian 协方差矩阵时,或许它不一定是给定矩阵、方向矢量或样本数量的最合适的近似。举例说,可能选择在"小秩"和"小 TVAR 阶数"之间的近似,甚至尝试让这个判定自适应,仅仅由训练数据驱动。因为涉及 TVAR 的干扰的更复杂问题的解取决于基于 TVAR(m)的自适应滤波器和检测器的统计性质,这将使非 TVAR 干扰下的应用成为需要独立研究的技术[59-61]。

在文献[56-58]中,我们论述了 TVAR(m)模型的理论问题和用非常少的样本进行阶数的估计,这个研究集中在自适应滤波器的性能分析和(特别是)在干扰中用 TVAR(m)或 AR(m)的性质进行自适应检测,并局限在有限的样本支持下。

当考虑统计损耗时，考虑最大似然 TVAR 协方差矩阵估计做自适应处理的效率时，有两个主要的问题需要研究。第一个是，我们需要探讨利用最大似然估计的自适应滤波器（波束形成）的效率，具体地说，需要分析当自适应估计模型 TVAR(μ) 的阶数可能会过估计时，也就是 $\mu \geq m$ 时，一般情况下具有样本数量 N 时的信噪比的损失。第二个是，对于基于 TVAR(μ) 的自适应检测器，我们还需要探讨这样的最大似然估计是否给出满意的恒虚警特性，这意味着检测器的无目标输出信号的概率密度分布函数相对于真实的 TVAR(m) 协方差矩阵是足够鲁棒的，其程度到虚警门限可以事先计算且具有可接受的精度（比如，在 6.2 节和文献[1]中讨论对角加载的自适应检测器的恒虚警特性时，我们提出了某些"白噪声"等效模型，对于大部分实际情况，允许我们事先计算这些门限到相当的精度）。

正是这个原因，本节的中心议题也就是研究基于最大似然的 TVAR 协方差矩阵估计的自适应检测器的性能，是对虚警率随场景变化的灵敏度的分析，并搜索不随场景变化的等效模型。对于实际上恒虚警的自适应检测器，我们还会估计它们在具有标准的接收机工作特性（ROC）时的性能。

本节的结构如下：6.3.1 小节简单地介绍出自文献[56,57]的 TVAR(m) 模型，作为用于自适应估计的任意的 Hermitian 协方差矩阵的有限阶参数的近似，描述给出这个近似的 DG 变换。

6.3.2 节给出了由于有限样本支持所导致的、与具有强洞察力的滤波器比较的信噪比损失并不是严格地与真实的协方差矩阵 $\boldsymbol{R}$ 独立的，甚至也不是与扫描矢量 $\boldsymbol{s}$ 的结构独立的。还发现了本节所介绍的基于 TVAR(μ) 的自适应检测器类似的相关性，它是一个等效的模型，可以允许我们事先以某种在很多实际应用中可接受的精度计算信噪比的损失和虚警概率。

6.3.3 节利用各种 TVAR(m)/AR(m) 场景的 Monte Carlo 仿真，通过比较真实的和预期的基于 TVAR(μ) 的自适应滤波器/检测器的性能，分析了这个等效模型的精度。我们展示了信噪比损失和虚警概率与场景的弱相关是由于十分微妙的现象，即随机数的某种不变的分布实际上是不随场景变化的，但是对应的多变量的概率密度分布函数却不是这样的。这个分析证实了真实的（相关的）TVAR(m) 干扰被"白噪声"的等效模型替代可以获得像有限样本支持和扫描矢量维度这样的重要特性。虽然没有对这个模型推导出信噪比损失和虚警概率的解析式，虚警门限等还是可以通过 Monte Carlo 仿真找到的。

6.3.1　背景:Hermitian 协方差矩阵的 TVAR(m)近似,最大似然模型和阶数估计[56,57]

任意 Hermitian 协方差矩阵 $\boldsymbol{R}$ 的“带逆的”TVAR(m)近似是由 Dym-Gohberg 的扩带方法计算的。令 $\boldsymbol{R}\equiv\{r_{jk}\}_{j,k=1,2,\cdots,M}$ 为给定的 M 变量的非负定的、阶数大于 m 的 Hermitian 矩阵,那么,$\boldsymbol{R}$ 的 TVAR(m)模型的近似是正定的 Hermitian 矩阵 $\boldsymbol{R}_m$,且

$$\begin{cases}\{\boldsymbol{R}_m\}_{jk}=r_{jk}, & |j-k|\leqslant m\\ \{\boldsymbol{R}_m^{-1}\}_{jk}=0, & |j-k|>m\end{cases}\tag{6.156}$$

对给定的 $\boldsymbol{R}$ 寻找 $\boldsymbol{R}_m$ 的问题的解是由下列定理给出的,它首先是由 Dym-Gohberg 证明的[55]。

定理 6.3　(DG 变换)[55]给定一个 M 变量的 Hermitian 矩阵 $\boldsymbol{R}\equiv\{r_{jk}\}_{j,k=1,2,\cdots,M}$,假定:

$$\begin{bmatrix} r_{jj} & \cdots & r_{jj+m}\\ \vdots & \ddots & \vdots\\ r_{j+mj} & \cdots & r_{j+mj+m}\end{bmatrix}>0\qquad j=1,2,\cdots,M-m;\ |j-k|\leqslant m\tag{6.157}$$

也就是所有在 $\boldsymbol{R}$ 条带内的($m+1$)个变量的子矩阵都是正定的。对于 $q=1,2,\cdots,M$,令

$$\begin{bmatrix} y_{qq}\\ \vdots\\ y_{L(q)q}\end{bmatrix}=\begin{bmatrix} r_{qq} & \cdots & r_{qL(q)}\\ \vdots & \ddots & \vdots\\ r_{L(q)q} & \cdots & r_{L(q)L(q)}\end{bmatrix}^{-1}\begin{bmatrix}1\\0\\ \vdots\\0\end{bmatrix}\tag{6.158}$$

$$\begin{bmatrix} z_{\Gamma(q)q}\\ \vdots\\ z_{qq}\end{bmatrix}=\begin{bmatrix} r_{\Gamma(q)\Gamma(q)} & \cdots & r_{\Gamma(q)q}\\ \vdots & \ddots & \vdots\\ r_{q\Gamma(q)} & \cdots & r_{\Gamma qq}\end{bmatrix}^{-1}\begin{bmatrix}0\\ \vdots\\0\\1\end{bmatrix}\tag{6.159}$$

式中,$L(q)=\min\{M,q+m\}$;$\Gamma(q)=\max\{1,q-m\}$。

另外,令 M 个变量的三角矩阵 $\boldsymbol{V}$ 和 $\boldsymbol{U}$ 是由下列元素构成的:

$$v_{jk}=\begin{cases}y_{jk}y_{kk}^{-1/2}, & k\leqslant j\leqslant L(k)\\ 0, & \text{其他}\end{cases}\tag{6.160}$$

$$u_{jk} = \begin{cases} z_{jk} z_{kk}^{-1/2}, & \Gamma(k) \leqslant j \leqslant k \\ 0 & ,\text{其他} \end{cases} \tag{6.161}$$

那么,下式给出的 M 个变量的矩阵:

$$\boldsymbol{R}_m = (\boldsymbol{V}^\dagger)^{-1} \boldsymbol{V}^{-1} = (\boldsymbol{U}^\dagger)^{-1} \boldsymbol{U}^{-1} \tag{6.162}$$

是唯一的满足式(6.156)的正定 Hermitian 矩阵。

构建的时候,$\boldsymbol{U}$ 和 $\boldsymbol{V}$ 是与 TVAR(m)模型具有同样阶数(条带宽度)的三角条带矩阵。

在文献[62]中证明了正定的子矩阵条件式(6.157)是正定的扩展式(6.156)存在的充分和必要的条件。与静态的 AR(m)情况类似,在所有可能的扩展中,如果式(6.157)满足了,具有特定的带逆特性的式(6.156)的 DG 扩展 $\boldsymbol{R}_m$ 具有最大可能的行列式[62,63]。因此,类似于 AR(m)模型是静态处理的前($m+1$)个协方差滞后的最大熵的扩展,DG 扩展可以被处理成是给定的 Hermitian 条带 r_{jk}($|j-k| \leqslant m$)的一般化的最大熵扩展。

正定的子矩阵条件式(6.156)导致下述结果具有概率 1:$N > m$ 个独立、同分布的训练样本 x_j($j=1,2,\cdots,N$),以及下面的常规样本协方差矩阵估计:

$$\hat{\boldsymbol{R}} \equiv \{\hat{r}_{jk}\}_{j,k=1,2,\cdots,M} = \frac{1}{N}\sum_{j=1}^{N} \boldsymbol{x}_j \boldsymbol{x}_j^\dagger \tag{6.163}$$

它对于 $N < M$ 是秩低效的,但对于计算非退化的最大似然 TVAR(m)协方差矩阵估计 $\hat{\boldsymbol{R}}_m$ 是足够的。特别是,如果训练数据具有高斯分布:

$$\boldsymbol{x}_j \sim \mathcal{CN}_N(\boldsymbol{0},\boldsymbol{R}), j = 1,2,\cdots,N > m \tag{6.164}$$

那么可以证明[56],样本协方差矩阵估计 $\hat{\boldsymbol{R}}_m$ 的 DG 变换[记作 DG($\hat{\boldsymbol{R}},m$)]

$$\begin{cases} \{\hat{\boldsymbol{R}}_m\}_{jk} = \hat{r}_{jk}, & |j-k| \leqslant m \\ \{\hat{\boldsymbol{R}}_m^{-1}\}_{jk} = 0, & |j-k| > m \end{cases} \tag{6.165}$$

将是 TVAR(m)协方差矩阵 $\boldsymbol{R}_m$ 精确和唯一的最大似然估计。

注意到这个协方差矩阵估计 $\hat{\boldsymbol{R}}_m = \mathrm{DG}(\hat{\boldsymbol{R}},m)$[式(6.156)]已经在文献[64]中有所介绍,在那里对于 $m_{\max} = N-1$,它是样本协方差矩阵估计 $\hat{\boldsymbol{R}}_m$ 的秩低效的某种规范的估计,而且可以看到,对特定的场景,就自适应滤波器的性能而言,存在最佳的阶数 $m < m_{\max}$。

在文献[57,58]中,我们也考虑了估计 TVAR(m)模型的阶数的问题,给出下面的先验条件:

$$m \leqslant m_{\max} \leqslant N - 1N \leqslant M \tag{6.166}$$

这里的主要概念是处理正定的最大似然协方差矩阵估计 $\hat{\boldsymbol{R}}m_{\max} = \mathrm{DG}(\hat{\boldsymbol{R}}, m_{\max})$，它被计算成多少被定为最大可能的阶数 $m_{\max} \leqslant N-1$，作为嵌套的且 $\mu \leqslant m_{\max}$ 的模型 $\hat{\boldsymbol{R}}_\mu$ 的充分统计，因为对于 $N < M$，标准的样本协方差矩阵估计 $\hat{\boldsymbol{R}}$ 无法被用做 TVAR 模型：

$$\mathrm{LR}_{oe}(\hat{\boldsymbol{R}}_\mu) = \frac{\mathrm{LF}[\boldsymbol{X}, \hat{\boldsymbol{R}}_\mu]}{\mathrm{LF}[\boldsymbol{X}, \hat{\boldsymbol{R}}_{m_{\max}}]} \text{(LR 是似然比,LF 是似然函数)} \tag{6.167}$$

如果 m 是 AR 或 TVAR 的训练数据的真实阶数，那么对于所有的 $\mu \geqslant$ m，这个似然比的概率密度分布函数式(6.167)是场景不变的，也就是 $\mathrm{LR}_{oe}(\hat{\boldsymbol{R}}_\mu)$ 并不依赖于 $\boldsymbol{R}$，而类似于一些其他的具有明显和实际的重要性质的似然比，仅仅是 M、N 和 μ 的函数[41,51]。这样，对于真实的 TVAR(m)或 AR(m)干扰，我们将 $\mathrm{LR}_{oe}(\hat{\boldsymbol{R}}_\mu)$ 与利用场景不变的概率密度分布函数事先计算的门限进行比较，选择估计的 $\hat{m}$ 作为最小可能的超过该门限的 μ 值。给定 M、N、$m_{\max}$ 和 μ，对于任意要求的阶数被过估计的概率，这个门限都可以被事先计算。在本节中，我们主要探讨在 TVAR(m)或 AR(m)干扰下的自适应滤波器和自适应检测器的性能，因此这个方法是直接可用的。

对于真实的 TVAR(m)或 AR(m)干扰，唯一余下的问题(在文献[7]中并没有探讨)是怎样去选择最大可能的阶数 $m_{\max}$(它并不受制于某些先期的考虑)。当然，如果 $N \leqslant M$，那么我们总是选 $m_{\max} = N-1$，但是这可能并不是最好的选择。这是因为对于 $m \geqslant N$，可能并没有足够数量的支持样本。另外，对于 $m \ll N$，最好是处理 $m_{\max} < N-1$，因为 $\hat{\boldsymbol{R}}_{N-1}$ 估计的量是对 N 个快拍的最坏可能，而这又使得对阶数的估计更不可靠。

因此，选择 $m_{\max}$ 的问题必须由分开的检验来解决[65]。TVAR(m)的阶数估计的步骤包含下列两步：

第一步：寻找足够满意的 $\hat{\boldsymbol{R}}_{m_{\max}}$。

给定 N 个独立、同分布的训练样本($N < M$)，对于排好序的最大似然 TVAR(μ)协方差矩阵估计的 $\hat{\boldsymbol{R}}_\mu$($\mu = 1, 2, \cdots, N-1$)使用式(6.165)的 DG 变换，然后寻找

$$m_{\max} = \underset{\mu}{\operatorname{argmin}} \frac{\det(\boldsymbol{X}^\dagger \hat{\boldsymbol{R}}_\mu^{-1} \boldsymbol{X})}{[\mathrm{Tr}(\boldsymbol{X}^\dagger \hat{\boldsymbol{R}}_\mu^{-1} \boldsymbol{X})]^N} > \gamma_0 \tag{6.168}$$

其中，
$$\gamma_0 \equiv \arg\left[\int_{\gamma_0}^{\infty} f(x)\mathrm{d}x = P_{\mathrm{d}}\right] \tag{6.169}$$
式中，P_{d}为检测概率；$f(x)$为由 $\boldsymbol{R}_\mu = \boldsymbol{R}$ 的场景不变的概率密度分布函数描述的。
$$f(\mathrm{LR}_{us}) = C(M,N)\mathrm{LR}_{us}^{M-N} G_{N,N}^{N,0}\left(\mathrm{LR}_{us}\left|{}_{0,1,\cdots,N-1}^{(N^2-1)/N,N^2-2)/N,\cdots,N^2-N)/N}\right.\right) \tag{6.170}$$
其中，
$$C(M,N) = (2\pi)^{(N-1)/2} N^{(1-2MN)/2} \frac{\Gamma(MN)}{\prod_{j=1}^{N}\Gamma(N-j+1)} \tag{6.171}$$
式中，$G_{a,b}^{c,d}(\cdot)$为 Meijer 的 G 函数[42]。如果到最后的 $\mu = N-1$ 还没有达到门限，那么就称样本数 N 不够大。

第二步：给定$m_{\max}$时估计 TVAR(μ)的阶数 $\hat{m}$[57]。

在所有的 μ 中找到满足下列不等式的 $\hat{m} = \min(\mu)$［见式(6.167)］：
$$\mathrm{LR}_{oe}(\hat{\boldsymbol{R}}_\mu) > \gamma_\mu \tag{6.172}$$
其中，
$$\gamma_\mu \equiv \arg_{\gamma}\int_{\gamma}^{1} F(x\,|\,\mu,m_{\max})\mathrm{d}x = 1 - P_{oo} \tag{6.173}$$
式中，P_{oo}为阶数过估计的概率[57]；有
$$F(x\,|\,\mu,m_{\max}) \equiv C(M,N,m_{\max},\mu)x^{(N-m_{\max}-1)} G_{(M-\mu-1),(M-\mu-1)}^{(M-\mu-1),0}\left(x\left|{}_{m_{\max}-\mu-1,\cdots,0,\cdots,0}^{m_{\max}-\mu,\cdots,m_{\max}-\mu}\right.\right) \tag{6.174}$$
其中，
$$C(M,N,m_{\max},\mu) = \prod_{j=1}^{M-\mu-1}\frac{\Gamma(N-\mu)}{\Gamma(N-\varsigma_j(m_{\max}))} \tag{6.175}$$
$$\varsigma_j(m_{\max}) \equiv \begin{cases} m_{\max}, & j < M - m_{\max} \\ M-j, & M - m_{\max} \leqslant j < M-\mu \end{cases} \tag{6.176}$$

自然地，对于最大阶数$m_{\max}$为先验已知，这第二步就不必了。

对于真实的 TVAR(m)模型和合适的最大阶数选择（也就是 $m < m_{\max} < N$），这个方法具有对阶数估计的高精度[57]，特别是对于文献［57］中所考虑的场景，真实的阶数被低估的可能概率为零，而高估的概率不超过P_{oo}。对于这样的精度，人们可以对真实的 TVAR(m)或 AR(m)的阶数进行基于 TVAR(μ)的自适应滤波器和检测器的分析，但是在下面，我们考虑了阶数的过估计和不依赖于场景的概率来分析了它们的性能。

注意阶数低估的概率强烈地取决于场景，但是低估仅仅发生在$\boldsymbol{R}_m^{-1}$的第 m 个子对角的所有元素为零时。对于我们所考虑的场景，这个概率是相当小的，因此在研究中，我们将它忽略了。

6.3.2 基于 TVAR(m)的自适应滤波器和自适应检测器在 TVAR(m)或 AR(m)干扰下的性能分析

如所讨论的，在本小节中，我们考虑真实的干扰协方差矩阵 $\boldsymbol{R}$ 是正定的

TVAR(m)矩阵的情况：

$$\boldsymbol{R} = \boldsymbol{R}_m > 0, \{\boldsymbol{R}_m^{-1}\} = 0,\ 当 |j-k| > m 时 \tag{6.177}$$

我们观察 $N > m$ 个独立、同分布的训练样本，这样，TVAR(μ)模型的最大协方差矩阵估计 $\hat{\boldsymbol{R}}_\mu$ 是式(6.163)的样本矩阵 $\hat{\boldsymbol{R}}$ 在所有 $\mu < N$ 时的 DG 变换/扩展式(6.162)。使用协方差矩阵估计 $\hat{\boldsymbol{R}}_\mu$ 的自适应滤波器的性能可以用 6.1 节中的信噪比相对于具有强洞察力的 Wiener 滤波器的损耗因子来度量：

$$\rho = \frac{(\boldsymbol{s}^\dagger \hat{\boldsymbol{R}}_\mu^{-1} \boldsymbol{s})^2}{(\boldsymbol{s}^\dagger \hat{\boldsymbol{R}}_\mu^{-1} \boldsymbol{R}_m \hat{\boldsymbol{R}}_\mu^{-1} \boldsymbol{s})(\boldsymbol{s}^\dagger \boldsymbol{R}_m \boldsymbol{s})} < 1 \tag{6.178}$$

基于 TVAR(μ)的自适应滤波器的性能完全由这个损耗因子的概率密度分布函数来描述，它总的来说是 μ、N、$\boldsymbol{s}$ 和 $\boldsymbol{R}_m$ 的函数。

应用这个最大似然协方差矩阵估计 $\hat{\boldsymbol{R}}_\mu$ 的自适应检测器去检验一次样本 $\boldsymbol{y}$：

$$\boldsymbol{y} = \begin{cases} \boldsymbol{x}_0 \sim \mathcal{CN}(\boldsymbol{0}, \boldsymbol{R}_m), & 假设 H_0 \\ \boldsymbol{x}_0 + a\boldsymbol{s} \quad a \sim \mathcal{CN}(0, \sigma^2), & 假设 H_1 \end{cases} \tag{6.179}$$

式中，$\boldsymbol{x}_0$ 为观察到的 M 个变量的、只有干扰的数据矢量；a 为复的目标幅度（功率 σ^2），是由下列检测统计规定的[5]：

$$f_{\text{AMF}} = \frac{|\boldsymbol{Y}^\dagger \hat{\boldsymbol{R}}_\mu^{-1} \boldsymbol{s}|^2}{\boldsymbol{s}^\dagger \hat{\boldsymbol{R}}_\mu^{-1} \boldsymbol{s}} \underset{H_0}{\overset{H_1}{\gtrless}} h_{\text{fa}} > 1 \tag{6.180}$$

这个检测器的检测性能（由接收机工作特性曲线看）可以对任意设定的虚警概率门限 h_{fa} 进行探讨，即使它依赖于 $\boldsymbol{R}_m$。但是，这个分析仅仅表明最终的检测性能实际上是不可及的，除非虚警门限或多或少可以不要真实协方差矩阵 $\boldsymbol{R}_m$ 的先验信息而事先计算。在这个比较好的环境下，如 6.2 节所述，检测器可以被叫做“实际上恒虚警的”，我们也应当分析与虚警门限不准确相关联的额外的检测损耗。

我们现在类似地分析基于 TVAR(m)的自适应匹配滤波的检测器式(6.180)。因为真实的协方差矩阵具有 DG 分解式(6.162)：

$$\boldsymbol{R}_m^{-1} = \boldsymbol{V}\boldsymbol{V}^\dagger \tag{6.181}$$

不含目标的一次数据矢量 $\boldsymbol{x}_0$ 可以表示为

$$\boldsymbol{x}_0 = (\boldsymbol{V}^{-1})\boldsymbol{\varepsilon}, \boldsymbol{\varepsilon} \sim CN_N(0, \boldsymbol{I}_m) \tag{6.182}$$

定义下列矩阵：

$$\hat{\boldsymbol{C}}_\mu \equiv \boldsymbol{V}^\dagger \hat{\boldsymbol{R}}_\mu \boldsymbol{V} = \boldsymbol{V}^\dagger \text{DG}(\hat{\boldsymbol{R}}, \mu)\boldsymbol{V} = \boldsymbol{V}^\dagger (\hat{\boldsymbol{V}}_\mu^\dagger)^{-1} \hat{\boldsymbol{V}}_\mu^{-1} \boldsymbol{V} \tag{6.183}$$

可以将式(6.178)的信噪比损耗因子表示为

$$\rho = \frac{\{c^{\dagger}\hat{C}_{\mu}^{-1}c\}^{2}}{\{c^{\dagger}\hat{C}_{\mu}^{-2}c\}c^{\dagger}c} \tag{6.184}$$

式中，$c \equiv V^{\dagger}s$。

将式(6.180)的无目标(只有干扰)的一次样本的检测统计重写为

$$f_{\mathrm{AMF}} = \frac{|\varepsilon^{\dagger}\hat{C}_{\mu}^{-1}c|^{2}}{c^{\dagger}\hat{C}_{\mu}^{-1}c} \tag{6.185}$$

式中，$\varepsilon = V^{\dagger}y = V^{\dagger}x_0$。根据这个变换，现在很清楚，损耗因子的环境不变性自适应检测器的恒虚警性直接取决于 $\hat{C}_{\mu}$ 的不变性。但是，在 TVAR(m)模型下，矩阵 $\hat{C}_{\mu}$ 不是由圆不变的概率密度分布函数(比如 Wishart 分布)描述的，也就是

$$\mathrm{PDF}(\hat{C}_{\mu}) \neq \mathrm{PDF}(Y^{+}\hat{C}_{\mu}Y),\text{对于} Y^{\dagger}Y = YY^{\dagger} = I_M \tag{6.186}$$

式中，Y 是某个单位矩阵。因此，尽管 $E\{\hat{V}_{\mu}\} = V$[见式(6.158)和式(6.181)]，以及由此的

$$\mathbb{E}\{\hat{V}_{\mu}V^{-1}\} = I_M, \lim_{N\leftarrow\infty}\hat{C}_{\mu} = I_M \tag{6.187}$$

一般来说，不可能证明信噪比损耗因子 ρ 的严格的、相对于真实协方差矩阵 R_m 的环境不变性，也不能证明检测统计 f_{AMF} 的这个不变性。

但是，在作为动目标指示滤波器的特定情况下，其中：

$$s = e = [1,0,\cdots,0]^{\mathrm{T}}, c^{+} = s^{\mathrm{T}}V = v_{11}e^{\mathrm{T}} \tag{6.188}$$

式(6.184)中的损耗因子可以用式(6.161)的 $\hat{U}$ 和式(6.160) $\hat{V}$ 的条带特性，把它变换成对($\mu+1$)个变量的传统的 SMI 算法的一个表示式[7]：

$$\rho_e = \frac{\{e^{\mathrm{T}}[\hat{\mathcal{R}}^{(\mu+1)}]^{-1}e\}^{2}}{\{e^{\mathrm{T}}[\hat{\mathcal{R}}^{(\mu+1)}]^{-1}\mathcal{R}^{(\mu+1)}[\hat{\mathcal{R}}^{(\mu+1)}]^{-1}e\}e^{\mathrm{T}}[\hat{\mathcal{R}}^{(\mu+1)}]^{-1}e} \tag{6.189}$$

其中，

$$\mathcal{R}^{(\mu+1)} \equiv \begin{bmatrix} r_{11} & \cdots & r_{1,\mu+1} \\ \vdots & \ddots & \vdots \\ r_{\mu+1,1} & \cdots & r_{\mu+1,\mu+1} \end{bmatrix} \tag{6.190}$$

对于估计的量也是类似的。现在很清楚，这个信噪比的损失可以确切地用 β 分布来描述[7]：

$$f(\rho_e) = \frac{1}{B[N-\mu+1,\mu]}(\rho_e)^{N-\mu}(1-\rho_e)^{\mu-1} \tag{6.191}$$

类似地，对于这个特殊情形，可以容易地展示 AMF 检测器式(6.179)的恒

虚警特性。

注意，我们需要概率密度分布函数 $\hat{C}_{\mu}$ 的球不变性来证明式(6.184)的损耗因子 ρ 的严格的(方向矢量 $\boldsymbol{s}$ 是随意的)场景不变性。另外，如果这个不变性存在的话，这个 β 分布就可以描述一般情形下的损耗因子的概率密度分布函数。但是，这个求不变性的证明不但不吸引人，而且下面给出的实验结果表明，损耗因子并不取决于场景，它的概率密度分布函数明显地偏离了 β 分布式(6.191)。实际上，我们看到，所有我们的实验中真实的信噪比损耗都超过了这个 β 分布的预期。这或许是预期中的，因为我们特定的 $\boldsymbol{s}=\boldsymbol{e}_1$ 的动目标指示情形只涉及整个 M 维变量矩阵的一个$(m+1)$变量组，而对于一般情况的 $\boldsymbol{s}$，自适应滤波器的解要涉及所有这样的组，因此将积累与有限样本支撑相关联的随机误差。由于这个理由，β 分布式(6.191)可以用作这个损耗因子的场景不变的下界。

为了找到场景不变的上界，我们可以考虑特定的场景，就信噪比的损耗而言(至少统计地)，占据了实际上感兴趣的那些场景。

注意，式(6.184)中的信噪比损耗 ρ 取决于 $\hat{C}_{\mu}^{-1}$ 离单位矩阵到底有多近，因为只有当 $\hat{C}_{\mu}^{-1}\to\boldsymbol{I}_M$ 时，损耗因子才趋于 1。因此，将 $\hat{C}_{\mu}^{-1}$ 近似为 $\boldsymbol{I}_M$。更为重要的是，这个近似对场景的相关性将与信噪比损耗因子 ρ 的特性以及它与场景的相关性有关。当然，这些性质的完全描述是由精确的 $\hat{C}_{\mu}^{-1}$ 的多变量概率密度分布函数给出的。不过，很多统计检验都确定这个随机 Hermitian 矩阵近似为单位矩阵(比如可见文献[36])。在文献[57]中，我们选择了使用下列似然比检验(对于复 Wishart 分布，这是最优的[36])：

$$\mathrm{LR}_{\mu}(\hat{\boldsymbol{C}}_{\mu})=\frac{\exp(M)\det(\hat{\boldsymbol{C}}_{\mu})}{\exp[\mathrm{Tr}(\hat{\boldsymbol{C}}_{\mu})]}\leqslant 1 \tag{6.192}$$

并且证明了它的概率密度分布函数(对 $\mu\geqslant m$)的第 p 阶矩为

$$\varepsilon\{[\mathrm{LR}_{\mu}(\hat{\boldsymbol{C}}_{\mu})]^{p}\}=\frac{N^{MN}\exp(Mp)}{(N+p)^{M(N+p)}}\prod_{j=1}^{M}\frac{\Gamma[N-L(j)-j+p]}{\Gamma[N-L(j)-j]} \tag{6.193}$$

其中，

$$1\leqslant L(j)-j\leqslant\mu \tag{6.194}$$

也就是说，这个概率密度分布函数与真实的协方差矩阵 $\boldsymbol{R}_m$ 无关。因此 $N\to\infty$ 时 $\hat{\boldsymbol{C}}_{\mu}^{-1}\to\boldsymbol{I}_M$ 的方式与场景无关，至少在度量 LR 的时候是这样的。对这样的 LR 概率密度分布函数的场景不变性并不导致对整个 $\hat{\boldsymbol{C}}_{\mu}$ 概率密度分布函数的场景不变性，我们可以期待，涉及 $\hat{\boldsymbol{C}}_{\mu}$ 的变换(比如 Hermitian 形式的)也不是很场景不变的。

但是,$\hat{C}_\mu^{-1}$也不拥有对似然比的这样的不变性。实际上,根据式(6.183),有

$$\hat{C}_\mu^{-1} = V^{-1}\hat{V}_\mu^{-1}\hat{V}_\mu^{\dagger}(V^{\dagger})^{-1} = V^{-1}\hat{R}_\mu^{-1}(V^{\dagger})^{-1} \tag{6.195}$$

因此,
$$\mathrm{LR}_\mu(\hat{C}_\mu^{-1}) = \frac{\exp(M)\det(\hat{C}_\mu^{-1})}{\exp[\mathrm{Tr}(\hat{C}_\mu^{-1})]} = \mathrm{LR}[\hat{V}_\mu^{+}R_m\hat{V}_\mu] = \mathrm{LR}(D) \tag{6.196}$$

在文献[57]中展现了 $\det(\hat{C}_\mu^{-1})$(对$\mu \geqslant m$)可以被表示为概率密度分布函数仅仅是N、m和μ的函数的独立变量的积。因此,如果发现$\hat{D}$的对角元素是概率密度分布函数仅仅是N、m和μ的函数的独立变量,那么,$\mathrm{LR}_\mu(\hat{C}_\mu^{-1})$的概率密度分布函数的不变性可以被证明,再次导致 Hermitian 形式的$\hat{C}_\mu^{-1}$的不变性的希望,这同式(6.184)的信噪比损耗因子ρ的情形是一样的。$\hat{D}$的对角元素的每一个具有场景不变的概率密度分布函数(见文献[57]的附录),虽然证明它是直截了当的,但是对角线的多变量概率密度分布函数却并不具有这样的不变性,$\mathrm{LR}_\mu(\hat{C}_\mu^{-1})$的概率密度分布函数也不具有这样的不变性。但是,$\mathrm{Tr}(\hat{C}_\mu^{-1})$的概率密度分布函数对场景的依赖是很弱的,表现在具有不变性的多变量概率密度分布函数的随机变量之间的相关。这意味着我们可以期待,对于$\mathrm{LR}_\mu(\hat{C}_\mu^{-1})$的概率密度分布函数,以及$\rho$,任何场景的变化都是小的。

当然,这些变化的弱相关发生在输入数据不相关的情况下,也就是当$R_m = I_M$时(白噪声模型),也是对$\hat{C}_\mu^{-1}$这个模型在减少它的均方根误差时具有最大影响的情况。因此,$\mathrm{LR}_\mu(\hat{C}_\mu^{-1})$的概率密度分布函数应当是对于白噪声的模型最为集中的,具有朝向似然比值最小的尾部扩展,对应地$\hat{C}_\mu^{-1}$具有“最对角”的特性。因此我们期待,平均而言它更稳定,但是信噪比的损耗ρ稍微大一点。实际上,我们在下一小节中的计算确认了这样的预期,表明对于高度相关的 TVAR 模型,似然比在概率密度分布函数和信噪比损耗上的差异很小,白噪声的干扰矩阵$R_m = I_M$满足我们的预期。

我们采用了“白噪声等效模型”,是为了计算更为现实的式(6.184)的损耗因子ρ的上界:

$$\rho < \rho_{wn} = \frac{\{s^{\dagger}\hat{F}_\mu^{-1}s\}^2}{\{s^{\dagger}\hat{F}_\mu^{-2}s\}s^{\dagger}s} \leqslant 1 \tag{6.197}$$

$$\hat{F}_\mu \equiv \mathrm{DG}(\hat{R}_{WN},\mu),\hat{R}_{WN} \equiv \frac{1}{N}\sum_{j=1}^{N}\varepsilon\,\varepsilon^{\dagger},\varepsilon \sim CN_N(0,I_M) \tag{6.198}$$

实际上，这个近似导致下列替代：

$$\hat{C}_{\mu} \equiv V^{\dagger}\mathrm{DG}(\hat{R},\mu)V \rightarrow \mathrm{DG}(V^{\dagger}\hat{R}V,\mu) \tag{6.199}$$

也就是我们用“白化”的样本矩阵的 DG 变换替代了样本矩阵的 DG 变换的“白化”。

虽然有这个近似，ρ_{WN}仍取决于方向矢量，实际上，对于动目标指示的滤波器$s=e$，这个近似与式(6.189)是一样的，它具有式(6.191)的β分布，我们将它定为一般情况的下界。ρ_{WN}的概率密度分布函数(对随意的方向)的精确表示还是未知的，但是却可以用 Monte Carlo 仿真容易地对任意的M、N、μ 和 s 做预先计算。

$\hat{C}_{\mu}^{-1}$的概率密度分布函数对场景的相对弱的相关性还建议白噪声干扰模型$R_m=I_M$也可以用于统计的f_{AMF}的式(6.185)中的虚警门限的事先计算：

$$f_{\mathrm{AMF}} = \frac{|\varepsilon^{\dagger}\hat{C}_{\mu}^{-1}c|^2}{c^{\dagger}\hat{C}_{\mu}^{-1}c} \rightarrow \frac{|\varepsilon^{\dagger}\hat{F}_{\mu}^{-1}c|^2}{c^{\dagger}\hat{F}_{\mu}^{-1}c} \tag{6.200}$$

另外，这个弱的相关性还建议，不管怎样更像 R 的协方差矩阵都会比I_M在预期信噪比损耗或虚警门限时给出更好的精度。

在某些实际应用中，这样的“理论的”协方差矩阵模型可以事先计算。实际上，最终的“理论的”模型是最大似然估计 $\hat{R}_{\mu}$ 本身。我们可以在“等效的”场景中把 $\hat{R}_{\mu}$ 处理成真实的 TVAR(μ)协方差矩阵，然后，对于特定的方向矢量 s，可以进行需要数量的 Monte Carlo 仿真，以产生任意数量的用协方差矩阵 $\hat{R}_{\mu}$ 描述的训练样本。以这样的方式，对 $\hat{R}_{\mu}$(不是我们真的希望地对R_m)，信噪比的损耗因子和(更为重要的)虚警门限可以准确地被事先计算。但是，有这个弱的场景相关性，这些门限应当足够精确来处理检测器“实际的恒虚警”特性。这个技术是导带技术的基础，其中的 $\hat{R}_{\mu}$ 被处理为在导带世界内的协方差矩阵[66]。

下一小节用数字的办法评估了这个导带技术以及白噪声模型的准确性。

6.3.3　基于 TVAR(m)的自适应检测器在 TVAR(m)或 AR(m)干扰下的结果的仿真

因为无法给出对 TVAR(m)自适应检测滤波器和检测器性能的准确分析，上一小节介绍的等效的“白噪声”模型作为一种近似，就必须要直接用 Monte Carlo 仿真予以核实。我们提醒读者，这个研究关注的是真实的 AR(m)或 TVAR(m)的协方差矩阵模型。

首先，考虑静态的 AR(2)模型，这在文献[57,58,67－73]中常被用于高频超视距雷达的简单海杂波模型中：

$$y_j = -\sum_{k=1}^{2} a_k y_{j-k} + \sigma_0^2 \eta_j, j = 3,4,\cdots,M \tag{6.201}$$

式中，$a_1 = -1.9359, a_2 = 0.988, \sigma_0^2 = 0.009675, \eta_j \sim CN(0,1)$。对于 $M = 128$ 长的矢量，对应相关处理间隔（驻留时间）内典型的重复间隔（扫描），我们把被对角矩阵调制的多重的（电离层的）多普勒频率建模为

$$D_k = \mathrm{diag}\left\{\exp\left[\mathrm{i}\frac{2\pi k}{M}\left(1 - \cos\left(\frac{2\pi j}{M}\right)\right)\right]\right\}, j = 1,2,\cdots,M \tag{6.202}$$

式中，k 为频率调制（FM）的指数，那么

$$x = D_k y, R_2 \equiv \mathbb{E}\{x x^\dagger\} = D_k N_2 D_k^\dagger \tag{6.203}$$

式中，$N_2 = \varepsilon\{y y^\dagger\}$为 AR(2) 过程的 Toeplitz 协方差矩阵，这样导致的 x 是一个 TVAR(2) 过程。当然，对于特殊的静态情况，$k = 0$，TVAR(2) 模型塌陷成 AR(2) 模型（$R_2 = N_2$）。

我们假定目标信号不受频率调制的影响，即

$$s(v) = [1, \exp(i2\pi\nu N/M), \cdots, \exp(i2\pi\nu N(M-1)/M)]^{\mathrm{T}} \tag{6.204}$$

式中，ν 为多普勒频率，在相对于式(6.178)的具有强洞察力的 Wiener 滤波器的信噪比损耗中特别令人感兴趣：

$$\rho(\mu, v, N, M) = \frac{[s^\dagger(v)\hat{R}_\mu^{-1} s(v)]^2}{s^\dagger(v)\hat{R}_\mu^{-1} R_2 \hat{R}_\mu^{-1} s(v)\, s^\dagger(v) R_2^{-1} s(v)} < 1 \tag{6.205}$$

我们以静态情况 $k = 0$ 开始这组 TVAR(2) 的仿真，Toeplitz 协方差矩阵N_2被估计为是一个 TVAR(μ) 协方差矩阵。函数 $s^+(\nu) R_m^{-1} s(\nu)$（没有展现）是具有强洞察力的 Wiener 滤波器的输出信噪比，同时也是 MVDR（最小方差扰动响应），也叫做 Capon 杂波谱的逆。如所期待的，输出信噪比在目标多普勒频率与杂波的谐振频率重合时具有最小值。

图 6.18 给出了式(6.205)的信噪比的样本损耗因子 $\rho(\mu, v, N = 32, M = 128)$ 作为不同假设阶数 $\mu = 2,4,9,29$ 时（真实的阶数 $m = 2$）ν 的函数，它们是对特定的样本最大似然协方差矩阵估计 $\hat{R}_2$ 计算的。我们在损耗因子中看到两个尖锐的凹点（对应大的损耗），它们在谐振频率附近。显然，即使是在这样的中等数量的样本支持的条件下，损耗因子也不是严格的场景不变的，损耗在谐振频率处要小 4dB，而其他的 TVAR(μ) 自适应滤波器具有很小的信噪比劣化（对于阶数的正确估计 $\mu = 2$，平均为 1dB；当明显过估计到$\mu = 9$时，上升到小于 5dB），统计地说在频率上是分不出来的。

这些结果表明，“嵌入”在静态 AR(m) 模型中的自适应 TVAR(μ) 并不产生严重的劣化，即使中等的支持样本数 $N \approx 3\mu$ 与传统的 SMI 技术在 $N \approx 2M$ 相比，信噪比损耗也是可比的。

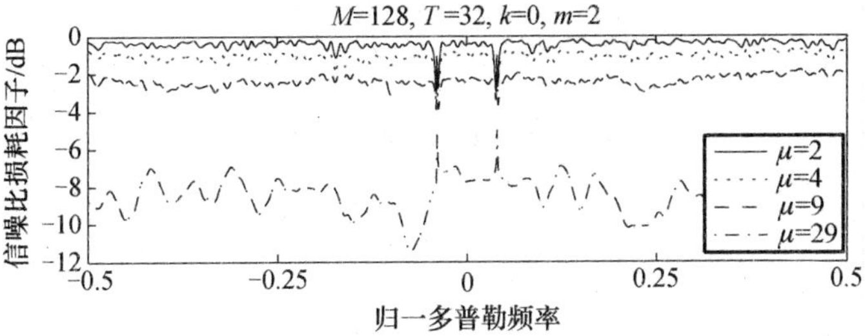

图 6.18　基于 TVAR(μ) 的滤波器在有限样本支持下相对于具有强洞察力的 Wiener 滤波器的信噪比损耗因子

对于稍微有点非静态的情况（在式(6.202)中有很小的调频参数 k），图 6.19展示了 $k=5$ 时它偏离图 6.18 的静态情形，不出意料，它的值不大。这里，我们观察到同样的两个谐振频率处的凹陷，但是对于 $k=20$（图 6.20），它们就消失了，使损耗因子与多普勒频率无关。同时，偏离谐振处的损耗是与场景无关的，特别是与 $k=0,5,20$ 和固定的 $N=32$ 是一样的。

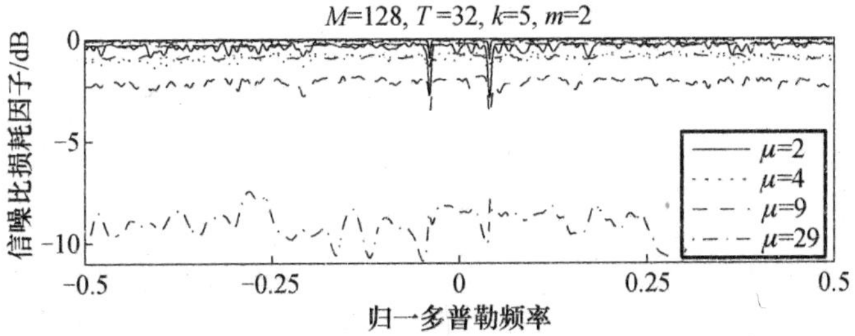

图 6.19　基于 TVAR(μ) 的滤波器在有限样本支持下，$k=5$（稍微有点非静态）和 $N=32$ 快拍时的信噪比损耗因子

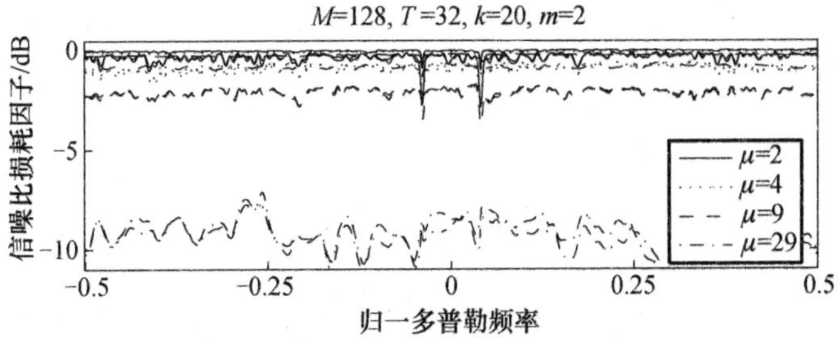

图 6.20　基于 TVAR(μ) 的滤波器在有限样本支持下，$k=20$（非静态）和 $N=32$ 快拍时的信噪比损耗因子

这个不变性意味着我们可以计算 ρ 在所有的多普勒频率上平均的（样本）概率密度分布函数，我们在图 6.21 中对 32 个快拍和 10000 次 Monte Carlo 仿真

试验做了这样的平均。但是通过 $\mu=9$ 的曲线就再次看到，中等的支持样本数 $N\approx3(\mu+1)$（对于 $\mu\geqslant m$）将平均损耗升到大约 2.2dB。

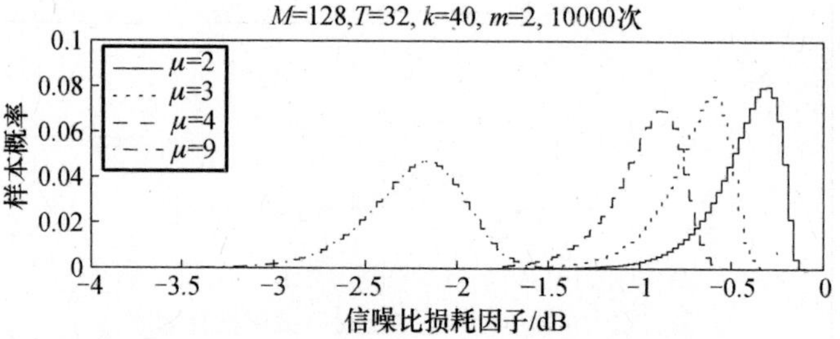

图 6.21　基于 TVAR(μ)的滤波器在有限样本支持下，
$k=40$ 和 $N=32$ 快拍时的信噪比损耗因子

总结到现在为止的结论，我们的 TVAR(2)模型显示了信噪比损耗因子相对于多普勒频率（除了静态情况下的凹点）和调频指数 k 的不变性。我们现在就想展示对更宽类的 AR(m)/TVAR(m)类协方差矩阵的准不变性。

因此，我们需要制造一系列同样的阶数 m 的 AR(m)/TVAR(m)模型覆盖协方差矩阵大范围的不同性质。因此我们考虑 $M=32$ 个传感器的均匀直线天线阵，干扰协方差矩阵为$\boldsymbol{R}_5$，它是在白噪声条件下为 $n=1,2,4,6$ 不同数量的点源计算的协方差矩阵$\boldsymbol{R}_{\text{mod}}$（下标 mod 表示不同的模式）的 DG 变换 DG($\boldsymbol{R}_{\text{mod}}, m=5$)。自然地，对于这样的均匀阵，变换导致了具有 Toeplitz 矩阵N_5的 AR(5)模型。选择目标方向为$\theta_0=-15°$，$\boldsymbol{R}_{\text{mod}}$中的干扰方向则如表 6.1 所列。

表 6.1　TVAR(5)模型实验中点源干扰的方向

n	θ_1	θ_2	θ_3	θ_4	θ_5	θ_6
1	20°					
2	20°	23°				
4	0°	20°	23°	60°		
6	0°	10°	20°	23°	40°	60°

选择所有源的共同的干噪比从 $-\infty$（没有干扰，只有噪声）到 −10dB、10dB、50dB，每个场景进行10^5次 Monte Carlo 试验。对同样的 5 阶自回归模型的这些不同的信号场景，我们试图展示信噪比损耗因子不变性的不同表现。

对于下列原协方差矩阵：

$$\boldsymbol{R}_{\text{mod}} = \sum_{j=1}^{n} \sigma_j^2 \boldsymbol{s}(\theta_j)\,\boldsymbol{s}^{\dagger}(\theta_j) + \sigma_0^2 \boldsymbol{I}_M \tag{6.206}$$

图 6.22 比较了它的“断壁式”的特征谱与它的 DG 变换 DG($\boldsymbol{R}, m=5$)在

$n=1,2,4,6$ 个干扰点源时的特征谱(通常特征值是按幅度递减存储的)。尽管各情况是由同样的 AR(5)模型精确描述的,特征谱却是完全不同的。

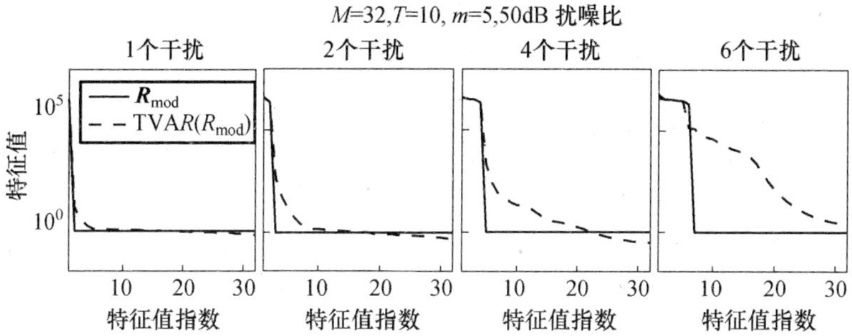

图 6.22　TVAR(5)仿真实验中不同点源数量 n 时其协方差矩阵 $\boldsymbol{N}_5=\mathrm{DG}(\boldsymbol{R}_{\mathrm{mod}},5)$ 的特征谱

对于单个干扰,在单个主特征值以外的能量的"分裂"(数量和大小)几乎可以忽略,而在存在四个干扰时,在 $\boldsymbol{R}$ 的第四个主特征值之外,已经有了"明显的尾巴"。对于 $n=6$(这个时候 $n>m$),$\boldsymbol{R}_5=\mathrm{DG}(\boldsymbol{R}_{\mathrm{mod}},5)$ 的特征谱几乎与 $\boldsymbol{R}_{\mathrm{mod}}$ 的没有任何相似,只是几个最小的特征值趋于加性白高斯噪声的功率电平。这样,虽然事实上还是这些场景是精确地由 AR(5)模型描述的,矩阵 $\boldsymbol{R}_5=\mathrm{DG}(\boldsymbol{R}_{\mathrm{mod}},5)$ 的性质却发生了明显的变化。

考虑 AR(5)特征谱这样的差异,图 6.23 和图 6.24 给出了对应的样本信噪比损耗因子的概率密度分布函数的实际差异,它们是非常明显的。回顾 6.3.2 小节中所提出的只有加性白高斯噪声的条件(没有干扰,"只有噪声")时,它会给出信噪比损耗的不随场景变的上界。特别是对于 $n=1,2,4,6$ 个干扰在 50dB 干噪比条件下的样本概率密度分布函数的比较,它表明在 n 增加时,会慢慢地移进损耗更小的区域,而即使在 $n=6$ 的最坏情况,真实的损耗因子的中值与它的"白噪声近似"之间的差异也小于 0.3dB。所以尽管不是严格的场景不变,但是我们也已经表明了,信噪比的损耗是很不灵敏的,白噪声等效模型式(6.197)对于上界还是很准确的。

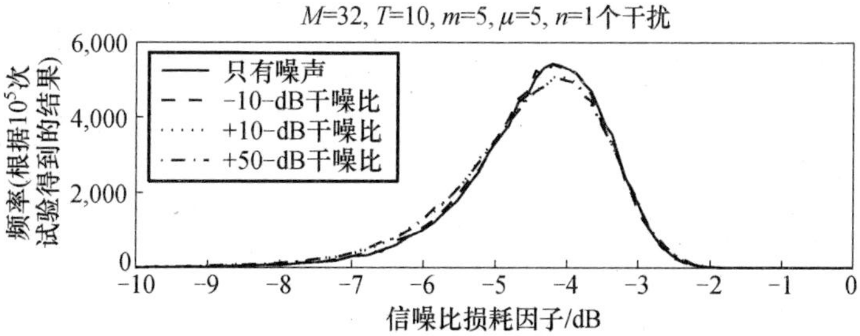

图 6.23　$n=1$ 个点源、不同干噪比时 TVAR(5)的样本信噪比损耗因子的概率密度分布函数

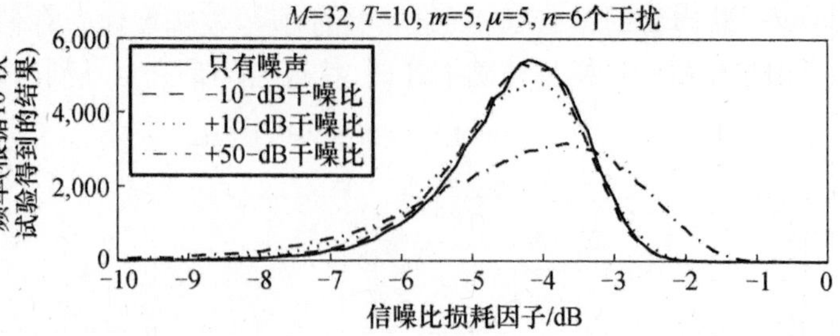

图 6.24　$n=6$ 个点源、不同干噪比时 TVAR(5)的样本信噪比损耗因子的概率密度分布函数

图 6.25 探讨的是参数空间的另一个维度:我们给出了样本大小为 $N=10$、32、64 时的这个上界的样本概率密度分布函数,以展示损耗在样本支持数量增加时多快地减低。将图 6.25 与完全不同场景的图 6.21 比较,揭示了在 $\mu>m$ 时,损耗主要由 N 决定,而对 M 和信号场景是不敏感的。从 TVAR(μ)的最大似然 CME 构建的自适应滤波器的这个很重要的信噪比损耗因子的"不变性"与在具有"断壁式"的特征值的场景中从 LSMI 方法的 CME 构建的滤波器是类似的,但是我们这里需要考虑的不是主特征值的数量,而是 TVAR(μ)模型的阶数。

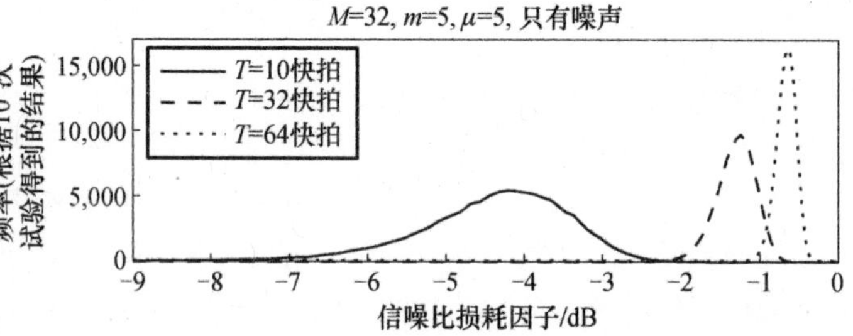

图 6.25　不同的样本本数时 TVAR(5)干扰的信噪比损耗因子上界的样本概率密度分布函数

注意,不要把这里的结果与 TVAR(μ)模型用于由像$\boldsymbol{R}_{\text{mod}}$这样的非 TVAR 协方差矩阵模型描述的数据的情况相混淆。TVAR(m)模型对于任意(非 TVAR)干扰的应用属于另外的研究,它要采用认知传感器信号处理和专家推理(KASSPER)程序所产生的数据集,也就是根据现象学的杂波模型给出的数据集[74]。我们请读者回顾在所有上述 Monte Carlo 仿真试验中,所模拟的训练数据为

$$\boldsymbol{x}_j = \boldsymbol{R}_5^{1/2}\boldsymbol{\varepsilon}_j, \boldsymbol{\varepsilon}_j \sim \mathcal{CN}(0, \boldsymbol{I}_M), \boldsymbol{R}_5 \equiv \mathrm{DG}(\boldsymbol{R}_{\text{mod}}, 5) \qquad (6.207)$$

这意味着我们确切地使用了 AR(5)模型。

现在,已经证明基于 TVAR(m)的自适应滤波器的信噪比损耗因子几乎是不随所处场景变化的,下面小节的仿真实验将详细研究分析白噪声等效模型和

它对应的损耗因子上界的精度。

首先,根据式(6.181)和式(6.183),有

$$\hat{\boldsymbol{C}}_{\mu} \equiv \boldsymbol{V}^{\dagger} \hat{\boldsymbol{R}}_{\mu} \boldsymbol{V}, \boldsymbol{R}_{m}^{-1} = \boldsymbol{V} \boldsymbol{V}^{\dagger} \tag{6.208}$$

图 6.26 给出了球形测试的样本概率密度分布函数[36]:

$$\mathrm{LR}(\boldsymbol{C}) \equiv \frac{[\det(\boldsymbol{C})]^{(1/M)}}{\dfrac{1}{M}\mathrm{Tr}(\boldsymbol{C})} \tag{6.209}$$

这是对不同的 $\mu > m$ 对 $\hat{\boldsymbol{C}}_{\mu}$ 和它的逆 $\hat{\boldsymbol{C}}_{\mu}^{-1}$ 这样的样本矩阵计算的(标记为 TVAR),其他的参数则如图 6.21 所给出。图中还给出了如式(6.198)的"白噪声等效"矩阵 $\hat{\boldsymbol{F}}_{\mu}$ 和 $\hat{\boldsymbol{F}}_{\mu}^{-1}$ 的似然比。由于测试矩阵 $\hat{\boldsymbol{C}}_{\mu}^{-1}$ 与对角阵($c_0\boldsymbol{I}_{\mathrm{M}}$, $c_0>0$)的相近,这个检验与式(6.192)这样的"通用检验"是一样有力的[36]。

实际上,由于证明了 $\det(\boldsymbol{C})$ 对上面所有矩阵的不变性,这个检验给出了对 $\mathrm{Tr}(\hat{\boldsymbol{C}}_{\mu}^{-1})$ 的场景依赖性的直观感觉。如所期待的,$_{\mathrm{LR}}(\hat{\boldsymbol{C}}_{\mu})$ 和 $_{\mathrm{LR}}(\hat{\boldsymbol{F}}_{\mu})$ 的样本概率密度分布函数(图 6.26 上图)是一样的。同时,$_{\mathrm{LR}}(\hat{\boldsymbol{C}}_{\mu}^{-1})$ 和 $_{\mathrm{LR}}(\hat{\boldsymbol{F}}_{\mu}^{-1})$ 的概率密度分布函数(图 6.26 下图)在 $\mu=2,4$ 时,在视觉上已经是不一样的,不过到了 $\mu=9$,差别又消失了。

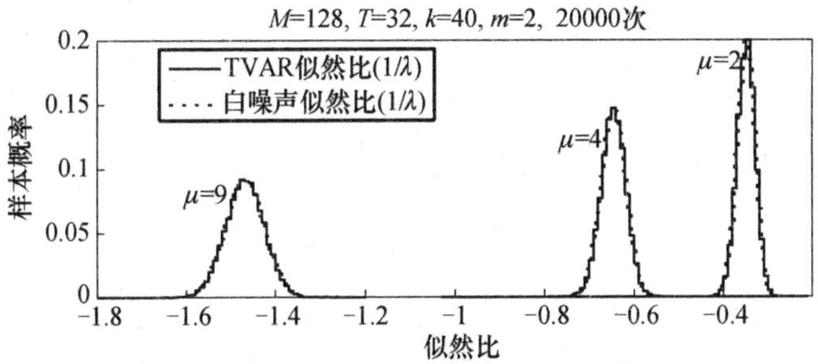

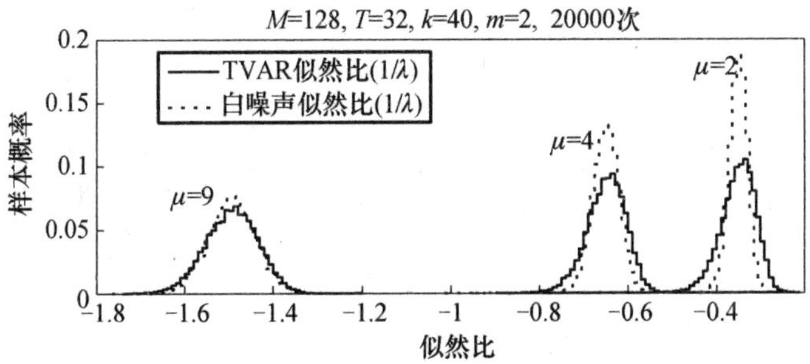

图 6.26　对不同假设的 TVAR 模型的阶数 μ,
球形测试似然比的样本概率密度分布函数

我们现在可以演示，这个差别是由于$\hat{\boldsymbol{D}}_\mu$的对角元素是场景相关的，而这些元素的概率密度分布函数的变化却是与场景无关的。图 6.27 给出了下列矩阵的对角元素的样本概率密度分布函数：

$$\hat{\boldsymbol{C}}_\mu^{-1} \equiv \boldsymbol{V}^{-1}\hat{\boldsymbol{R}}_\mu^{-1}(\boldsymbol{V}^\dagger)^{-1},\hat{\boldsymbol{F}}_\mu^{-1} \equiv DG(\hat{\boldsymbol{R}}_{\mathrm{WN}},\boldsymbol{\mu}),\hat{\boldsymbol{D}}_\mu \equiv \hat{\boldsymbol{V}}_\mu^\dagger \boldsymbol{R}_m \hat{\boldsymbol{V}}_\mu \quad (6.210)$$

其中，$\hat{\boldsymbol{D}}_\mu$和$\hat{\boldsymbol{F}}_\mu^{-1}$的分布实际上是一样的，而$\hat{\boldsymbol{C}}_\mu^{-1}$的分布稍微有些不同。因为$\boldsymbol{R}_m=(\boldsymbol{V}^\dagger)^{-1}\boldsymbol{V}^{-1}$，$\mathrm{Tr}(\hat{\boldsymbol{D}}_\mu)=\mathrm{Tr}(\hat{\boldsymbol{C}}_\mu^{-1})$和$\det(\hat{\boldsymbol{D}}_\mu)=\det(\hat{\boldsymbol{C}}_\mu^{-1})$，因此，这个差别只能解释为是在$\hat{\boldsymbol{D}}_\mu$和$\hat{\boldsymbol{F}}_\mu^{-1}$中同样分布的元素之间的相关性不同引起的。我们的白噪声等效模型忽略了这些差别，因此只能当成一个比较接近的近似。

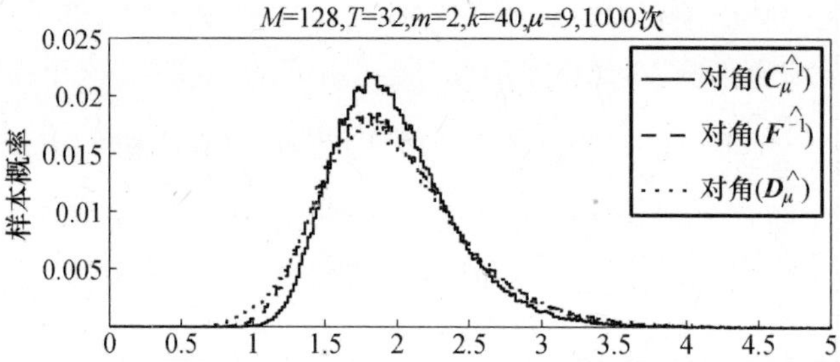

图 6.27　不同分析样本矩阵的对角元素的样本概率密度分布函数

这个近似的精度可以用图 6.28 的仿真结果来说明。第一条曲线（标注“TVAR(μ)”）已经在图 6.21 中展示过了，“白噪声(μ)”曲线是式(6.197)的等效模型的上界，而“RMB 理论(μ)”曲线是式(6.191)的 β 分布的下界。可以看到，下界实际上低估了真实的信噪比损耗因子，特别是在比较大的阶数时。相反，上

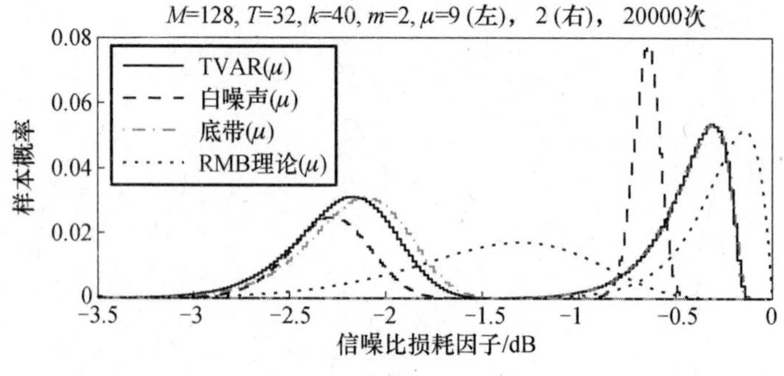

图 6.28　对于 $k=40$ 和 $N=32$ 个快拍的不同滤波器的有限样本支持下的信噪比损耗因子的直方图（四组曲线的左面对应 $\mu=9$，右面对应 $\mu=4$）

界对于比较大的μ则更为准确，这并不奇怪，因为图 6.26 已经表明，$\hat{\boldsymbol{C}}_{\mu}^{-1}$和$\hat{\boldsymbol{F}}_{\mu}^{-1}$的似然比是很关联的。另外，即使在最坏情况($\mu=m=2$)下，白噪声等效模型并不会高估平均损耗超过 0.4dB。

总结一下，我们的分析表明，基于 TVAR(μ)的自适应滤波器对于TVAR(m)干扰有比较高的信噪比性能，白噪声等效模型给出了对信噪比损耗因子的预计精度是可接受的。我们现在可以把注意力集中到式(6.180)的自适应检测器的性能上去了。首先，需要证实式(6.200)的白噪声模型预计虚警门限的精度。

对基于 TVAR(m)的 AMF 自适应检测器，在与图 6.22 至图 6.24 一样的 TVAR(5)场景，在10^5次试验中，用式(6.180)的统计的检测门限值h_{fa}时的虚警概率P_{fa}的样本相关性如图 6.29 和图 6.30 所示。我们看到，白噪声等效模型式(6.200)基本上导致了真实虚警率的过估计(也就是比真实的速率高)，最坏情况在 $n=6$dB 和 50dB 干噪比的条件下，白噪声推导得到的门限结果为$P_{\mathrm{fa}}=0.8\times10^{-4}$，而不是标称的(也就是要的)$P_{\mathrm{fa}}=10^{-3}$。最好的情况则是$n=1$dB，而对于 $n=2$dB(没有显示)，我们观察到稍微低估的虚警，比如说，标称为$P_{\mathrm{fa}}=10^{-3}$，给我们的却是$P_{\mathrm{fa}}=1.8\times10^{-3}$。当然，对于 10^5次 Monte Carlo 试验，结果可靠而有意义的范围仅为$P_{\mathrm{fa}}>10^{-4}$。

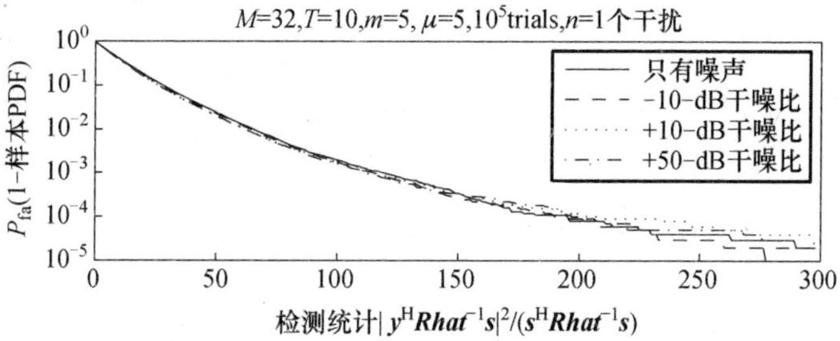

图 6.29　TVAR(5)干扰在 $n=1$ 个点源时的样本虚警门限

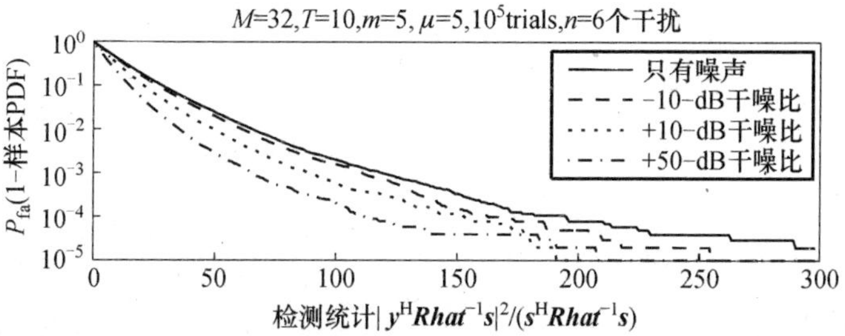

图 6.30　TVAR(5)干扰在 $n=6$ 个点源时的样本虚警门限

有趣的是,对于$\mu > m$,这样的场景依赖性变得不怎么重要(没有显示):白噪声和真实门限之间的差异在$\mu = 5$时还是可见的,而在$\mu = 7$的时候几乎就消失了。

如预期的那样,白噪声矩阵$\hat{\boldsymbol{F}}_{\mu}^{-1}$的概率密度分布函数更集中在它的期望周围,且对于$\hat{\boldsymbol{C}}_{\mu}^{-1}$和$\hat{\boldsymbol{F}}_{\mu}^{-1}$几乎是一样的。根据实际的观点,如果虚警率低于期待带来的信噪比的损耗是适度的,真实的虚警概率比期待的要低(为0.0008而不是0.0010),这是可以接受的。相反,如果真实的虚警率超过期待的,这可能使跟踪器过载,产生过多的虚假轨迹。

图6.31给出了图6.21场景下一般的两个假设的顺序的接收机工作特性。每个子图都给出了具有强洞察力的检测器的接收机工作特性,自适应的检测器利用事先通过Monte Carlo仿真(标记为"TVAR(μ)")计算的(几乎)确切的虚警门限,"实际的"门限则是采用事先用白噪声模型计算的,并最后采用了条带方法。

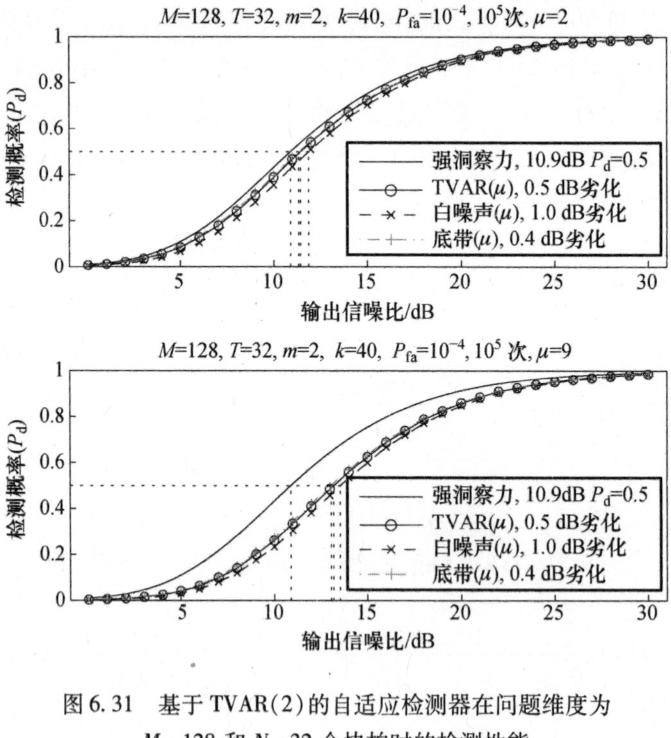

图6.31 基于TVAR(2)的自适应检测器在问题维度为$M = 128$和$N = 32$个快拍时的检测性能

如所期待的,对于正确的阶数估计$\mu = m = 2$,劣化是最小的(相对于具有强洞察力的检测器)。对于确切的门限,对于50%的检测概率,损耗只有0.5dB,这明显是在TVAR(2)滤波器的中等信噪比损耗(根据图6.21和图6.28,大约为0.4dB)之上。引进实际的门限会附加另外0.5dB的劣化,表示与具有强洞察力的检测器相比，信噪比的损耗大约为 1dB，即使对于明显过估计的 $\mu=9$，实际的门限对附加的损耗也只有 0.4dB 的贡献。这意味着基于白噪声的模型的门限计算具有可接受的精度。对 TVAR(5) 的仿真实验在 $N=10$ 个快拍和 $m=\mu=5$ 时所给出的接收机工作特性的仿真给出了类似的观察。图 6.32 给出了用白噪声等效模型式(6.200)计算的门限的接收机工作特性，在 $n=0,1,4,6$ 时具有额外的劣化，但是最多为 2.7dB。

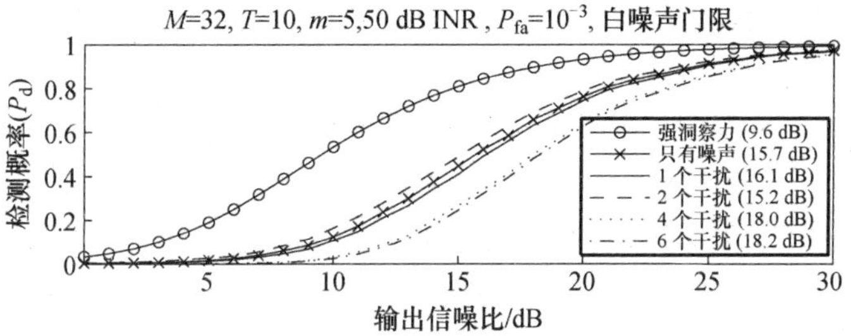

图 6.32　基于 TVAR(5) 的自适应检测器在具有
10dB 干噪比和理想虚警门限时的检测性能

总的来讲，这个具有相对少($N=2m$)样本支持的场景不仅展现了与前一个场景($N=3.6\ m_{max}$)相比更差的检测性能，而且在用白噪声等效模型计算虚警门限时精度也更差，导致更大的额外信噪比损耗。从这一点考虑，探讨"条带"方法的性能是很有意思的。如 6.3.2 小节所讨论的，代替白噪声模型，我们把最大似然协方差矩阵估计 $\hat{\boldsymbol{R}}_\mu$ 当成真实的 TVAR(μ) 协方差矩阵，模拟来自 $\hat{\boldsymbol{R}}_\mu$ 的足够多(比如 10^5)的训练矢量来计算虚警门限和其他的统计参数(虽然是从 $\hat{\boldsymbol{R}}_\mu$ 而不是从 $\boldsymbol{R}_m$ 导出的，却是很弱地依赖于场景的)。图 6.28 还给出了由"条带数据"产生的自适应滤波器的信噪比损耗的样本概率密度分布函数。可以看到，这个方法是很成功的，因为它几乎复制了真实的分布，而不像(上界)白噪声模型。条带导出的门限比白噪声导出的(没有展示)似乎更准确。一点不奇怪，这样的精度导致了条带的接收机工作特性几乎与用精确门限所计算的一样(图 6.31)。当然，条带方法的实时应用可能不像白噪声模型那样，会很困难。但是，至少在原则上，所确定的自适应检测器特性，比如虚警门限和相对于真实的 TVAR(μ) 的协方差矩阵信噪比损耗因子的弱相关性，将允许我们考虑使用各种恒虚警技术来"填补"白噪声模型(实用但有点不精确)和条带方法(精确但有点不实用)之间的间隙。

至此，我们分析了 $\mu \geqslant m$ 这样挺高阶数的滤波器和检测器的性能，以便展示中等和粗略的阶数过估计并不会明显地增加损耗，但是很当然地，TVAR(μ) 的自适应检测器的性能应包含把阶数的估计作为全部处理的不可少的部分。对于 $M=128$、$N=32$、$k=40$、$m=2$ 和 $m_{max}=5$ 的场景，我们已经展示了[73]，在所有 10^3

次 Monte Carlo 仿真试验中，阶数高估的概率为$P_{oo}=10^{-4}$，10^{-3}时，估计都是正确的($\hat{m}=m=2$)，而对于$P_{oo}=10^{-2}$，有 8 次是高估了的，而我们期待的仅仅是 1 次。有了阶数估计算法这样高的精度，很明显，前面给出的接收机工作特性(对于$\mu=m$)在考虑整个检测过程时的变化会很小。我们还展示了，最大容忍的阶数$m_{max}=5$可以使用阶数估计技术的第一步式(6.168)来选择。

这个分析给出了我们对 TVAR(μ)或 AR(μ)自适应检测器性能研究的结论，这包含了：①使用样本协方差矩阵 $\hat{\boldsymbol{R}}$ 的 DG 变换估计 TVAR(μ)最大似然协方差矩阵；②使用第一步(m_{max}估计)的 TVAR($\hat{m}$)模型，它后面跟有第二步($\hat{m}$ 估计)来选择阶数；③利用“白噪声”或“条带”的等效模型计算“实际的恒虚警”的门限。

我们在这里所探讨的基于 TVAR(m)的自适应检测的最后问题是它的检测性能与另一种与“小秩”协方差矩阵估计有关的“样本欠缺”的方法的效率比较。特别是，我们考虑在 6.2 节研究过的(对角)加载的 AMF(LAMF)检测器，并重新考虑 TVAR(5)仿真模拟实验。

让我们回顾，TVAR(5)协方差矩阵 $\boldsymbol{N}_5$是所关注的信号场景的 DG 变换 DG($\boldsymbol{R}_{mod}$,5)。对于这样的具有“断壁式”的特征谱的模型，如同在图 6.22 中 $n=4$、6 的情况，我们无法期待 LAMF 检测器是“实际恒虚警”的，而对于“断壁式”的场景，比如 $n=1$、2 的小秩协方差矩阵时却是“实际恒虚警”的。(实际上，对于“断壁式”的特征谱，虚警门限和加载因子都不容易确定。)由于这个理由，我们将比较 TVAR(μ)和 LAMF 检测器在具有理想的虚警门限时潜在的性能，而且需要记住，由于实际的虚警门限计算，很可有额外的检测损耗。

(对角)加载因子的协方差矩阵估计为[13,14]

$$\hat{\boldsymbol{R}}_{\beta}=\hat{\boldsymbol{R}}+\beta\boldsymbol{I}_M \tag{6.211}$$

式中，β 为加载因子。

对于“断壁式”的场景式(6.6)，其 m 个干扰压倒了白噪声，加载因子可以在下列范围内鲁棒地选择[46]：

$$\sigma_0^2<\beta\ll\hat{\lambda}_m \tag{6.212}$$

式中，$\hat{\lambda}_m$ 为在 $N>m$ 个快拍内平均的样本协方差矩阵估计 $\hat{\boldsymbol{R}}$ 中最小的“信号子空间”特征值。

对于具有“断壁式”特征谱的 TVAR(m)模型，我们考虑加载因子的下列两个选择：第一个是对“断壁式”的场景的传统选择：

$$\beta=2\sigma_0^2 \tag{6.213}$$

而另一个是基于最近提出的“预期似然”方法的[1]。特别地，这样选择加载因子，使得加载的协方差矩阵估计 $\hat{\boldsymbol{R}}_{\beta}$ 所产生的欠采样的式(6.192)的似然比等于由真实的、式(6.170)的概率密度分布函数所规定的协方差矩阵 $\boldsymbol{R}$ 所产生的似然比的期望。

图 6.33 给出了式(6.206)的$\boldsymbol{R}_{\text{mod}}$从 TVAR(5)的模拟试验中在 $n=4$ 个源的情况下的特征谱。所显示的还有它的 TVAR(5)变换和一个特定的样本 $\hat{\boldsymbol{R}}$ 的特征谱,以及预期似然的加载水平β_{EL}。可以立即观察到,这个加载因子几乎在这个情况的噪声底线 30dB 以上,不同于传统的 $\beta=2\sigma_0^2$。

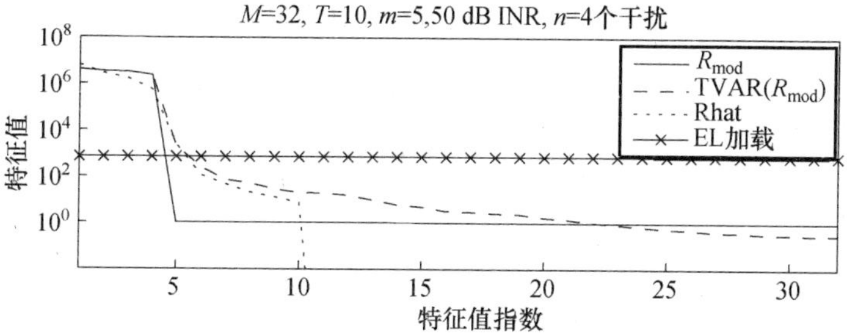

图 6.33　基于 TVAR(5)的自适应检测器在具有 50dB 干噪比的理想虚警门限时的检测性能

如所讨论的,我们比较了对理想的虚警门限所计算的接收机工作特性。图 6.34给出了 TVAR(5)和 LAMF 检测器在具有式(6.206)那样的 n 个白噪声中的点源的“过渡性”的协方差模型$\boldsymbol{R}_{\text{mod}}$中、10dB 信噪比的场景下的接收机工作特性。图 6.35 重复了对 50dB 信噪比的实验。这里的 LAMF 检测器采用了最大似然选择的加载,尽管加载值β有明显的差异,式(6.213)的传统加载还是导致了类似的性能。对接收机工作特性的比较引出了一些重要的结论。首先,我们从图 6.36 和图 6.37 中看到了 TVAR(5)检测器(具有如前所讨论的理想的虚警门限)的性能几乎是与场景(n 和干噪比)无关的,具有 6dB 的损耗。相反,图 6.34到图 6.38 展示了 LAMF 检测器的性能强烈依赖于所在的信号场景。

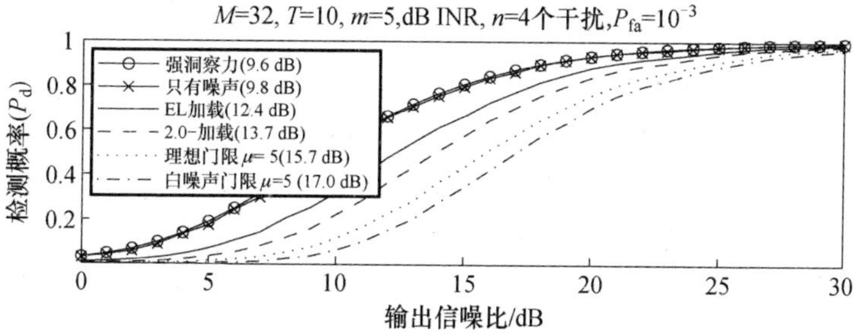

图 6.34　基于 TVAR(5)的自适应检测器在 50dB
干噪比的“白噪声”虚警门限时的检测性能

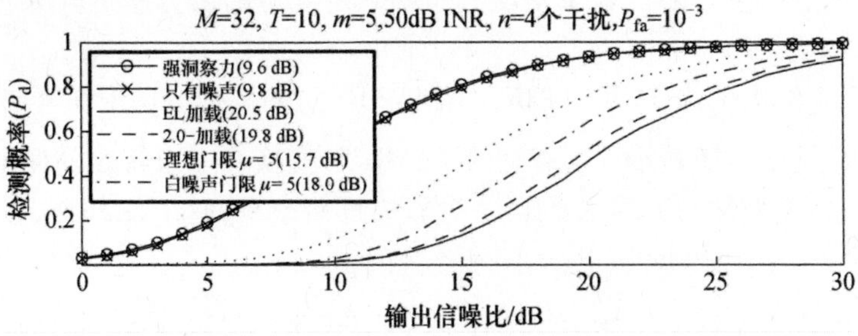

图 6.35　模拟 $n=4$ 的真实和样本协方差矩阵的 TVAR(5)的特征谱

把这些接收机工作特性与图 6.36 进行比较，得到的最重要的结论是：在这样相对低的干噪比下，LAMF 检测器要比 TVAR(5)好。特别是，对于最大似然加载和单源的时候，LAMF 检测器的损耗可以忽略(10.3 −9.6 =0.7dB)，即使对于有 6 个源的情况，它的损耗也只有 14.8 − 9.6 =5.2dB(而 TVAR(5)的是 15.7 −9.6 =6.1dB)。

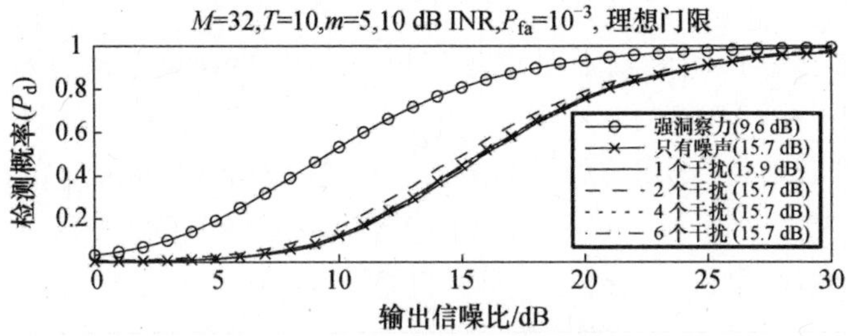

图 6.36　LAMF 检测器和基于 TVAR(5)的自适应检测器在 10dB 干噪比时的检测性能

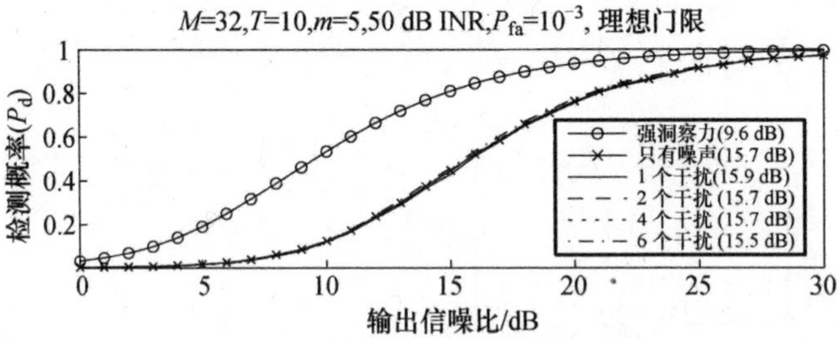

图 6.37　LAMF 检测器和基于 TVAR(5)的自适应检测器在 50dB 干噪比时的检测性能

图 6.38 给出了 LAMF 检测器在 $n=0$、1dB、2dB、4dB、6dB 和 50dB 干噪比时具有式(6.213)的最大似然加载时的接收机工作特性。对于一两个干扰源，LAMF 检测器仍然(潜在地)要比基于 TVAR(5)的好，但是，对于更多的干扰源，

LAMF 检测器的损耗一直增加，对于 $n=4$dB，20dB，$n=6$ 为 10dB，而 LAMF 检测器实际上对这样的场景没有用了。常规的加载（这里没有展示）给出了完全类似的结果。

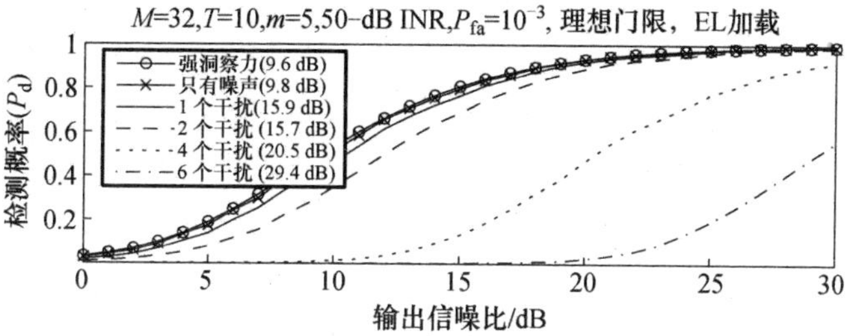

图 6.38　LAMF 自适应检测器在 50dB 干噪比和最大似然加载时的检测性能

这个特性的解释可出自考虑图 6.22 中的 4 个干扰的 TVAR(5) 特征谱。不是“断壁式”的特征谱，而是有大量的主特征值，这就使对角加载方法失效。而对于 10dB 的干噪比（没有说明），TVAR(5) 模型的特征谱的“尾巴”（那些比最大的第五个特征值 λ_5 还要小）变得与加性的白噪声“地板”可比，而这时 LSMI 检测器要比 TVAR(m) 检测器更为有效。相反，在 50dB 的干噪比时，由图 6.33 所见的“尾巴”仍然在“地板”之上，即使对 $\hat{\boldsymbol{R}}$ 的最后一个特征值也是这样。

这个分析展示了对角加载与基于 TVAR(m) 的自适应检测器可比的性能强烈地依赖于干扰协方差矩阵的特征谱，对于“断壁式”的场景，LAMF 检测器更好些，而对于“斜坡式”的场景，TVAR(m) 会更好些。可能由 TVAR(m) 模型精确描述的特定干扰不一定意味着有限样本支持的 TVAR(m) 检测器总是比较好的。从理论的观点看，这个观察强化了文献[1]中给出的重要论述，考虑到自适应检测中最大似然协方差矩阵的估计准则问题，也就是即使适当构造的最大似然 TVAR(m)、最大似然协方差矩阵估计 $\hat{\boldsymbol{R}}_m$ 可能导致比“特别的”对角加载估计更差的性能。从实际的观点看必须记住，我们比较了理想设置虚警门限的接收机工作特性，因此任何实际的方法都可能对两个检测器的价值对比添加额外的作用。

6.3.4　观察

我们已经分析了自适应滤波器（波束形成）和自适应检测器的性能，它们使用了最新的根据 N 个独立的高斯训练样本的集合给出 M 个变量的条带逆协方差矩阵的最大似然估计。条带逆 Hermitian 协方差矩阵描述了时变自回归的 m 阶随机过程的类 TVAR(m)，可以用来近似任意的具有“斜坡式”特征谱的 Hermitian 协方差矩阵,而这对于扩展、散开、分布、宽带的源是典型的。对于最大似然协方差矩阵估计所需的最小样本支持仅仅比 TVAR(m)的阶数大($N > m$)的情形,因此对于所有 $m \ll M$ 的情形,相比于传统的需要 $N \geqslant M$ 个训练样本的 SMI 技术,对样本支持都有明显的减少。

我们已经分析了由最大似然的 TVAR(μ)协方差矩阵估计所构建的自适应滤波器相对于具有强洞察力的滤波器的信噪比的损耗因子。对于来自 TVAR(m)过程的干扰,我们分析了由于在 TVAR(μ)中($\mu \geqslant m$)对具有不同干扰性质和目标方向矢量的信号场景的最大似然协方差矩阵估计中有限样本 N 的支持带来的信噪比的损耗。首先,我们展示了对于基于 TVAR 的自适应滤波器(不同于常规的 SMI 技术),不存在信噪比损耗因子对于真实的协方差矩阵和信号方向矢量的严格的不变性。

对于自适应动目标指示滤波器,它的 M 维的方向矢量不仅其第一个元素非零,而且其信噪比的损耗因子可以确切地由带参数 N 和($\mu+1$)的 β 分布来描述。对于一般的方向矢量,信噪比损耗统计地说要超过具有 $\beta(N,\mu+1)$ 分布的。这导致我们会使用这个 β 分布作为信噪比损耗的下界。同目标方向矢量实际上在杂波中的非常特殊的情况不一样,信噪比的损耗因子主要是由同样的两个参数决定的,对于真实的协方差矩阵和(一般的)目标方向矢量是非常不敏感的。这个不敏感允许我们给出(近似的)上界,也就是对于自适应滤波器的信噪比损耗因子,可以用不相关(白噪声)的数据替代真实的 TVAR(m)协方差矩阵。虽然我们没有推导出“白噪声”损耗因子概率密度分布函数的解析闭式,对任意给定的 M、N、μ 和方向矢量,它还是可以采用 Monte Carlo 仿真事先计算的。我们的分析表明,这个场景不变的上界在大部分情况下只是比真实的信噪比损耗因子稍微高估了一点(0.2 ~ 0.5dB),因此它实际上适合于估计 TVAR(μ)自适应滤波器的效率。类似地,对于著名的 RMB 规则 $N \approx 2M$,会得到平均 3dB 的信噪比损耗,我们展示了 TVAR(μ)自适应滤波器和一般的方向矢量要求下列数量的训练样本:

$$\text{对于 } \mu \geqslant m, N \simeq 3\mu \tag{6.214}$$

而对于 $m \ll M$,这意味着样本支持数量很大的减少。

我们还分析了基于最大似然的 TVAR(μ)协方差矩阵估计自适应检测器,聚焦在恒虚警特性和接收机工作特性上。与自适应滤波器中的信噪比损耗类似,这样的检测器不是严格的恒虚警的,也就是说,在没有目标时,它们的输出统计取决于干扰场景。但是我们发现虚警概率 P_{fa} 与真实的 TVAR(m)($m \leqslant \mu$)干扰协方差矩阵的关系是很微弱的。因此我们提议,在实际应用中,对于 $m \ll M$ 和 $\mu \ll N < M$,虚警门限也可以利用白噪声等效干扰模型事先计算而得到可接受的精度。实际上,对于 $M=128$、$m=2$、$N=32$ 和 $P_{fa}=10^{-4}, 10^{-3}, 10^{-2}$,我们展示了

“白噪声”所给出的门限给出了 50% ~80% P_{fa}的虚警率。虚警门限稍微的过估计导致了对信噪比额外的损耗实际上可以忽略(≤0.6dB)。

但是,我们考虑了另一个场景($M=32$、$m=5$、$N=10$),白噪声等效模型给出了精度稍差的门限。在这些 TVAR(5)的场景中,最差的虚警率过估计达到了一个数量级($P_{fa}=10^{-4}$而不是标称的10^{-3}),这带来了额外的 2.7dB 的信噪比损耗。损耗依旧比只有部分样本支持、用一个子集计算常规的标量虚警门限所给出的要小,这个例子强调了对更精确的门限的需求。

出于这点考虑,我们展示了更精确的虚警门限可以事先用“底带”的概念计算,其中最大似然 TVAR(μ)协方差矩阵估计被处理为在“底带世界”中真实的干扰协方差矩阵,以便产生任意数量的“底带训练数据”,然后用它们直接进行门限计算。当然,这个算法的实时应用还是有问题的,虽然可以推导出这个技术的性能可以比白噪声等效模型更好。

我们还研究了$\mu \geq M$的任意阶数的基于 TVAR(μ)的自适应滤波器和检测器,主要目的是探讨在阶数过估计时信噪比的损耗。中等的阶数过估计分别对自适应滤波器和检测器导致了相当的(但还不是灾难性的)信噪比和检测性能的劣化。同时,我们以前的论文也展示了极高的阶数估计精度,在本节中所考虑的所有场景中,这样的损耗都可以忽略不计。

最后,对于真实的 TVAR(m)干扰,我们对 LAMF 检测器和 TVAR(m)自适应检测器的性能进行了分析比较。这个分析使用真实的虚警门限来计算接收机工作特性,因此反映了潜在的检测性能而不是实际的性能。我们的研究表明,即使对于 TVAR(m)干扰,哪个检测器更好的问题很大程度上取决于干扰协方差矩阵的特征谱。对于 TVAR(5)干扰场景和 $n=1$ 或 2 的干扰,具有“断壁式”的特征谱时(主特征值的“泄漏”与白噪声的底是可比的),LAMF 检测器要比基于 TVAR(5)的检测器要好。相反,对于 TVAR(5)场景和 $n=4$ 或6 的干扰,具有较强的“斜坡式”的特征谱($m=\mu=5$,$N=10$,即使第 N 个特征值也明显地在噪声底之上),情况就反过来了,LAMF 检测器具有相对于 TVAR(m)检测器 14dB 的损耗。用 TVAR(m)模型精确描述的特定的干扰场景并不一定意味着 TVAR(m)检测器总是比对角加载的要好。这就为实际应用的混合的检测方法铺平了道路,它可以在 LAMF 检测器和 TVAR(μ)检测器之间自适应地选择。当应用恰当时,这两个技术与利用多于 M 个训练样本的常规的样本协方差矩阵估计方法的 AMF 测器相比,都带来了很好的检测性能的改善。

实际应用基于 TVAR(μ)的自适应滤波器的精巧的逻辑电路已经由 Lekhovyskiy 等人开发[64]成“自适应框架滤波器”,它保证了这个技术可以得到快速实施。

6.4 利用数据划分改善自适应检测

在很多情况下,6.1 节所介绍的检测器,比如 AMF 检测器和 GLRT 检测器,潜在地只有相当少的样本支持,不能由其他设计获取或被其他设计使用。实际上,最近有人展示了[75],对于真实的雷达杂波数据,所有已知的恒虚警接收机(检测器)并不能达到预期的标称虚警概率,也就是它们给出的虚警概率要高于设计阶段事先设计的值。文献[75]研究了在不同距离单元内收集的训练数据严重的功率失配(不均匀)是预期的虚警概率与真实的虚警概率之间失配的主要原因,而像在二次矢量之间可能的统计相关(还是见文献[76])这样的"二阶因子"会导致观察到的虚警率与理论值进一步的偏差。

另外,在很多应用中,在涉及训练数据与二次数据之间的矛盾时,自适应检测器的恒虚警特性即使在理论上也不能被使用。比如,当对外部噪声(干扰)只采用自适应天线来缓解,而实际的目标检测是在用来抑制杂波的相关的多普勒处理的输出上实施时,这样的矛盾就会产生,一般只有少数训练的距离和/或多普勒单元是没有杂波和目标的(或许是在没有雷达辐射的时间间隔内收集的),它们被用来做抗干扰的估计。得到的自适应天线阵列(波束形成)被用于重要的(一次)距离和多普勒单元,以便抑制这个干扰。在面杂波的背景下实施目标检测,通常采用的是非自适应的杂波抑制/检测技术,比如相关的多普勒处理。这样的应用的一个重要特性是样本数据为抑制外部噪声训练自适应波束生成器,但这个噪声却并不代表目标最终需要从其中被突出出来的整个背景干扰。

文献[23,77]报道了另一个例子,训练和一次数据集上不同的干噪比(并不仅仅是标量)导致了"恒虚警特性"的明显损失。重要的是,在很多这样的情况下,这个差别并不会明显地损伤自适应天线抑制干扰的能力,损失的仅仅是损耗因子和恒虚警特性的不变性。最后一个例子是非恒虚警的"鲁棒自适应检测器",它被用来减少目标模型失配的影响[22]。在所有这样的例子中,检测器输出统计的概率密度分布函数的"尾巴"对于用来推导恒虚警特性的模型和真实参数之间的失配是敏感的。

在上述每一个自适应检测器中,"恒虚警特性"的损耗仅仅意味着自适应干扰抑制的问题和自适应虚警门限控制的问题必须分开处理,二次(训练)数据应当用来获得有效的干扰抑制,而自适应的门限应当使用标准的、由 Kalson[78] 提出的采用很多自适应处理的一次距离/多普勒单元的"单元平均法"。这样非常确定的自适应门限(恒虚警)控制是由 Finn 和 Johnson 引入的[11],被很多后续的研究修改(比如文献[79-81])。当然,在自适应门限中所涉及的训练单元和被处理的一次距离/多普勒单元应当足够均匀,但是,维持一定的损耗因子(相对于强洞察力的情况）所需要的这样的单元的数量并不取决于自适应系统的维度[11]。

对于上述在一次和二次数据上具有不同干扰性质的应用，这个两集的自适应处理方法似乎是唯一可行的自适应检测选择。但是类似的两集处理方法也可以考虑是恒虚警自适应检测器的替换办法，即使对于作为一集的恒虚警检测设计中典型的均匀的训练条件也是这样。在这个经典的方法中，考虑文献[5,40]所讲述的典型场景，其中的训练样本和一个一次样本在含有同样的干扰（至少在差一个标量因子后）下进行检验。这里的恒虚警检测器，在没有目标时，具有输出统计（也就是概率密度分布函数）相对于干扰协方差矩阵的不变性。这就意味着不同的一次单元可能被具有不同协方差矩阵的干扰所污染，但是除非每个一次单元具有对应不同的训练数据，输出统计的概率密度分布函数（以及虚警率）对于所有这些被不同的自适应滤波器处理的单元是一样的。实际上，这就意味着，对于“滑窗”的方法（用一个含有固定数量相邻单元的时间窗前行滑过所有的分辨单元），虚警门限和虚警率保持在对所有的测试单元是一样的水平上。自然地，每个分辨单元是由不同的自适应检测器处理的，它们是由来自与单元有关的训练数据不同的协方差矩阵估计构建的。

这一方法的替代方法是，考虑对每一个具有 N 个足够均匀的训练样本的被检验的分辨单元，采用对上述具有严重不均匀的训练数据的应用类似的两集自适应处理。特别是，N 个分布在任意单个一次距离单元内的独立、同分布的训练样本将被分成 N_{CME} 和 N_{CFAR} 两组，前者用于对干扰进行抗干扰估计以设计自适应波束形成/滤波器天线，而后者用来估计这样的自适应天线（也就是自适应的标量恒虚警设计）输出端的信号统计（在高斯情形下就是功率）。这样的自适应恒虚警门限是专门为特定的自适应波束形成设计的，如果不同的一次单元被不同的滤波器处理，就必须使用不同的门限，这一点很重要。当然实际上，我们会有中间的情况，一些相邻的一次单元是被同样的滤波器/检测器处理的。

很清楚，如果 N_{CME} 是用来设计自适应波束形成的二次训练的数量，N_{CFAR} 是足够均匀的用于自适应门限的一次单元的数量，对这样的两步的自适应检测方法的接收机工作特性的任何分析偏差也适用于上述非均匀训练的应用。在这样的非均匀的应用中，N_{CME} 和 N_{CFAR} 无法彼此折中，因为这两组训练数据含有不同的干扰。

对于均匀的训练状态，两步的自适应处理设计提出了一个重要的问题：给定有限的独立、同分布的训练样本的数量 N，什么是要用的最好类型的协方差矩阵估计，什么是 $\{N_{\mathrm{CME}}, N_{\mathrm{CFAR}}\}$ 最佳的划分比例？答案似乎并不明显。作为一个极端，我们可以使用所有的训练数据去得到常规的最大似然协方差矩阵估计，并利用 GLRT/AMF/ACE 检测器的输出统计的场景不变性质。如所讨论的，这里的困难是,严格的不变性只有在 N 超过天线阵列的维度(传感器的数量)M 时才能得到,检测损耗会超过 RMB 在 $N \approx 2M$ 时的信噪比劣化[7] 3dB。

因为需要的N_{CFAR}并不取决于天线的维度 M,任何有效抑制干扰的自适应天线(滤波器)技术都在采用比传统的最大似然协方差矩阵估计(比如 6.2 节所讨论的 LSMI 或 FML)更少的样本支持时导致比任何恒虚警的 GLRT/AMF/ACE 检测器(在足够大的天线/滤波器维度 M 时)更有效的两步检测器。相反,如果一个特定的协方差矩阵估计给出(至少)"实际的"恒虚警特性,那么,使用同样的估计的两步检测器的方法,甚至在最佳划分$\{N_{CME},N_{CFAR}\}$时,也可能要比"一步"(实际的)恒虚警检测器更差。不过,如果这样的劣化比较小,那么即使更有效(但是非恒虚警)的协方差矩阵估计所得来的N_{CME}中等程度的减少也会导致更好的检测性能。对这一折中的探讨在本小节中给出。文献[5]中给出了"一步"恒虚警 AMF 和 GLRT 检测器的比较分析,因此对于我们来说,只要将它们中的一个与我们的新检测器进行比较就足够了。

我们将比较恒虚警 AMF 检测器,采用同样的常规最大似然 CME(样本数不小于 M)的两步检测器,在式(6.6)那样的"断壁式"场景中实际上恒虚警的(一步)LSMI 检测器,以及同样场景中的两步的 LSMI 检测器的接收机工作特性。我们期待(一步)AMF 和两步的 LSMI 检测器的比较将展示前面讨论过的检测性能的改善。这是与更有效地加载的 SME 有关的,即使在输出统计(概率密度分布函数)的不变性可以忽略或不存在的时候也是这样。(实际上的)恒虚警和使用同样的 CME(常规的最大似然或对角加载)的两步检测器的比较将展现对探讨这样的(实际上的)不变性所带来的增益。下面的 6.4.1 小节给出不同检测器的接收机工作特性的分析表示,6.4.2 小节介绍计算和 Monte Carlo 仿真的结果。

6.4.1 "一步"自适应恒虚警检测器性能对比"两步"自适应处理的分析

考虑具有淹没在式(6.6)那样的干扰中的波动目标(Swerling I 模型)的场景。一次样本 $\boldsymbol{y}$ 为

$$\boldsymbol{y} = \begin{cases} \boldsymbol{x}_0 \sim \mathcal{CN}(\boldsymbol{0},\boldsymbol{R}), & \text{假设 } H_0 \\ \boldsymbol{x}_0 + a\boldsymbol{s} \quad a \sim \mathcal{CN}(0,\sigma_2), & \text{假设 } H_1 \end{cases} \tag{6.215}$$

式中,$\boldsymbol{x}_0$ 为观察到的 M 个变量的只有干扰的数据矢量(快拍);$CN(\boldsymbol{0},\boldsymbol{R})$ 为复(圆)高斯概率密度分布函数;$\boldsymbol{s}$ 为 M 维的归一化($\boldsymbol{s}^\dagger\boldsymbol{s}=1$)的阵列信号("方向"或波前)矢量;$a$ 为复的目标幅度(其功率为σ^2)。未知的协方差矩阵 $\boldsymbol{R}$ 是用下列 N 个独立、同分布的训练样本的集合估计得到的:

$$[\boldsymbol{x}_1,\boldsymbol{x}_2\cdots,\boldsymbol{x}_N],\boldsymbol{x}_j \sim \mathcal{CN}(\boldsymbol{0},\boldsymbol{R}),j = 1,2,\cdots,N \tag{6.216}$$

6.4.1.1　“标杆”检测器 A、B、C、D

检测器 A：强洞察力的检测器

我们首先明确这个模型的标杆式的检测性能。具有强洞察力的接收机（检测器）得到的最好性能是由下列最优/Wiener 滤波器以及后面式子所表示的检测器获得的：

$$w_{\text{opt}} = \frac{\boldsymbol{R}^{-1}\boldsymbol{s}}{\boldsymbol{s}^{\dagger}\boldsymbol{R}^{-1}\boldsymbol{s}} \tag{6.217}$$

$$\frac{|\boldsymbol{y}^{\dagger}\boldsymbol{R}^{-1}\boldsymbol{s}|^2}{\boldsymbol{s}^{\dagger}\boldsymbol{R}^{-1}\boldsymbol{s}} \underset{H_0}{\overset{H_1}{\gtrless}} h > 1 \tag{6.218}$$

式中，H_0和H_1分别为没有目标和有目标的假设；h 为虚警门限，滤波器输出端无目标时的信号具有分布 $CN(0,1)$。这样的具有强洞察力的检测器的接收机工作特性曲线是由下列检测概率解析公式表示的：

$$P_{\text{d}} = \exp\left[-\frac{|\ln(P_{\text{fa}})|}{1+q^2}\right] \tag{6.219}$$

其中，

$$q^2 = \boldsymbol{\sigma}^2\boldsymbol{s}^{\dagger}\boldsymbol{R}^{-1}\boldsymbol{s} \tag{6.220}$$

为滤波器输出的信噪比。

检测器 B 和 C：具有理想门限的自适应 SMI/LSMI 滤波器

对于未知的真实协方差矩阵 $\boldsymbol{R}$，常规的最大似然协方差矩阵估计为

$$\hat{\boldsymbol{R}} = \frac{1}{N}\sum_{j=1}^{N}\boldsymbol{x}_j\boldsymbol{x}_j^{\dagger}, N \geqslant M \tag{6.221}$$

而加载的协方差矩阵估计为

$$\hat{\boldsymbol{R}}_{\beta} \equiv \hat{\boldsymbol{R}} + \beta\boldsymbol{I}_M, \beta = (2\sim3)\times\lambda_M, \lambda_M = {\sigma_0}^2 \tag{6.222}$$

式中，σ_0^2为加性白噪声的功率。检测器 B（自适应的 SMI）和 C（自适应的 LSMI）分别由下面的公式定义：

$$\frac{|\boldsymbol{y}^{\dagger}\hat{\boldsymbol{R}}^{-1}\boldsymbol{s}|^2}{\boldsymbol{s}^{\dagger}\hat{\boldsymbol{R}}^{-1}\boldsymbol{R}\hat{\boldsymbol{R}}^{-1}\boldsymbol{s}} \underset{H_0}{\overset{H_1}{\gtrless}} h > 1, \frac{|\boldsymbol{y}^{\dagger}\hat{\boldsymbol{R}}_{\beta}{}^{-1}\boldsymbol{s}|^2}{\boldsymbol{s}^{\dagger}\hat{\boldsymbol{R}}_{\beta}{}^{-1}\boldsymbol{R}\hat{\boldsymbol{R}}_{\beta}{}^{-1}\boldsymbol{s}} \underset{H_0}{\overset{H_1}{\gtrless}} h > 1 \tag{6.223}$$

在著名的 RMB 论文[7]中，将下列的自适应滤波器 $\boldsymbol{w} = \hat{\boldsymbol{R}}^{-1}\boldsymbol{s}$ 的信噪比损耗 ρ 的概率密度分布函数与具有洞察力的式（6.217）的 Wiener 滤波器相比：

$$\rho = \frac{(\boldsymbol{s}^{\dagger}\hat{\boldsymbol{R}}^{-1}\boldsymbol{s})^2}{(\boldsymbol{s}^{\dagger}\hat{\boldsymbol{R}}^{-1}\boldsymbol{R}\hat{\boldsymbol{R}}^{-1}\boldsymbol{s})(\boldsymbol{s}^{\dagger}\hat{\boldsymbol{R}}^{-1}\boldsymbol{s})} \tag{6.224}$$

而这被导成

$$f(\rho) = \frac{1}{B[s,n]}\rho^{s-1}(1-\rho)^{n-1} \tag{6.225}$$

且

$$s = N - M + 1, n = M - 1 \tag{6.226}$$

式中，$B[s,n]$为 β 函数[42]。

在文献[13]中业已证明，LSMI 在具有式(6.222)的对角加载因子和式(6.6)形式的协方差矩阵的场景时，其信噪比的损耗因子为

$$\rho_\beta = \frac{(\boldsymbol{s}^\dagger \hat{\boldsymbol{R}}_\beta^{-1}\boldsymbol{s})^2}{(\boldsymbol{s}^\dagger \hat{\boldsymbol{R}}_\beta^{-1}\boldsymbol{R}\hat{\boldsymbol{R}}_\beta^{-1}\boldsymbol{s})(\boldsymbol{s}^\dagger \hat{\boldsymbol{R}}^{-1}\boldsymbol{s})} \tag{6.227}$$

式中，$w_\beta = \hat{\boldsymbol{R}}_\beta^{-1}\boldsymbol{s}$ 时是由与式(6.225)同样的 β 函数用高精度描述了的，不过参数如下：

$$s(\beta) = N - m + 2, m(\beta) = m - 1 \tag{6.228}$$

如果与自适应门限关联的损耗可以忽略(也就是用于自适应门限的独立、同分布的样本数N_{CFAR}趋于无穷)，也就是意味着特定自适应滤波器 $\boldsymbol{w}$ 或w_β的无目标时的输出功率是由式(6.223)确切知晓的：

$$\sigma_{\mathrm{out}}^2(\boldsymbol{w}) = \frac{\boldsymbol{s}^\dagger \hat{\boldsymbol{R}}^{-1}\boldsymbol{R}\hat{\boldsymbol{R}}^{-1}\boldsymbol{s}}{(\boldsymbol{s}^\dagger \hat{\boldsymbol{R}}^{-1}\boldsymbol{s})^2} \text{或} \sigma_{\mathrm{out}}^2(w_\beta) = \frac{\boldsymbol{s}^\dagger \hat{\boldsymbol{R}}_\beta^{-1}\boldsymbol{R}\hat{\boldsymbol{R}}_\beta^{-1}\boldsymbol{s}}{(\boldsymbol{s}^\dagger \hat{\boldsymbol{R}}_\beta^{-1}\boldsymbol{s})^2} \tag{6.229}$$

那么检测概率就是

$$P_{\mathrm{d}} = \frac{1}{B[s,t]}\int_0^1 \exp\left[-\frac{|\ln(P_{\mathrm{fa}})|}{1+q^2x}\right]x^{s-1}(1-x)^{t-1}\mathrm{d}x \tag{6.230}$$

对于由式(6.226)给定的 s 和 t(检测器 B)，我们得到常规的基于最大似然样本估计的检测器的检测概率，而对于由式(6.228)给定的 $s(\beta)$ 和 $t(\beta)$(检测器 C)，我们得到基于 LSMI 的检测器的检测概率。表达式(6.230)适合于数值积分，在文献[2]的附录 A 中，我们推导了这个积分的解析式：

$$P_{\mathrm{d}} = \frac{P_{\mathrm{fa}}}{(1+q^2)^s}\Phi_1\left(s, s+t, s+t; \frac{q^2}{1+q^2}, \frac{q^2|\ln(P_{\mathrm{fa}})|}{1+q^2}\right) \tag{6.231}$$

式中，$\Phi_1(a,b,c;w,z)$为具有两个变量的聚合(生成)的超几何级数[42]。当$N_{\mathrm{CME}} = \mathrm{N}$和$N_{\mathrm{CFAR}} \to \infty$时，这个性能就成为两个标杆检测器的性能。

检测器 D：具有标量自适应恒虚警的最优/Wiener 滤波器

另一个极端的例子给出又一个性能比较的标杆：当协方差矩阵已知(至少到差一个标量因子)时，对用作输出功率估计的 N 个样本施加常规的恒虚警门限：

$$\frac{|\boldsymbol{y}^\dagger \hat{\boldsymbol{R}}^{-1}\boldsymbol{s}|^2}{\boldsymbol{s}^\dagger \boldsymbol{R}^{-1}\hat{\boldsymbol{R}}\boldsymbol{R}^{-1}\boldsymbol{s}} \underset{H_0}{\overset{H_1}{\gtrless}} h > 1 \tag{6.232}$$

这里，与有限样本量 N 关联的检测概率是确知的[11]：

$$P_{\mathrm{d}} = \left[1 + \frac{1 - P_{\mathrm{fa}}{}^{1/N}}{(1 + q^2)P_{\mathrm{fa}}{}^{1/N}}\right]^{-N} \tag{6.233}$$

当$N_{\mathrm{CME}} \to \infty$和$N_{\mathrm{CFAR}} = N$时，它解释了标杆检测器的性能。

这样，我们就有了具有强洞察力的标杆的和具有理想门限或理想的 Wiener 滤波的自适应检测性能的接收机工作特性曲线的表达。下面我们就介绍实际的（一步）自适应匹配滤波和"两步的"自适应检测器的接收机特性公式。

6.4.1.2　"一步"自适应检测器 E、F

检测器 E：（一步）恒虚警 AMF 检测器

这个检测器是由下式规定的[5]：

$$\frac{|\boldsymbol{y}^{\dagger}\hat{\boldsymbol{R}}^{-1}\boldsymbol{s}|^2}{\boldsymbol{s}^{\dagger}\hat{\boldsymbol{R}}^{-1}\boldsymbol{s}} \underset{H_0}{\overset{H_1}{\gtrless}} h > 1$$

$$\hat{\boldsymbol{R}} = \frac{1}{N}\sum_{j=1}^{N} \boldsymbol{x}_j \boldsymbol{x}_j^{\dagger} \tag{6.234}$$

令 $\tau = N - M + 1$，那么，这个检测器的虚警率为[1]

$$P_{\mathrm{fa}} = (1 + h)^{-\tau} {}_2F_1\left(\tau, M - 1, N + 1; \frac{h}{1 + h}\right) \tag{6.235}$$

式中，${}_2F_1(\alpha,\beta,\gamma;x)$为具有一个变量的超几何函数[42]。检测概率为[1]

$$P_{\mathrm{d}} = \frac{N!}{\tau!(M-2)!}\int_0^{1/(1+q2)} \frac{x^{\tau}[1 - (1 + q^2)x]^{M-2}}{(1 + hx)^{\tau}(1 - q2x)^{N+1}}\mathrm{d}x \tag{6.236}$$

$$= \left[\frac{1 + q^2}{1 + q^2 + h}\right]^{\tau} F_1\left(M - 1, \tau, -\tau, N + 1; \frac{q^2 + h}{1 + q^2 + h}, \frac{q^2}{1 + q^2}\right) \tag{6.237}$$

式中，$F_1(\alpha,\beta,\beta',\gamma;x,y) = F_1(\alpha,\beta',\beta,\gamma;y,x)$为两个变量的超几何函数[42]。

检测器 F：（一步）"实际恒虚警的"LAMF 检测器

文献[1]引进了类似于上述 AMF 检测器的下列检测器：

$$t_{\mathrm{F}} = \frac{|\boldsymbol{y}^{\dagger}\hat{\boldsymbol{R}}_{\beta}{}^{-1}\boldsymbol{s}|^2}{\boldsymbol{s}^{\dagger}\hat{\boldsymbol{R}}_{\beta}{}^{-1}\boldsymbol{s}} \underset{H_0}{\overset{H_1}{\gtrless}} h > 1, \boldsymbol{R}_{\beta} = \hat{\boldsymbol{R}} + \beta\boldsymbol{I}_M, \beta = (2 \sim 3) \times \sigma_0^2 \tag{6.238}$$

遗憾的是，没有能为P_{fa}和P_{d}推导出解析式。但是，在文献[1]中，我们展示了这个检测器"实际恒虚警"的虚警概率可以用输出统计的近似表达来计算（如果$\lambda_m/\lambda_M \gg 1$）：

$$t_{\mathrm{F}} \simeq \frac{|[\boldsymbol{x}_n^\dagger - \boldsymbol{x}_m(\boldsymbol{Z}_m\boldsymbol{Z}_m^\dagger)^{-1}\boldsymbol{Z}_m\boldsymbol{Z}_n^\dagger]\boldsymbol{Z}\boldsymbol{e}|^2}{\boldsymbol{e}^\dagger\boldsymbol{Z}\boldsymbol{e}} \tag{6.239}$$

式中，$n=M-m$，$\boldsymbol{e}=[1,0,\cdots,0]^N$，且

$$\boldsymbol{Z} \equiv \left\{\beta\boldsymbol{I}_n + \frac{1}{N}\boldsymbol{Z}_n[\boldsymbol{I}_N - \boldsymbol{Z}_m^\dagger(\boldsymbol{Z}_m\boldsymbol{Z}_m^\dagger)^{-1}\boldsymbol{Z}_m]\boldsymbol{Z}_n^\dagger\right\}^{-1} \tag{6.240}$$

$$\boldsymbol{Z}_m \in \mathcal{C}^{m\times N} \sim \mathcal{CN}_N(\boldsymbol{0},\boldsymbol{I}_m),\boldsymbol{Z}_n \in \mathcal{C}^{n\times N} \sim \mathcal{CN}_N(\boldsymbol{0},\boldsymbol{I}_n) \tag{6.241}$$

$$\boldsymbol{x}_m \in \mathcal{C}^{m\times 1} \sim \mathcal{CN}(\boldsymbol{0},\boldsymbol{I}_m),\boldsymbol{x}_n \in \mathcal{C}^{n\times 1} \sim \mathcal{CN}(\boldsymbol{0},\boldsymbol{I}_n) \tag{6.242}$$

通常，$\boldsymbol{Z}_m$、$\boldsymbol{Z}_n$、$\boldsymbol{x}_m$、$\boldsymbol{x}_n$是独立的。

可以看到，P_{fa}是由“白噪声”的随机值确定的，仅仅是 M、N、m 和 β 的函数。文献[1]直接用 Monte Carlo 仿真估计了检测的实际概率。

6.4.1.3 “二步”自适应检测器 G、H[78]

检测器 G：常规的 SMI 自适应滤波器和标量恒虚警检测器（“二步”AMF 检测器）

使用常规（非加载）的协方差矩阵估计 $\hat{\boldsymbol{R}}$ 的两步检测器为

$$\frac{|\boldsymbol{y}^\dagger\hat{\boldsymbol{R}}_{\mathrm{CME}}^{-1}\boldsymbol{s}|^2}{\boldsymbol{s}^\dagger\hat{\boldsymbol{R}}_{\mathrm{CME}}^{-1}\hat{\boldsymbol{R}}_{\mathrm{CFAR}}\hat{\boldsymbol{R}}_{\mathrm{CME}}^{-1}\boldsymbol{s}} \underset{H_0}{\overset{H_1}{\gtrless}} h > 1 \tag{6.243}$$

其中，
$$\hat{\boldsymbol{R}}_{\mathrm{CME}} = \frac{1}{N_{\mathrm{CME}}}\sum_{j=1}^{N_{\mathrm{CME}}}\boldsymbol{x}_j\boldsymbol{x}_j^\dagger,\hat{\boldsymbol{R}}_{\mathrm{CFAR}} = \frac{1}{N_{\mathrm{CFAR}}}\sum_{j=N_{\mathrm{CME}}+1}^{N_{\mathrm{CFAR}}}\boldsymbol{x}_j\boldsymbol{x}_j^\dagger \tag{6.244}$$

（注意，当样本均匀时，它们的顺序是随意的。）在文献[2]的附录 B 中，我们推导了下列表达式：

$$P_{\mathrm{fa}} = (1+h)^{-N_{\mathrm{CFAR}}} \tag{6.245}$$

以及

$$P_{\mathrm{d}} = \frac{\Gamma(N_{\mathrm{CME}}+1)}{\Gamma(N_{\mathrm{CME}}-M+2)\Gamma(M-1)}\int_0^1\left[\frac{1+q^2x}{1+q_2x+h}\right]^{N_{\mathrm{CFAR}}}x^{N_{\mathrm{CME}-M+1}}(1-x)^{M-2}\mathrm{d}x \tag{6.246}$$

$$= \left[\frac{1+q^2x}{1+q^2x+h}\right]^{N_{\mathrm{CFAR}}}F_1\left(M-1,N_{\mathrm{CFAR}},-N_{\mathrm{CFAR}},N_{\mathrm{CME}}+1;\frac{q^2}{1+q^2+h},\frac{q^2}{1+q^2}\right) \tag{6.247}$$

注意式(6.237)与式(6.247)之间的类似（对于$N_{\mathrm{CFAR}}=\tau\equiv N-M+1$），以及式(6.235)与式(6.245)之间的差异。

检测器 H:LSMI 自适应滤波器和标量恒虚警检测器(“两步”LAMF 检测器)

对应的两步对角加载检测器的表达式为

$$\frac{|\boldsymbol{y}^{\dagger}\hat{\boldsymbol{R}}_{\mathrm{CME}}(\beta)^{-1}\boldsymbol{s}|^{2}}{\boldsymbol{s}^{\dagger}\hat{\boldsymbol{R}}_{\mathrm{CME}}(\beta)^{-1}\hat{\boldsymbol{R}}_{\mathrm{CFAR}}\hat{\boldsymbol{R}}_{\mathrm{CME}}(\beta)^{-1}\boldsymbol{s}}\underset{H_0}{\overset{H_1}{\gtrless}}h>1 \tag{6.248}$$

$$\hat{\boldsymbol{R}}_{\mathrm{CME}}(\beta)=\hat{\boldsymbol{R}}_{\mathrm{CME}}+\beta\boldsymbol{I}_M \tag{6.249}$$

$$P_{\mathrm{fa}}=(1+h)^{-N_{\mathrm{CFAR}}} \tag{6.250}$$

$$P_{\mathrm{d}}=\left[\frac{1+q^2x}{1+q^2x+h}\right]^{N_{\mathrm{CFAR}}}F_1\left(m-1,N_{\mathrm{CFAR}},-N_{\mathrm{CFAR}},N_{\mathrm{CME}}+1;\frac{q^2}{1+q^2+h},\frac{q^2}{1+q^2}\right) \tag{6.251}$$

我们现在要比较这 8 个检测器的数值结果。

6.4.2　检测性能分析的比较

考虑在最近文献[1]中分析的场景,一个具有 12 个传感器的均匀直线天线阵观察只有 24 个训练数据样本的情况:

$$M=12,m=6,N=24=2M \tag{6.252}$$

对于 $m=6$ 个干扰源,协方差矩阵为

$$\boldsymbol{R}=\sum_{k=1}^{6}\sigma_k^2\boldsymbol{s}(\theta_k)\boldsymbol{s}^{\dagger}(\theta_k)+\sigma_0^2\boldsymbol{I}_M \tag{6.253}$$

$$\sigma_0^2=1,\sigma_1^2=\cdots=\sigma_6^2=1000 \tag{6.254}$$

$$\sin\theta=[-0.8,-0.4,0.2,0.5,0.7,0.9] \tag{6.255}$$

(我们的目标位于 $\sin\theta_0=-0.6$。)可以看到,这个场景满足使用 LSMI 技术的“有利”条件式(6.6),因为$\lambda_6/\lambda_7=\lambda_6/\lambda_{12}\approx 40\mathrm{dB}$。

下面,大部分的图被分成两张子图,因为接收机工作特性曲线的数量太多,我们重画了检测器 A 和 D 的接收机工作特性,作为子图的公共参考,在图(a)中给出了使用常规协方差矩阵估计的检测器的结果,而在图(b)中给出了使用加载的协方差矩阵估计的结果。

我们从式(6.218)的具有强洞察力的检测器 A 开始,它的接收机工作个性曲线是由解析式(6.219)给出的(见图 6.39 标有“A[理想+理想]*”的曲线,其中的星号表示与划分无关的曲线/检测器,而方括号的意思是非实际的检测器)。注意,对于同样的场景,在文献[1]中,为了验证,我们用 Monte Carlo 仿真也计算了这个接收机工作特性。在分析与模拟结果之间的完美对应表明,本小节同样采用的 Monte Carlo 试验(计算虚警和检测概率所使用的试验数量)具有足够的精度。

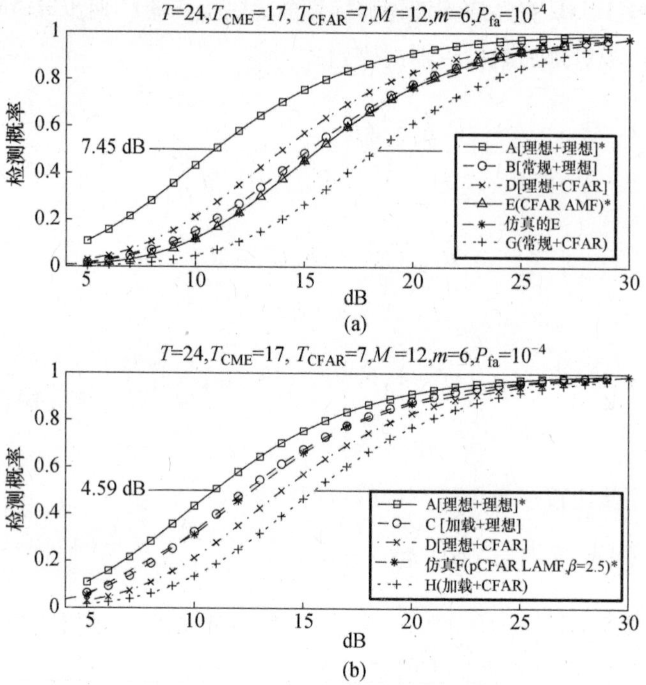

图 6.39　常规 CME 检测器在 12 个传感器、6 个干扰和 24 个快拍和最佳划分时的接收机工作特性

图 6.39 还复制了文献中常规的 AMF 检测器 E 的接收机工作特性，其标记为“模拟的 E”，它也是由 Monte Carlo 仿真计算得到的，这里我们将它与分析公式(6.237)对比，后者标记的是“E(CFAR AMF) *”。这条理论曲线使用了 GSL 软件程序 gsl_sf_hyperg_2F1[82] 来计算函数$_2F_1(\alpha,\beta,\gamma;x)$以便计算$P_{fa}=10^{-4}$时的虚警门限 h，之后 MATLAB 程序 quad 对定义检测概率的积分做数值计算。(对于某些场景，由于函数 quad 中的数值计算问题，无法对高信噪比计算这条 E 曲线。)数值计算的精度是在$q^2=0$ 时由条件$P_d=P_{fa}$验证的。我们再一次观察到检测器 E 的分析和实验的接收机工作特性之间理想的对应，这展示了计算和 Monte Carlo 仿真的精度。至此，这两条曲线给出的描述(A 和 E)是众知的，因此，观察到 AMF 的损耗因子在$P_d=0.5$ 和$P_{fa}=10^{-4}$时对于常规的涉及 $N=24$ 个快拍的最大似然样本协方差估计为 4.75dB，这一点也不令人吃惊。

图 6.39(a)中剩下的曲线是两个标杆的检测器，式(6.230)和式(6.226)的 B(常规的具有理想门限的 CME 波束形成器)和式(6.233)的 D(带标量恒虚警的理想接收机)的接收机工作特性，最后是检测器 G(常规的带标量恒虚警的 SMI 滤波器)的接收机工作特性。

图 6.39(b)重复了标杆曲线 A 和 D，增加了式(6.230)和式(6.228)的加载

的 CME 检测器 C 以及式(6.251)的检测器 F 和 G 的接收机工作特性。"实际上恒虚警"的 LAMF 检测器 F 的接收机的工作特性是从文献[1]上复制过来的,对于加载系数 $\beta=2.5$ 是用 Monte Carlo 仿真计算的。

图 6.39 所使用的特定的划分 $\{N_{\mathrm{CME}}, N_{\mathrm{CFAR}}\}=\{17,7\}$(穷举)是对于常规的 CME 检测器 G 最佳的,也就是在 $P_{\mathrm{d}}=0.5$ 时对于检测器 G 导致相对于理想的检测器 A 为 7.45dB,具有最小的信噪比损耗。当然,为了适当地比较,我们对自适应波束形成器 B 和 C 使用了 17 个快拍,对 D 中的自适应门限用了 7 个快拍。为了读者方便,下面的清单给出了各种可能的样本支撑划分的细节。

图 6.39(a)	常规的协方差矩阵估计	图 6.39(b)	加载的协方差矩阵估计
A	$N_{\mathrm{CME}}\to\infty, N_{\mathrm{CFAR}}\to\infty$	A	$N_{\mathrm{CME}}\to\infty, N_{\mathrm{CFAR}}\to\infty$
B	$N_{\mathrm{CME}}=17, N_{\mathrm{CFAR}}\to\infty$	C	$N_{\mathrm{CME}}=17, N_{\mathrm{CFAR}}\to\infty$
D	$N_{\mathrm{CME}}\to\infty, N_{\mathrm{CFAR}}=7$	D	$N_{\mathrm{CME}}\to\infty, N_{\mathrm{CFAR}}=7$
E	$N_{\mathrm{CME}}+N_{\mathrm{CFAR}}=24$	F	$N=N_{\mathrm{CME}}+N_{\mathrm{CFAR}}=24$
G	$N_{\mathrm{CME}}=17, N_{\mathrm{CFAR}}=7$	H	$N_{\mathrm{CME}}=17, N_{\mathrm{CFAR}}=7$

图 6.40 以同样的方式给出了同样的 8 个检测器的接收机工作特性,不过划分是对加载的 CME 检测器 H 在 50% 的检测概率时的信噪比损耗优化了的,也就是 $\{N_{\mathrm{CME}}, N_{\mathrm{CFAR}}\}=\{13,11\}$,导致这个损耗为 3.95dB。

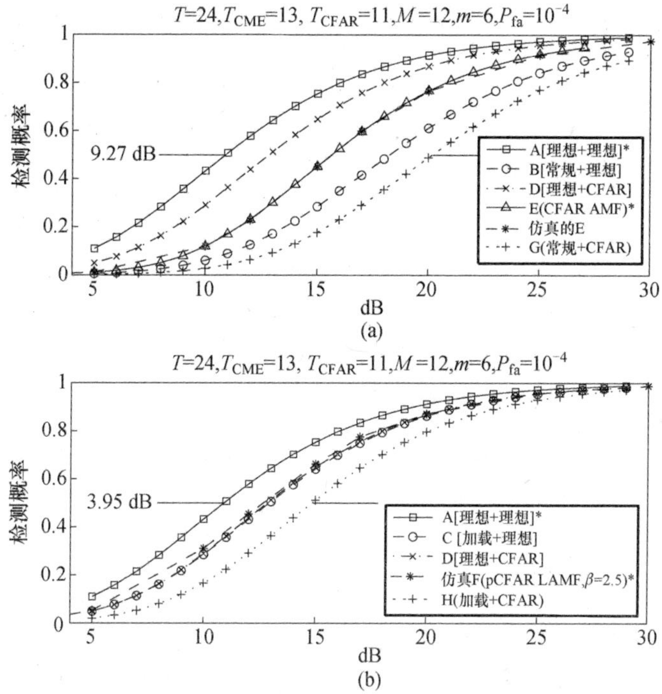

图 6.40　加载的 CME 检测器在 12 个传感器、6 个干扰和 24 个快拍和最佳划分时的接收机工作特性

在详细评论这些结果之前，我们将先介绍其他的几个图。对于同样的天线阵列设置（$M=12$ 和 $N=24$），图 6.41 和图 6.42 给出了对于 $m=3$ 个（而不是 6 个）干扰时的类似的接收机工作特性。因为对于 SMI，式（6.225）和式（6.226）的 RMB 损耗因子是场景无关的[7]，我们自然找到了与图 6.39 中的常规 CME 一样的最佳划分。这样，图 6.41（a）中的接收机工作特性曲线重复了图 4.39（a）中的，我们还是用这个子图进行常规的比较。当然，偏离了图 6.41（b）中的曲线 A 和 D，另外两条接收机工作特性曲线同图 6.39（b）中的（加载的 CME 检测器的）是不同的，因为尽管划分是一样的，但是干扰源的数量却减少了。

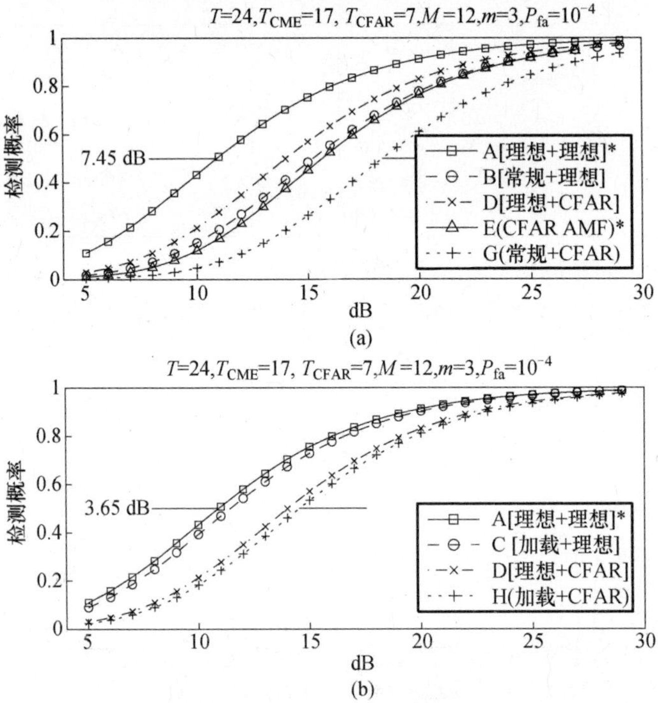

图 6.41　常规的 CME 检测器在 12 个传感器、3 个干扰和 24 个快拍和最佳划分时的接收机工作特性

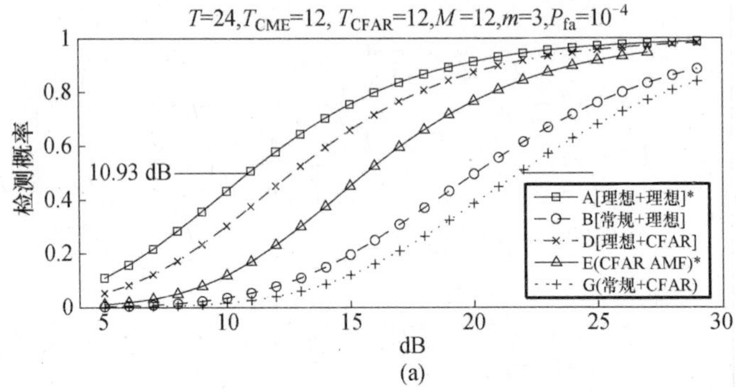

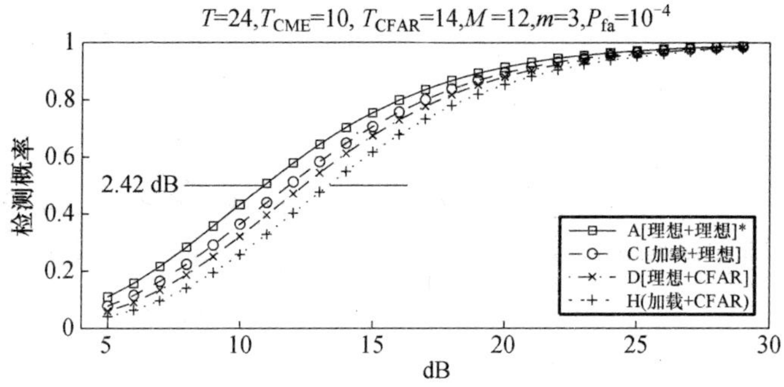

(b)

图 6.42　12 个传感器、3 个干扰和 24 个快拍的接收机工作特性
(a)常规的 CME 在最小样本支持时;(b)加载的 CME 在最佳划分时。

以同样的方式,图 6.43 和图 6.44 给出了对于 $M=10$ 个传感器天线阵列、$N=50$ 个快拍、$m=3$ 个干扰和虚警概率为 $P_{fa}=10^{-6}$ 时的结果,而所用的场景是与文献[4,5]中所研究的是一样的。

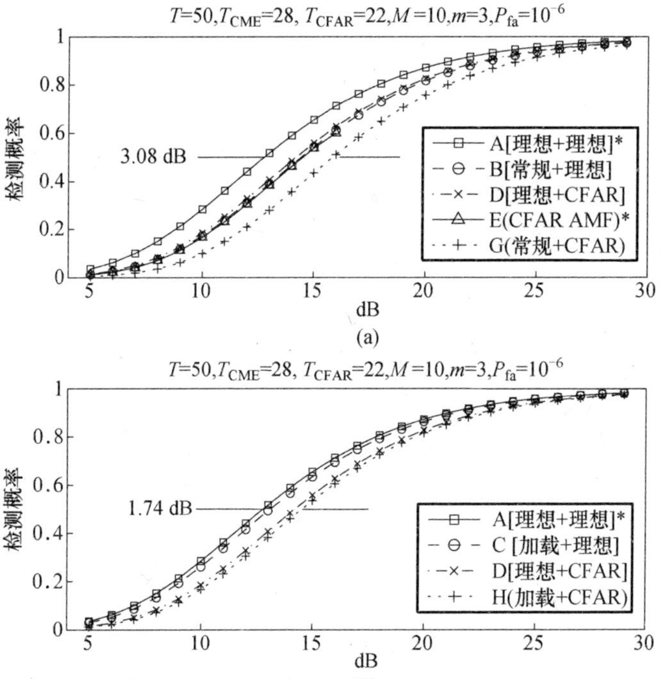

(b)

图 6.43　常规的 CME 检测器在 10 个传感器、3 个干扰和 50 个快拍和最佳划分时的接收机工作特性

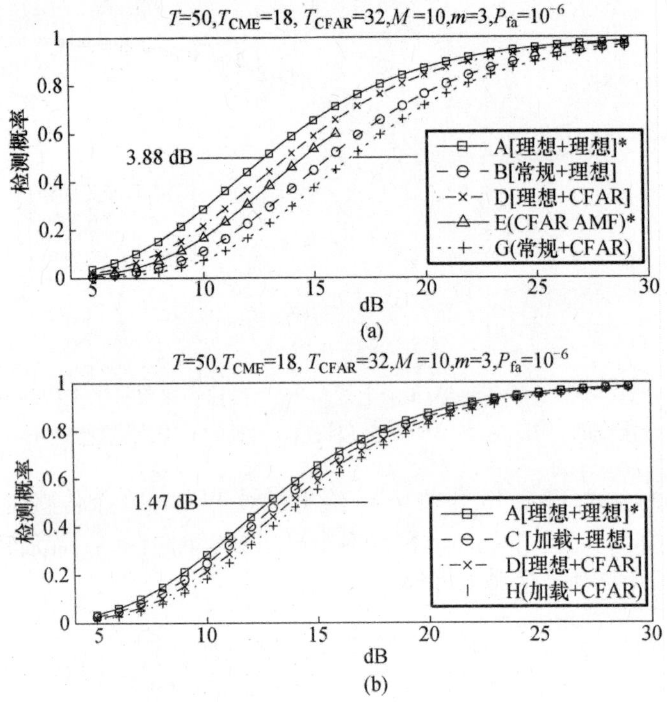

图 6.44　加载的 CME 检测器在 10 个传感器、3 个干扰和 50 个快拍和最佳划分时的接收机工作特性

这些结果允许我们进行下列对比分析：

(1)(一步)恒虚警的 AFM 检测器对(一步)“实际上恒虚警”的 LAMF 检测器，也就是比较曲线 E 和 F；

(2)(一步)恒虚警的 AMF 检测器对具有同样 CME 的两步 AMF 检测器，针对不同的划分，也就是比较曲线 E 和 G；

(3)(一步)“实际上恒虚警”的 LAMF 检测器对具有同样加载的 CME 的两步的加载的 AMF 检测器，也是针对不同的划分，也就是比较曲线 F 和 H；

(4)最佳划分的两步 AMF 检测器和 LAMF 检测器的对比，也就是比较曲线 G 和 H；

(5)最重要的，一步恒虚警的 AMF 检测器对最佳划分的两步 LAMF 检测器，也就是比较曲线 E 和 H。

首先，如已经看到的，图 6.39(a)给出了标准的 AMF 检测器 E 相对于理想的检测器 A 有 4.75dB 信噪比的劣化，这个图与文献[5]是一致的，而图6.39(b)揭示了一步的实际恒虚警的 LAMF 检测器 F 的损耗只有 1.73dB。因此，当 LAMF 检测器“实际上恒虚警”的性质足够准确，且被适当使用时，我们发现对于传统的 AMF 检测器在性能上有明显的改善[1]。

注意，如式(6.225)和式(6.228)所描述，由于协方差矩阵的对角加载所带来的平均信噪比改善仅仅只有 1.55dB。而在接收机工作特性曲线上看到的另外 1.5dB 的信噪比改善是由于 AMF 检测器和 LAMF 检测器输出的概率密度分布函数有明显的不同（LAMF 检测器“起伏更少”[1]）所引起的。

第二，传统的一步 AMF 检测器 E 与两步的 AMF 检测器 G 的比较，这使用了同样的加载的 CME，结果表明，即使对于常规的 CME，在图 6.39 的情况下最佳的$\{N_{\mathrm{CME}}, N_{\mathrm{CFAR}}\} = \{17, 7\}$，一步 AMF 检测器要比两步的好，量值为 $7.45 - 4.75 = 2.70$dB。根据式(6.225)和式(6.226)，样本支持的减少从 $N = 24$ 到 $N = 17$ 导致了 1.5dB 信噪比的劣化，因此，额外的 1.2dB 的劣化一定是由用作自适应门限估计的很有限的样本量 $N = 7$ 所导致的。

第三，我们类似地发现，一步的 LAMF 检测器 F 仍然比两步的 LAMF 检测器 H 要好，即使对于加载的 CME，并具有图 6.40 的最佳划分$\{N_{\mathrm{CME}}, N_{\mathrm{CFAR}}\} = \{13, 11\}$，其量为 $3.95 - 1.73 = 2.22$dB。根据式(6.225)和式(6.228)，在 AMF 中的样本支持量从 $N = 24$ 减少到 $N = 17$ 会引起大约 1dB 的信噪比劣化，因此额外的 1.2dB 的损耗是由于 $N = 7$ 这样的在检测器的第二个恒虚警级中有限样本支持所造成的。注意，与上面同样的(1.2dB)是与用作输出功率（自适适应门限）估计的 7 个快拍关联的。这并不令人惊奇，因为描述这个两步检测器的条件概率密度分布函数是一样的（在这里是指数型的）。

因此，所有上面分析的检测器，它们依赖于理想的(AMF)或实际的(LAMF)恒虚警特性，获得对使用同样的 CME 的两步检测的增益，这里所看到的信噪比的劣化是由两个原因造成的：样例本数量的减少（因此在自适应滤波器/天线中的干扰抑制效率的降低），以及自适应门限估计中所用的样本数量过少。我们基于式(6.225)的 β 分布和式(6.226)及式(6.228)的粗略分析表明，对于划分$\{N_{\mathrm{CME}}, N_{\mathrm{CFAR}}\} = \{17, 7\}$，这两方面的影响大致是一样的。

对我们“不实际的”标杆检测器的结果给出了一个观察最佳划分的重要的视角，不管这个划分是对常规的还是加载的 CME 检测器（分别是检测器 G 和 H）的。如我们所期待的，对于常规的 CME 检测器，与协方差矩阵估计中有限样本支持关联的信噪比的损耗（RMB 损耗），以及与在自适应门限估计中的有限样本支持关联的损耗（FJ 损耗），都被发现是与场景无关的（特别是与干扰的数量 m 无关）。另一方面，对“补充的”标杆检测器 B 和 D（B 在$N_{\mathrm{CFAR}} \to \infty$时具有理想的门限，而 D 在$N_{\mathrm{CME}} \to \infty$时具有理想的滤波）的接收机工作特性的审视，考虑常规的 CME 检测器的最佳划分相对于非最佳的划分，带来了下面重要的观察：检测器 B 和 D 在$P_{\mathrm{d}} = 0.5$ 时信噪比损耗的差异对于我们的各图分别为 1.21dB、5.43dB、1.21dB、7.41dB、0.23dB、1.95dB（每一对的第一个图对应常规的 CME

检测器的最佳划分,而第二个则是非最佳划分)。图6.45给出了最佳划分发生在RMB损耗等于FJ损耗的附近。这个观察导致我们实现(刻意期待的一个事实)了G的损耗因子等于标杆检测器B和D的损耗的和,而且精度甚高,可以表示为

$$(G-A)\simeq(B-A)+(D-A) \tag{6.256}$$

$$(H-A)\simeq(C-A)+(D-A) \tag{6.257}$$

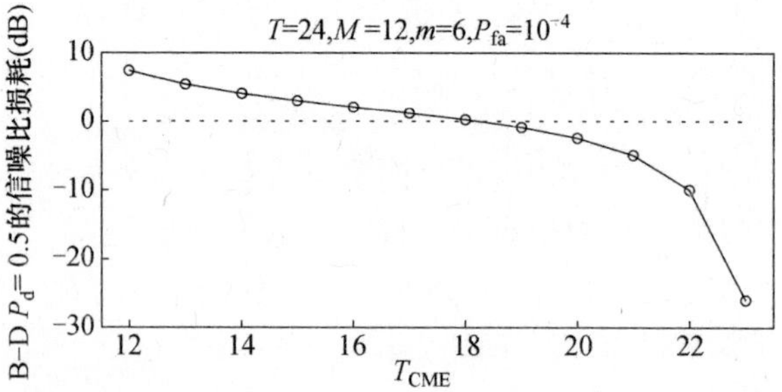

图6.45 在图6.39的场景下不同划分时检测器B和D的性能差异(最佳划分为$N_{CME}=17$),对于加载的情况,有类似的结果

这些性质建议了一个简单划分在两步的LAMF检测器H(如果我们准备在对应的场景中使用这个检测器替代"实际上恒虚警的"F)中可用的训练样本数N的方法。对于研究中所考虑的"断壁式"的干扰特征谱式(6.6),主要的源的数量m的估计只要在$N>m$时就是精确的。因此,N个支持的样本将首先用来估计m,然后用式(6.225)和式(6.228)的β分布来寻找N_{CME},使它得到平均的信噪比损耗因子式(6.227),且与N_{CME}个样本的FJ损耗一样。我们已经看到,在两步检测器H中最佳的样本数量N_{CME}正比于m,不同于在传统的AMF检测器中有效干扰抑制所需要的支持,后者是正比于M的。

第五,这个研究最重要的结果是由检测器E和H的比较所展示的,对于$M=12$和$N=24$的场景,我们得到了如下的最佳划分的信噪比的损耗(相对于理想的检测器):

	一步的AMF检测器(E)	两步的LAMF检测器(H)	N_{CME}	N_{CFAR}
$m=6$	4.75dB	3.95dB	13	11
$m=3$	4.75dB	2.42dB	10	14

根据文献[13,14],在使用LSMI技术时,需要$N\approx 2m$个数据样本来得到平均3dB的损耗,这是与M无关的,注意到这一点很重要。因此,这里的$M/m=2$和$M/m=4$的前两个场景对于揭示LSMI对样本矩阵逆的改善并不是有利的,

没有像更高的比率时那么好。

最后,我们更仔细地考虑在文献[4,5]中使用的场景(图 6.43 和图 6.44)。在这个情况下,常规的 CME 最佳划分是$\{N_{\mathrm{CME}}, N_{\mathrm{CFAR}}\} = \{28, 22\}$,而加载的 CME 的最佳划分是$\{N_{\mathrm{CME}}, N_{\mathrm{CFAR}}\} = \{18, 32\}$。根据文献[4,5],传统的 AMF 检测器和 GLRT 检测器在这种情况下的损耗因子为 1.7 ~ 1.9dB,与我们计算的检测器 E 的 1.72dB 吻合很好。对于加载的 CME 最优,两步的 LAMF 检测器 H 具有 1.47dB 的损耗,这是对 AMF 检测器的改善,特别是在对所有的检测器都有一个小的损耗时。更为重要的是,对于固定的主干扰数 m,两步的 LAMF 检测器 H 将具有与任意大数量的天线阵一样的性能,而在 $M=20$ 时,GLRT 检测器将需要 $N=100$ 个快拍来达到与 $M=10$ 和 $N=50$ 同样的性能[4]。

6.4.3　观察

在本节中,我们考虑自适应检测器在非常有限的训练样本支持下的性能,条件是如果关于干扰属性的先验信息允许有比直接使用样本矩阵更好的协方差矩阵估计时。但是我们的代价是恒虚警性质的一定损耗。为了在自适应检测器中使用这个有效(但非恒虚警)的协方差矩阵估计,可用的某些训练数据要从常规的矩阵估计中取出,以估计虚警门限。为了在这两个竞争的系统中得到一个折中,我们分析了大量在很有限的样本支持下的“标杆”和特定的“一步”(恒虚警)和“两步”自适应检测器。

对于 Swerling I(起伏目标)模型和固定数量的白噪声主干扰,本节比较了具有固定总训练样本数的条件下的 4 个“标杆”(非实际的)检测器:

(1)具有强洞察力的;

(2)具有理想门限的自适应 SMI 滤波器;

(3)具有理想门限的自适应 LSMI 滤波器;

(4)具有标量自适应恒虚警的最佳/Wiener 滤波器。

以及 4 个实际的检测器:

(1)(一步)恒虚警 AMF[5];

(2)(一步)“实际上恒虚警”的 LAMF[1];

(3)“两步自适应的 SMI + 自适应门限”(两步 AMF);

(4)“两步自适应的 LSMI + 自适应门限”(两步 LAMF)。

推导得到了大部分相关的接收机工作特性的解析,而所展示的这个解析与 Monte Carlo 仿真的接收机工作特性之间的精确吻合似乎证实了只采用 Monte Carlo 仿真计算所得到的(“实际上恒虚警”的 LAMF 检测器的)接收机工作特性。

第一个重要的结论是，在所有考虑的情况下，当由检测器的设计导致“严格”或“实际”恒虚警性质时，这样的（一步）恒虚警检测器被发现要比对应的使用同样的 CME 的两步检测器的方法要好。换句话说，传统的一步恒虚警 AMF 检测器总是要比结合自适应 SMI 和自适应门限的两步方法（两步自适应匹配滤波）要好，尽管相对的损耗因子可以合理地小（见图 6.43(a) 中 $M=10$、$N=50$ 的情况，在那里 G-E 只有 1.36dB）。类似地，对于我们可以以足够高的精度预先（通过估计主干扰的数量）计算虚警门限的情况，“实际上恒虚警”的 LAMF 检测器要比采用同样的对角加载的 CME 的两步检测的方法要好。

同时，我们发现，两步 LCME 检测器比常规的一步 AMF 检测器要好，即使对于具有相对强（$m \approx M/2$）的干扰的场景。我们展示了给定总的训练样本数 N，把它分成协方差矩阵（N_{CME}）和标量恒虚警子集（N_{CFAR}）的最佳划分满足刻意期待的条件：最佳发生在当（仅有）自适应门限的损耗大约与只有 CME 时（具有理想的门限）的损耗相同时，总的损耗因子可以被精确地估计为两种损耗的总和。最重要的是，对于给定的干扰数量，所需要的样本支持并不取决于天线阵列的维度 M，因此，这样的自适应检测方法的相对于恒虚警 AMF 的增益随 M 增加。

对于具有传感器数量比主干扰数量多（$M \gg m$）的天线阵列的雷达系统，这个在支持样本数量上的减少是很关键的。另外，这里所考虑的两步检测器方法并不依赖于检测器的任何恒虚警特性，在大部分实际应用中（由于各种失配）也不是不变的。还有，当对于所有可用的协方差矩阵结构的可靠信息可提供时（中心对称性、Toeplitz、AR(m)）、ARMA(m)等），两步检测方法为甚至更有效的 CME（就所需要的样本支持而言）铺平了道路。

在 6.3 节中，我们展示了对于具有自回归性质的噪声和“非断壁式”的特征谱，参数化的时变自回归模型 TVAR(m)给出了具有样本支持的自适应滤波的干扰抑制效率的明显改善，需要的样本数近乎模型阶数 m，而不是滤波器（天线）的维度 M（$m \ll M$）。我们还表明了，基于 TVAR(m)的 AMF 检测器在一定的条件下是“实际恒虚警的”，因此虚警门限可以可接受的精度事先计算，这类似于 LAMF 检测器。但是，在某些情况下，所想要/设计的精度没有达到，因此本节所分析的两步自适应检测器可以考虑用于实际的应用中。

最近，在文献[59,60]中，对于 STAP 应用，甚至展示了更多的样本量的缩减（与常规的 SMI 相比）。在文献中，我们展示了参数化的 STAP 非常有效地抑制了机载雷达 KASSPER 的地理数据集中的地杂波，它有 352 个自由度，在某些情况下仅仅需要很少的样本。但是在实际应用中，把参数化的协方差矩阵模型用作 CME,我们不能期待输出统计的不变性来保障恒虚警特性。因此,在这样的情况下,两步的自适应检测器的结构提供了一种很有效的实现框架,但是却是非恒虚警的自适应(天线、STAP)办法。

参考文献

[1] Abramovica Y, Spencer N, Gorokhov A. Modified GLRT and AMF framework for adaptive detectors. IEEE Trans. Aero. Elect. Syst. , Vol. 43, No. 3, pp. 1017-1051, Jul. 2007.

[2] Abramovich Y I, Johnson B A, Spencer N K. Sample-deficient adaptive detection: Adaptive scalar thresholding versus CFAR detector performance. IEEE Trans. Aerosp. Electron. Syst. , Vol. 46, No. 1, pp. 32-46, 2010.

[3] Abramovich Y I, Spencer N K, Johnsin B A. Band-inverse(TVAR) covariance matrix estimation for adaptive detection. IEEE Trans. Aerosp. Electron. Syst. , Vol. 46, No. 1, pp. 1-22, Jan. 2010.

[4] Kelly E. An adaptive detection algorithm. IEEE trans. Aerosp. Elect. Syst. , Vol. 22, No. 1, pp. 115-127, Mar. 1986.

[5] Robey F, Fuhrmann D, Kelly E, et al. A CFAR adaptive matched filter detector. IEEE Trans. Aerosp. Elect. Syst. , Vol. 28, Ni. 1, pp. 208-216, Jan. 1992.

[6] Daniels M, Kass R. Shrinkage estimations for covariance matrices. Biometrics, Vol. 57, pp. 1173-1184, 2001.

[7] Reed I, Mallet J, Brennam L. Rapid convergence rate in adaptive arrays. IEEE Trans. Aerosp. Elect. Syst. , Vol. 10, No. 6, pp. 853-863, Nov. 1974.

[8] Michels J, Rangaswamy M, Himed B. Performance of parametric and covariance based STAP tests in compound-Gaussian clutter. Digital Signal Processing, Vol. 12, pp. 307-388, 2002.

[9] Contle E, Lops M, Ricci G. Asymptotically optimum radar detection in compound- Gaussian clutter. IEEE Trans. Aerosp. Elect. Syst. , Vol. 31, pp. 611-616, Apr. 1995.

[10] Contle E, Lops M, Ricci G. Adaptive matched filter detection in spherically invariant noise. IEEE Sig. Proc. Lett. , Vol. 3, pp. 248-250, 1996.

[11] Finn H, Johnsom R. Adaptice detection mode with threshold control as a function of spatially sampled clutter level estimates. RCA Rev. , Vol. 29, pp. 414-463, Sep. 1968.

[12] Alpargu G, Styan G. Some remarks and a bibliography on the Kantorovich inequality. in Proc. Sixth Lukacs Symp. , 1996, pp. 1-13.

[13] Abramovich Y. A controlled method for adaptive optimization of filters using the criterion of maximum SNR. Radio Eng. Electron. Phys. , Vol. 26, No. 3, pp. 87-95, 1981.

[14] Abramovich Y, Nerev A. An analysis of effectiveness of adaptive maximization of the signal to noise ratio which utilizes the inversion of the estimated correlation matrix. Radio Eng. Eletron. Phys. , Vol. 26, No. 12, pp. 67-74, 1981.

[15] Cox H, Zeskind R, Owen M. Robust adaptive beamforming. IEEE Trans. Acoust. Sp. Sig. Proc. , Vol. 35, pp. 1365-1376, 1987.

[16] Carlson B. Covariance matrix estimation errors and diagonal loading in adaptive arrays. IEEE Trans. Aerosp. Elect. Syst. , Vol. 24, No. 7, pp. 397-401, Jul. 1988.

[17] Vorobyov S, Gershman A, Zhi-Quan L. Robust adaptive beamforming using worst-case performance optimiza-

tion: A solution to the signal mismatch problem. IEEE Trans. Sig. Proc., Vol. 15, No. 2, pp. 313-324, Feb. 2003.

[18] Li J, Stoica P, Wang Z. On robust Capon beamforming and diagonal loading. IEEE Trans. Sig. Proc., Vol. 51, No. 2, pp. 1702-1715, Feb. 2003.

[19] Shahbazpanahi S, Gershman A, Luo Z Q, et al. Robust adaptive beamforming for general-rank signal models. IEEE Trans. Sig. Proc., Vol. 51, No. 9, pp. 2257-2269, Sep. 2003.

[20] Kraut S, Scharf L. The CFAR adaptive subspace detector is a scale-invariant GLRT. IEEE Trans. Sig. Proc., Vol. 47, No. 9, pp. 2538-2541, Sep. 1999.

[21] Kraut S, Scharf L, McWhorter L. Adaptive subspace detector. IEEE Trans. Sig. Proc., Vol. 49, No. 1, pp. 1-16, Jan. 2001.

[22] Besson O, Scharf L, Vincent F. Matched direction detectors and estimation for array processing with subspace steering vector uncertainties. IEEE Trans. Sig. Proc., Vol. 53, No. 12, pp. 4453-4463, Dec. 2005.

[23] Liu B, Chen B, Michels J H. A GLRT for multichannel radar detection in the presence of both compound Gaussian clutter and additive white Gaussian noise. Digital Signal Processing: A Review Journal, Vol. 15, No. 5, pp. 437-454, 2005.

[24] Gini F, Freco M, Farina A. Clairvoyant and adaptive signal detection in non-Gaussian clutter: A data-dependent threshold interpretation. IEEE Trans. Sig. Proc., Vol. 47, No. 6, pp. 1522-1531, Jun. 1999.

[25] Conte E, De Maio A, Galdi C. CFAR detection of multidimentional signals: An invariant approach. IEEE Trans. Sig. Proc., Vol. 51, No. 1, pp. 142-151, Jam. 2003.

[26] Jin Y, Friedlander B. A CFAR adaptive subspace detector for second-order Gaussian signals. IEEE Trans. Sig. Proc., Vol. 53, No. 3, pp. 871-884, Mar. 2005.

[27] Bondarenko M, Lekhovotsky D. Choice of a learning sanple in adaptive detectors of signals against the background of Gaussian interferences. in Proceedings of CAMASP-2005, Puerto Vallarta, Mexico: IEEE, 13Dec. 2005, pp. 217-220.

[28] Chen P, Melvin W, Wicks M. Screening among multivariate normal data. Journal of Multivariate Analysis, Vol. 69, pp. 10-29, 1999.

[29] Melvin W. Space-time adaptive radar performance in heterogeneous clutter. IEEE Trans. Aerosp. Elect. Syst., Vol. 36, No. 2, pp. 621-633, Apr. 2000.

[30] Rangaswamy M, Himed B, Michels J. Statistical analysis of the nonhomogeneity detector. in Proc. Asilomar-2000, Vol. 2, Pacific Grove, CA, USA, 2000, pp. 1117-1121.

[31] Rangaswamy M, Himed B, Michels J. Performance analysis of the nonhomogeneity detector for STAP applications. in Proc. IEEE RADAR-2001, Atlanta, Atalanta, GA, USA, 2001. pp. 193-197.

[32] Gerlach K. Outlier resistant adaptive matched filtering. IEEE Trans. Aerosp. Elect. Syst., Vol. 38, No. 3, pp. 885-901, Jul. 2002.

[33] Abramovich Y, Spencer N. Expected-likelihood covariance matrix estimation for adapative detection. in Proc. RADAR-2005, Arlington, VA, USA, 2005, pp. 623-628.

[34] Abramovich Y, Spencer N. Two-set expected-likelyhood GLRT technique for adaptive detection. in Proc. CAMSAP-2005, Puerti Vallarta, Mexico, 2005, pp. 12-15.

[35] Porat B. Digital Processing of Random Signals. New Jersey: Prentice-Hall, 1994, 5th edition.

[36] Muirhead R. Aspects of Multivariate Statistical Theory. New York: Wiley, 1982.

[37] Anderson T. An Introduction to Multivariate Statistical Analysis. New York: Wiley, 1958.

[38] Nagarsenker B, Pillai K. Distribution of the likelihood ratio criterion for testing a hypothesis specifying a covariance matrix. Biometrica, Vol. 60, No. 2, pp. 359-361, 1973.

[39] Blake L. Predication of radar range. in Radar Handbook, M. Skolnik, Ed. McGraw-Holl, 1990, 2nd edition.

[40] McWhorter L, Scharf L, Griffiths L. Adaptive coherence estimation for radar signal processing. in Proc. Asilomar-96, Vol. 1, Pacific Grove, CA, USA, 1996, pp. 536-540.

[41] Abramovich Y, Spencer N, Gorokhov A. Bounds on maximum likelihood ratio-Part I: Application to antenna array detection-estimation with perfect waveform coherence. IEEE Trans. Sig. Proc., Vol. 52, No. 6, pp. 1524-1536, Jum. 2004.

[42] Gradshteyn I, Ryzhik I. Tables of Integrals, Series, and Products. New York: Academic Press, 2000, 6th edition.

[43] Gierull C. Performance analysis of fast projections of the Hung-Turner type for adaptive beamforming. Sig. Precess. (special issue on Subspace Methods, Part I: Array Signal Processing and Subspace Computations), Vol. 50, No. 1, pp. 17-28, 1996.

[44] Djuric P. A model selection rule for sinusoids in white Gaussian noise. IEEE Trans. Sig,. Proc., Vol. 44, No. 7, pp. 1744-1757, Jul. 1996.

[45] Kelmm R. Space-Time Adaptive Processing: Principles and Applications. UK: IEE, 1998

[46] Cheremish O. Loading factor selection in the regularized algorithm for adaptive filter optimiazation. Radioteknika i Elektronika, Vol. 30, No. 12, 1985, English translation should be found in Soviet Journal of Communication Technology and Electronics.

[47] Mestre X, Lagunas M A. Robust Adaptive Beamforming. Hohn Woley & Sons, 2005, ch. 8-Diagnal Loading for Finite Sample Size Beamforming: An Asymptotic Approach, pp. 200-257.

[48] Scharf L. Statistical Signal Processing. New York: Addison-Wesley, 1991.

[49] Gershman A. Mecklenbraucker C, Bohme I. Matrix fitting approach to direction-of-arrival estimation with imperfect spatial coherence of waveforms. IEEE Trans. Sig. Proc, Vol. 45, No. 7, pp. 1894-1899, Jul. 1997.

[50] Paulraj A, Kailath T. Direction of arrival estimation bu eigenstructure method with imperfect spatial coherence pf waveform. J. Acoust. Soc. Am., Vol. 83, No. 3, pp. 1034-1049, Mar. 1988.

[51] Abramovich Y, Spencer N, Gorokhov A. Bounds on maximum likelihood ratio-Part II: Application to antenna array detection-estimation with imperfect waveform coherence. IEEE Trans. Sig. Proc., Bol. 53, No. 6, pp. 2046-2058, Jum. 2005.

[52] Roman J, Rangaswamy M, Davis D, et al. Parametric adaptive matched filter for airborne radar applications. IEEE Trans. Aerosp. Elect. Syst., Vol. 36, No. 2, pp. 677-692. Apr. 2000.

[53] Parker P, Swindlehurst A. Space-time autogressive filtering for matched subspace STAP. IEEE Trans. Aerosp. Elecl. Syst., Vol. 39, No. 2, pp. 510-520, Apr. 2003.

[54] Hawkes C, Haykin S. Modeling of clutter for coherent pulsed radar. IEEE Trans. Info. Theory, Vol. 21, No. 6, pp. 703-707, Niv. 1975.

[55] Dym H, Gohberg I. Extension of band matrices with band inverse. Linear Algebra Appl., Vol. 36, pp. 1-24, Mar. 1981.

[56] Abramovich Y, Spencer N, Turley M. Time-varying autogressive(TVAR) models for multiple radar observations. IEEE Trans. Sig. Proc., Vol. 55, No. 4, pp. 1298-1311, Apr. 2007.

[57] Abramovich Y, Spencer N, Turley M. Order estimation and discrimination between stationary and time-varying autogressive(TVAR) models. IEEE Trans. Sig. Proc., Vol. 55, No. 6, pp. 2861-1876, Jun. 2007.

[58] Abramovich Y, Spencer N, Turley M. Time-varying autogressive(TVAR) adaptive order and spectrum estimation. in Proc. Asilomar-2005, Pacificv Grove, CA, USA, 2005, pp. 89-93.

[59] Abramovich Y, Rangaswamy M, Johnson B, et al. Performance of two-dimensional parametric STAP: KASSPER airborne radar data analysis. in Proc. IRS-2008, Warsaw, Poland, 2008, CD.

[60] Abramovich Y, Rangaswamy M, Johnson B, et al. Performance of 2D mixed autogressive models for airborne radar STAP: KAASSPER-aided analysis. in Proc. IEEE RadarCon 2008, Rome, Italy, 2008, pp. 696-700.

[61] Abramovich Y, Rangaswamy M, Johnson B, et al. KASSPER analysis of 2D parametric STAP performance: Further results on time-varying autogressive relaxations. in Proc. RADAR-2008, Adelaide, Australia, 2008, pp. 148-153.

[62] Woerdeman H. Matrix and operator extensions. Ph. D. dissertation, Vrije University, Amsterdam, Nertherlands, 1989.

[63] Grone R, Hohnson C, Marques de Sa E, et al. Positive definite completions of partial Hermitian matrices. Linear Algebra Appl., Vol. 58, pp. 109-124, 1984.

[64] Lekhovytskiy D, Milovanov S, Rakov I, et al. Universal adaptive lattice filter: Adaptation for a givem root of estimating correlation matrix. Radiophys. Quant. Electron. Vol. 35, No. 11-12, pp. 621-636, 1992, English translation of Izvestiya Vysshikh Uchebnykn Zavedenii, Radiofizika, Vol. 35, No. 11-12, pp. 969-992, Nov-Dec. 1992.

[65] Abramovich Y, Rangaswamy M, Johnson B, et al. Time-varying autoregressive adaptive filtering for airborne radar applications. in Proc. RADAR-2007, Boston, MA, USA, 2007, pp. 653-657, invited paper.

[66] Zoubir A, Iskander D. Bootstrap Techniques for Signal Processing. Cambridge, UK: Cambridge University Press, 2004.

[67] Abramovich Y, Gorokov A, Spencer N. Convergence analysis of stochastically constrained sample matrix inversion algorithms. in Proc. OSCAS-96, Vol. 2 Atlanta, GA, USA, 1996, pp. 449-452.

[68] Abrampvich Y, Spencer N, Anderson S, et al. Stochastic constraints method in non-stationary hot-clutter cancellation-Part I: Fundamentals and supervised training applications. IEEE Trans. Aerosp. Elect. Syst., Vol. 34, No. 4, pp. 1271-1292, 1998.

[69] Abramovich Y, Spencer N, Anderson S. Stochestic constraints method in non-stationary hot clutter cancellation-Part II: Unsupervised training applications. IEEE Trans. Aerosp. Elect. Syst., Vol. 36, No. 1, pp. 132-150, 2000.

[70] Abramovich Y, Spencer N, Gorokhov A. Sample support analysis of stochastically constrained STAP with loaded sample matrix inversion. in Proc. IEEE RADAR-2000, Washington, DC, USA, 2000, pp. 804-808.

[71] Abramovich Y, Spencer N, Turley M. Adaptive time-varying processing for stationary target detection in non-stationary interference. in Proc. ASAP-2005, MIT Lincon Laboratory, MA, USA, 2005, CD.

[72] Abramovich Y, Spencer N. Discriminating between stationary and time-varying autoregressive(TVAR) models in array processing. in Proc. SAM-2006, Boston, MA, USA, 2006, pp. 132-136.

[73] Abramovich Y, Spencer N, Johnson B. Adaptive detection for interferences with a band inverse covariance matrix. in Proc. DASP-2006, Fraser Island, Australia, 2006. CD.

[74] Bergin J, Techau P. High-fidelity site-specific radar data set. in Proc. 2nd DARPA KASSPER Workshop, Apr. 2002, pp. 1-8.

[75] De Maio A, Foglia G, Conte E, et al. CFAR behavior of adaptive: An experimental analysis. IEEE Trans. Aerosp. Elect. Syst., Vol. 41, No. 1, pp. 233-251, Jan. 2005.

[76] Johnson B, Abramovich Y. Experimental verification of environmental models for adaptive detection and estimation in HF skywave radar. in Proc. RADAR-2006, Verona, NY, USA, 2006, pp. 782-787.

[77] Liu B, Chen B, Michels J. A GLRT for radar detection in the presence of compound Gaussian clutter and additive white Gaussian noise. in Proc. SAM-2002, Washington, DC, USA, 2002, pp. 87-91.

[78] Kalson S. Adaptive array CFAR detection. IEEE Trans. Aerosp. Elect. Syst., Vol. 31, No. 2, pp. 534-542, Apr. 1995.

[79] Rohling H. Radar CFAR thresholding in clutter and multiple target situations. IEEE Trans. Aerosp. Elect. Syst., Vol. 19, No. 4, pp. 608-621, Jul. 1983.

[80] Blake S. OS-CFAR theory for multiple targets and nonuniform clutter. IEEE Trans. Aerosp. Elect. Syst., Vol. 24, No. 6, pp. 785-790, Nov. 1988.

[81] Gandhi P, Kassam S. Analysis of CFAR processors in non-homogeneous backgrounds. IEEE Trans. Aerosp, Elect. Syst., Vol. 24, No. 24, pp. 427-445, Jul. 1988.

[82] "GNU Scientific Library," http://www.gnu.org/software.gal, 2006, free software under the GNU General Public Licence.

第 7 章　复合高斯模型和目标检测:统一的视图

K. James Sangston, Maria S. Greco, Fulvio Gini

7.1　引　言

当雷达系统工作时,它通常接收来自环境的杂波,我们必须把它与感兴趣的目标分开。如果我们假定杂波遵循复合的多维高斯统计,那么统计检测理论的一个直接应用就导致匹配滤波器形式的最佳检测器(见第 2 章)。高斯统计的出现往往是以中心极限定理(CLT)应用到散射图像的现象为基础证实的,它把雷达回波建模成在雷达分辨单元内有大量的散射。在这种情况下,单变量的强尾部呈现为指数型的。对早期的低分辨力雷达,这个模型是合适的。

但是,当雷达的分辨能力增加时,可以发现观察到的强度的尾部分布偏离了指数模型,特别是对海杂波和低观察仰角时。尤其是,常常可以观察到强度比对数尾部更大,有时还大得多,如文献[1-10]以及它们的参考中的例子所示。很多研究者建议了几个不同强度尾部的分布来模型观察到的雷达杂波回波,包括Weibull、对数正态、K 分布等。一般来说,选择这样的模型是因为它们给出了比指数更大的尾部,能够比指数模型更好地拟合观察到的数据。指数模型只有一个参数描述强度的平均值,而这些大尾部的模型却有两个(甚至更多)参数,允许描述平均强度和尾部形状。结果,它们在拟合观察到的数据时具有更大的灵活性。但是,早先选择具体的模型还有一点物理上的动机。

1972 年,美国海军研究实验室的 Trunk[11] 提出海杂波被建模为一个尾部强劲分布,它基本上是指数分布的一个混合,给出了一个物理上的变量来调节它的应用。这个非常通用的模型不但结合了额外的形状参数,而且也结合了整个概率密度函数(PDF),因此是非常灵活的。Trunk 提出的一般形式就是 K 分布,对于混合的分布其特定模型就是分布。1982 年,Jakeman 和 Pusey[12] 指出,如果散射的数量为一个特定的随机变量,也就是负的二项离散随机变量,由散射图像的现象就产生 K 分布。这也为 K 分布的出现给出了物理上的确认。1992 年。Sangston 和 Gerlach[13] 指出,Jakeman 和 Pusey 对 K 分布的说法适用范围更广,实际上能给出由 Trunk 提出的任何数量的一般模型。

从这些不同的研究中产生的,是雷达杂波的通用强尾部的分布应当被建模成强度指数分布的混合的概念。Jakeman 和 Pusey 提出的数量波动的概念,被 Sangston 和 Gerlach 扩展,然后就自然地导致了对多脉冲的复数杂波高维模型。这样的模型称为复合高斯模型,它就是本章的焦点。

下面,作为开始,我们用完全单调函数的说明来给出对这里感兴趣的各种强尾部的分布一个统一的视角。然后,我们表明,在散射过程中图形现象的纹理中数量波动自然地导致了这些不同强度的尾部的分布,以及与它们关联的复合高斯高维模型。然后我们就讨论通用的复合高斯模型,表明它如何形成各种高维高斯模型的公式。这些不同的形式导致了各种不同的通用最佳检测器的形式,以检测在复合高斯杂波环境中的目标。我们给出了由各种复合高斯模型公式导出的几个特定的最佳检测器的例子,也给出了几个次佳检测器的例子。最后,我们讨论了符合高斯模型的限制,提出了一个研究领域,它可能导致更一般的随机过程模型的开发,以描述雷达杂波过程。

7.2　单变强度的复合指数模型

7.2.1　强尾部分布和完全单调的函数

设 X 为零均、复随机变量,其统计具有单调变化的强度,$I=|X|^2$ 表示其尾部分布:

$$\Pr[I>y]=h_0(y),y\geqslant 0 \tag{7.1}$$

这样的函数的直接的例子有

$$\Pr[I>y]=\mathrm{e}^{-y} \tag{7.2}$$

当 X 为零均、单位方差的复高斯随机变量时,就是一个这样的强尾部的分布。我们感兴趣这个例子的一般化,特别是要考虑 $h_0(y)$ 为 y 的复单调函数的情形。如果一个函数可以任意阶求导,且满足

$$(-1)^n h_0^{(n)}(y)\geqslant 0,n=1,2,\cdots \tag{7.3}$$

我们就说它在区间 $0<y<\infty$ 内是完全单调的。

这个名字出自这样的事实:每一阶导数似乎是不增加的或不减少的,因此我们称它为单调。另外,如果还满足 $h_0(0^+)<\infty$,$h_0(y)$ 在区间 $0\leqslant y<\infty$ 内是就完全单调的。$h_0(y)$ 表示强尾部分布,有 $h_0(0^+)=1$,因此下面我们只考虑在区间 $0\leqslant y<\infty$ 内是完全单调的 $h_0(y)$。

为了观察完全单调的函数怎样产生指数的强尾部分布,给出最初由 Trunk 提出的模型类,我们考虑 Bernstein-Widder 定理[14,15]。根据 Bernstein-Widder 定理,强尾部的分布 $h_0(y)$ 会在区间 $0\leqslant y<\infty$ 内是完全单调的,当且仅当它满足下

式时：

$$h_0(y) = \int_0^{\infty} e^{-\alpha y} dF\alpha(\alpha) \tag{7.4}$$

式中，$F_\alpha(\alpha)$为非负随机变量α的分布函数[14]。

称满足式(7.3)、式(7.4)的(因此是完全单调的)强尾部分布函数$h_0(y)$为复合指数模型。这个名字来自式(7.4)，它表明$h_0(y)$是一个指数尾部分布的混合。很容易看到，指数尾部分布的式(7.2)满足式(7.4)，分布函数$F_\alpha(\alpha)$把它的质量都放在$\alpha=1$处，也就是$f_\alpha(\alpha)=dF_\alpha(\alpha)/d\alpha=\delta(\alpha-1)$，其中$f_\alpha(\alpha)$为随机变量$\alpha$的概率密度分布函数，$\delta(\cdot)$为 Kronecker 冲击函数。

7.2.2 例子

人们对完全单调的函数研究了很多，例如 Miller 和 Stamko[16] 给出了关于它们的性质的很好的总结，以及一些例子。在雷达噪声模型的内容中出现的例子列于表 7.1。

表 7.1 $h_0(y)$和对应的$f_\alpha(\alpha)$的例子

分布	$h_0(y)$	$f_\alpha(\alpha)$
指数	$\exp(-y)$	$\delta(\alpha-1)$
K	$\dfrac{2(\sqrt{(\nu)y})^{\nu}}{\Gamma(\nu)}K_{\nu-1}(2\sqrt{(\nu)y}),\nu>0$	$\dfrac{\nu^{\nu}\exp(-\nu/\alpha)}{\Gamma(\nu)\alpha^{\nu+1}}$
Weibull	$\dfrac{2(\sqrt{\nu y})^{\nu}}{\Gamma(\nu)}K_{\nu-1}(2\sqrt{\nu y}),\nu>0$	$\dfrac{2^{\nu/2-1}}{\alpha^{\nu/2+1}}\sum_{n=0}^{\infty}\dfrac{(-2^{\nu/2-1}\alpha^{-\nu/2})^n}{n!\Gamma(1-(n+1)\nu/2)}$
学生氏 t	$(1+\dfrac{y}{\nu})^{-\nu},\nu>0$	$\dfrac{\nu^{\nu}\alpha^{\nu-1}\exp(-\nu\alpha)}{\Gamma(\nu)}$

如果$h_1(y)$和$h_2(y)$都是完全单调的函数，那么在$a_1,a_2\geqslant 0$时，$h_0(y)=a_1h_1(y)+a_2h_2(y)$以及$h_0(y)=h_1(y)h_2(y)h$也都是完全单调的函数[16]。这样，给定了如表 7.1 所列的具有强尾部的分布，我们就可以利用相乘和加权平均$(a_1+a_2=1)$这些已存的模型来产生新的模型。这给了我们一个机制开发全新的强尾部分布模型类与测量数据进行比较。

研究相关的分布$f_\alpha(\alpha)$是有趣的，它可以根据式(7.4)用逆拉普拉斯变换从$h_0(y)$得到[17]。特别是，考察什么时候$F_\alpha(\alpha)$无限可分也是有趣的，因为这表明α可以被建模为独立、同分布的随机变量的和(这来自无限可分的定义)。人们已知，当且仅当下式满足时，$F_\alpha(\alpha)$是无限可分的随机变量的分布函数：

$$h_0(y) = e^{-w_0(y)} \tag{7.5}$$

式中，$w_0(0^+)=0$ 且$w_0^1(y)$是完全单调的[17]。

总可以写出$w_0(y) = -\ln h_0(y)$,其中$w_0(0^+) = 0$,因为$h_0(0^+) = 0$。如果我们现在定义

$$\gamma_0(y) = -\frac{\mathrm{d}}{\mathrm{d}y}\ln h_0(y) \tag{7.6}$$

那么,当且仅当$\gamma_0(y)$是完全单调时,$F_\alpha(\alpha)$是无限可分的随机变量的分布函数。表 7.2 列出了表 7.1 中例子的$\gamma_0(y)$。

表 7.2　所选例子的 $\gamma_0(y)$

分布	$\gamma_0(y)$
指数	1
K	$\sqrt{\frac{\nu}{y}}\frac{K_{\nu-1}(2\sqrt{\nu y})}{K_\nu(2\sqrt{\nu y})}$
Weibull	$\frac{2^{\nu/2-2\nu}}{y^{1-\nu/2}}, \alpha_0 > 0$
学生氏 t	$\nu/(\nu+y)$

表 7.2 中的每一个$\gamma_0(y)$都是完全单调的(见文献[16]中的例子)。这样,每一个关联的$F_\alpha(\alpha)$是无限可分的。下面,对于任何一个感兴趣的复合质数模型,我们都将需要这个条件。

7.3　数量波动准则

在本节,我们将表明强尾部分布$h_0(y)$可以从散射过程的图像中得到,其中的复随机变量 X 为

$$X = \sum_{i=1}^{N} A_i \exp(\mathrm{j}\varphi_i) \tag{7.7}$$

式中,$A_i > 0$ 为独立、同分布的随机变量,它们与 ϕ_i 相互独立,后者是在$[0,2\pi]$内独立、同分布的均匀分布。这是一个标准的散射过程给出的图像现象,雷达回波就是这样一个过程。众所周知,当散射的数量 N 为已知且大时,GLRT 导致 X 为复高斯随机变量的结论,其中的$h_0(y)$为指数的。但是,这里我们让 N 为随机变量,独立于 A_i 和 ϕ_i,“大”则是指它的均值 $\overline{N}$ 是大的(也就是 $\overline{N} \gg 1$)。这个对现象模型的修改将导致更一般的完全单调$h_0(y)$为 X 的通用的强尾部分布。

7.3.1　转移理论和 CLT

为了对极限理论的形式中可能的包括数量波动的效应有感觉,让我们令 $X_1, X_2, \cdots$ 为一系列独立、同分布的具有零均和单位方差的高斯随机变量(记作

$N(0,1)$),令 $N_1,N_2,\cdots$ 为一系列独立于序列 $X_1,X_2,\cdots$ 的非负、整值的随机变量,再定义

$$S_n = \frac{1}{\sqrt{n}}\sum_{k=1}^{N_n} X_n, n = 1,2,\cdots \tag{7.8}$$

如果 N_n 的值是固定的,那么,条件随机变量 S_n 就是均值为 0、条件方差为 $\mathrm{var}(S_n | N_n) = N_n/n$ 的高斯量。S_n 的无条件的概率密度分布可以写成

$$f_{S_n}(s) = \int_0^{\infty} \frac{1}{\sqrt{2\pi t}} \mathrm{e}^{-s^2/2t} \mathrm{d}F_n(t), n = 1,2,\cdots \tag{7.9}$$

式中,$F(\cdot)$ 为 $t = N_n/n$ 的分布函数。如果 $t = N_n/n$ 在 $n \to \infty$ 时收敛于随机变量 τ 的分布,那么式(7.9)表明 S_n 收敛于具有下列 PDF 的随机变量 X 的分布:

$$f_x(x) = \int_0^{\infty} \frac{1}{\sqrt{2\pi\tau}} \mathrm{e}^{-x^2/2\tau} \mathrm{d}F_\tau(\tau), n = 1,2,\cdots \tag{7.10}$$

式中,$F_\tau(\tau)$ 为 τ 的分布函数。X 的强尾部分布是我们的完全单调函数 $h_0(y)$,其中 $\alpha = 1/\tau$。因为序列 $N_1,N_2,\cdots$ 可以选得使 N_n/n 收敛于任何一个非负随机变量 τ 的分布,式(7.10)表明,X 的分布可以是完全非高斯的。另外,我们会看到,如果 $F_\tau(\tau)$ 在点 0 上是连续的,那么当 $n \to \infty$ 时,N_n 在概率上收敛于 ∞,这个结果直接定义了 N_n 的“大”。于是,“大”数量的独立、同分布的高斯随机变量的综合可以成为非高斯的有限的随机变量。这个非常简单的例子表明,数量的波动可以对极限定理带来深厚的影响,要被叠加的分布的数量变“大”时,评估方法的不敏感也会导致严重的不正确的结果。

我们可以理解,这个结果会一般化成为独立、同分布变量的叠加不一定是高斯的,只要把式(7.8)重新写成如下:

$$S_n = \sqrt{\frac{N_n}{n}} \frac{1}{\sqrt{N_n}} \sum_{k=1}^{N_n} X_k, n = 1,2,\cdots \tag{7.11}$$

如果当 $n \to \infty$ 时 N_n 变大,我们可能期待,归一化的总和收敛于高斯随机变量,而 $\sqrt{N_n/n}$ 收敛于随机变量 $\sqrt{\tau}$。在这样的情况下,极限的随机变量 X 的概率密度分布函数就由式(7.10)给出。

在变量 $X_1,X_2,\cdots$ 不一定为高斯,但是对非随机的 N_n,极限的分布却是高斯的情况,CLT 的随机版是上述理由的刚性表示。这样的 CLT 版本可能被公式化为更一般的随机矢量的情况,表明一般来说,即使非随机的总和收敛为高斯随机矢量,随机数量项的和也可能收敛为非高斯的随机变量。当然,如果 $F_\tau(\tau) = U(\tau - \tau_0)$,其中 $U(\cdot)$ 为 Heaviside 阶跃函数,τ_0 为固定的常数,那么,X 将被连续为是高斯随机变量。这个情况发生在比如下面所示的情况下,如果 N_n 的统计为泊松的。但是,更一般地说,有可能选择 N_n 的统计,得到任何

可能的定义在 $\tau \geqslant 0$ 范围内的 $F_\tau(\tau)$,从而成为更一般的非高斯极限分布。

大家知道,如果 $X_1, X_2, \cdots$ 为独立、同分布的实值的随机变量,具有零均和有限的方差 σ^2,那么下列随机变量在 $N \to \infty$ 时收敛于零均、方差为 σ^2 的高斯随机变量:

$$S_N = \frac{1}{\sqrt{N}} \sum_{i=1}^{N_n} X_i \tag{7.12}$$

对于随机变量不是同分布的更一般的问题,有限方差为更松的假设,且归一化不一定是 $1/\sqrt{N}$,Gnedenko 和 Kolmogorov 的研究[18]对此有深入的讨论。这些极限定理被证明在统计物理中是十分重要的。特别是,CLT 的使用在涉及统计现象的物理问题中几乎是无所不在的。经典的极限理论的常见特性是 N 被处理为是确定量。但是,如果 N 为随机量,经典的结果将不再直接适用。当 N 实际上在很多物理问题中被处理为是随机量时,极限理论同经典理论一样,但是不一定适合于随机的 N,这应当说被证明是有用、且被广泛接受的。

Robbins[19]证明了数量随机、独立、同分布的实值随机变量的和的渐近分布的第一个极限理论。除了其他点以外,他表明即使 CLT 在没有数量波动(也就是非随机的 N)时是适用的,包含了数量的波动会导致非高斯的极限分布。他的研究导致了进一步的研究,在其论文中最相关的是叫做传输定理的一个定理,附录 7A 中有详细论述,是由 Gnedenko 和 Fahim[20]研究的,适合随机数量的实值随机变量的总和。

基本上说,这个定理假定,当 N 是非随机时,N 个随机变量的总和收敛于一个分布,并给出一个条件,在这个条件下,总和收敛于 N 为随机数时的分布。比如,令 N_n 为均值为 n 的随机变量,并令 $k_n = n$。令 $\{\boldsymbol{x}_k\}$ 为独立、同分布的随机矢量序列,对每个 n,令

$$\boldsymbol{x}_{nk} = \frac{\boldsymbol{x}_k}{\sqrt{n}} \tag{7.13}$$

这些假定就给出

$$\boldsymbol{s}_{kn}^n = \frac{1}{\sqrt{n}} \sum_{k=1}^{n} \boldsymbol{x}_k \tag{7.14}$$

$$\boldsymbol{s}_{Nn}^n = \frac{1}{\sqrt{n}} \sum_{k=1}^{N_n} \boldsymbol{x}_k \tag{7.15}$$

式(7.14)表示了确定数量的随机矢量的总和,而式(7.15)表示了随机数量的随机矢量的总和。进一步假定式(7.15)的总和收敛于高斯随机矢量 $\boldsymbol{y}$,且具有零均和协方差矩阵 $\boldsymbol{Q}$。那么,当式(7.15)中的总和收敛时,它就收敛到随机矢量 $\boldsymbol{y}$,其特征函数为

$$C_y(u) = \int_0^{\infty} \exp(-u^{\mathrm{T}}Qu/2)\,\mathrm{d}F_{\tau}(\tau) \tag{7.16}$$

式(7.16)表明,一般来说,即使非随机的总和收敛于高斯随机矢量,随机数的总和也可能收敛于非高斯的随机矢量。

这个结果最重要的推演是,在CLT可能被提出来用于判定是否使用高斯分布的问题中,我们用随机数 N_n 表示的数量的波动可能导致发生非高斯的分布。在很多物理问题中,数量的波动几乎是必然发生的,但是在相信"大数 n"会导致高斯统计时往往会被忽略。在仔细考虑到数量的波动后重新考虑这个问题会导致新的、物理上重要的结果,或者它可以解释在使用CLT时认为会发生高斯扰动却会出现非高斯的扰动[21]。

7.3.2 数量波动的模型

对每一个分布函数 $F_{\tau}(\cdot)$,$F_{\tau}(-\infty)=F_{\tau}(0)=0$ 且 $F_{\tau}(\infty)=1$,它以下列方式定义了参数为 k_n, $n=0,1,2,\cdots$ 的点质量函数的集合:

$$p_c(i;k_n) = \Pr\{N_n = i\} = \int_0^{\infty} \frac{t^i}{i!}\exp(-t)\,\mathrm{d}F_{\tau}(t/k_n),\ i = 0,1,2,\cdots \tag{7.17}$$

表7.3给出了数量波动的模型的例子,它们实际上导致了特征函数由式(7.16)描述的给定的分布。

表7.3 数量波动的模型的例子

模型	点质量函数 $p_c(i,k_n)$	分布函数 $F_{\tau}(\tau)$
泊松 (导致瑞利模型)	$\dfrac{k_n^i}{i!}\mathrm{e}^{-k_n}$	$u(\tau-1)$
负二项式 (导致 K 模型)	$\dfrac{\Gamma(i+\nu)}{\Gamma(i+1)\Gamma(\nu)}\dfrac{r^i}{(r+1)^{i+\nu}}\ r=k_n/\nu,\nu>0$	$\int_0^t \dfrac{\nu^{\nu}}{\Gamma(\nu)}x^{\nu-1}\mathrm{e}^{-\nu x}\mathrm{d}x$
逆 γ (导致学生氏 t 模型)	$\dfrac{(\nu/k_n)^{\nu}}{\Gamma(\nu)}\sqrt{\nu k_n}K_{i-\nu}(2\sqrt{\nu k_n})$	$\int_0^t \dfrac{\nu^{\nu}}{\Gamma(\nu)}x^{-(\nu+1)}\mathrm{e}^{-\nu/x}\mathrm{d}x$

在上面的结果中,我们假定序列 N_n/k_n 收敛于随机变量 τ 的一个分布。对这个收敛的讨论请见附录。

7.4 复数复合高斯的随机矢量

在本节中,我们给出对应的单变量强尾部分布由 $h_0(\boldsymbol{y})$ 描述的多维模型。为此,令 $X_1,X_2,\cdots$ 为一系列独立、同分布的复随机变量,其类型是我们已经考虑过的强尾部由$h_0(\boldsymbol{y})$描述的，并考虑 n 维的随机矢量 $\boldsymbol{x}=[X_1,X_2,\cdots,X_n]^{\mathrm{T}}$。我们假定其期望值 $E\{\boldsymbol{x}\}=0$，矢量的相关矩阵 $E\{\boldsymbol{x}\,\boldsymbol{x}^+\}=\boldsymbol{M}=\mu\boldsymbol{\Sigma}$，其中 μ 为个矢量分量的功率，$\boldsymbol{\Sigma}$ 为归一的相关矩阵（主对角线上的所有元素均为 1）。在上述的条件下，也就是我们知晓$h_0(\boldsymbol{y})$和 $\boldsymbol{M}$（或 $\boldsymbol{\Sigma}$），并没有唯一的多维 *PDF* 来描述 $\boldsymbol{x}$ 的习性。于是，我们必须基于某些额外的准则，选择一个高维的模型。前面讲过的散射图像提示，只要我们有“大”数量的散射单元，并且在获取 n 个复随机变量时，实际的对散射场做出贡献的散射单元数量并没有发生改变，那么，我们将根据转移理论所建议的来选择一个高维的 PDF。

对于任意的整数 $n\geqslant 1$，定义

$$h_n(\boldsymbol{y}) = (-1)^n \frac{\mathrm{d}^n}{\mathrm{d}\boldsymbol{y}^n}h_0(\boldsymbol{y}) \tag{7.18}$$

我们知道这是存在的，因为 $h_0(\boldsymbol{y})$ 是完全单调的。然后，我们用下式规定高维的 PDF：

$$f_x(\boldsymbol{x}) = \frac{h_n(q)}{\pi^n\det(\boldsymbol{\Sigma})} \tag{7.19}$$

其中，

$$q = \boldsymbol{x} + \boldsymbol{\Sigma}^{-1}\boldsymbol{x} \tag{7.20}$$

具有式(7.19)定义的高维 PDF 的模型称为复合的高斯模型。用复合指数模型代表强尾部的分布，只要简单地求导，人们可以立即得到对应的高维复合高斯模型。当然，可能计算所需要的导数并非那么直接，但是这样的导数总是存在的，原则上说我们可以用这样的方式得到复合的高斯模型。因为计算导数并不总是容易的，我们还寻找其他的途径来表述这样的复合高斯模型。为此，从先前的考虑出发，可以用下列形式的$h_n(q)$书写式(7.19)的高维 PDF：

$$h_n(q) = \int_0^{\infty}\alpha^n e^{-\alpha q}\mathrm{d}F\alpha(\alpha) = \int_0^{\infty}\frac{1}{\tau^n}\,\mathrm{e}\boldsymbol{x}^{-q/\tau}\mathrm{d}F_\tau(\tau) \tag{7.21}$$

这个公式的意图是要对复合高斯模型给出一个物理解释，这个模型局部是高斯的，但是其局部的“功率”，也就是局部的平均强度，是用 τ 来表示的，是一个随机变量。于是，任何一个特定观察到的矢量 x 是高斯的，不过 τ（等效于 α）也是随机、未知的，因此其名字才叫复合的高斯。如果能提供F_τ或F_α的模型，那么，式(7.21)中的积分也会导致复合高斯模型。

有时上述两种方法都不是直接的，即使它们可用，也可能无法给出应用的任何直觉，比如，无法给出最佳检测器的直觉。因此我们寻求$h_n(q)$的其他特征。现在让我们将式(7.6)中的定义扩展为对任意的 $k\geqslant 0$：

$$\gamma_k(\boldsymbol{y}) = -\frac{\mathrm{d}}{\mathrm{d}_{\boldsymbol{y}}}\ln[h_k(\boldsymbol{y})] \tag{7.22}$$

这个定义导致

$$h_n(q) = \exp[-\int^q \gamma_n(s)\mathrm{d}s] \tag{7.23}$$

式中，$\int_q \gamma_n(s)\mathrm{d}s$ 为$\gamma_n(q)$的反导数。这样重新书写$h_n(q)$是很有趣的，因为根据式(7.18)、式(7.22)和式(7.23)，我们发现：

$$\gamma_n(q) = \frac{h_{n+1}(q)}{h_n(q)} = \frac{\int_0^\infty \alpha^{n+1}\mathrm{e}^{-\alpha q}\mathrm{d}F_\alpha(\alpha)}{\int_0^\infty \alpha^n \mathrm{e}^{-\alpha q}\mathrm{d}F_\alpha(\alpha)} = \mathrm{E}\{\alpha|q\} \tag{7.24}$$

也就是说，$\gamma_n(q) = E[\alpha|q]$是随机变量$\alpha$在给定观察到的矢量$\boldsymbol{x}$(完全表现在$q$的二次项中)时的最佳期望估计，也就是最小均方根误差估计(MMSE)。这样，因为可以把高斯情况的高维 PDF 写成

$$f_x(\boldsymbol{x}) = \frac{\exp(-q/\sigma^2)}{\pi^n\det(\boldsymbol{M})} = \frac{\exp(-\int^q \mathrm{d}s/\sigma^2)}{\pi^n\sigma^{2n}\det(\boldsymbol{\Sigma})} \tag{7.25}$$

高维的复合高斯 PDF 可以被考虑成是高维高斯 PDF，但是用如式(7.24)中计算的最佳估计$\gamma_n(q)$替代已知的γ_0(这个时候的$\alpha_0 = 1$)。

我们可以重复地使用式(7.18)和式(7.23)以另一种形式重写$h_n(q)$：

$$h_n(q) = [\prod_{k=0}^{n-1}\gamma_k(q)]h_0(q) \tag{7.26}$$

如所能见的，这个公式把高维的 PDF 划分成两个分量，一个直接来自强尾部的分布$h_0(y)$，另一个来自估计的$\gamma_k(q)$的积。如下面要继续讨论的，这两个分量在检测问题中起不同的作用。

最后，可以直接证明下式：

$$\gamma_{n+k}(y) = (D_l + I)^k\gamma_n(y) \tag{7.27}$$

$$\prod_{k=0}^{n-1}\gamma_n(y) = (D + \gamma_0(y)I)^{n-1}\gamma_0(y) \tag{7.28}$$

式中，$D = -\mathrm{d}/\mathrm{d}y$，$D_1 = D$，$l$ 为单位运算子。这些结果给出了从强尾部分布得到高维 PDF 的不同途径。

实际上，与任何书写$h_k(q)$的方法独立，每一个复合高斯矢量$\boldsymbol{x}$都可以被重写为两个独立项的乘积，$\boldsymbol{x} = \sqrt{\tau}\boldsymbol{g}$，其中$\boldsymbol{g}$为具有单位协方差矩阵的复合高斯矢

量,称为闪烁;τ 为正的随机变量,称为纹理,对应局部的随机功率。给定纹理的一个特定的值,$\boldsymbol{x}$ 就是复数、零均的高斯随机矢量,条件协方差矩阵为 $\boldsymbol{M}_\tau = E\{\boldsymbol{x}\boldsymbol{x}^+ | \tau\} = \tau\boldsymbol{\Sigma}$,其中 $\boldsymbol{\Sigma} = E\{\boldsymbol{g}\boldsymbol{g}^+\}$[22,23]。

7.5 在复数复合高斯杂波条件下的最佳信号检测

这里,检测问题被建模为下列假设检验:

$$\begin{cases} H_0: z = \boldsymbol{x} \\ H_1: z = \boldsymbol{x} + \beta\boldsymbol{p} \end{cases} \tag{7.29}$$

式中,x 为 n 维的复零均复合高斯杂波矢量;$\boldsymbol{p}$ 为 n 维的复矢量;表示感兴趣的信号已知的取向矢量;β 为代表感兴趣的信号的、通常未知幅度和初相的复数。在这个问题中,H_0代表不存在信号的假设,也就是雷达所观察到的矢量 z 只有杂波,而 H_1代表存在信号时的假设,因此雷达所观察到的矢量 z 包含信号和杂波。

这个问题在 Neyman-Pearson 准则的最佳检测器是由似然比与导致所需要的虚警概率 P_{fa}的固定的门限比较得到的:

$$\Lambda(z) = \frac{p_z(z|H_1)}{p_z(z|H_0)} \underset{H_0}{\overset{H_1}{\gtrless}} \exp(T) \tag{7.30}$$

也就是使用在两个不同假设下的高维 PDF 的比,一个是存在信号的 H_1,一个是不存在信号的 H_0。对于在被描述为复合高斯模型的加性背景噪声中检测已知信号 $\boldsymbol{s}$ 的情况,有

$$\Lambda(z) = \frac{h_n(q_1)}{h_n(q_0)} \underset{H_0}{\overset{H_1}{\gtrless}} \exp(T) \tag{7.31}$$

其中$q_0 = z^\dagger + \boldsymbol{\Sigma}^{-1} z$ 和$q_1 = (z - \boldsymbol{s})\boldsymbol{\Sigma}^{\dagger -1}(z - \boldsymbol{s})$,且假定 $\boldsymbol{s} = \beta\boldsymbol{p}$ 是已知的,即

$$\Lambda(z) = \frac{\int_0^{+\infty} \frac{1}{\tau^n}\exp(-q_1/\tau)p_\tau(\tau)\mathrm{d}\tau}{\int_0^{+\infty} \frac{1}{\tau^n}\exp(-q_0/\tau)p_\tau(\tau)\mathrm{d}\tau} \underset{H_0}{\overset{H_1}{\gtrless}} \exp(T) \tag{7.32}$$

经过若干计算后[24]为

$$\Lambda(z) = \int_0^{+\infty} \frac{1}{\tau^n}[\exp(-q_1/\tau) - \exp(T - q_0/\tau)]p_\tau(\tau)\mathrm{d}\tau \underset{H_0}{\overset{H_1}{\gtrless}} 0 \tag{7.33}$$

在实际的场景中,复信号幅度β是未知的。如果忽略幅度扰动(也就是$p_\beta(\beta)$)的二次律,根据最大似然比测试(GLRT)方法可能得到一个结果,其中将未知参数β用它的最大似然估计$\hat{\beta}_{\mathrm{ML}}$来替代,由此得到的策略为

$$\max_{\beta}\Lambda(z;\beta) = \Lambda(z;\hat{\beta}_{\mathrm{ML}}) \underset{H_0}{\overset{H_1}{\gtrless}} \exp(T) \tag{7.34}$$

β的最大似然估计由文献[26,27]得到,为:$\hat{\beta}_{\mathrm{ML}} = \dfrac{\boldsymbol{p}^{+}\boldsymbol{\Sigma}^{-1}\boldsymbol{z}}{\boldsymbol{p}^{+}\boldsymbol{\Sigma}^{-1}\boldsymbol{p}}$。经过简单的代数推导,在这个情形下,检验策略还是式(7.33),如果定义$q_1 \triangleq \boldsymbol{z}^{+}\boldsymbol{\Sigma}^{-1}\boldsymbol{z} - \dfrac{|\boldsymbol{p}^{+}\boldsymbol{\Sigma}^{-1}\boldsymbol{z}|^2}{\boldsymbol{p}^{+}\boldsymbol{\Sigma}^{-1}\boldsymbol{p}}$。由于式(7.32)、式(7.33)的积分的形式,(通用的)似然比的架构如其所写是难以实现的,且无法给出任何对检测器性能的提示。

7.5.1 似然比和与数据关联的门限的解释

众所周知,在有色高斯噪声情况下的对数似然比导致白化的匹配滤波器。因为在我们的情况下,扰动模型是复合的高斯过程,即使对这样的情况,匹配滤波器也可能在最优检测器中起作用。为了探讨这样的概率,再次考虑式(7.31),或下列等效:

$$h_n(q_1) \underset{H_0}{\overset{H_1}{\gtrless}} \mathrm{e}^{\mathrm{T}} h_n(q_0) \tag{7.35}$$

式中,$h_n(q)$为q的单调下降的函数,因此具有逆。

式(7.35)导致 $h_n^{-1}(\exp(T)h_n(q_0)) \underset{H_0}{\overset{H_1}{\gtrless}} q_1$,这可以被重写为

$$q_0 - q_1 \underset{H_0}{\overset{H_1}{\gtrless}} f_{\mathrm{opt}}(q_0,T) \underset{H_0}{\overset{H_1}{\gtrless}} \lambda \tag{7.36}$$

其中一般有

$$f_{\mathrm{opt}}(q_0,T) = q_0 - h_n^{-1}(\exp(T)h_n(q_0)) \tag{7.37}$$

在高斯噪声中,$h_n(q) = \exp(-q/\sigma^2)/\sigma^{2n}$,这就有$f_{\mathrm{opt}}(q_0,T) = \sigma^2 T$,对数似然比导致

$$q_0 - q_1 \underset{H_0}{\overset{H_1}{\gtrless}} \sigma^2 T \tag{7.38}$$

人们对这两个检测器的解释是:检测器的架构,也就是式(7.38)和式(7.36)的左边,在两个情况下是一样的。但是,从高斯到复合高斯,门限是改变了的。因为式(7.38)和式(7.36)的左边基本上是匹配滤波器,这个比较表明,匹配滤波器是在复合高斯杂波条件下检测器的基础。特别是,当目标信号假定是完全知晓时,有$q_0 - q_1 = 2Re(\boldsymbol{s}^+\boldsymbol{\Sigma}^{-1}\boldsymbol{z}) - \boldsymbol{s}^+\boldsymbol{\Sigma}^{-1}\boldsymbol{s}$,式(7.40)导致

$$Re(\boldsymbol{s} + \boldsymbol{\Sigma}^{-1}\boldsymbol{z}) \underset{H_0}{\overset{H_1}{\gtrless}} \frac{f_{\text{opt}}(\boldsymbol{q}_0, T)}{2} - \frac{\boldsymbol{s} + \boldsymbol{\Sigma}^{-1}\boldsymbol{s}}{2} \tag{7.39}$$

因为式(7.39)的左边是应用于复数据的白化的匹配滤波器,这个推导表明,对于在复合高斯杂波条件下已知信号的最佳检测器等效于匹配滤波器采用与数据关联的门限[24]。

在复信号的幅度β未知时,我们在似然比中用它的最大似然估计替代它,GLRT 的架构成为

$$|\boldsymbol{p} + \boldsymbol{\Sigma}^{-1}\boldsymbol{z}|^2 \underset{H_0}{\overset{H_1}{\gtrless}} (\boldsymbol{p}^+\boldsymbol{\Sigma}^{-1}\boldsymbol{p}) f_{\text{opt}}(\boldsymbol{q}_0, T) \tag{7.40}$$

值得注意,这里的$f_{opt}(\boldsymbol{q}_0, T)$与式(7.39)是一样的。

7.5.2 似然比和与估计器-相关器的解释

Sangston 等人曾经讨论过估计器-相关器的架构[24]。让我们返回到式(7.27)和式(7.28),其中的$\alpha = 1/\tau$。有了这些方程,对数似然比可以写为[24]

$$\Lambda(z) = \ln\left[\frac{h_n(q_1)}{h_n(q_0)}\right] = \int_{q_1}^{q_0} \mathrm{E}(\alpha | s)\,\mathrm{d}s \tag{7.41}$$

于是,

$$\Lambda(z) = \exp\left\{\int_{q_1}^{q_0} \mathrm{E}(\alpha | s)\,\mathrm{d}s\right\} \tag{7.42}$$

在高斯情形下,似然比可以被写为

$$\Lambda(z) = \exp\left\{\int_{q_1}^{q_0} \frac{1}{\sigma^2}\mathrm{d}s\right\} \tag{7.43}$$

式(7.42)和式(7.43)揭示了复合高斯情况下的最佳检测器工作得就像高斯检测器,不过把高斯情况下已知的局部功率电平用对随机变化的局部功率之逆的最佳估计替代了而已。这就是最佳检测器的估计器－相关器的公式。

表7.4给出了两个情况下的最佳检测器的公式,它们是学生氏 t 分布和K分布的复合高斯模型(为简单起见,我们把两个情况的平均功率都设成为1)。

表7.4　K和学生氏 t 分布的复合高斯噪声中的最佳检测器

模型	K分布	学生氏 t 分布
似然比 $h_n(q_1)/h_n(q_0)$	$\left(\sqrt{\frac{q_0}{q_1}}\right)^{n-\nu}\frac{K_{n-\nu}(2\sqrt{\nu q_1})}{K_{n-\nu}(2\sqrt{\nu q_0})}$	$\left(\frac{\nu+q_0}{\nu+q_1}\right)^{n+\nu}$
相关器－估计器 $\exp\left(\int_{q_1}^{q_0}\alpha_n(s)\,\mathrm{d}s\right)$	$\alpha_n(s)=\sqrt{\frac{\nu}{s}}\frac{K_{n-\nu+1}(2\sqrt{\nu s})}{K_{n-\nu}(2\sqrt{\nu s})}$	$\alpha_n(s)=\frac{\nu+n}{\nu+s}$
匹配滤波器加数据关联的门限 $q_0-q_1\geqslant f(q_0,T)$	$f(q_0,T)$ 没有通用的闭式	$f(q_0,T)=$ $\nu[1-\exp(-T/(\nu+n))](1+\frac{q_0}{\nu})$

7.6　在复数复合高斯杂波条件下的次佳检测

如上所述,K分布的复合高斯模型中的最佳检测器的实现似乎是很复杂的。类似的观察对于Weibull模型也是这样的,需要求导来获得 $h_n(q)$,或 $\gamma_n(q)=E[\alpha|q]$ 计算起来很复杂,一般没有闭式可用。这些考虑就建议人们研究次佳来实现最佳的检测器。

7.6.1　似然比的次佳近似

根据式(7.36),最佳检测器的架构由下式给出:

$$\Lambda(z)=\frac{\int_0^{+\infty}\frac{1}{\tau^n}\exp[-q_1/\tau]p_\tau(\tau)\,\mathrm{d}\tau}{\int_0^{+\infty}\frac{1}{\tau^n}\exp[-q_0/\tau]p_\tau(\tau)\,\mathrm{d}\tau}\underset{H_0}{\overset{H_1}{\gtrless}}\exp(T) \tag{7.44}$$

从物理的观点看,利用这个检测架构的困难来自与条件高斯杂波关联的功率电平 τ 是未知、随机变化的。克服这个困难的一个办法是在似然比内用估计来替代这个未知的功率电平。特别是,在似然比的高斯核内用估计 $\hat{\tau}_i$, $i=0,1$ 来代替 τ。那么,似然比检验就成为

$$\left(\frac{\hat{\tau}_0}{\hat{\tau}_1}\right)^n \exp\left[\frac{q_0}{\hat{\tau}_0} - \frac{q_1}{\hat{\tau}_1}\right] \underset{H_0}{\overset{H_1}{\gtrless}} \exp(T) \tag{7.45}$$

这个方法是次佳的,不能保证是最好的检测器。但是,人们主观地预期,好质量的估计应当导致好的检测器。检测器取的形式取决于用于估计未知的功率电平的类型。侯选的有 MMSE、ML(最大似然)、MAP(最大后验)估计[24]。由 $\hat{\tau}_i = q_i/n$ 给出的 ML 估计特别吸引人,因为它不依赖于 PDF 的细节 $p_\tau(\tau)$,因此导致与分布无关的检验:

$$\left(\frac{q_0}{q_1}\right)^n \underset{H_0}{\overset{H_1}{\gtrless}} \exp(T) \tag{7.46}$$

这个检测器在改变假设时已经由 Korado[27]、Picinbono 和 Vezzosi[28]、Cinte 等[29]、Sharf 和 Lytle[30]、Gini[25] 获得,叫做 GLRT 检测器。它可以被重写为

$$\left(\frac{1}{1-(q_0-q_1)/q_0}\right)^n \underset{H_0}{\overset{H_1}{\gtrless}} \exp(T) \tag{7.47}$$

其中,如果使用 $\hat{\tau}_{0,\mathrm{ML}} = q_0/n$,它就等效于

$$q_0 - q_1 \underset{H_0}{\overset{H_1}{\gtrless}} \tau_{0,\mathrm{ML}} n[1-\exp(-T/n)] \tag{7.48}$$

把 GLRT 检测器的这后一形式与式(7.42)比较是特别有趣的,因为它表明,GLRT检测器基本上就是用 H_0 假设下功率电平的 ML 估计替代这个未知电平的匹配滤波器。

7.6.2　与数据关联的门限的次佳近似

式(7.39)表明,最佳检测器可以被解释为匹配滤波器配以与数据关联的门限,该门限仅仅是二次统计 q_0 的函数。我们常常不能用闭式写出这个与数据关联的门限 $f_{\mathrm{opt}}(q_0,T)$。但是在有些情况下,当杂波为 K 分布,且 $\nu - n = 1/2$ 时,这是可能的:

$$f_{\mathrm{opt}}(q_0,T) = \begin{cases} T\sqrt{\eta/2\nu}\left(\sqrt{q_0} - (T/2)\sqrt{\eta/2\nu}\right), & q_0 > (\mu T^2/2\nu)\,\mathrm{sign}(T) \\ q_0/2, & \text{其他} \end{cases} \tag{7.49}$$

式中，$\eta = E\{\tau\}$，为 K 分布的局部参数。

用闭式写出最佳门限的困难提示，用某些次佳的近似来代替最佳的门限，可以得到次佳的检测器。这个概念是寻找门限的最好的（均方的概念）线性、二次或高阶的近似，从而得到次佳检测器，它比最佳的容易实现，但是性能却非常接近最佳的。

考虑下列近似：

$$\begin{aligned} f_1(q_0, T) &= b_0 + b_1 q_0 \\ f_2(q_0, T) &= c_0 + c_1 q_0 + c_2 q_0^2 \end{aligned} \tag{7.50}$$

要解的问题可以被说成，比如用线性的近似，为

$$\min_{b_0, b_1} \{ \mathrm{E}[f_{\mathrm{opt}}(q_0, T) - (b_0 + b_1 q_0)]^2 \} \tag{7.51}$$

为了找到 b_0、b_1，求均方误差对未知的系数的导数并设为零。这个步骤给出这两个未知数的一系列的线性方程，它的解用矩阵形式可以给出为

$$\begin{bmatrix} b_0 \\ b_1 \end{bmatrix} = \begin{bmatrix} 1 & \mathrm{E}\{q_0\} \\ \mathrm{E}\{q_0\} & \mathrm{E}\{q_0^2\} \end{bmatrix}^{-1} \begin{bmatrix} \mathrm{E}\{f_{\mathrm{opt}}(q_0, T)\} \\ \mathrm{E}\{q_0 f_{\mathrm{opt}}(q_0, T)\} \end{bmatrix} \tag{7.52}$$

对于第二个近似的系数，用类似的方法可以从求解下列式子得到：

$$\min_{c_0, c_1, c_2} [\mathrm{E}\{[f_{\mathrm{opt}}(q_0, T) - (c_0 + c_1 q_0 + c_2 q_0^2)]^2\}] \tag{7.53}$$

结果为

$$\begin{bmatrix} c_0 \\ c_1 \\ c_2 \end{bmatrix} = \begin{bmatrix} 1 & \mathrm{E}\{q_0\} & \mathrm{E}\{q_0^2\} \\ \mathrm{E}\{q_0\} & \mathrm{E}\{q_0^2\} & \mathrm{E}\{q_0^3\} \\ \mathrm{E}\{q_0^2\} & \mathrm{E}\{q_0^3\} & \mathrm{E}\{q_0^4\} \end{bmatrix}^{-1} \begin{bmatrix} \mathrm{E}\{f_{\mathrm{opt}}(q_0, T)\} \\ \mathrm{E}\{q_0 f_{\mathrm{opt}}(q_0, T)\} \\ \mathrm{E}\{q_0^2 f_{\mathrm{opt}}(q_0, T)\} \end{bmatrix} \tag{7.54}$$

可以用类似的方法得到更高阶的近似。但是，我们相信二阶近似已经在性能和复杂性之间代表了一个好的折中。

注意，式(7.52)和式(7.54)的解需要有关于 $f_{\mathrm{opt}}(q_0, T)$ 和 q_0 的矩和交叉矩的知识。在实际应用中，这些矩可以从数据中估计，把它们代入到检测器中。另外，门限可以在事先计算，存储在表中备查，允许检测器实时工作。在文献[24]中，我们给出了一些情况，其中的门限近似可以写成闭式。图 7.1 给出了与数据关联的门限的各种近似。二次近似通常产生对最佳检测器的最好近似，线性近似为第二最好，接着就是出自 GLRT 的近似结果。图 7.1 中，$n = 4$、$\nu = 4.5$、$\eta = 1000$。

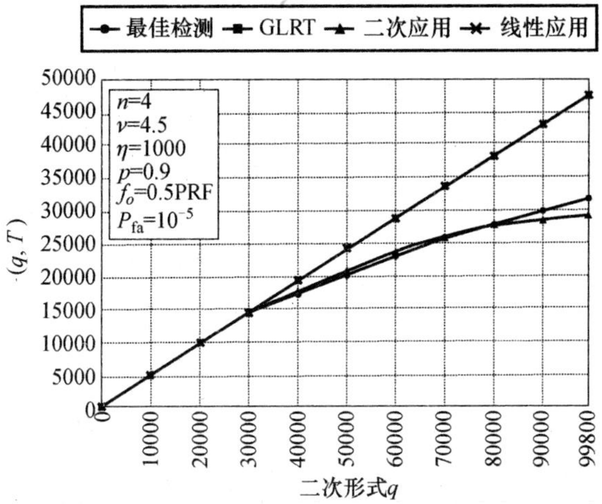

图 7.1　与数据关联的门限的比较

7.6.3　估计器 - 相关器的次佳近似

在估计器 - 相关器的架构中,α 的 MMSE 估计器在实际检测器中可能是难以实现的。这个架构本身提示,用次佳的估计器替代 MMSE 估计器,就可能得到次佳的检测器。把这个次佳的估计器记为 $\alpha(q_i)$。根据式(7.42),估计器 - 相关器的架构成为

$$\Lambda(z) = \exp\left\{\int_{q_1}^{q_0} \hat{\alpha}(s)\,\mathrm{d}s\right\} \tag{7.55}$$

在似然比直接近似的情况下,侯选的估计器有 ML 和 MAP 估计器。可以直接证明,α 的 ML 估计器为 $\alpha_{i,\mathrm{ML}} = 1\tau_{i,\mathrm{ML}}$。在式(7.55)中使用估计器,结果的检测器就由式(7.46)中的 GLRT 给出。

另外,MAP 估计器却决于 $p_\alpha(\alpha)$ 的细节。对于 K 分布的杂波,MAP 估计器为[24]

$$\hat{\alpha}_{i,\mathrm{MAP}} = \frac{(n-\nu-1) + \sqrt{(n-\nu-1)^2 + 4(\nu/\eta)q_i}}{2q_i} \tag{7.56}$$

次佳的估计器 - 相关器状的检测器为

$$\Lambda_{\mathrm{MAP}}(z) = \left(\frac{\hat{\alpha}_{1,\mathrm{MAP}}}{\hat{\alpha}_{0,\mathrm{MAP}}}\right)^{(n-\nu-1)} \exp[q_0\hat{\alpha}_{0,\mathrm{MAP}} - q_1\hat{\alpha}_{1,\mathrm{MAP}}] \tag{7.57}$$

式(7.46)中的 GLRT 与式(7.57)的次佳检测器有多接近最佳检测器的标志可以通过看这些次佳的估计器有多接近最佳的 MMSE 估计器得到,对于 K 分布的杂波,为

$$\hat{\alpha}_{i,\mathrm{MMSE}} = \sqrt{\frac{\nu}{nq_i}} \frac{K_{\nu-n-1}\ \sqrt{4\nu q_i/\eta}}{K_{\nu-n-1}\ \sqrt{4\nu q_i/\eta}}, i = 0,1 \tag{7.58}$$

图7.2给出了三个作为 q 的二次形的函数的估计的比较，情况为 $n=4$、$\nu=4.5$、$\eta=1000$。这个图形表明，在这个情况下，MAP估计器要比ML估计器好，用MAP估计器导致的检测器应当更接近于最佳。当样本数 n 增加时，可以证明：

$$\hat{\alpha}_{i,\mathrm{MAP}} \to \frac{n-\nu-1}{q_i} + \frac{\nu}{\eta(n-\nu-1)} \cong \frac{n}{q_i} \tag{7.59}$$

$$\hat{\alpha}_{i,\mathrm{MMSE}} \to \frac{n-\nu}{q_i} \cong \frac{n}{q_i} \tag{7.60}$$

这表明，当样本数量渐近增大时，GLRT检测器会等效于最佳检测器。这个观察与Picinbono和Vezzosi[28]、Conte等人[8]的结果是一致的。

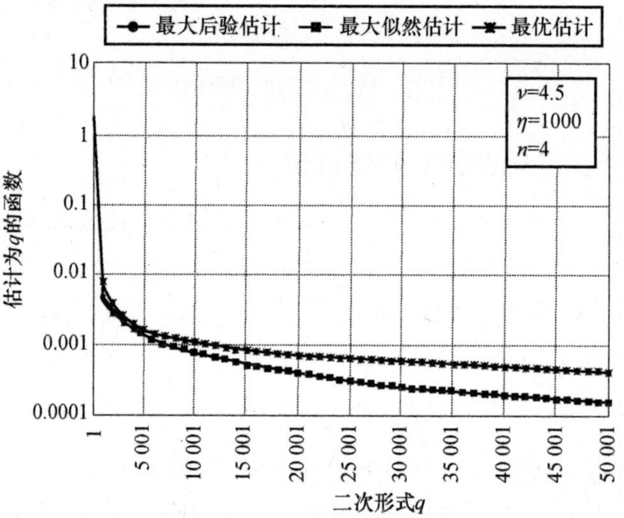

图7.2　α估计为 q 的函数

7.6.4　最佳和次佳检测器的性能评估

文献[21]计算了式(7.31)所定义的最佳检测器的性能，其信号起伏是根据Swerling模型1。这里，我们把式(7.31)的检测器的性能写为

$$P_{\mathrm{fa}} = \int_0^{\infty} \mathrm{d}\tau p_{\tau}(\tau) \int_0^{\infty} \mathrm{d}\gamma \frac{\gamma^{n-2}}{\tau^{n-1}(n-2)!} \exp\left[-\frac{1}{\tau} h_n^{-1}(\exp(-T)h_n(\gamma))\right] \tag{7.61}$$

$$P_{\mathrm{d}} = \int_0^{\infty} \mathrm{d}\tau p_{\tau}(\tau) \int_0^{\infty} \mathrm{d}\gamma \frac{\gamma^{n-2}}{\tau^{n-1}(n-2)!} \exp\left[-\frac{\gamma}{\tau} - \frac{h_n^{-1}(\exp(-T)h_n(\gamma)) - \gamma}{\tau + S/C}\right] \tag{7.62}$$

式中，$S/C=\sigma_s^{\,2}\boldsymbol{p}^+\boldsymbol{\Sigma}^{-1}\boldsymbol{p}$ 为信杂比。

利用式(7.31)，把 S/C 代入式(7.61)和式(7.62)，得到

$$P_{\mathrm{fa}}=\int_0^{\infty}\mathrm{d}\tau p_\tau(\tau)\int_0^{\infty}\mathrm{d}\gamma\frac{\gamma^{n-2}}{\tau^{n-1}(n-2)!}\exp\left[-\frac{1}{\tau}(\gamma-2f_{\mathrm{opt}}(\gamma,T))\right]\quad(7.63)$$

$$P_{\mathrm{d}}=\int_0^{\infty}\mathrm{d}\tau p_\tau(\tau)\int_0^{\infty}\mathrm{d}\gamma\frac{\gamma^{n-2}}{\tau^{n-1}(n-2)!}\exp\left[-\frac{\gamma}{\tau}-\frac{2f_{\mathrm{opt}}(\gamma,T)}{\tau+S/C}\right]\quad(7.64)$$

用估计器－相关器解释所得到的检测器原则上可以用式(7.61)和式(7.62)来评估，其中$h_n(\gamma)$被$\hat{h}_n(\gamma)$所替代，其中 α 的最佳估计器被某些次佳估计器所替代。由匹配滤波器解释所得到的检测器可以用式(7.63)和式(7.64)来评估，其中$f_{\mathrm{opt}}(q_0,T)$被次佳的$\hat{f}(\gamma,T)$替代，如式(7.49)和式(7.51)。

下面给出一些最佳检测器的性能结果，它们是式(7.46)的 GLRT 检测器和两个由式(7.49)和式(7.51)得到的检测器。在所有的情形中，假定杂波为 K 分布的。杂波的协方差矩阵为指数的，也就是 $\boldsymbol{\Sigma}_i=\rho^{|i-j|}$，$\rho=0.9$。Swerling1 型的目标的多普勒频率为$f_{\mathrm{d}}=0.5\mathrm{PRF}$，PRF 为雷达的脉冲重复频率。虚警概率设置为$P_{\mathrm{fa}}=10^{-5}$。在图 7.3 中，被处理的矢量的维度为$n=4$，而在图 7.4 中，$n=16$。

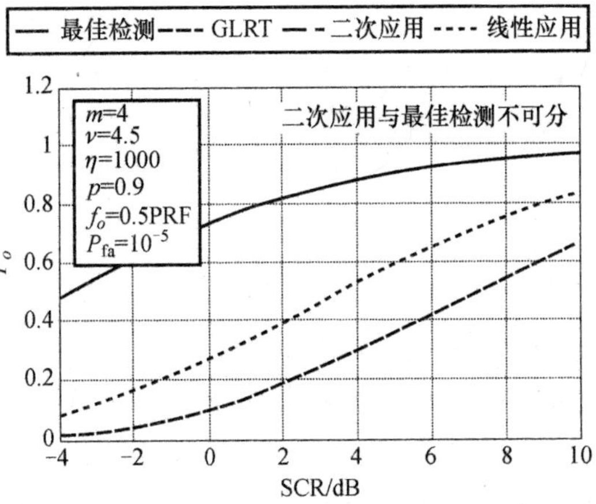

图 7.3　最优和次优检测器的检测性能比较

在所有的情况中，与数据关联的门限的二次近似导致检测器的性能与最佳的几乎不能分辨。因为这个近似要比最佳检测器简单得多，它代表了一个在性能和现实之间很好的折中。另外，GLRT 检测器的 CFAR 特性是实际检测器非常追求的一个特性。如果对于每一个判决，被处理的脉冲数量是大的，图 7.4 表

明,GLRT 检测器的性能与最佳性能之间的差距不到 1dB。它比二次近似还要容易实现,因此,在 n 大时是首选的。

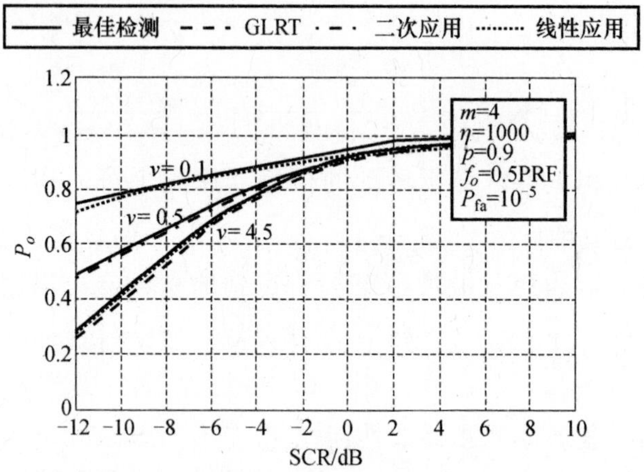

图 7.4 最优和次优检测器的检测性能比较

7.7 最佳检测器的新解释

在本节中,我们从一个新的视角来再次分析最佳检测器,以观察检测器实际上如何进行检测判决。

7.7.1 估计器公式的乘积

令 $f(x)$ 为可以写成是瑞利混合的单变量的 PDF:

$$f(x) = \int_0^\infty \alpha x \exp(-\alpha x^2) \mathrm{d}F_\alpha(\alpha), x \geqslant 0 \tag{7.65}$$

式中,$F_a(\alpha)$ 为正随机变量 α 的积累分布函数,考虑 $y = x^2$ 的单变量的功率分布:

$$g(y) = \frac{f(\sqrt{y})}{2\sqrt{y}} \int_0^\infty \alpha \exp(-\alpha y) \mathrm{d}F_\alpha(\alpha), y \geqslant 0 \tag{7.66}$$

定义

$$h_0(y) = 1 - \int_0^y g(s)\mathrm{d}s = \int_0^y \exp(-\alpha y) \mathrm{d}F_\alpha(\alpha), y \geqslant 0 \tag{7.67}$$

它就是强尾部的分布。记住,$\gamma_0(y) = \frac{\mathrm{d}}{\mathrm{d}y} \ln h_0(y)$,$h_0(y) = \exp[-\int \gamma_0(y)\mathrm{d}y]$,我们可以重写 $h_n(y)$ 来得到似然比的又一个表示。首先注意到,如果定义 $h_n(y) = D\, h_{n-1}(y)$,$n = 1,2,\cdots$,那么重复应用算子 $h_0(y)$,导致

$$h_n(y) = \int_0^y \alpha^n \exp(-\alpha y) \mathrm{d}F_\alpha(\alpha), y \geq 0 \tag{7.68}$$

也就是说,我们得到$h_n(y)$,这定义了高维的复合高斯模型。现在,我们看

$$h_1(y) = Dh_0(y) = \gamma_0(y)h_0(y) \tag{7.69}$$

它出自式(7.68)。继续地,我们重写

$$\begin{aligned} h_2(y) &= Dh_1(y) = D\gamma_0(y)h_0(y) = \gamma_0(y)Dh_0(y) + h_0(y)D\gamma_0(y) \\ &= \gamma_0(y)h_1(y) + \frac{h_1(y)}{\gamma_0(y)}D\gamma_0(y) = (\gamma_0(y) + D_l\gamma_0(y))h_1(y) \end{aligned} \tag{7.70}$$

其中,$D_l = D\ln$。如果我们再定义

$$\gamma_1(y) \overset{\Delta}{=} D_l\gamma_0(y) + \gamma_0(y) = (D_l + I)\gamma_0(y) \tag{7.71}$$

那么有$h_2(y) = \gamma_1(y)h_1(y)$。显然,我们可以重复这样的处理,一般地写成

$$h_n(y) = Dh_{n-1}(y) = \gamma_{n-1}(y)h_{n-1}(y) \tag{7.72}$$

其中,$\gamma_n(y) = (D_l + I)\gamma_{n-1}(y) = (D_l + I)^2\gamma_0(y)$。根据式(7.73),直接有

$$h_n(y) = [\prod_{k=0}^{n-1}\gamma_k(y)]h_0(y) \tag{7.73}$$

接着就允许我们把似然比重写成

$$L(q_1, q_0) = [\prod_{k=0}^{n-1}\frac{\gamma_k(q_1)}{\gamma_k(q_0)}]\frac{h_0(q_1)}{h_0(q_0)} \tag{7.74}$$

式(7.74)表示对于在复合高斯背景中检测信号的似然比的新的公式。

根据式(7.73),$\gamma_n(q) = \dfrac{h_{n+1}(q)}{h_n(q)} = \dfrac{D\,h_n(q)}{h_n(q)} = D_l h_n(q)$,这直接导致表 7.4 中给出的最佳检测器的相关器的公式。于是,在式 7.75 中给出的似然比中,表达式$\gamma_k(q_i)$表示随机变量 α 在各假设下的估计。

7.7.2　估计器乘积的一般性质

这里给出的估计器的结果把最佳检测器分成如式(7.74)所示的两部分:γ_k和比值$\dfrac{h_0(q_1)}{h_0(q_0)}$。根据这两个分量,我们看到在复合高斯杂波中的最佳检测器的一般性质。一般来说,作为偏离高斯的(也就是 PDF 的尾部的幅度大于瑞利的)杂波的统计,我们期待各假设下二次型 q 超过给定值 y 的概率会增加,因此,在很宽的q_1和q_0的范围内,$h_0(q_1)$和$h_0(q_0)$的值的差异会减少。结果,当背景变得更加非高斯时,我们期待项$\dfrac{h_0(q_1)}{h_0(q_0)}$对似然比的贡献会更少。这个特性很容易看到,比如,对于 Weibull 统计,有$h_0(q) = \exp(-\dfrac{v-2}{\eta}q^{v/2})$。当 $\nu \to 0$ 时,这一项变

得恒定,于是对似然比不再有贡献。

另一方面,我们很容易看到,对于高斯的背景,似然比成为 $L(q_1,q_0)=\dfrac{h_0(q_1)}{h_0(q_0)}=\exp\left(\dfrac{q_0-q_1}{\eta}\right)$,因此$\gamma_k$在所有的情况下都没有贡献(它们变得恒定,在似然比中消失)。因此,在准高斯背景中,我们期待γ_k对似然比的贡献很小。

这些观察表明,最佳检测器被写为估计器公式的乘积,被分成在不同范畴内重要的两部分。也就是说,比值$\dfrac{h_0(q_1)}{h_0(q_0)}$决定在准高斯杂波下的检验判决,而$\gamma_k$的积决定更加非高斯的杂波下的检验判决。于是有

$$\boxed{\underbrace{\left[\prod_{k=0}^{n-1}\frac{\gamma_k(q_1)}{\gamma_k(q_0)}\right]}_{\text{严重非高斯时更为重要}}\qquad\underbrace{\frac{h_0(q_1)}{h_0(q_0)}}_{\text{准高斯时更为重要}}}$$

作为一个特定的例子,让我们观察具有学生氏 t 分布的单变量幅度,其幅度 PDF 如下,是从令局部功率电平 τ 为逆 γ 统计得到的:

$$f_x(x)=\frac{2x}{\eta(1+x^2/\eta\nu)^{\nu+1}},0<\nu<\infty \tag{7.75}$$

对于学生氏 t 的模型,我们发现

$$h_0(y)=\frac{1}{(1+y/\eta\nu)^{\nu}},\gamma_k(y)=\frac{1/\eta+k/\eta\nu}{1+y/\eta\nu} \tag{7.76}$$

图 7.5 至图 7.8 说明了似然比中两个分量的习性,它们是$h_0(q_0)$和 $\gamma_k(q)\propto\prod_{k=1}^{K}(1+q/\iota\nu)^{-1}$(忽略每个估计中的分布,因为它们在似然比中会对消)。

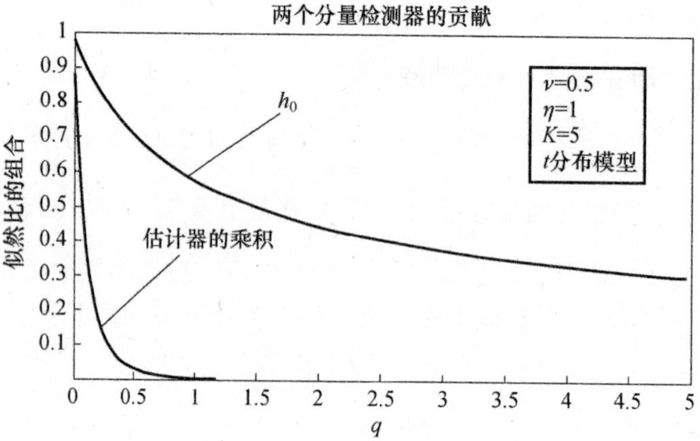

图 7.5 极端非高斯杂波

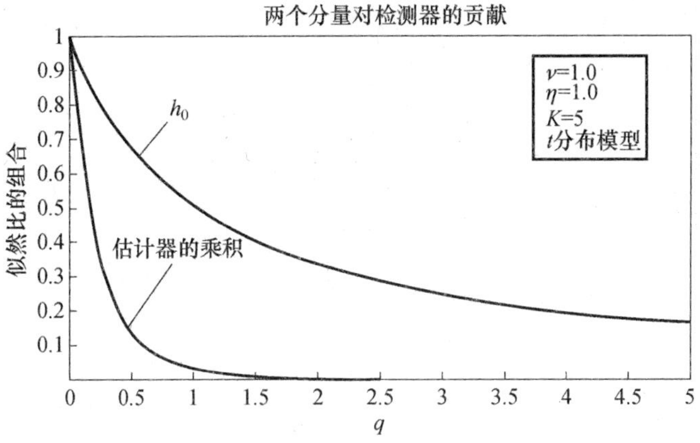

图7.6 次严重的非高斯杂波,曲线彼此靠近

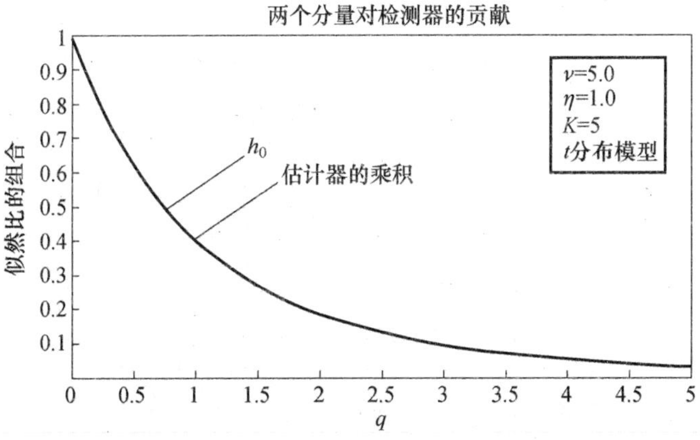

图7.7 更轻的非高斯杂波,曲线彼此重合

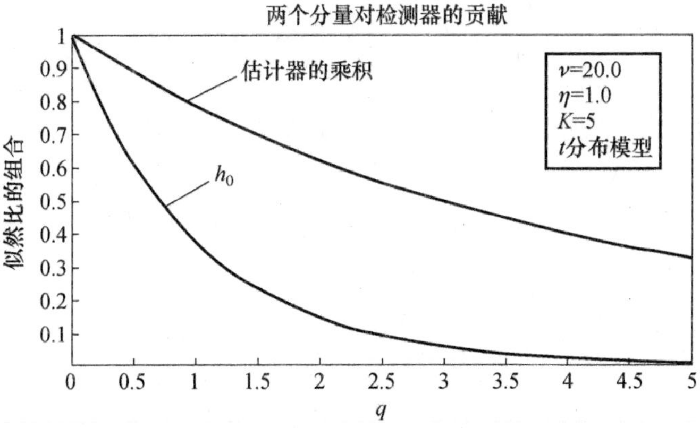

图7.8 二次高斯杂波,曲线移了位置

可以看到,当这两个分量的曲线之一变陡时,另一个分量的曲线就变平坦。这表明,当杂波从高斯向非高斯变化时,两个分量对检测器的作用在改变。当某个分量的曲线变陡时,我们期待这个分量对似然比的贡献更大。这是因为q_0和q_1之间的差别在更陡的曲线上会导致似然比更大的值的变化。相反,在曲线平坦的区域,我们不期待它对似然比有大的贡献。

为了考虑估值公式乘积的第二个优点,我们看一下学生氏 t 形态杂波的 γ_k 的特性,如图 7.9 所示。

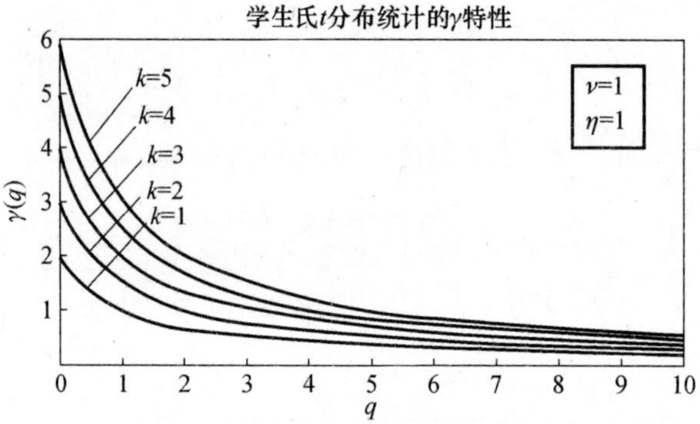

图 7.9　学生氏 t 分布统计的 γ 特性

根据这个描绘了具有强尾的杂波的图,很明显,每一个 $\gamma_k(q)$ 以及它们的乘积在小 q 值时要比大大 q 值时陡。因为在 q 小而陡的地方q_1和q_0的小差别会导致比值$\dfrac{\gamma_k(q_1)}{\gamma_k(q_0)}$大的变化,$\gamma_k$项在严重的非高斯杂波中会主导似然比,因此也就会在这个陡的区域内主导检测。如下面进一步讨论的,这个特性似乎也是任意的尾部足够大的复合高斯模型的一般特性。注意,q 的二次式是背景的局部功率的一个度量。于是,在复合高斯模型的严重的非高斯区域,上述考虑提示,当进行检测时,很可能发生在 q 小的时候,也就是局部功率小的时候。这个特性是有意义的,因为给定的目标很可能被检测发生在背景的局部功率小的时候而不是大的时候。严重的非高斯杂波有的时候也被叫做"钉子状的"。估计器公式的乘积提示,在"钉子状的"杂波中,最佳检测器会在"钉子中"检测信号,也就是说,在局部功率小的时候。

7.7.2.1　估计器乘积的例子

首先考虑瑞利的单变幅度的统计。在这种情况下,有

$$f_x(x) = \frac{2x}{\eta}\exp(-x^2/\eta) \tag{7.77}$$

这就产生

$$h_0(y) = \exp(-y/\eta), \gamma_0(y) = 1/\eta \tag{7.78}$$

它直接有 $\gamma_k(y) = 1/\eta \, \forall k$,如所期待的,我们发现 $L(q_1, q_0) = \dfrac{\gamma_k(q_1)}{\gamma_k(q_0)} = \exp\left(\dfrac{q_0 - q_1}{\eta}\right)$。

接着考虑 K 分布的单变幅度的统计。在这种情况下,有

$$f_x(x) = 4\frac{(\sqrt{\nu/\eta})^{\nu+1}}{\Gamma(\nu)} x^\nu K_{\nu-1}(2x\sqrt{\nu/\eta}) \tag{7.79}$$

它导致

$$h_0(y) = 2\frac{(\sqrt{y\nu/\eta})^{\nu}}{\Gamma(\nu)} K_\nu(2\sqrt{y\nu/\eta}), \gamma_0(y) = \frac{(\sqrt{\nu/\eta})K_{\nu-1}(2\sqrt{y\nu/\eta})}{\sqrt{y}K_\nu(2\sqrt{y\nu/\eta})} \tag{7.80}$$

众所周知,当 $\nu \to \infty$时,K 分布的幅度统计趋于瑞利统计,重现上述的结果。我们现在考察 $\nu \to 0$ 的情况。特别是,令 y 固定、ν 足够小,使得 $\sqrt{y\nu/\eta}$ 小。在这样的情况下,可以使用修正的贝塞尔函数的渐近展开:$t \to 0$ 时,$K_\nu(t) \cong \dfrac{\Gamma(\nu)}{2}\dfrac{1}{2t^\nu}$,来证明当 $\nu \to 0$ 时,$h_0(y) \approx 1$。虽然这不是一直逼近的结果,因为 ν 必须减少来保持 $\sqrt{y\nu/\eta}$ 小,但它还是表明检验判决更多地是基于 γ_k 项的,而不是 $h_0(q_1)/h_0(q_0)$,因为背景变得更加非高斯,在这个情况下$\dfrac{h_0(q_1)}{h_0(q_0)}$趋于 1,因此对似然比的贡献非常小。进一步注意到,当背景变得更加非高斯时,也就是$\nu \to 0$,有 $\gamma_0(y) \approx 1/y$。从这一点,我们可以用微分得到其他的 γ_k。比如,可以得到 $\gamma_k(y) \approx k/y$。

根据 $\gamma_0(q)$ 的结构,很明显,当杂波变得更加非高斯时,对于小的 q 值,$\gamma_0(q)$要比大的 q 时更陡(对于 γ_k,一般也有同样的观察)。这个特性的图形显示如图 7.10 所示。

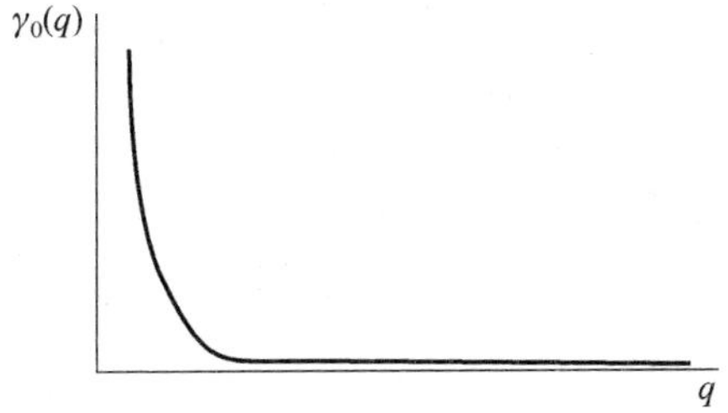

图 7.10　严重非高斯杂波时 $\gamma_0(q)$的特性

结果，γ_k项在 q 小的陡的区域对似然比的贡献最大，因为在这个区域内 q_1 和 q_0 的小差别可以导致比值$\frac{\gamma_k(q_1)}{\gamma_k(q_0)}$比较大。由于$f_x(x)=\frac{2^{\nu/2-1}}{\eta}\nu x^{\nu-1}\exp(-\frac{2^{\nu/2-1}}{\eta}x^{\nu})$，有$\frac{\gamma_k(q_1)}{\gamma_k(q_0)}\approx q_1/q_0$，在这个情况的似然比为

$$L(q_1,q_0)=(\frac{q_1}{q_0})^n \tag{7.81}$$

式中的似然比定义了众所周知的 GLRT 检测器（令似然比中的 $\nu\to0$ 也可以得到这个结果）。

接下来考虑 Weibull 幅度统计：

$$f_x(x)=\frac{2^{\nu/2-1}}{\eta}\nu x^{\nu-1}\exp_{\nu}\left(-\frac{2^{\nu/2-1}}{\eta}x^{\nu}\right) \tag{7.82}$$

这个选择导致

$$\gamma_0(y)=\frac{2^{\nu/2-1}\nu}{\eta y^{1-\nu/2}}\quad h_0(y)=\exp\left(-\frac{2^{\nu/2-1}\nu}{\eta}y^{\nu/2}\right) \tag{7.83}$$

当 $\nu\to2$ 时，这个模型成为瑞利的，这是直接而明显的。现在考虑 $\nu\to0$，在这个情况下，如上面刚刚讨论的，$h_0(q_1)/h_0(q_0)$趋于 1。也可以从式(7.84)中看到，$\gamma_0(y)=\frac{2^{\nu/2-1}\nu}{\eta y}$，由此得到$\gamma_k(y)\approx C_k/y$，其中 C_k为常数。这样再一次地，当杂波变得严重非高斯时，如前面讨论对 K 分布的统计那样，最佳检测器变成 GLRT 检测器。

作为最后的例子，考虑 t 的幅度统计。我们给出式(7.77)中的 $h_0(y)$ 和 $\gamma_k(y)$。这个情况下总的似然比成为

$$L(q_1,q_0)=\left(\frac{1+q_0/\nu\eta}{1+q_1/\nu\eta}\right)^n\left(\frac{1+q_0/\nu\eta}{1+q_1/\nu\eta}\right)^{\nu} \tag{7.84}$$

组成这个似然比的两项，作为 ν 的函数具有不同的特性，可以看到，它们的相对贡献当幅度统计从瑞利到严重的非高斯变化时，会发生变化。特别是，右边的项在 $\nu\to0$ 时没有贡献，而左边的项在 $\nu\to\infty$时没有贡献。

很明显，这个模型在 $\nu\to\infty$时覆盖了瑞利的结果。现在考虑严重的非高斯情形。当 $\nu\to0$ 时，我们再次发现导致了 GLRT 检测器。这样，同 K 和 Weibull 的幅度统计一样，当背景越来越非高斯时，GLRT 检测器再次成为我们对学生氏 t 分布下的检测问题的最佳检测器。

7.7.2.2 强尾分布被推的性能

首先考虑复合的高斯模型，并让其尾部分布是强的。对于这里考察的三个复合高斯模型：K 分布、Weibull 分布和学生氏 t 分布，都是这样的情况，也就是

说,这个分布的每一个都是参数化的,使尾部变得很大。在这种情况下,从估计器的公式的乘积可以看到,当分布的尾部变强时,似然比的特性就如同 $L(q_1, q_0) = (q_1/q_0)^n$,这就是式(7.82)的 GLRT。对于所有的复合高斯模型,当 $n \to \infty$ 时,GLRT 检测器都是渐近最佳的[29],上述考虑导致了一个推测,对于所有的复合高斯模型的所有的 n 值,只要能使尾部足够大,GLRT 检测器也是渐近最佳的。这个结果的一个探索性的解释如下。最佳检测器试图考虑嵌入在分布函数 $F_\tau(\tau)$ 中的(或等效地 $F_\alpha(\alpha)$ 中的)关于局部功率电平起伏的信息,并利用这个信息来做检验判决。但是,不像准高斯,甚至中度非高斯的模型,它们的局部功率电平的起伏一般都在围绕均值的合理的小区域内,而在具有强尾部的极端非高斯的模型中,唯一嵌入在 $F_\tau(\tau)$ 中的信息是局部功率电平可能取任意值。在这样的情况下,局部功率电平的逆的最佳估计减为最大似然估计,它不利用任何来自分布函数 $F_\tau(\tau)$ 的信息,这也就得到了 GLRT 检测器。

7.7.2.3　复合高斯噪声作为随机过程的观察

让我们回到散射图形的现象上去,显示它的时间关联性:

$$E(t) = \sum_{i=1}^{N_s(t)} a_i(t)\exp(\mathrm{j}\phi_i(t)) \tag{7.85}$$

在这样的观察中,任何特定时间的散射场组合了具有随机数量 $N_S(t)$ 的、在一个“采样”中的、被我们用下标“S”表示的散射单元的贡献。注意,一般说来,$N_S(t)$ 是一个随即过程,也就是说,它随“时间”变化,也随有雷达扫描带来的遭遇的位置的变化而发生变化。但是,如果变化的速率要比得到采样的速率慢得多,那么,这里为复合高斯模型所得到的结果是可以被应用的。比如,如果雷达对环境的采样速率比 $N_S(t)$ 变化的速率快,那么,在一段时间间隔内,$N_S(t)$ 等于是固定的,但是取一个随机的数,雷达会收集 n 个脉冲。这是复合高斯高维模型所捕获的情景,其中所有的 n 个复样本都与同样但随机的局部功率电平 τ 关联。但是,一般来说,n 不能随意地大,必须要在复合高斯模型还适用的条件内,因为在雷达采集脉冲时 $N_S(t)$ 会变化。因此,这就为脉冲数 n 设置了一个最大值 $n_{\max}$,在这个限度内复合高斯模型还是适用的。对于 $n > n_{\max}$,假设 $N_S(t)$,从而也有局部功率电平 τ,对所有的 n 个脉冲保持不变将不再成立,解决这样的检测问题需要新的技术。于是,开发 $N_S(t)$ 为随机过程的模型,并探讨功率电平在驻留时间内变化的效应,是有好处的。

为此,我们观察,如上所讨论的,这里所考察的各强尾部的分布都是由无限可分的分布函数 F_α 关联的。比如说,K 分布是与把 α 建模成逆 γ 分布的随机变量关联的,而学生氏 t 分布是与把 α 建模成 γ 分布的随机变量关联的。这两个 α 的分布都是已知无限可分的,这意味着它们可以从独立同分布的随机变量的和得到。这就提示要探讨 Levy 过程,它具有静态和独立的增量,是自然与无限可分的分布关联的,把它作为开发 α,以及 $\tau=1/\alpha$ 的随即过程模型的机理。(对于这两个模型,可以用 Levy 过程为 α 开发随机过程的模型,然后用它的逆为 τ 的模型。)然后,这样的模型可以允许对这里研究的检测问题里的随时间变化的局部功率电平的效应做进一步的研究。文献[31]给出了这个方法的一个例子。

附录 7.A　转移理论和它的解释

令$\{N_n\}$为非负、整值的随机变量序列,令$\{\boldsymbol{x}_{nk}\}$为随机矢量的两维的表,它在 R^d,$d\geqslant 1$ 内取值。假定对每一个 n,随机矢量 $\boldsymbol{x}_{nk}$,$k=1,2,\cdots$是独立、同分布、零均的,且 N_n与序列$\{\boldsymbol{x}_{nk}\}$独立。定义

$$s_k^n = \sum_{i=1}^{k} \boldsymbol{x}_{ni} \tag{7.86}$$

那么,转移理论可以这样来陈述:

定理 7.1　令存在一个整数序列$\{k_n\}$,当 $n\to\infty$时 $k_n\to\infty$,有分布函数 F_x和 F_τ,使得:

(1)$\boldsymbol{s}_{kn}^n$的分布收敛于具有分布函数 F_x的随机矢量 $\boldsymbol{x}$;

(2)N_n/k_n的分布收敛于具有分布函数 F_τ 的随机变量 τ;

(3)$\boldsymbol{s}_{Nn}^n$的分布收敛于特征函数由下式给出的随机矢量:

$$C_y(U) = \int_0^\infty |C_x(U)|^t \mathrm{d}F_\tau(t) \tag{7.87}$$

式中,C_x为分布函数 F_x的特征函数。

理解这个定理的一个方法如下:在条件(1)成立时,定理给出条件(2)为条件(3)成立的充分条件。那么,自然产生的问题是,条件(2)是否也是必要条件。换句话说,在条件(1)和(3)成立的假设下,条件(2)是否为真?对此,我们有[32-34]:

定理 7.2　如果上述定理中条件(1)和(3)成立,F_τ 没有把它所有的质量都放在0点,那么条件(2)也成立。

在实际中,如果 x 是高斯随机矢量,那么这两个定理结合在一起就成为:

定理 7.3　令存在一个整数序列$\{k_n\}$,当 $n\to\infty$时 $k_n\to\infty$,如果 $\boldsymbol{s}_{kn}^n$的分布收敛于高斯随机矢量 $\boldsymbol{x}$,那么,当且仅当 N_n/k_n的分布收敛于具有分布函数 F_τ 的随机变量时,$\boldsymbol{s}_{kn}^n$的分布收敛于特征函数由式(7.2)给出的随机矢量。

上述结果没有给出条件(1)和(2)之间的全部关系。在前面给出的解释中,结果是在假设条件(1)成立时预期的。在观察这些问题时的物理动机中,条件(1)是自然的假定。但是,提出下列问题会是有趣的:如果条件(2)和(3)成立,条件(1)是否成立呢?如果我们把注意力集中在高斯的 $\boldsymbol{x}$ 的情况下,我们就有

下列由 Szasz 和 Freyer 给出的结果：

定理 7.4　如果定理 7.1 中的条件(2)和(3)成立，在限制 $\boldsymbol{x}$ 是高斯随机变量，F_τ 没有把它所有的质量都放在 0 点，那么，条件(1)也成立。

根据这些定理，我们看到，在不存在数量波动时限制分布为高斯的，那么就会在存在数量波动时，条件(1) ~ (3)中有下列关系(再次假定 F_τ 没有把它所有的质量都放在 0 点)：

①(1)和(2)产生(3)；②(1)和(3)产生(2)；(2)和(3)产生(1)。

条件(1) ~ (3)之间的这些关系给出了数量波动对部分和的收敛的全部影响，如果在没有数量波动时它收敛于高斯随机矢量。

N_n的收敛：与 CLT 类似地，自然就有一个问题，N_n要多大？换句话说，是否N_n在某种意义上趋于∞，才成为支持我们在式(7.13)中的收敛的理由？这个问题与上述N_n/k_n的收敛是不同的问题。在 CLT 中，有 $n\to\infty$，因此，理解是否也有$N_n\to\infty$是重要的。总之，在随机 CLT 的情形下，非高斯统计的出现可能令人信服地是 N_n(也就是被积累的散射的数量)在某种意义上缩小的结果。但是，定理的条件是在十分常见的条件下从概率的意义上说 $N_n\to\infty$。要看到这一点，首先注意到因为 $n\to\infty$时，$k_n\to\infty$，如果在 $n\to\infty$时，N_n保持有限(比如，N_n收敛于具有有限支撑的某个随机数)，那么 N_n/k_n将收敛于 0。这个情况是定理最初排除的。因此，至少我们感兴趣的情况是 N_n 收敛于在一定程度上包括∞个支撑。对于$N_n\to\infty$的情况，会有下列容易获得的结果：

性质 7.1：如果 N_n/k_n 的分布收敛于具有分布函数 F_τ 的随机变量 τ，其中$F_\tau(t)$在 $t=0$ 是连续的(因此 F_τ 在 0 点没有质量)，那么 N_n 在概率上收敛于∞(也就是说对任意的 $K>0$，$\lim\limits_{\to\infty}\Pr(N_n\geqslant K)=1$)。

注意到如果 F_τ 在点 0 有某些质量，那么结果的 $\boldsymbol{y}$ 的分布函数在 0 点也会有某些质量，这显然表明了非高斯的属性。但是，即使不发生这样的蜕化，尽管 N_n 趋于∞(按上面的意义)，有限的随机矢量 $\boldsymbol{y}$ 也有可能是非高斯的。这个非高斯的习性对于数量波动的发生是直接有贡献的。

参考文献

[1] Farina A, Gini F, Greco M, et al. High Resolution Sea Clutter Data: A Statistical Analysis of Recorded Live Data. IEE Proceedings-F, Vol. 144, No. 3, pp. 121 – 130, June 1997.

[2] Farshchian M, Posner F. The Pareto Distribution for Low Grazing Angle and High Resolution X-Band Sea Clutter. 2010 IEEE Radar Conference, Washington, DC, pp. 789 – 793, May 2010.

[3] Nohara T J, Haykin S. Canadian East Coast Radar Trails and the K-Distribution. IEE Proceedings-F, Vol. 138, No. 2, pp. 80 – 88, April 1991.

[4] Watts S. Radar Detection Prediction in Sea Clutter using the Compound K-Distribution Model. IEE Proceed-

ings-F, Vol. 132, No. 7, pp. 613 - 620, 1985.

[5] Ward K D. Compound Representation of High Resolution Sea Clutter. Electronics Letters, Vol. 17, No. 6, pp. 561 - 563, 1981.

[6] Billingsley J B, Farina A, Gini F, et al. Statistical Analyses of Measured Radar Ground Clutter Data. IEEE Transactions on Aerospace and Electronic Systems, Vol. 35, No. 2, pp. 579 - 593, April 1999.

[7] Billingsley J B. Low-Angle Radar Land Clutter-Measurements and Empirical Models. William Andrew Publishing, Norwich, NY, 2002.

[8] Conte E, De Maio A, Galdi C. Statistical Analysis of Real Clutter at Different Range Resolutions. IEEE Transactions on Aerospace and Electronic Systems, Vol. 40, No. 3, pp. 903 - 918, July 2004.

[9] Greco M, Watts S. Radar Clutter Modeling and Analysis. e-Reference Signal Processing, Elsevier, October 2013.

[10] Ward K D, Baker C J, Watts S. Maritime Surveillance Radar Part 1: Radar Scattering from the Ocean Surface. IEE Proceedings-F, Vol. 137, No. 2, pp. 51 - 62, 1990.

[11] Trunk G V. Radar Properties of Non-Rayleigh Sea Clutter. IEEE Transactions on Aerospace and Electronic Systems, Vol. 8, No. 2, pp. 196 - 204, March 1972.

[12] Jakeman E, Pusey P N. Significance of K Distributions in Scattering Experiments. Physical Review Letters, Vol. 4, No. 9, pp. 546 - 550, 1978.

[13] Sangston K J, Gerlach K R. Non-Gaussian Noise Models and Coherent Detection of Radar Targets. NRL Report 5341-92-9367, November 1992.

[14] Widder D. The Laplace Transform. Princeton University Press, London, 1941.

[15] Bondesson L. A General Result on Infinite Divisibility. The Annals of Probability, Vol. 7, No. 6, pp. 965 - 979, 1979.

[16] Miller K, Samko S. Completely Monotonic Functions. Integral Transforms and Special Functions, Vol. 12, No. 4, pp. 389 - 402, 2001.

[17] Feller W. An Introduction to Probability Theory and Its Applications, Vol. II, John Wiley & Sons, USA, 1971.

[18] GnedenkoB V, Kolmogorov A N. Limit Distributions for Sums of Independent Random Variables. Addison-Wesley, 1954.

[19] Robbins H. The Asymptotic Distribution for Sums of a Random Number of Random Variables. Bulletin of the American Mathematical Society, Vol. 54, pp. 1151 - 1161, 1948.

[20] Gnedenko B V, Fahim H. On a Transfer Theorem. Doklady Akademii Nauk SSSR, Vol. 187, pp. 15 - 17, 1969.

[21] Sangston K J, Gerlach K R. Coherent Detection of Radar Targets in a Non-Gaussian Background. IEEE Transactions on Aerospace and Electronic Systems, Vol. 30, No. 2, pp. 330 - 340, April 1994.

[22] Conte E, Longo M. Characterization of Radar Clutter as a Spherically Invariant Random Process. IEE Proceedings-F, Vol. 134, No. 2, pp. 191 - 197, 1987.

[23] Rangaswamy M, Weiner D D, Ozturck A. Non-Gaussian Random Vector Identification Using Spherically Invariant Random Processes. IEEE Transactions on Aerospace and Electronic Systems, Vol. 29, No. 1, pp. 111 - 124, 1993.

[24] Sangston K J, Gini F, Greco M, et al. Structures for Radar Detection in Compound Gaussian Clutter. IEEE Transactions on Aerospace and Electronic Systems, Vol. 35, No. 2, pp. 445 - 458, April 1999.

[25] Gini F. Sub-optimum Coherent Radar Detection in a Mixture of K-Distributed and Gaussian Clutter. IEE Proceedings Radar, Sonar and Navigation, Vol. 144, No. 1, pp. 39 - 48, February 1997.

[26] Gini F, Greco M, Farina A. Clairvoyant and Adaptive Signal Detection in Non-Gaussian Clutter: A Data-Dependent Threshold Interpretation. IEEE Transactions on Signal Processing, Vol. 47, No. 6, 1999, pp. 1522 - 1531.

[27] Korado V A. Optimum Detection of Signals with Random Parameters against the Background of Noise of Unknown Intensity under Conditions of Constant False Alarm Probability. Radio Engineering and Electronic Physics, Vol. 13, No. 6, pp. 404 - 411, 1971.

[28] Picinbono B, Vezzosi G. Detection d'un signal certain dans un bruit non stationnaire et non Gaussien. Annales des Telecommunications, Vol. 25, pp. 433 - 439, 1970.

[29] Conte E, Longo M, Ricci G. Asymptotically Optimum Radar Detection in Compound-Gaussian Clutter. IEEE Transactions on Aerospace and Electronic Systems, Vol. 31, No. 2, pp. 617 - 625, 1995.

[30] Scharf L, Lytle D W. Signal Detection in Gaussian Noise of Unknown Level: An Invariance Application. IEEE Transactions on Information Theory, IT-17, No. 4, pp. 404 - 411, 1971.

[31] Sangston K J. A Dynamical Model for the Statistical Variation of Clutter. submitted to IET Radar, Sonar, Navigation(2014).

[32] Szasz D, Freyer B. A Problemof Summation Theory with RandomIndices. LitovskiiMatematicheskii Sbornik, Vol. 11, pp. 181 - 187, 1971.

[33] Szasz D. On the Limiting Classes of Distributions for Sums of a RandomNumber of Independent, Identically Distributed Random Variables. Theory of Probability and Its Applications, Vol. 17, pp. 401 - 415; 1972.

[34] Szasz D. Stability and Law of Large Numbers for Sums of a Random Number of Random Variables. Acta Scientiarum Mathematicarum, Vol. 33, pp. 269 - 274, 1972.

第8章 球不变随机矢量和椭圆过程中的协方差矩阵估计及其在雷达检测中的应用

Jean-Philippe Ovarlez, Frederic Pascal, Philippe Forster

8.1 背景和问题的陈述

在自适应雷达检测中，主要的问题是检测被加性噪声 $\boldsymbol{c}$（杂波、热噪声等）污染了的复信号 $\alpha\boldsymbol{p} \in \boldsymbol{C}^m$。背景参数通常是用可提供的无信号的二次数据 $\boldsymbol{c}_k$（$k \in [1,2,\cdots,K]$）估计得到的。对于点状目标（对于延展的目标的检测问题，见本书第9章），这个问题可以被陈述为下面这样的二态假设检验问题：

$$\begin{cases} H_0: \boldsymbol{y} = \boldsymbol{c} \\ H_1: \boldsymbol{y} = \alpha\boldsymbol{p} + \boldsymbol{c} \end{cases}, y_k = c_k, k = 1,2,\cdots,K \tag{8.1}$$

式中，$\boldsymbol{y}$ 为接收到的信号的 m 维复矢量；α 为未知的目标的复幅度；$\boldsymbol{p}$ 为一般是知道的方向矢量。

被表示为P_{fa}的虚警率定义为在H_0（观察量分布的参数未知）的条件下被判定为是H_1的概率的和，如果在H_0条件下的判定规则所具有的分布与讨嫌的参数（比如协方差矩阵）无关，就称这个规则是能够具有恒虚警率（CFAR）的。检测概率P_{d}则定义为在H_1条件下被判定为是H_1的概率（对二态假设检验感兴趣的读者可以参看本书的第1章）。

当噪声参数未知时，推导出最佳的策略的一般步骤取决于通用的似然比（GLR）的统计，这个比也就是在具有未知的参数矢量θ_i（i 为所选的假设的下标）时在H_1和H_0假设下的数据的概率密度分布函数（PDF）与用最大似然估计（MLE）所使用的概率密度分布函数之比。那么，通用的似然比检测（GLRT）将把通用的似然比统计 $\Lambda(\boldsymbol{y},\boldsymbol{y}_1,\cdots,\boldsymbol{y}_K)$ 与给定的门限 λ 比较，当统计在门限之上时选H_1，否则的话H_0。这个检验定义为

$$\boldsymbol{\Lambda}(\boldsymbol{y},\boldsymbol{y}_1,\cdots,\boldsymbol{y}_K) = \frac{\max\limits_{\theta_1} p_c^1(\boldsymbol{y},\boldsymbol{y}_1,\cdots,\boldsymbol{y}_K;\theta_1)}{\max\limits_{\theta_0} p_c^0(\boldsymbol{y},\boldsymbol{y}_1,\cdots,\boldsymbol{y}_K;\theta_0)} \underset{H_0}{\overset{H_1}{\gtrless}} \lambda \tag{8.2}$$

式中，p_c^i为检验 $\boldsymbol{y}$ 在各假设H_i下的概率密度分布函数。

在两个假设下，假定有 $K \geqslant m$ 个无信号的数据$\boldsymbol{y}_k$可用来估计杂波的参数。$\boldsymbol{y}_k$就被叫做二次数据，且假定它们是独立的，不过它们的统计分布取决于噪声的特性。在本章中，将根据噪声的统计分析两个情况：高斯噪声和被模型为球不变随机矢量（SIRV）的非高斯噪声。

在高声情况下，$\boldsymbol{c}$ 和$\boldsymbol{c}_k$为复的高斯 m 维矢量，球状、零均值，具有同一个协方差矩阵 $\boldsymbol{M}$，其分布被标记为 $\mathcal{CN}(0,\boldsymbol{M})$：

$$p_c(\boldsymbol{c}) = \frac{1}{\pi^m \det(\boldsymbol{M})}\exp(-\boldsymbol{c}^{\dagger}\boldsymbol{M}^{-1}\boldsymbol{c}) \tag{8.3}$$

由于它非常简单，通常适合于大量的实验数据，这个模型被广泛地用于雷达界。

8.1.1　高斯情况下的背景参数估计

当不具有关于 $\boldsymbol{M}$ 结构的先验信息时，$\boldsymbol{M}$ 的最大似然估计 $\hat{\boldsymbol{M}}_{\mathrm{SCM}}$也叫做样本协方差矩阵（SCM），定义为用 K 个无信号的高斯二次数据c_k构建的将下列似然函数 L 最大化的解：

$$L(\boldsymbol{c}_1,\boldsymbol{c}_2,\cdots,\boldsymbol{c}_k) = \prod_{k=1}^{K} p_c(\boldsymbol{c}_k) = \frac{1}{\pi^{mK}\det(\boldsymbol{M})^K}\exp(-\sum_{k=1}^{K}\boldsymbol{c}_k + \boldsymbol{M}^{-1}\boldsymbol{c}_k) \tag{8.4}$$

消掉 L 对 $\boldsymbol{M}$ 的梯度，得到众知的解：

$$\hat{\boldsymbol{M}}_{\mathrm{SCM}} = \frac{1}{K}\sum_{k=1}^{K}\boldsymbol{c}_k\boldsymbol{c}_k^{+} \tag{8.5}$$

这个估计具有很多有趣的性质：

- 这是一个一致、非偏的估计；
- $K\hat{\boldsymbol{M}}_{\mathrm{SCM}}$随复的 Wishart 距离 $CW(\boldsymbol{K},\boldsymbol{M})$ 而变[1]；
- $\hat{\boldsymbol{M}}_{\mathrm{SCM}}$的分布逼近可以用下式表示：

$$\sqrt{K}\mathrm{vec}(\hat{\boldsymbol{M}}_{\mathrm{SCM}} - \boldsymbol{M}) \xrightarrow{d} \mathcal{GCN}[0,\boldsymbol{M}^{\mathrm{T}}\otimes\boldsymbol{M},(\boldsymbol{M}^{\mathrm{T}}\otimes\boldsymbol{M})\boldsymbol{K}_{m^2}] \tag{8.6}$$

式中，$\boldsymbol{K}_{m^2}$为$m^2 \times m^2$的变换矩阵，把 $\mathrm{vec}(\boldsymbol{A})$ 转换成 $\mathrm{vec}(A^{\mathrm{T}})$，$\mathcal{GCN}(\mu,\boldsymbol{\Sigma},\boldsymbol{\Omega})$ 表示广义复正态分布，其协方差矩阵为 $\boldsymbol{\Sigma} = \mathrm{E}[(\boldsymbol{c}-\boldsymbol{\mu})(\boldsymbol{c}-\boldsymbol{\mu})^{\dagger}]$，伪方差矩阵为 $\boldsymbol{\Omega} = \mathrm{E}[(\boldsymbol{c}-\boldsymbol{\mu})(\boldsymbol{c}-\boldsymbol{\mu})^{\mathrm{T}}]$。

- 对迹为 m 的样本协方差矩阵，即 $\hat{\boldsymbol{M}}_{\mathrm{SCM}}^{m} = m\hat{\boldsymbol{M}}_{\mathrm{SCM}}/\mathrm{Tr}(\hat{\boldsymbol{M}}_{\mathrm{SCM}})$，其分布逼近为

$$\sqrt{K}\mathrm{vec}(\hat{\boldsymbol{M}}_{\mathrm{SCM}}^{m} - \boldsymbol{M}) \xrightarrow{d} \mathcal{GCN}(0,\boldsymbol{A},\boldsymbol{\Omega}) \tag{8.7}$$

其中 $\boldsymbol{A}$ 和 $\boldsymbol{\Omega}$ 定义为

$$\begin{cases} \boldsymbol{A} = \boldsymbol{M}^{\mathrm{T}} \otimes \boldsymbol{M} - \dfrac{1}{m}\mathrm{vec}(\boldsymbol{M})\mathrm{vec}(\boldsymbol{M})^{+} \\ \boldsymbol{\Omega} = (\boldsymbol{M}^{\mathrm{T}} \otimes \boldsymbol{M})K_{m^2} - \dfrac{1}{m}\mathrm{vec}(\boldsymbol{M})\mathrm{vec}(\boldsymbol{M})^{\mathrm{T}} \end{cases} \tag{8.8}$$

8.1.2 高斯情况下的最佳检测

当$\boldsymbol{M}$已知、α未知时，通用的似然比检测为

$$\frac{\max\limits_{\alpha} p_c(\boldsymbol{y} - \alpha \boldsymbol{p})}{p_c(\boldsymbol{y})}$$

其中，P_c由式(8.3)给出。这导致了著名的最佳高斯检测器(OGD)：

$$\Lambda_{\mathrm{OGD}}(\boldsymbol{y}) = \frac{|\boldsymbol{p}^{+}\boldsymbol{M}^{-1}\boldsymbol{y}|^2}{\boldsymbol{p}^{+}\boldsymbol{M}^{-1}\boldsymbol{p}} \underset{H_0}{\overset{H_1}{\gtrless}} \lambda_{\mathrm{OGD}} \tag{8.9}$$

其中，检测门限λ_{OGD}与虚警概率的关系为：$\lambda_{\mathrm{OGD}} = -\lg(P_{\mathrm{fa}})$。因为一般协方差矩阵$\boldsymbol{M}$是未知的，因此噪声需要由数据来估计。至此，可以考虑高斯环境中的两种自适应方法：

- 假定二次数据c_k($k\in\{1,2,\cdots,K\}$)与测试单元中噪声$\boldsymbol{c}$共享完全一样的谱特性，这样的场景是被广泛应用的，通常被当作均匀的环境。在这样的情况下，二次数据的协方差矩阵和测试单元的协方差矩阵是一样的。
- 假定二次数据c_k($k\in\{1,2,\cdots,K\}$)与噪声$\boldsymbol{c}$共享同样的谱特性，但是有一个标量系数的差异。在这种情况下，二次数据的协方差矩阵和测试单元的协方差矩阵相差一个未知的标量系数σ^2。这样的环境叫做部分均匀的环境。

8.1.2.1 均匀的高斯环境

当环境矩阵$\boldsymbol{M}$未知时，步骤中包含在推导精确的GLRT检测器的推导中(详细请见第3章)：

$$\frac{\max\limits_{\alpha,\mathrm{M}} p_c(\boldsymbol{y} - \alpha\boldsymbol{p}) \prod\limits_{k=1}^{K} p_c(\boldsymbol{y}_k)}{\max\limits_{\mathrm{M}} \prod\limits_{k=1}^{K} p_c(\boldsymbol{y}_k)} \underset{H_0}{\overset{H_1}{\gtrless}} \lambda$$

这会导致著名的自适应Kelly检验：

$$\Lambda_{\mathrm{Kelly}}(\boldsymbol{y}) = \frac{|\boldsymbol{p}^{+}\hat{\boldsymbol{M}}_{\mathrm{SCM}}^{-1}\boldsymbol{y}|2}{(\boldsymbol{p}^{+}\hat{\boldsymbol{M}}_{\mathrm{SCM}}^{-1}\boldsymbol{p})(\boldsymbol{k} + \boldsymbol{y}^{+}\hat{\boldsymbol{M}}_{\mathrm{SCM}}^{-1}\boldsymbol{y})} \underset{H_0}{\overset{H_1}{\gtrless}} \lambda_{\mathrm{Kelly}} \tag{8.10}$$

因此，虚警概率P_{fa}与检测门限λ_{kelly}的关系为[4]

$$P_{fa} = \left(\frac{1}{\lambda_{Kelly}} - 1\right)^{K+1-m}$$

而另一方面,广泛使用而更简单的策略,叫做两步的 GLRT,它先开发一个 $\boldsymbol{M}$ 为已知的 GLRT,比如像式(8.9)那样的,然后用来替代样本协方差矩阵 $\boldsymbol{M}$,导致所谓的自适应匹配滤波(AMF)检测[5]:

$$\Lambda_{AMF}(\boldsymbol{y}) = \frac{|\boldsymbol{p}^{+}\hat{\boldsymbol{M}}_{SCM}^{-1}\boldsymbol{y}|^{2}}{\boldsymbol{p}^{+}\hat{\boldsymbol{M}}_{SCM}^{-1}\boldsymbol{p}} \underset{H_0}{\overset{H_1}{\gtrless}} \lambda_{AMF} \tag{8.11}$$

虚警概率P_{fa}与检测门限λ_{AMF}的关系为[4,5]

$$P_{fa} = {}_2F_1\left(K-m+1, K-m+2; K+1; -\frac{\lambda_{AMF}}{K}\right) \tag{8.12}$$

式中,${}_2F_1(\cdot)$为超几何函数[6],其定义为

$${}_2F_1(a,b;c;z) = \frac{\Gamma(c)}{\Gamma(b)\Gamma(c-b)}\int_0^1 \frac{t^{b-1}(1-t)^{c-b-1}}{(1-tz)^{a}}\mathrm{d}t$$

上述式子表明,各检测门限确保了所给定的虚警概率与杂波的协方差矩阵 $\boldsymbol{M}$ 无关,Kelly 检测器和 AMF 检测器就被叫做对 $\boldsymbol{M}$ 是恒虚警的。

8.1.2.2 部分均匀的高斯环境

在这种情况下,检测 $\boldsymbol{y}$ 中单元内的噪声 $\boldsymbol{c}$ 的分布为 $CN(0,\sigma^2\boldsymbol{M})$,而无信号的二次数据 $\boldsymbol{c}_k$的分布为 $CN(0,\boldsymbol{M})$,其中的 σ^2是未知的标量。因此,GLRT 为

$$\frac{\max\limits_{\alpha,M} \frac{1}{\pi^{m}\det(\boldsymbol{M})\sigma^{2m}}\exp\left(-\frac{(\boldsymbol{y}-\alpha\boldsymbol{p})^{2}\boldsymbol{M}^{-1}(\boldsymbol{y}-\alpha\boldsymbol{p})}{\sigma^{2}}\right)\prod\limits_{k=1}^{K}pc(\boldsymbol{y}_k)}{\max\limits_{M}\prod\limits_{k=1}^{K}p_c(\boldsymbol{y}_k)} \underset{H_0}{\overset{H_1}{\gtrless}} \lambda \tag{8.13}$$

这个部分均匀的环境下的 GLRT 产生自适应相关估计(ACE)[7],也叫做自适应归一匹配滤波(ANMF)或线性正交通用似然比检测(GLRT-LQ)[8]:

$$\Lambda_{ANMF}(\boldsymbol{y},\hat{\boldsymbol{M}}_{SCM}) = \frac{|\boldsymbol{p}^{+}\hat{\boldsymbol{M}}_{SCM}^{-1}\boldsymbol{y}|^{2}}{(\boldsymbol{p}^{+}\hat{\boldsymbol{M}}_{SCM}^{-1}\boldsymbol{p})(\boldsymbol{y}^{+}\hat{\boldsymbol{M}}_{SCM}^{-1}\boldsymbol{y})} \underset{H_0}{\overset{H_1}{\gtrless}} \lambda_{ANMF} \tag{8.14}$$

其中,检测门限 λ_{ANMF}与虚警概率的关系为

$$P_{fa} = (1-\lambda_{ANMF})^{K-m+1}\,{}_2F_1(K-m+2, K-m+1; K+1; \lambda_{ANMF}) \tag{8.15}$$

当 $\boldsymbol{M}$ 已知时,对应的 GLRT 叫做归一匹配滤波(NMF),在文献[9,10]中有所论述。问题是在高斯环境中确定不随标量因子 σ^2变化的检测器。在这之前,还有作者在文献[11,12]中提出了下面的表达式:

$$\Lambda_{\mathrm{NMF}}(\boldsymbol{y}) = \frac{|\boldsymbol{p}^{+}\hat{\boldsymbol{M}}^{-1}\boldsymbol{y}|^{2}}{(\boldsymbol{p}^{+}\hat{\boldsymbol{M}}^{-1}\boldsymbol{p})(\boldsymbol{y}^{+}\hat{\boldsymbol{M}}^{-1}\boldsymbol{y})} \underset{H_0}{\overset{H_1}{\gtrless}} \lambda_{\mathrm{NMF}} \tag{8.16}$$

其中,检测门限λ_{NMF}与虚警概率的关系为

$$\lambda_{\mathrm{NMF}} = 1 - P_{\mathrm{fa}}^{1/(m-1)} \tag{8.17}$$

最后,可以观察到,在假设H_0下,所有前面给出的判决统计的分布都是与未知的参数 $\boldsymbol{M}$ 无关的。所有的检测器,OGD、Kelly[3]、AMF[5]、NMF[9]、ANMF[7,13],它们在模型适用的时候,也就是统计的数据模型与现实对应时,都具有恒虚警特性(也就是具有与噪声参数独立的分布)。恒虚警特性的意义,从实际上看是非常重要的:它将门限设置成给出所需要的虚警概率,而不是在H_0时确定为 H_1 的概率,让它低于某个预设的 P_{fa}。可以证明,OGD、Kelly 和 AMF 检测器确保了在均匀的环境中对 $\boldsymbol{M}$ 具有恒虚警特性,而 NMF 和 ANMF 检测器确保了在部分均匀的环境中对 $\boldsymbol{\sigma}^2$ 和 $\boldsymbol{M}$ 具有恒虚警特性。至于复组合高斯(CG)杂波条件下对信号的最佳判断,感兴趣的读者可以参看本书的第7章。

如果用于估计的二次数据的统计具有不均匀性和不稳定性,这个高斯噪声的假设判定将不再适用。比如,对于高分辨力的雷达,单元的分辨中包含了杂波的回波,由于散射的数量太少且太随机了,中心极限定理就不再适用。同样,人们也知道反射的雷达杂波回波在低仰角的时候可能很有突发性[14-16]。这就是为什么在最近20年内雷达界对研究非高斯杂波模型的问题非常感兴趣的原因。如果杂波不再是均匀的(杂波瞬态),或者是非高斯的,这些检测器将不再保证好的恒虚警规范,它们的检测性能也将有所下降。

注意,式(8.14)和式(8.16)这两个检测器对于$\boldsymbol{p}$、$\boldsymbol{M}$或$\hat{\boldsymbol{M}}_{\mathrm{SCM}}$是0阶均匀的,其意义是当一个标量因子乘以这些量之一时,将不会改变检测器的结果。在做适当的标量乘以后,它们也可以被看成是检测是在单元内所收集的 $\boldsymbol{p}$ 和数据矢量 $\boldsymbol{y}$ 之间的夹角 θ 的余弦,它在0~1之间,可以被当作方向矢量角的检测器,而OGD 和 AMF 检测器则更像是功率检测器。这些角度检测器将在非高斯环境中起重要的作用,因为它们具有非常好的尺度不变性。

8.2 非高斯环境模型

在雷达检测和估计的文献中,以其好的统计特性,以及与实验得到的非高斯雷达数据拟合得比较好,球不变随机矢量模型和近来的复椭圆对称(CES)分布模型被人们分析、研究。

8.2.1　复椭圆对称分布

本节给出复椭圆对称分布类,它们最初是由 Kelker 引入的[17],近来被用于雷达界[18]。它们提供了具有多重的位置尺度的不同分布,最初是以其分布具有长尾部用来替换多重高斯模型的。已经证明,相对于多重高斯的假定,它们更为精确地代表了背景数据(杂波、冲击噪声)。读者可以在文献[19,20]中找到对这些分布的比较好的综述。

下面,不失一般性,我们假定这里的多重过程都是零均值的。

称一个 m 维的随机复 $\boldsymbol{c}$ 具有复椭圆对称分布,如果它的特征函数具有下列形式:

$$\phi_c(\boldsymbol{u}) = \phi(\boldsymbol{u}^\dagger \boldsymbol{\Sigma} \boldsymbol{u})$$

式中,函数 ϕ: $\boldsymbol{R}^+ \to \boldsymbol{R}$ 叫做特性产生器,半正定的矩阵 $\boldsymbol{\Sigma}$ 叫散射矩阵。我们写成 $\boldsymbol{c} \sim \mathcal{CES}(0,\boldsymbol{\Sigma},\phi)$。

随机矢量 $\boldsymbol{c} \sim \mathcal{CES}(0,\boldsymbol{I}_m,\phi)$ 是球形分布的,因为$\phi_c(\boldsymbol{u}) = \phi(\boldsymbol{u}^\dagger \boldsymbol{u})$,且任何球随机变量的仿射变换都具有椭圆分布。根据下面的定理,当变换矩阵是满秩时,反过来也是对的。

统计表示定理

m 维的随机矢量 $\boldsymbol{c} \sim \mathcal{CES}(\boldsymbol{0},\boldsymbol{\Sigma},\phi)$ 的秩 $\mathrm{rank}(\boldsymbol{\Sigma}) = k \leqslant m$,当且仅当它为 $\boldsymbol{c} \overset{d}{=} \mathcal{R}\boldsymbol{A}\mathcal{U}^{(k)}$,其中 $\mathcal{U}^{(k)}$ 为均匀内分布在 k 维球 $\mathcal{CS}^k$ 上的 k 维的随机矢量,$\boldsymbol{R}$ 是非负的随机变量,也叫生成变量,统计地与$\mathcal{U}^{(k)}$ 独立,$\boldsymbol{0} \in \boldsymbol{C}^m$,$\boldsymbol{\Sigma} = \boldsymbol{A}\boldsymbol{A}^\dagger$ 是 $\boldsymbol{\Sigma}$ 的因子分解,$\boldsymbol{A} \in \boldsymbol{C}^{m\times k}$,且 $\mathrm{rank}(\boldsymbol{A}) = k$。

生成变量 $\boldsymbol{R}$ 决定了分布的形状,特别是分布的尾部的形状。实际上,生成变量可以通过其积累分布函数与特性产生器关联起来[20]。

统计表示给出了一种模拟椭圆分布随机矢量的简单方式。均匀的球形分布可以很容易地从复正态分布随机矢量 $\boldsymbol{y} \sim \mathcal{CN}(0,\boldsymbol{I}_m)$ 得到,只需要将它除以自己的长度 $\mathcal{U}^{(k)}\boldsymbol{c} \overset{d}{=} \dfrac{\boldsymbol{y}}{\|\boldsymbol{y}\|^2}$。而后,转换矩阵 $\boldsymbol{A}$ 作用在矢量 $\mathcal{U}^{(k)}$ 上,产生包络为椭球的密度的外表。这里,需要关于 $\boldsymbol{R}$ 的积累分布函数(CDF)的某些知识,以便完全决定分布的形状。重申,椭圆分布的离散是仅仅由 $\boldsymbol{\Sigma}$ 决定的,特别是,因子 $\boldsymbol{A}$ 并不添加任何信息。

根据 $\boldsymbol{c} \sim \mathcal{CES}(\boldsymbol{0},\boldsymbol{\Sigma},\phi)$,这并不表示 $\boldsymbol{c}$ 有一个概率密度分布函数。如果它存在的话,它与生成变量 $\boldsymbol{R}$ 的密度函数有关,如果 $\boldsymbol{R}$ 是绝对连续的。那么,$\boldsymbol{c}$ 的概率密度分布函数就取如下的形式:

$$p_c(\boldsymbol{u}) = \frac{1}{\det(\boldsymbol{\Sigma})} h_m(\boldsymbol{u}^+ \boldsymbol{\Sigma}^{-1} \boldsymbol{u}) \tag{8.18}$$

式中,h_m为任何一个函数,只要能使上式在 $\boldsymbol{C}^m$ 内定义一个概率密度分布函数。函数 h_m通常称为密度生成器,并被假定是近似已知的。在这样的情况下,我们将可以用 $\mathcal{CES}(0,\boldsymbol{\Sigma},h_m)$代替 $\mathcal{CES}(0,\boldsymbol{\Sigma},\phi)$。

散射矩阵 $\boldsymbol{\Sigma}$ 描述了椭球等概率密度包络的形状和取向。如果存在二阶矩,$\boldsymbol{\Sigma}$ 就反映了协方差矩阵 $\boldsymbol{M}$ 的结构,也就是说,协方差矩阵与散射矩阵就相差一个标量因子,$\boldsymbol{\Sigma} = k\boldsymbol{M}$。另外,我们总可以找到一个合适的归一约束,使得 $\mathrm{cov}(\boldsymbol{c}) = \boldsymbol{\Sigma}$。这个约束就是取 $E[\boldsymbol{R}^2] = \mathrm{rank}(\boldsymbol{\Sigma})$。注意,由于散射矩阵总是定义在一个标量的常数上的,对于某些复椭圆对称分布(比如 Cauchy 分布),协方差矩阵并不存在。

椭圆分布类包含了很多已知的分布,比如说多变量的高斯分布[1]、K 分布[21],或多变量的 t 分布[18]。

8.2.2 球不变随机矢量的子类

近年来,由于对实验的雷达杂波测量[14-16],人们对非高斯雷达杂波分布模型越来越感兴趣,这些测量表明,杂波可以比较好地用 **K** 分布或 Weibull 分布来描述。这些分布,被叫做椭圆不变随机过程,表征了复组合高斯分布[22,23],也就是具有随机功率的复组合高斯过程。它们表示了在信号处理应用中被广泛使用的复椭圆对称分布中一个重要的子类,比如在无线电传播问题中[24],在雷达杂波回波模型中[25-28],在超谱背景模型中[29-31]。

我们称随机矢量 $\boldsymbol{c}$ 具有复组合高斯分布,如果它可以被写成

$$\boldsymbol{c} \overset{d}{=} \sqrt{\tau}\boldsymbol{x} \tag{8.19}$$

式中,τ 为正的随机变量,叫做纹理;$\boldsymbol{x}$ 为 m 维的独立、零均、复圆高斯矢量 $CN(0,\boldsymbol{M})$,叫做斑点。这个矢量可以是球不变随机矢量,可以用它的概率密度分布函数来表征:

$$p_{\mathrm{c}}(\boldsymbol{u}) = \frac{1}{\pi^m \det(\boldsymbol{M})}\int_0^{+\infty}\frac{1}{\tau^m}\exp\left(-\frac{\boldsymbol{u}^+\boldsymbol{M}^{-1}\boldsymbol{u}}{\tau}\right)f_\tau(\tau)\,\mathrm{d}\tau \tag{8.20}$$

式中,$f_\tau(\cdot)$为纹理概率密度分布函数。出于可识别的考虑,协方差矩阵 $\boldsymbol{M}$ 必须是归一化的,比如根据 $\mathrm{Tr}(\boldsymbol{M}) = m$[32]。

这样的概率密度分布函数可以写成更一般的形式:

$$p_{\mathrm{c}}(\boldsymbol{u}) = \frac{1}{\det(\boldsymbol{M})}\tilde{h}_m(\boldsymbol{u}^+\boldsymbol{M}^{-1}\boldsymbol{u}) \tag{8.21}$$

式中,$\tilde{h}_m(\cdot)$为任何如式(8.20)中在 $\boldsymbol{C}^m$ 中定义概率密度分布函数那样的函数:

$$\tilde{h}_m(t) = \frac{1}{\pi^m}\int_0^{+\infty}\frac{1}{\tau^m}\exp\left(-\frac{t}{\tau}\right)f_\tau(\tau)\,\mathrm{d}\tau \tag{8.22}$$

值得指出,因为球不变随机矢量是复椭圆对称分布的一个子类,它们具有如 8.2.1.1 节中给出的统计表示。因此,$\boldsymbol{c} \stackrel{d}{=} \sqrt{\tau}\boldsymbol{A}\boldsymbol{x}$,其中 $\boldsymbol{x} \sim \mathcal{CN}(0,\boldsymbol{I})$,$\boldsymbol{M} = AA^{\dagger}$,$\boldsymbol{M}$ 可以有任意的、满足 $\mathrm{rank}(\boldsymbol{A}) = \mathrm{rank}(\boldsymbol{M}) = k$ 的缩放。

根据待检测的单元的条件,或者未知大小的纹理 τ 的条件,矢量 $\boldsymbol{c}$ 是高斯的,可以用协方差矩阵 $\boldsymbol{M}$ 表征,它确定在矢量 $\boldsymbol{x}$ 的维度上的相关程度。在不同的单元间,纹理 τ 用概率密度分布函数 $f_\tau(\cdot)$ 建模了观察矢量随机的功率,因此可以处理二次数据中不同单元间的功率的不均匀性。

读者可以在第 7 章中找到球不变随机矢量子类的很多其他有趣和有用的性质。

8.3　复椭圆对称分布噪声条件下的协方差矩阵估计

最近几十年来,统计界在鲁棒估计理论方面有过很多深入的研究活动[2,33-36]。在众多解中,最早由 Huber 介绍[37],后来 Maronna 在研讨会上的研究[38]的 M 估计器被发现是对经典的 SCM 的很吸引人的一种替代。它们是在复椭圆对称分布的框架内被介绍的。但是,协方差矩阵的 M 估计器在信号处理界是很少使用的。只有在很有限的情况下,Tyler 估计器[36,39],也叫做定点估计器[40],它们被广泛地用作雷达应用中 SCM 的替代。对于 M 估计器,值得注意的例外是最近由 Ollila 写的论文[19,41-44],他提倡它们在若干应用中的使用,比如阵列处理。最近,人们还研究了在大数据集中 M 估计器的使用,其中数据的维数与样本的维数是一样的[45]。

8.3.1　M 估计器

当没有关于 $\boldsymbol{\Sigma}$ 结构的先验信息时,散射矩阵 $\boldsymbol{\Sigma}$ 的最大似然估计被定义为使对数似然函数的负值最小的那个矩阵:

$$-\sum_{k=1}^{K}\lg p_{\mathrm{c}}(\boldsymbol{c}_k) = K\lg\det(\boldsymbol{\Sigma}) - \sum_{k=1}^{K}\lg h_m(\boldsymbol{c}_k^{+}\boldsymbol{\Sigma}^{-1}\boldsymbol{c}_k) \tag{8.23}$$

假定 $h_m(\cdot)$ 是连续可微的,对上述表达式对 $\boldsymbol{\Sigma}$ 的梯度置零就得到定点方程:

$$\hat{\boldsymbol{\Sigma}} = \frac{1}{K}\sum_{k-1}^{K}\varphi(\boldsymbol{c}_k^{\dagger}\hat{\boldsymbol{\Sigma}}^{-1}\boldsymbol{c}_k)\boldsymbol{c}_k\boldsymbol{c}_k^{\dagger} \tag{8.24}$$

其中,$\varphi(t) = -h'_m(t)/h_m(t)$ 描述了一个权重函数,它取决于所关注的复椭圆对称分布的密度生成器 $h_m(\cdot)$,而 $h'_m(t)$ 表示 $h_m(t)$ 的实导数。

注意,式(8.24)是一个隐函数,也就是说,其解既在左边、也在右边。因此,它表征了一个定点方程。

对于密度生成器 $h_m(t) = \boldsymbol{\pi}^{-m}\exp(-t)$ 表征的复正态分布,有 $\varphi(t) = 1$,它

产生由式(8.5)定义的 SCM。对于球不变随机矢量分布的特殊情况，我们得到 $\varphi(t) = -\tilde{h}_m'(t)/\tilde{h}_m(t) = \tilde{h}_{m+1}(t)/\tilde{h}_m(t)$。这些估计有一个缺点：它们取决于背景的密度生成器，因此也就取决于对噪声特性的先验知识。M 估计器给出了一种替代，因为它的加权函数不依赖于对分布的任何知识。M 估计器首先是在实际情况中被研究的，被定义为是式(8.24)对实际样本 $\boldsymbol{c}_k s$ 的解，以后这个结果被推广到复数的情况下[19,46]。

Huber 估计器是一种著名的 M 估计器，并由它对应的下列权重函数 $\varphi(\cdot)$ 来表征：

$$\varphi(t) = \frac{1}{\beta}\min(1,\gamma^2/t)$$

其中，γ^2 和 β 取决于一个参数 $0<q<1$ 为：

$$q = F_{2m}(2\gamma^2) \tag{8.25}$$

$$\beta = F_{2m+2}(2\gamma^2) + \gamma^2\frac{1-q}{m} \tag{8.26}$$

式中，$F_m(\cdot)$ 为自由度 m 的 χ^2 分布的累加分布函数。这样 Huber 估计就是下式的解：

$$\hat{\boldsymbol{M}}_{\text{Hub}} = \frac{1}{K\beta}\sum_{k=1}^{K}[\boldsymbol{c}_k\boldsymbol{c}_k^{+}\mathbf{1}_{d_k\leqslant\gamma^2}] + \frac{1}{K\beta}\gamma^2\sum_{k=1}^{K}[\frac{\boldsymbol{c}_k\boldsymbol{c}_k^{+}}{d_k}\mathbf{1}_{d_k\leqslant\gamma^2}] \tag{8.27}$$

其中，$d_k=\boldsymbol{c}_k^{+}\hat{\boldsymbol{M}}_{\text{Hub}}^{-1}\boldsymbol{c}_k$，$\mathbf{1}(\cdot)$ 表示指示函数。

第一个和式对应没有加权的数据，它们被当成样本协方差矩阵来处理；第二个和式与被处理为输出的非归一的数据有关。在复高斯的环境中，当 K 趋于无穷时，可以证明，与样本协方差矩阵一起处理的数据的比例等于 q。还有，根据式(8.25)及按该式所选择的 γ^2 和 β，它们一起导致了协方差矩阵的一个一致的 M 估计器。

8.3.2 *M* 估计器的性能

令 $(\boldsymbol{c}_1,\boldsymbol{c}_2,\cdots,\boldsymbol{c}_K)$ 为与维数 m 独立的 K 个样本矢量，$\boldsymbol{c}_k \sim CES(0,\boldsymbol{\Sigma},\phi)$，让我们考虑对 $\boldsymbol{V}_K$ 的估计，也就是下列方程的解：

$$\boldsymbol{V}_K = \frac{1}{K}\sum_{k=1}^{K}\varphi(\boldsymbol{c}_k^{+}\boldsymbol{V}_K^{-1}\boldsymbol{c}_k)\boldsymbol{c}_k\boldsymbol{c}_k^{+} \tag{8.28}$$

根据对上式中函数 φ 的选择，可以得到不同的 $\boldsymbol{V}_K$ 的估计。在实际情况中，如果函数 φ 是满足 Maronna 提出的一系列的通用假设，业已证明了上式解的存在和唯一[38]。这些条件被 Ollila 拓广到复数情况[42]。下面对它们做一简单回顾：

- φ 的在 $[0,\infty]$ 内是非负、非递增、连续的；

• 令 $\psi(s) = s\varphi(s)$，$\alpha = \sup_{s\geqslant 0}\psi(s)$，函数 ψ 为递增的，且在 $\psi(s) < \alpha, m < \alpha$ 的区间内是严格递增的；

• 令 $P_K(\cdot)$ 表示 $(\boldsymbol{c}_1, \boldsymbol{c}_2, \cdots, \boldsymbol{c}_K)$ 的经验分布，存在有 $\alpha > 0$ 使得对所有的假设 $S, \dim(S) \leqslant m-1, P_K(S) \leqslant 1 - m/\alpha - \alpha$。如文献[47,48]所示，这个假定可以略微放宽些。

当考虑式(8.24)的逼近极限时，大体讲也是它在 K 趋于无穷时的极限：

$$\boldsymbol{V} = \mathrm{E}[\varphi(\boldsymbol{c}^{+}\boldsymbol{V}^{-1}\boldsymbol{c})\boldsymbol{c}\boldsymbol{c}^{+}] \tag{8.29}$$

式中，$\boldsymbol{c} \sim \mathcal{CES}(0, \boldsymbol{\Sigma}, \phi)$。Maronna[38] 和 Ollila[42] 业已证明：

• 显式方程(8.29)[相对于式(8.28)]有唯一解 $\boldsymbol{V}$（相对于 $\boldsymbol{V}_K$）且 $\boldsymbol{V} = \sigma^{-1}\boldsymbol{\Sigma}$，其中 σ 是方程 $\mathbb{E}[\psi(\sigma\|t\|^2)] = m$ 的解，其中的 $t \sim \mathcal{CES}(0, \boldsymbol{I}_m, \phi)$；

• $\boldsymbol{V}_K$ 是 $\boldsymbol{V}$ 的一个一致的估计，也就是 $\boldsymbol{V}_K \xrightarrow[n\to\infty]{P.s} \boldsymbol{V}$；

• 简单的叠代过程可以产生 $\boldsymbol{V}_K$。

一些注解：

• 虽然式(8.28)在 $\varphi(x) = m/x$ 时定义了定点估计(FPE)[49]，它在式(8.40)中被表示为具有 M 估计器的一般形式，它表示了一种极限情况，并不验证由 Maronna 给出的条件，实际上，函数 $\varphi(x) = m/x$ 在 $t = 0$ 时并无定义，且 $\varphi(x) = m$ 并不是递增的；

• 根据 Maronna 所给出的条件，式(8.5)给出的样本协方差矩阵不是 M 估计，因为函数 $\psi(\cdot)$ 的上限是无穷大；

• 定点估计和样本协方差矩阵似乎表征了所给定的 Maronna 定义的 M 估计器的两个极限：定点估计具有在复椭圆对称框架下的最鲁棒的估计，而样本协方差矩阵是均匀环境，即高斯环境下的最佳的估计。

8.3.3　M 估计器的渐近分布

令 $(\boldsymbol{c}_1, \boldsymbol{c}_2, \cdots, \boldsymbol{c}_K)$ 为 m 维的独立复矢量的 K 个样本，$\boldsymbol{c}_k \sim \mathcal{CES}(0, \boldsymbol{\Sigma}, \phi)$，$k = 1, 2, \cdots, K$。我们考虑复的 M 估计器 $\hat{\boldsymbol{M}}$，它验证了式(8.24)，再记 $\boldsymbol{M}$ 为式(8.28)的解。

由文献[46]所给出的 $\hat{\boldsymbol{M}}$ 的渐近分布为

$$\sqrt{K}\,\mathrm{vec}(\hat{\boldsymbol{M}} - \boldsymbol{M}) \xrightarrow{d} \mathcal{GCN}(\boldsymbol{0}, \boldsymbol{\Lambda}, \boldsymbol{\Omega}) \tag{8.30}$$

式中，$\boldsymbol{\Lambda}$ 和 $\boldsymbol{\Omega}$ 为渐近的协方差矩阵和伪协方差矩阵，定义为

$$\begin{aligned} \boldsymbol{\Lambda} &= \sigma_1\boldsymbol{M}^{\mathrm{T}} \otimes \boldsymbol{M} + \sigma_2\mathrm{vec}(\boldsymbol{M})\mathrm{vec}(\boldsymbol{M})^{+} \\ \boldsymbol{\Omega} &= \sigma_1(\boldsymbol{M}^{\mathrm{T}} \otimes \boldsymbol{M})K_{m^2} + \sigma_2\mathrm{vec}(\boldsymbol{M})\mathrm{vec}(\boldsymbol{M})^{\mathrm{T}} \end{aligned} \tag{8.31}$$

以及
$$\begin{cases}\sigma_1 = a_1(m+1)^2(a_2+m)^{-2} \\ \sigma_2 = a_2^{-2}\left[(a_1-1) - \dfrac{2a_1(a_2-1)}{(2a_2+2m)^2}[2m+(2m+4)a_2]\right]\end{cases}$$

和
$$\begin{cases}a_1 = [m(m+1)]^{-1}\mathrm{E}[\psi^2(\sigma\|t\|^2)] \\ a_2 = m^{-1}\mathrm{E}[\sigma\|t\|^2\psi'(\sigma\|t\|^2)]\end{cases}$$

式中，σ 为 $E[\psi(\sigma\|t\|^2)] = m$ 的解，且 $t \sim \mathcal{CES}(\mathbf{0}, \boldsymbol{I}_m, \phi)$。

参看文献[19]，使用其他假设也给出了这个结果，不过没有证明。

必须把这个结果与在式(8.6)中得到的样本协方差矩阵的结果进行对比，那是在 $\sigma_1=1$、$\sigma_2=0$ 时和根据式(8.8)对样本协方差矩阵归一化但 $\sigma_1=1$、$\sigma_2=-1/m$ 时的。比较表明，M 估计器的性能，渐近地，如果我们合适地选择了因子 σ_1 和 σ_2，实际上与样本协方差矩阵之一是一样的。

对 M 估计器的研究表明，估计的散射矩阵 $\hat{\boldsymbol{M}}$ 反映了结构信息，但是却没有尺度信息。这就导致了下面这个重要性质。令 $\boldsymbol{H}(\cdot)$ 为在 $m\times m$ 的正定对称矩阵集合内的 r 维的多变量函数，具有连续的一阶偏导数，且对于所有的 $\alpha>0$，$\boldsymbol{H}(\boldsymbol{M}) = \boldsymbol{H}(\alpha\boldsymbol{M})$。这意味着对于任何均匀的 0 阶函数 $\boldsymbol{H}(\cdot)$，都有

$$\boldsymbol{H}(\boldsymbol{\Sigma}) = \boldsymbol{H}(\alpha\boldsymbol{\Sigma}) = \boldsymbol{H}(\boldsymbol{M}) = \boldsymbol{H}(\alpha\boldsymbol{M}) \tag{8.32}$$

而 Tyler 推导了类似的对实 $\boldsymbol{M}$ 估计结果[50]，Mahot[46] 和 Ollila[19] 则推导了下面非常重要的定理：

定理 8.3.1 令 $\boldsymbol{M}$ 为固定的复汉密尔顿正定矩阵，$\hat{\boldsymbol{M}}$ 是满足式(8.30)的阶数为 m 的 Hermitian 正定矩阵系列，于是有

$$\sqrt{K}(\boldsymbol{H}(\hat{\boldsymbol{M}}) - \boldsymbol{H}(\boldsymbol{M})) \xrightarrow{d} \mathcal{GCN}(0, \boldsymbol{\Lambda}_H, \boldsymbol{\Omega}_H) \tag{8.33}$$

式中，$\boldsymbol{\Lambda}_H$ 和 $\boldsymbol{\Omega}_H$ 的定义为

$$\begin{cases}\boldsymbol{\Lambda}_H = \sigma_1\boldsymbol{H}'(\boldsymbol{M})(\boldsymbol{M}^{\mathrm{T}}\otimes\boldsymbol{M})\boldsymbol{H}'(\boldsymbol{M})^{+} \\ \boldsymbol{\Omega}_H = \sigma_1\boldsymbol{H}'(\boldsymbol{M})(\boldsymbol{M}^{\mathrm{T}}\otimes\boldsymbol{M})\boldsymbol{K}_r\boldsymbol{H}'(\boldsymbol{M})^{\mathrm{T}}\end{cases} \tag{8.34}$$

其中，$\boldsymbol{H}'(\boldsymbol{M}) = \dfrac{\mathrm{d}\boldsymbol{H}(\boldsymbol{M})}{\mathrm{dvec}(\boldsymbol{M})} = (h'_{ij})$，$h'_{ij} = \dfrac{\partial h_i}{\partial m_j}$，$\mathrm{vec}(\boldsymbol{M}) = (m_i)$。

当数据为复高斯分布时，样本协方差矩阵是复的 Wishart 矩阵。还有，样本协方差矩阵估计器验证了性质的条件，其系数(σ_1,σ_2)等于(1,0)。复归一的 M 估计器也验证了定理的条件。这样，它们将具有相同的渐近分布，都是复归一的 Wishart 矩阵，但是取决于所考虑的 M 估计器，会相差一个标量因子 σ_1。对于定点估计也会有同样的结论[36,40]，因为它用一个特定的标准验证了定理 8.3.1 的假定。

实际上，$\boldsymbol{H}(\cdot)$ 可能是把感兴趣的参数与协方差矩阵关联起来的函数。文献[41]探讨了这个尺度不变的性质。将其中的协方差矩阵乘以一个正的标量

因子,不会改变所关注的信号和雷达处理应用的结果。使用 MUSIC 方法估计到达角就是这种情况的一种例子。另一个例子是自适应雷达的处理,其参数是自适应归一匹配滤波检测的统计[4,7]。这里,$\boldsymbol{H}$ 由下式定义:

$$\hat{\boldsymbol{M}} \to \boldsymbol{H}(\hat{\boldsymbol{M}}) = \frac{|\boldsymbol{p}^{+}\hat{\boldsymbol{M}}^{-1}\boldsymbol{y}|^{2}}{(\boldsymbol{p}^{+}\hat{\boldsymbol{M}}^{-1}\boldsymbol{p})(\boldsymbol{y}^{+}\hat{\boldsymbol{M}}^{-1}\boldsymbol{y})}$$

另一个例子由下式给出:

$$\hat{\boldsymbol{M}} \to \boldsymbol{H}(\hat{\boldsymbol{M}}) = m\hat{\boldsymbol{M}}/\mathrm{Tr}(\hat{\boldsymbol{M}})$$

它导致像 $\mathrm{Tr}(\boldsymbol{H}(\hat{\boldsymbol{M}}))=m$ 这样的对协方差矩阵归一的约束。

让我们给定理 8.3.1 一个解释。考虑一个自适应雷达接收一个 m 维的矢量 $\boldsymbol{y}$。估计的高斯环境的协方差矩阵为 $\hat{\boldsymbol{M}}$,目标是检测方向矢量为 $\boldsymbol{p}$ 的信号。这个方向矢量定义了多普勒方向矢量。用式(8.14)给出的 ANMF 的 $\Lambda_{\mathrm{ANMF}}(\boldsymbol{y},\hat{\boldsymbol{M}})$ 计算 $\hat{\boldsymbol{M}}=\hat{\boldsymbol{M}}_{\mathrm{SCM}}$,以及复 Huber 的 M 估计器 $\hat{\boldsymbol{M}}=\hat{\boldsymbol{M}}_{\mathrm{Hub}}$。在图 8.1 中,垂直的尺度表示用样本协方差矩阵和 Huber 的复 M 估计器得到的 $\boldsymbol{\Lambda}_{\mathrm{ANMF}}$ 变量,水平的尺度表示用来估计协方差矩阵的样本数。这个结果表明,即使在高斯环境下,最佳的最大似然估计的协方差矩阵为样本协方差矩阵时,也可以得到与用另外的估计得到的样本协方差矩阵同样的性能,而这就是用稍微多一点二次数据得到的 Huber 估计器。这也意味着,由于有了定理 8.3.1,性能的损失(与最优解相比)理论上可以从所有基于 M 估计器的方法中导出。

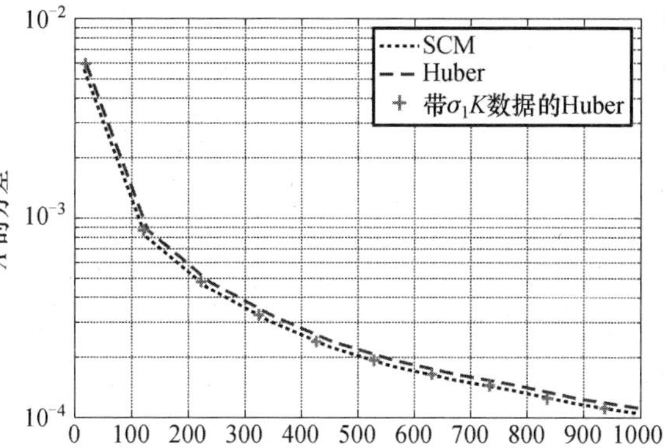

图 8.1　用 $q=0.75$ 的 Huber 估计以及用具有空间白高斯加性噪声的样本协方差矩阵估计构建的自适应归一匹配滤波检测器的变量

现在,让我们考虑 K 分布的环境,其形状参数首先等于 0.1,然后对于更加突发性的噪声为 0.01。图 8.2 中的尺度是与图 8.1 一样的,它给出了在高斯背景环境中,不同于 Huber 的 M 估计器,样本协方差矩阵不是鲁棒的。实际上,噪声越是不同于高斯噪声,检测器的性能一致性就越是恶化,但是,在使用 Huber 的 M 估计器时,它仍然给出好的结果。

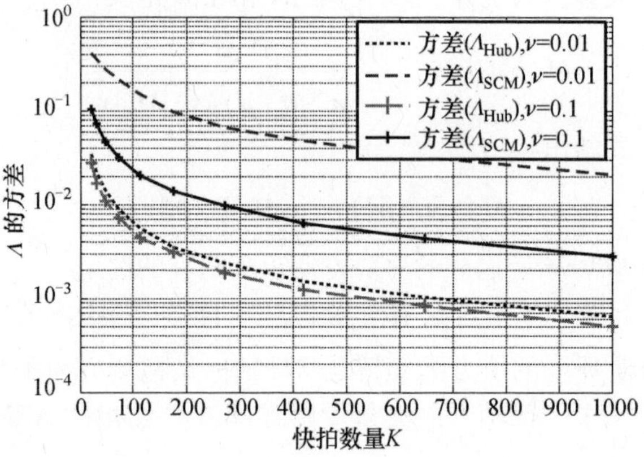

图 8.2　采用 Huber 估计和样本协方差矩阵的自适应归一匹配滤波检测器,具有不同形状参数(v = 0.01 和 v = 0.1)的 K 分布的加性噪声时的结果

8.3.4　在球不变随机矢量框架中与 M 估计器的关系

在球不变随机矢量背景中,可以清楚,式(8.5)所定义的样本协方差矩阵并不是突发的协方差矩阵 $\boldsymbol{M}$ 的好的估计。假定有 K 个二次的球不变随机矢量数据 $\boldsymbol{c}_k$,样本协方差矩阵估计就是由下列纹理信息导致的:

$$\hat{\boldsymbol{M}} = \frac{1}{K}\sum_{k=1}^{K}\boldsymbol{c}_k\boldsymbol{c}_k^+ = \frac{1}{K}\sum_{k=1}^{K}\tau_k\boldsymbol{x}_k\boldsymbol{x}_k^+ \neq \frac{1}{K}\sum_{k=1}^{K}\boldsymbol{x}_k\boldsymbol{x}_k^+ \tag{8.35}$$

Gini 和 Conte 提出了构建纹理不变协方差矩阵估计的简单办法。它包含用模 $\sqrt{\boldsymbol{c}_k + \boldsymbol{c}_k}$ 将数据 $\boldsymbol{c}_k$ 归一化,然后才采用样本协方差矩阵估计。这就导致了对归一的样本协方差矩阵(NSCM)的定义:

$$\hat{\boldsymbol{M}}_{\mathrm{NSCM}} = \frac{m}{K}\sum_{k=1}^{K}\frac{\boldsymbol{c}_k\boldsymbol{c}_k^+}{\boldsymbol{c}_k^+\boldsymbol{c}_k} = \frac{m}{K}\sum_{k=1}^{K}\frac{\boldsymbol{x}_k\boldsymbol{x}_k^+}{\boldsymbol{x}_k^+\boldsymbol{x}_k} \tag{8.36}$$

很清楚,这个非常简单的估计并不取决于纹理 τ_k,但是它是偏的、不一致的(除非 $\boldsymbol{M} = \boldsymbol{I}_m$),文献[51]证明了这一点。

8.3.4.1　确定性纹理

在文献[52]中,作者提出把随机参数 $\tau_k(k \in (1,2,\cdots,K))$ 当成未知的确定性参数。在这样的情况下,在给予这个确定性纹理一个未知参数 τ 的条件下,球不变随机矢量的概率密度分布函数是高斯型的,具有下列形式:

$$p_c(\boldsymbol{c}_k \mid \boldsymbol{\tau}_k, \boldsymbol{M}) = \frac{1}{\boldsymbol{\pi}^m \boldsymbol{\tau}_k^m \det(\boldsymbol{M})}\exp\left(\frac{\boldsymbol{c}_k^+ \boldsymbol{M}^{-1}\boldsymbol{c}_k}{\boldsymbol{\tau}_k}\right) \tag{8.37}$$

对应的相对 $\boldsymbol{M}$ 和 τ_k 最大化的似然函数为

$$\prod_{k=1}^{K} p_{c}(\boldsymbol{c}_k \mid \tau_k, \boldsymbol{M}) = \frac{1}{\pi^{mK}\det(\boldsymbol{M})^{K}} \prod_{k=1}^{K} \frac{1}{\tau_k^{m}} \exp\left(\frac{\boldsymbol{c}_k^{+}\boldsymbol{M}^{-1}\boldsymbol{c}_k}{\tau_k}\right) \tag{8.38}$$

对于给定 $\boldsymbol{M}$，将上式对 τ_k 最大化，就得到

$$\hat{\tau}_k = \frac{\boldsymbol{c}_k^{+}\boldsymbol{M}^{-1}\boldsymbol{c}_k}{m} \tag{8.39}$$

然后，把式(8.38)中的 τ_k 替代成它的这个最大似然估计，就得到简化的似然函数：

$$\frac{1}{\pi^{mK}\det(\boldsymbol{M})^{K}} \prod_{k=1}^{K} \frac{m^{m}\exp(-m)}{(\boldsymbol{c}_k^{+}\boldsymbol{M}^{-1}\boldsymbol{c}_k)^{m}}$$

最后，将这个表达式对 $\boldsymbol{M}$ 取最大，导致真正的最大似然估计，叫做定点估计，由下列方程给出：

$$\hat{\boldsymbol{M}}_{\mathrm{FP}} = \frac{m}{K} \sum_{k=1}^{K} \frac{\boldsymbol{c}_k \boldsymbol{c}_k^{+}}{\boldsymbol{c}_k^{+} \hat{\boldsymbol{M}}_{\mathrm{FP}}^{-1} \boldsymbol{c}_k} \tag{8.40}$$

方程(8.40)可以用式(8.19)写成

$$\hat{\boldsymbol{M}}_{\mathrm{FP}} = \frac{m}{N} \sum_{k=1}^{K} \frac{\boldsymbol{x}_k \boldsymbol{x}_k^{+}}{\boldsymbol{x}_k^{+} \hat{\boldsymbol{M}}_{\mathrm{FP}}^{-1} \boldsymbol{x}_k} \tag{8.41}$$

式(8.41)表明，$\hat{\boldsymbol{M}}_{\mathrm{FP}}$ 一点都不取决于纹理 τ_k，而是取决于高斯矢量 $\boldsymbol{x}_k$。

8.3.4.2　随机球不变随机矢量纹理

在球不变随机矢量框架下，协方差矩阵 $\boldsymbol{M}$ 的最大似然估计 $\hat{\boldsymbol{M}}$ 可以在由 8.3.1 节中详细描述复组合高斯分布下同样的步骤得到：

$$\hat{\boldsymbol{M}} = \frac{1}{K} \sum_{k=1}^{K} \frac{\tilde{h}_{m+1}(\boldsymbol{c}_k^{+}\hat{\boldsymbol{M}}^{-1}\boldsymbol{c}_k)}{\tilde{h}_{m}(\boldsymbol{c}_k^{+}\hat{\boldsymbol{M}}^{-1}\boldsymbol{c}_k)} \boldsymbol{c}_k \boldsymbol{c}_k^{+} \tag{8.42}$$

之后，Gini 和 Conte 等在文献[53,54]中也得到了完全同样的表达式。Gini 还画出了 K 分布不同的形状参数 v 下函数 $t \rightarrow \varphi(t) = \tilde{h}_{m+1}/\tilde{h}_{m}(t)$ 的图(图 8.3 重复了该图)，该函数为

$$\varphi(t) = \frac{\sqrt{v}}{\mu t} \frac{K_{v-m-1}(\sqrt{4vt/\mu})}{K_{v-m}(\sqrt{4vt/\mu})} \tag{8.43}$$

对于学生氏 t 分布，权函数为

$$\varphi(t) = \frac{v+2m}{v+2t} \tag{8.44}$$

对于不同的形状参数 v 的值，它们被画于图 8.4。注意当 $v=0$ 时，导致的就是定点估计，而当 $v=+\infty$ 时，导致的是样本协方差矩阵。

对于特别的选择 $\varphi(t)=m/t$,这个显式方程的解是定点估计,与式(8.40)所给出的确切的最大似然估计对应,在考虑纹理是参数未知的确定量时就能得到。Gini 和 Conte 等也把这个估计叫做近似的最大似然估计 $\hat{\boldsymbol{M}}_{\mathrm{FP}}$。定点估计的一个好的性质就是它是与对噪声的概率密度分布函数所作的先验假设独立的。图 8.3和图 8.4 表明,特定的定点函数 $\varphi(t)=m/t$ 实际上与其他 K 分布或学生氏分布的 φ 函数具有一样的性能。

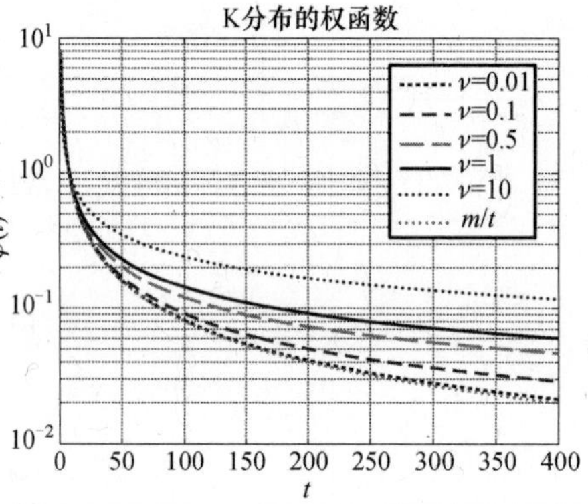

图 8.3 不同形状参数 v 时,K 分布的 φ 函数($m=8,\mu=1$),比较定点的函数 $\varphi=m/t$

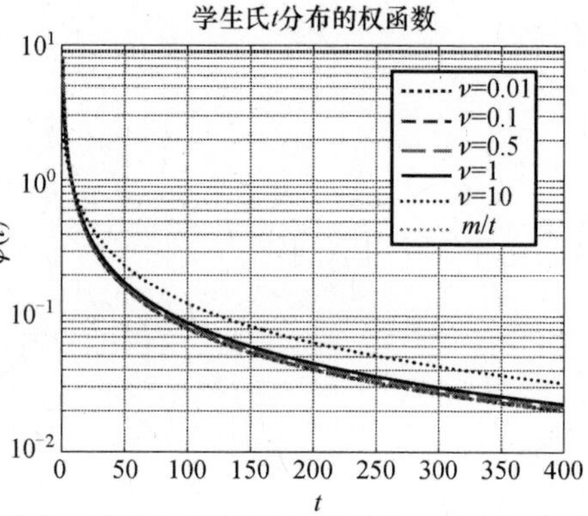

图 8.4 不同形状参数 v 时,学生氏 t 分布的 φ 函数($m=8$),比较定点的函数 $\varphi=m/t$

文献[49]中证明了定点估计的存在和唯一性,文献[55]则推导出了 $\hat{\boldsymbol{M}}_{\mathrm{FP}}$ 的完整的统计特性。文献[49]中还证明了下面这个叠代过程的收敛,而不管起始是怎样的一个正定的矩阵 $\boldsymbol{M}_0$:

$$\boldsymbol{M}_{n+1}=\frac{m}{K}\sum_{k=1}^{K}\frac{\boldsymbol{c}_k\boldsymbol{c}_k^{+}}{\boldsymbol{c}_k^{+}\boldsymbol{M}_n^{-1}\boldsymbol{c}_k},n\geqslant 1,\boldsymbol{M}_0\in\boldsymbol{C}^{m\times n}$$

因此,我们可以选择式(8.5)中给出的 $\boldsymbol{M}_0=\hat{\boldsymbol{M}}_{\mathrm{SCM}}$,但是另一个侯选可以是更简单的 $\boldsymbol{M}_0=\boldsymbol{I}_m$。对于这后一个选择,迭代的第一步将导致 $\boldsymbol{M}_1=\hat{\boldsymbol{M}}_{\mathrm{NSCM}}$,这标志着这个算法的第一步就给出了一个相当好的估计。注意,这个解被定义为总是有一个缩放的因子:如果 $\boldsymbol{M}$ 是一个解,对于任何一个 $\alpha>0$,$\alpha\boldsymbol{M}$ 也是一个解。识别条件 $\mathrm{Tr}(\boldsymbol{M})=m$ 可以帮助我们确定一个唯一的解。

文献[55]给出了定点估计的统计性能,它的 $\hat{\boldsymbol{M}}_{\mathrm{FP}}$ 是不偏且一致的,它的渐近分布为

$$\sqrt{K}\mathrm{vec}(\hat{\boldsymbol{M}}_{\mathrm{FP}}-\boldsymbol{M})\xrightarrow{d}\mathcal{GCN}(\boldsymbol{0},\boldsymbol{\Lambda},\boldsymbol{\Omega})$$

其中,$\boldsymbol{\Lambda}$ 和 $\boldsymbol{\Omega}$ 的定义为

$$\begin{aligned}\boldsymbol{\Lambda} &= \frac{m+1}{m}\left(\boldsymbol{M}^{\mathrm{T}} \otimes \boldsymbol{M} - \frac{1}{m}\mathrm{vec}[(\boldsymbol{M})\mathrm{vec}(\boldsymbol{M})^{+}]\right.\\ \boldsymbol{\Omega} &= \frac{m+1}{m}\left((\boldsymbol{M}^{\mathrm{T}} \otimes \boldsymbol{M})K_{m^2} - \frac{1}{m}\mathrm{vec}[(\boldsymbol{M})\mathrm{vec}(\boldsymbol{M})^{\mathrm{T}}]\right.\end{aligned} \tag{8.45}$$

注意到式(8.45)与式(8.31)以及与式(8.8)之间的类似是很重要的,其中 $\sigma_1 = (m+1)/m, \sigma_2 = -(m+1)/m^2$。定点估计和归一化的样本协方差矩阵具有同样的渐近性能:同样的渐近分布,其渐近协方差矩阵仅仅相差一个因子 $(m+1)/m$。这意味着 $\sqrt{K'}\mathrm{vec}(\hat{\boldsymbol{M}}_{\mathrm{SCM}}^{m} - \boldsymbol{M})$ 和 $\sqrt{K'}\mathrm{vec}(\hat{\boldsymbol{M}}_{\mathrm{FP}} - \boldsymbol{M})$ 都准确地收敛到同一个 $K' = \frac{m+1}{m}K$ 的分布上去。对于更高的二次数据 K 的次数,由 K' 个数据构建的定点估计的性能就如同 $K = \frac{m}{m+1}K'$ 时的归一化样本协方差矩阵的性能。于是,前面用 SCM 所得到的统计结果(比如自适应匹配滤波、自适应归一匹配滤波的分布)就可以扩展到用定点估计得到的结果上去,不过需要更高一些的二次数据。

例子:很清楚,式(8.14)中所定义的自适应归一匹配滤波检测器对于任何作用在样本协方差矩阵上的尺度因子(比如它的迹)都是不变的。这意味着下面两个检测器 $\boldsymbol{\Lambda}_{\mathrm{ANFM}}(y, \hat{\boldsymbol{M}}_{\mathrm{SCM}})$ 和 $\boldsymbol{\Lambda}_{\mathrm{ANFM}}(y, \hat{\boldsymbol{M}}_{\mathrm{SCM}}^{m})$ 是相等的,在高斯噪声背景下具有同样的统计/门限关系:

$$P_{\mathrm{fa}} = (1 - \lambda_{\mathrm{ANMF}})^{K-m+1}\,{}_2F_1(K-m+2, K-m+1; K+1; \lambda_{\mathrm{ANMF}}) \tag{8.46}$$

结果,用定点估计所构建的自适应匹配滤波 $\boldsymbol{\Lambda}_{\mathrm{ANFM-FP}}(y, \hat{\boldsymbol{M}}_{\mathrm{FP}})$ 为

$$\Lambda_{\mathrm{ANMF\text{-}FP}}(\boldsymbol{y}) = \frac{|\boldsymbol{p}^{+}\hat{\boldsymbol{M}}_{\mathrm{FP}}{}^{-1}\boldsymbol{y}|^2}{(\boldsymbol{p}^{+}\hat{\boldsymbol{M}}_{\mathrm{FP}}{}^{-1}\boldsymbol{p})(\boldsymbol{y}^{+}\hat{\boldsymbol{M}}_{\mathrm{FP}}{}^{-1}\boldsymbol{y})} \underset{H_0}{\overset{H_1}{\gtrless}} \lambda_{\mathrm{ANMF\text{-}FP}} \tag{8.47}$$

它验证(K 足够大)了下列统计/门限关系:

$$P_{\mathrm{fa}} = (1 - \lambda_{\mathrm{ANMF\text{-}FP}})^{K'-m+1}\,{}_2F_1(K'-m+2, K'-m+1; K'+1; \lambda_{\mathrm{ANMF\text{-}FP}}) \tag{8.48}$$

式中,$K' = \frac{m}{m+1}K$。

8.4　复椭圆对称分布噪声条件下的最佳检测

对于很多的球不变随机矢量和复椭圆对称类型的分布,都可能推导与之相关的最佳 GLRT 检测器。但是,与这样的检测关联的似然比很少能用闭式表示

出来,使得它难以在实际中处理。另外,在噪声特性变化时,每次都必须估计定义密度产生器的参数。于是,人们做了一些研究,用不同的方式获得非常令人关注而强有力的同一检测器。

• Scharf 提出的归一匹配滤波[9,10]:问题是在推导一个不随尺度因子变化的检测器,不过是在高斯环境下的。在球不变随机矢量或复椭圆对称背景下,这个尺度因子就逻辑地成为了纹理。在这之前,Korado[11] 和 Picinbono[12] 已经得到了同样的表达式。

• Conte[8] 和 Gini[32] 推导出了 GLRT-LQ,也叫做自适应归一匹配滤波(ANMF)。这在考虑 K 分布噪声下的最解检测器的渐近形式时得到的。

• Sansgton 等在文献[52]中把球不变随机矢量的纹理看成确定的并用最大似然估计(GLRT)替代它,也推导了这样的检测器。

• 业已从纹理的概率密度分布函数的贝叶斯模型以及在二次数据的次数 K 很大时的逼近的方式,推导出杰 Jay 所定义的渐近贝叶斯最佳雷达检测器(BORD)。

但是,所有这些检测器都需要对球不变随机矢量的协方差矩阵的正确估计。当 $\boldsymbol{M}$ 为已知,而纹理 $\boldsymbol{\tau}$ 为未知时,人们通过式(8.16)所定义的归一化匹配滤波(NMF)对模型进行了广泛的研究。

当 $\boldsymbol{M}$ 为未知时,一个解是将 $\boldsymbol{M}$ 的某个估计 $\hat{\boldsymbol{M}}$ 代入式(8.16),得到通用的似然比检测(GLRT)的自适应版。

当 $\boldsymbol{M}$ 被任何一个 $\hat{\boldsymbol{M}}$ 代替时,这样的检测器就叫做自适应的相关估计(ACE)[58]或自适应归一匹配滤波器(ANMF)。

在这样的环境下,更明智的选择可能是基于如式(8.42)或式(8.24)这样的二次数据的球不变随机矢量或复椭圆对称的最大似然估计,或者扩展的 M 估计器。某些 M 估计器,比如式(8.41)给出的定点估计,对于纹理是不变的。由于估计器 $\hat{\boldsymbol{M}}_{\mathrm{FP}}$ 不取决于纹理,ANMF 检测器是均匀度为 0 度的,我们可以得到非常有用的自适应检测器 ANMF,它对于球不变随机矢量或复椭圆对称纹理是不变的:

$$\boldsymbol{\Lambda}_{\mathrm{ANMF\text{-}FP}}(\boldsymbol{y}) = \frac{|\boldsymbol{p}^{+}\hat{\boldsymbol{M}}_{\mathrm{FP}}^{-1}\boldsymbol{y}|^{2}}{(\boldsymbol{p}^{+}\hat{\boldsymbol{M}}_{\mathrm{FP}}^{-1}\boldsymbol{p})(\boldsymbol{y}^{+}\hat{\boldsymbol{M}}_{\mathrm{FP}}^{-1}\boldsymbol{y})} \underset{H_0}{\overset{H_1}{\gtrless}} \lambda_{\mathrm{ANMF\text{-}FP}} \tag{8.49}$$

利用式(8.45)的逼近性质和定理 8.3.1,使用 ANMF 检测器所定义的 $\boldsymbol{H}(\cdot)$,虚警概率 P_{fa} 与检测门限 $\lambda_{\mathrm{ANMF\text{-}FP}}$ 之间的关系可以清楚地表示为

$$P_{\mathrm{fa}} = (1-\lambda_{\mathrm{ANMF\text{-}FP}})^{a-1}\,{}_2F_1(a,a-1;b-1;\lambda_{\mathrm{ANMF\text{-}FP}}) \tag{8.50}$$

式中,$K' = \frac{m}{m+1}K, a = K' - m + 2, b = K' + 2$。

对于其他的 $\boldsymbol{M}$ 估计 $\hat{\boldsymbol{M}}$，虚警概率 P_{fa} 与用 $\hat{\boldsymbol{M}}$ 构建的 ANMF 的检测门限 $\lambda_{\mathrm{ANMF}-}$ 之间的关系也可以被表示为

$$P_{\mathrm{fa}} = (1 - \lambda_{\mathrm{ANMF}})^{a-1} {}_2F_1(a, a-1; b-1; \lambda_{\mathrm{ANMF}}) \tag{8.51}$$

式中，$K = K'/\sigma_1$，$a = K' - m + 2$，$b = K' + 2$。

8.5　广义对称架构的协方差矩阵估计

为了提升雷达的处理性能（比如在检测问题中），一个办法是在复协方差矩阵上使用先验信息，导致了更精确的估计。Burg 论述了 Toeplitz 结构[60]，而 Fuhrmann 则在雷达检测过程中使用这个估计器[61]。在使用空间对称的线性阵列、具有固定重复间隔时复协方差矩阵却具有不对称的结构。那么，这样的结构信息可以被用来改善检测的性能。在这方面，为了考虑复协方差矩阵的不对称，为了研究新检测器在高斯和非高斯环境中的统计性能，我们使用特定的线性变换。文献[62]推导了面对高斯数据的复协方差矩阵最大似然估计器。文献[63]研究了对应的通用的似然比检测。对于由球不变随机矢量模型的非高斯杂波，文献[64,65]提出了检测的方法。在文献[64]中，只是在为了推导出通用的似然比检测 - 恒虚警检测器（不对称的自适应归一匹配滤波，或 P-ANMF）时构建两套独立的数据集时才研究非对称性。在文献[65]中，把这些集合被用作同时被文献[53,54]提出来的算法的迭代过程的起始。这导致了对递归的 P-ANMF（RP-ANMF）的推导。我们的方法是基于定点的自适应归一匹配滤波（FP-ANMF），也叫做 GLRT-FP[53,54]，探讨了早期在文献[66]中提出的面对高斯环境的变换和在文献[67]中提出的面对非高斯环境的变换。这导致了非对称的 FP-ANMF（PFP-ANMF），也叫做 GLRT-PFP。这个把复协方差矩阵变换为实矩阵的方法导致了更简单的问题，而且允许推导出对所提出的检测方法的统计分析。

很清楚，$\hat{\boldsymbol{M}}$ 的估计精度对于自适应检测的在高斯和非高斯环境中的性能具有重要的作用。式(8.5)和式(8.40)所定义的 $\hat{\boldsymbol{M}}_{\mathrm{SCM}}$ 和 $\hat{\boldsymbol{M}}_{\mathrm{FP}}$ 没有考虑到任何对复协方差矩阵结构的先验信息。但是，很多应用导致了具有特殊结构的复协方差矩阵，考虑它们的结构将改善估计和检测的性能。这种情况常常会在利用空间对称的阵列和时间对称的脉冲串的雷达系统中进行时域处理时遇到[60,63,64]。在这些系统中，复协方差矩阵 $\boldsymbol{M}$ 具有非对称的性质，可以用 $\boldsymbol{M} = \boldsymbol{J}_m\boldsymbol{M} + \boldsymbol{J}_m$ 来定义，其中 $\boldsymbol{J}_m$ 为 m 维的仅仅反对角线上为非 0 元素 1 的矩阵。这个问题的扫描矢量也是非对称的，也就是它满足 $\boldsymbol{p} = \boldsymbol{J}_m\boldsymbol{p}*$。

探讨非对称结构可以用文献[68]所介绍的变换矩阵 $\boldsymbol{T}$ 来实施，下面的命题反映了它的性质：

命题 51　令 $\boldsymbol{T}$ 为下列定义的酉阵：

$$\boldsymbol{T}=\begin{cases}\dfrac{1}{\sqrt{2}}\begin{bmatrix}\boldsymbol{I}_{m/2} & \boldsymbol{J}_{m/2}\\ \mathrm{j}\boldsymbol{I}_{m/2} & -\mathrm{j}\boldsymbol{J}_{m/2}\end{bmatrix} & ,m\text{ 为偶数}\\ \dfrac{1}{\sqrt{2}}\begin{bmatrix}\boldsymbol{I}_{(m-1/2)} & 0 & \boldsymbol{J}_{(m-1)/2}\\ 0 & \sqrt{2} & 0\\ \mathrm{j}\boldsymbol{I}_{(m-1)/2} & 0 & -\mathrm{j}\boldsymbol{J}_{(m-1)/2}\end{bmatrix} & ,m\text{ 为奇数}\end{cases} \tag{8.52}$$

下面的性质给出了非对矢量和 Herimilian 矩阵的特性：

- 当且仅当 $\boldsymbol{Tp}$ 是实矢量时，$\boldsymbol{P}\in\boldsymbol{C}^m$ 是非对称的矢量；
- 当且仅当 $\boldsymbol{TMT}^+$ 是实对称矩阵时，$\boldsymbol{M}$ 是非对称的 *Hermilian* 矩阵。

利用这个命题 51，式(8.1)的原命题可以被等价地改写。引进变换后的原始数据 $\boldsymbol{x}$，二次数据 $\boldsymbol{x}_k$，杂波矢量 $\boldsymbol{n}$，信号搜索矢量 $\boldsymbol{s}$，它们的定义为：$\boldsymbol{x}=\boldsymbol{Ty}$，$\boldsymbol{x}_k=\boldsymbol{Ty}_k$，$\boldsymbol{s}=\boldsymbol{Tp}$，$\boldsymbol{n}=\boldsymbol{Tc}$，$\boldsymbol{n}_k=\boldsymbol{Tc}_k$。

于是，变换后的搜索矢量 s 和变换后的复协方差矩阵都是实的。那么，式(8.1)的原命题可以等价为

$$\begin{cases}H_0:\boldsymbol{x}=\boldsymbol{n}\\ H_1:\boldsymbol{x}=\alpha\boldsymbol{s}+\boldsymbol{n}\end{cases}\quad \boldsymbol{x}_k=\boldsymbol{n}_k,k=1,2,\cdots,K \tag{8.53}$$

式中，$\boldsymbol{x}\in\boldsymbol{C}^m$；$\boldsymbol{s}$ 为已知的实矢量。

对于高斯情况，在假设 H_0 下，$\boldsymbol{n}$ 和 K 个转换后的二次数据 $\boldsymbol{x}_k$ 是独立、同分布的，共享同样的 $CN(0,\boldsymbol{R})$ 分布，根据命题 51，其中的 $\boldsymbol{R}=\boldsymbol{TMT}^{\dagger}$ 是实的对称矩阵。对于非高斯情况，有

$$\boldsymbol{n}=\sqrt{\tau}\boldsymbol{h} \tag{8.54}$$

$$\boldsymbol{n}_k=\sqrt{\tau_k}\boldsymbol{h}_k \tag{8.55}$$

式中，$\boldsymbol{h}=\boldsymbol{Tg}$ 和 $\boldsymbol{h}_k=\boldsymbol{Tg}_k$ 表示变换后的突发的矢量，它具有同样的协方差矩阵 $\boldsymbol{R}=\boldsymbol{TMT}^+$。$\boldsymbol{n}$ 和 $\boldsymbol{n}_k$ 仍然是球不变随机矢量，它们具有同样的纹理和复协方差矩阵 $\boldsymbol{R}=\boldsymbol{TMT}^{\dagger}$。从现在起，所研究的问题就是式(8.53)那样定义的。在文献[69]中可以找到对下一节的结果的证明。

8.5.1　圆高斯噪声下的检测

让我们首先探讨 K 个二次数据 $\boldsymbol{x}_k$ 的实协方差矩阵 $\boldsymbol{R}$ 的最大似然估计。引入变换后的数据的主要动机是让结果的 $\boldsymbol{R}$ 的最大似然估计的分布变得非常简单。对于文献[62]中所研究的具有非对称的协方差矩阵的原始二次数据 $\boldsymbol{y}_k$，情况并不是这样的。

实矩阵 $\boldsymbol{R}$ 的最大似然估计 $\hat{\boldsymbol{R}}_P$ 是不偏的：

$$\hat{\boldsymbol{R}}_P = Re(\hat{\boldsymbol{R}}_{\mathrm{SCM}}) \tag{8.56}$$

其中,

$$\hat{\boldsymbol{R}}_{\mathrm{SCM}} = \frac{1}{K}\sum_{k=1}^{K}\boldsymbol{x}_k\boldsymbol{x}_k^+ = \boldsymbol{T}\hat{\boldsymbol{M}}_{\mathrm{SCM}}T^+ \tag{8.57}$$

$\hat{\boldsymbol{R}}_P$ 是不偏的估计,$K\hat{\boldsymbol{R}}_P$ 是实的 Wishart 分布,其参数矩阵为 $\boldsymbol{R}/2$,自由度为 $2K$。

实际上,考虑到最大似然估计过程中 $\boldsymbol{R}$ 的实结构(或者等效的 $\boldsymbol{M}$ 的非对称结构),就允许虚拟地加倍二次数据的数量。基于式(8.56)所定义的估计 $\hat{\boldsymbol{R}}_P$ 考虑式(8.53)中的检测问题的自适应匹配滤波器,这导致下列的检测,也叫做 PS-AMF:

$$\boldsymbol{\Lambda}_{\mathrm{FP\text{-}AMF}} = \frac{|\boldsymbol{s}^+\hat{\boldsymbol{R}}_P^{-1}\boldsymbol{x}|^2}{\boldsymbol{s}^+\hat{\boldsymbol{R}}_P^{-1}\boldsymbol{s}} \underset{H_0}{\overset{H_1}{\gtrless}} \boldsymbol{\lambda}_{\mathrm{FP\text{-}AMF}} \tag{8.58}$$

或者等效地,用原始数据表示:

$$\boldsymbol{\Lambda}_{\mathrm{FP\text{-}AMF}} = \frac{|\boldsymbol{p}^+\boldsymbol{T}^+[Re(\boldsymbol{T}\hat{\boldsymbol{M}}_{\mathrm{SCM}}\boldsymbol{T}^+)]^{-1}\boldsymbol{T}\boldsymbol{y}|^2}{\boldsymbol{p}^+\boldsymbol{T}^+[Re(\boldsymbol{T}\hat{\boldsymbol{M}}_{\mathrm{SCM}}\boldsymbol{T}^+)]^{-1}\boldsymbol{T}\boldsymbol{p}} \underset{H_0}{\overset{H_1}{\gtrless}} \lambda_{\mathrm{FP-AMF}} \tag{8.59}$$

当 $K\hat{\boldsymbol{R}}_P$ 为具有参数矩阵 $K\boldsymbol{R}$、自由度为 K 的复 Wishart 分布时,式(8.58)的分布是众知的,这就是自适应匹配滤波器的分布[5]。但是,在我们的问题中,$K\hat{\boldsymbol{R}}_P$ 是具有参数矩阵 $\boldsymbol{R}/2$、自由度为 $2K$ 的实的 Wishrt 分布,而 $\boldsymbol{x}$ 是复的。虚警概率 P_{fa} 与检测门限 $\lambda_{\mathrm{PS\text{-}AMF}}$ 的关系为

$$P_{\mathrm{fa}} = {}_2F_1\left(\frac{2K-m+1}{2},\frac{2K-m+2}{2};\frac{2K+1}{2};\frac{\lambda_{\mathrm{PS-AMF}}}{K}\right) \tag{8.60}$$

8.5.2 非高斯噪声下的检测

本节讨论非高斯情况下的检测问题式(8.53)。定义加性的球不变随机矢量噪声 n 为

$$\boldsymbol{n} = \sqrt{\tau}\boldsymbol{h} \tag{8.61}$$

式中,τ 为正的随机变量;$\boldsymbol{h}$ 为零均值、实协方差矩阵为 $\boldsymbol{R}$、圆的复高斯矢量。K 个二次数据为独立、同分布的,与 $\boldsymbol{n}$ 共享同样的分布。

因为变换后的协方差矩阵 $\boldsymbol{R}$ 是实的,在估计过程中应当考虑到它的结构,可以仅仅使用定点估计的实部。这导致所给出的协方差估计也叫做非对称的定点(PFP)估计,因为它的结果出自于原始突发的协方差的非对称的结构:

$$\hat{\boldsymbol{R}}_{\mathrm{PFP}} = R(\hat{\boldsymbol{R}}_{\mathrm{FP}}) \tag{8.62}$$

其中，

$$\hat{\boldsymbol{R}}_{\text{FP}} = \boldsymbol{T}\hat{\boldsymbol{M}}_{\text{FP}}\boldsymbol{T}^{+} \tag{8.63}$$

检测器 $\Lambda_{\text{ANMF-PFP}}$ 的统计特性可以在假设 H_0 下来探讨：

- $\hat{\boldsymbol{R}}_{\text{PFP}}$ 的分布不取决于纹理；
- $\hat{\boldsymbol{R}}_{\text{PFP}}$ 是 $\boldsymbol{R}$ 的一致估计；
- $\hat{\boldsymbol{R}}_{\text{PFP}}$ 是 $\boldsymbol{R}$ 的不偏估计；
- 当 $\hat{\boldsymbol{R}}$ 是自由度为 $2Km/(m+1)$、参数矩阵为 $\boldsymbol{R}$ 的实 Wishart 分布时，$\hat{\boldsymbol{R}}/\text{Tr}(\boldsymbol{R}^{-1}\hat{\boldsymbol{R}})$ 和 $\hat{\boldsymbol{R}}_{\text{PFP}}/\text{Tr}(\boldsymbol{R}^{-1}\hat{\boldsymbol{R}}_{\text{PFP}})$ 具有同样的逼近分布。

自适应的通用似然比检测，对于变换后的问题式(8.53)，基于式(8.16)和非对称的定点估计器，成为

$$\Lambda_{\text{ANMF-PFP}} = \frac{|\boldsymbol{s}^{+}\hat{\boldsymbol{R}}_{\text{PFP}}^{-1}\boldsymbol{x}|^{2}}{(\boldsymbol{s}^{+}\hat{\boldsymbol{R}}_{\text{PFP}}^{-1}\boldsymbol{s})(\boldsymbol{x}^{+}\hat{\boldsymbol{R}}_{\text{PFP}}^{-1}\boldsymbol{x})} \mathop{\gtrless}_{H_0}^{H^1} \lambda_{\text{ANMF-PFP}} \tag{8.64}$$

检测器 $\Lambda_{\text{ANMF-PFP}}$ 是球不变随机矢量－恒虚警的。对于大的 K，在假设 H_0 下，$\Lambda_{\text{ANMF-PFP}}$ 的分布不能被表示为一个闭式，但是它与 $\Lambda = \dfrac{|\boldsymbol{e}_1{}^{+}\hat{\boldsymbol{W}}^{-1}\boldsymbol{w}|}{(\boldsymbol{e}_1{}^{+}\hat{\boldsymbol{W}}^{-1}\boldsymbol{e}_1)(\boldsymbol{w}^{+}\hat{\boldsymbol{W}}^{-1}\boldsymbol{w})}$ 具有相同的分布，其中 $\boldsymbol{w} \sim CN(\boldsymbol{0},\boldsymbol{I})$，$\boldsymbol{e}_1 = (1,0,\cdots,0)^{\text{T}}$，$\hat{\boldsymbol{W}}$ 是实的 Wishart 分布，其参数矩阵为 $\boldsymbol{I}$，自由度为 $K' = 2Km/(m+1)$。

对于非高斯的杂波环境，Conte 和 De Maio 提出了两个由通用的似然比检测分别经一些不同的估计器导出的检测器：P-ANMF 和 RP-ANMF[64,65]。在文献[64]中，非对称性仅仅用于把原始的二次数据 $\boldsymbol{n}_k$ 分离成两个新的不关联、独立的数据集 $\boldsymbol{r}_{ek}$ 和 $\boldsymbol{r}_{ok}$。，以便使检测器是矩阵－恒虚警的，并借以改善检测的性能。这些新的矢量与原始的矢量具有同样的大小、共享同样的纹理。它们的突发分量是独立、同分布、零期望的复高斯矢量。这些新的二次数据集合允许使用对协方差矩阵的新的估计器：

$$\hat{\boldsymbol{\Sigma}} = \frac{1}{K}\sum_{k=1}^{K}\frac{\boldsymbol{r}_{ek}\boldsymbol{r}_{ek}^{+}}{(\boldsymbol{r}_{ok}\boldsymbol{r}_{ok}^{+})_{i,i}} \tag{8.65}$$

式中，$(\boldsymbol{A})_{i,i}$ 为矩阵 $\boldsymbol{A}$ 的第 (i,i) 元素。

然后，用前面的估计器替代式(8.16)中的经典的归一匹配滤波，导致所定义的 P-ANMF 检测器：

$$\Lambda_{\text{P-ANMF}} = \frac{|\boldsymbol{p}^{+}\hat{\boldsymbol{\Sigma}}^{-1}\boldsymbol{x}|^{2}}{(\boldsymbol{p}^{+}\hat{\boldsymbol{\Sigma}}^{-1}\boldsymbol{p})(\boldsymbol{x}^{+}\hat{\boldsymbol{\Sigma}}^{-1}\boldsymbol{x})} \mathop{\gtrless}_{H_0}^{H_1} \lambda_{\text{P-ANMF}} \tag{8.66}$$

在文献[65]中,用同样的方法定义了两个二次数据集 $\boldsymbol{r}_{ek}$ 和 $\boldsymbol{r}_{ok}$,并利用迭代的步骤得到了定点矩阵估计器 $\hat{\boldsymbol{\Sigma}}_{(\text{inf})}$:

$$\hat{\boldsymbol{\Sigma}}_{(i+1)} = \frac{N}{K}\sum_{k=1}^{K}\frac{\boldsymbol{r}_{ek}\boldsymbol{r}_{ek}^{+}}{\boldsymbol{r}_{ek}^{+}(\hat{\boldsymbol{\Sigma}}_{(i)})^{-1}\boldsymbol{r}_{ek}} \tag{8.67}$$

其起始为

$$\hat{\boldsymbol{\Sigma}}_{(0)} = \frac{1}{K}\sum_{k=1}^{K}\frac{\boldsymbol{r}_{ek}\boldsymbol{r}_{ek}^{+}}{(\boldsymbol{T}\boldsymbol{r}_{ok}\boldsymbol{r}_{ok}^{+}\boldsymbol{T}^{+})_{i,i}} \tag{8.68}$$

然后,把估计器代入式(8.16)的归一匹配滤波中,给出 RP-ANMF:

$$\boldsymbol{\Lambda}_{\text{RP-ANMF}} = \frac{|\boldsymbol{p}^{+}\hat{\boldsymbol{\Sigma}}_{(\text{inf})}^{-1}\boldsymbol{x}|^{2}}{(\boldsymbol{p}^{+}\hat{\boldsymbol{\Sigma}}_{(\text{inf})}^{-1}\boldsymbol{p})(\boldsymbol{x}^{+}\hat{\boldsymbol{\Sigma}}_{(\text{inf})}^{-1}\boldsymbol{x})} \underset{H_0}{\overset{H_1}{\gtrless}} \lambda_{\text{RP-ANMF}} \tag{8.69}$$

但是要注意到,如文献[49]所述,显式的定点矩阵方程的解 $\hat{\boldsymbol{\Sigma}}_{(\text{inf})}$ 是唯一的,与起始点无关。

为了比较所有这些检测器,包括已知 $\boldsymbol{M}$ 的或具有经典的样本协方差矩阵估计的归一化匹配滤波,用定点估计的自适应归一化匹配滤波(ANMF-FP),用非对称定点估计的自适应归一化匹配滤波(ANMF-PFP),不对称的自适应归一匹配滤波(P-ANMF),递归的不对称的自适应归一匹配滤波(RP-ANMF),图8.5(a)给出了所有的检测器的虚警概率 P_{fa} 与检测门限的关系,图8.5(b)给出了检测概率 P_{d} 与检信噪比 SNR 的关系。突发的杂波被模拟成是具有 K 分布的。

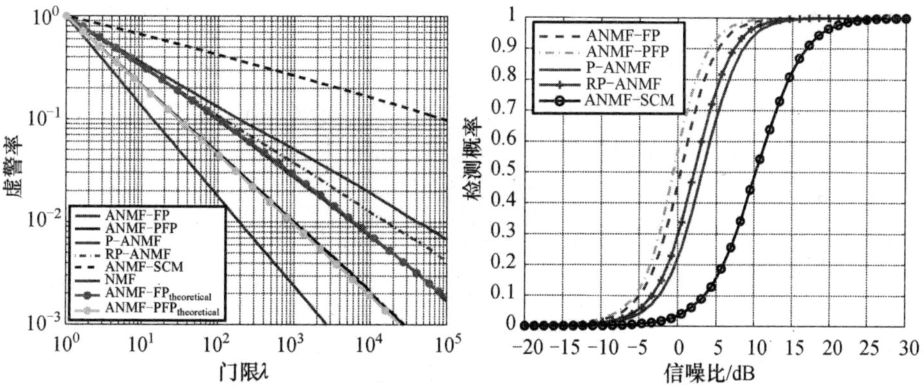

(a) 不同的非高斯检测器的理论和实验的虚警概率与检测门限的关系

(b) 不同的非高斯检测器的检测概率与信噪比的关系

图8.5　各种非高斯的检测器在模拟的、用参数 ν 表征的 K 分布杂波中的性能的比较,其中 $P_{\text{fa}}=10^{-3}$,$m=8$,$K=16$,$\nu=0.2$

这些图表明了 RP-ANMF 的检测概率要比 ANMF-SCM(它在非高斯噪声时不是有效的)的有所改善,但是 ANMF-PFP 的检测概率比其他的检测器也要好。而且,图 8.5 中还显示了根据 $\hat{\boldsymbol{R}}_{\mathrm{FP}}$ 和 $\hat{\boldsymbol{R}}_{\mathrm{PFP}}$ 的非对称 Wishart 分布给出的理论结果(圆线),可以注意到,模拟的结果与理论的结果吻合得相当好。

8.6 在雷达中的应用

本节专注于对不同的雷达测量的分析,其中的杂波是非常突发性的。首先,让我们给出一些概括性的东西。

8.6.1 地基雷达的检测

本节所给出的地杂波的数据是在 THALES 防空系统中的实际雷达所收集的,它离地面的高度为 13m,具有低的俯仰角。对于 70 个不同的方向角收集 $N=868$ 个距离单位的地杂波复回波,做了 $m=8$ 次重复,这就意味着矢量的大小为 $m=8$。在雷达附近,回波特性是非高斯混叠的地杂波,而在雷达的无线电视距之外(大约 15km),就只表现出了均匀的高斯热噪声(见图 8.6 地图中的黑色部分)。对这些雷达数据的分析可以用作调整给定虚警概率时需要的检测门限。传统地说,实验的检测门限的调整是通过移动一个 5×5 的正方形的 CFAR 滑动窗,进行计数来确定的。对于所有掩模的中心单元(也就是待检测的单元),对于所研究的观察 $\boldsymbol{y}$(8 元矢量),计算对应的 $\Lambda(\hat{\boldsymbol{M}})$ 的值。用 $K=24$ 个矢量的集合估计协方差矩阵 $\hat{\boldsymbol{M}}$,把它作为二次数据 $\boldsymbol{y}_1,\boldsymbol{y}_2,\cdots,\boldsymbol{y}_{24}$,然后在这个检测单元周围进行模拟。

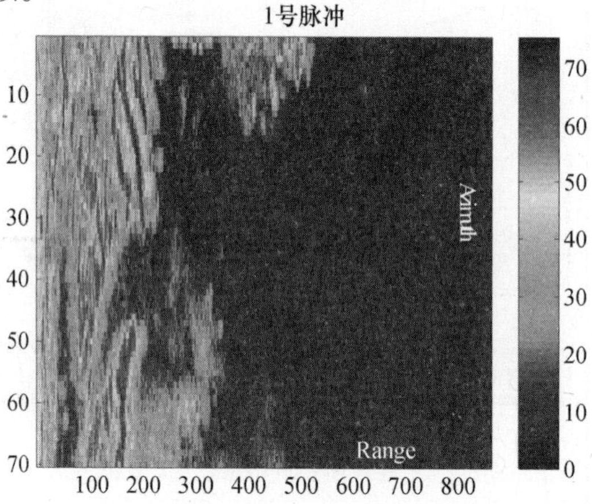

图 8.6 与第一个脉冲对应的地杂波数据的电平(单位 dB)

为了看到恒虚警率的损耗，我们画出了协方差矩阵完全确知的虚警概率与门限的关系（$\lambda = 1 - P_{\mathrm{fa}}^{1/(m-1)}$）。注意，这个方程只有理论的意义，因为在实际上，$\boldsymbol{M}$ 总是未知的。它可以被用作所有自适应检测器的一个标杆。

在图 8.7(a)中，实线对应了当 $\boldsymbol{M}$ 为已知时的“虚警概率与门限”的理论关系，点线代表的是假定 $\boldsymbol{M}$ 为未知、由 $\hat{\boldsymbol{M}}_{\mathrm{FP}}$ 来估计时的“虚警概率与门限”的理论关系。而由“×”构成的曲线则代表了 $\boldsymbol{M}$ 由 $\hat{\boldsymbol{M}}_{\mathrm{FP}}$ 来估计时，由实验（用恒虚警的掩模计数）给出的“虚警概率与门限”的关系。它与理论的关系匹配得非常好。获得这个结果可能仅仅是因为检测器 $\Lambda(\hat{\boldsymbol{M}}_{\mathrm{FP}})$ 满足了 M-CFAR 特性，基本上是在混杂的杂波中。这个结果的基本推论是，由式(8.50)，对于检测门限的调整，杂波的训练不再是基础性的。

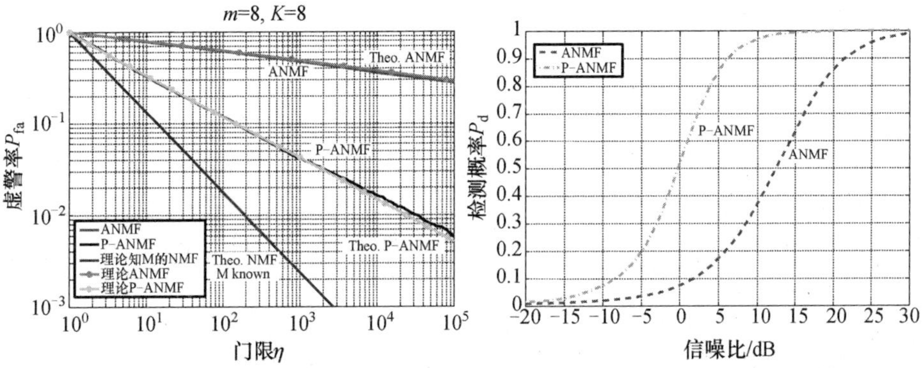

(a) THALES数据的虚警概率与门限的关系$\eta=(1-\lambda)^{-m}$　　(b) THALES数据的检测概率

图 8.7　THALES 数据对 $\Lambda(\boldsymbol{M}_{\mathrm{FP}})$ 和 $\Lambda(\boldsymbol{M}_{\mathrm{PFP}})$ 的检测性能，$P_{\mathrm{fa}} = 10^{-2}$、$m = 8$、$K = 8$

8.6.2 预警雷达的检测

对实验的海杂波数据做了类似的分析，给出了同样的结论。图 8.8 给出了海杂波信号（距离单元对脉冲重复周期和距离多普勒）和对应的距离-多普勒影像，这是由法国航空实验室（ONERA）用工作中覆盖大西洋的超视距雷达收集的。在这个材料中，我们估计协方差矩阵的集合时所使用的是，在所有距离单元中 $m = 8$ 个信号脉冲、$K = 16$ 个距离参考单元。图 8.9给出了对这些数据的检测性能的改善，以及理论（圆线）与实际结果（实线）之间的一致性。

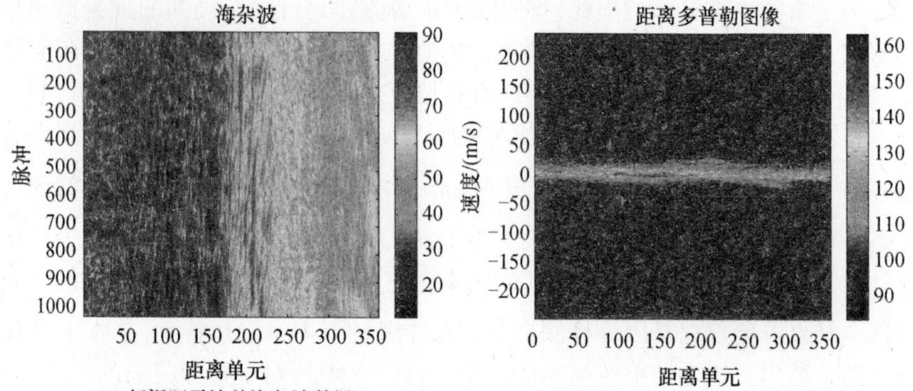

(a) 超视距雷达的海杂波数据

(b) 大西洋海杂波的距离-多普勒影像

图 8.8　用 ONERA 超视距雷达 NostradamusA 所收集的大西洋海杂波数据

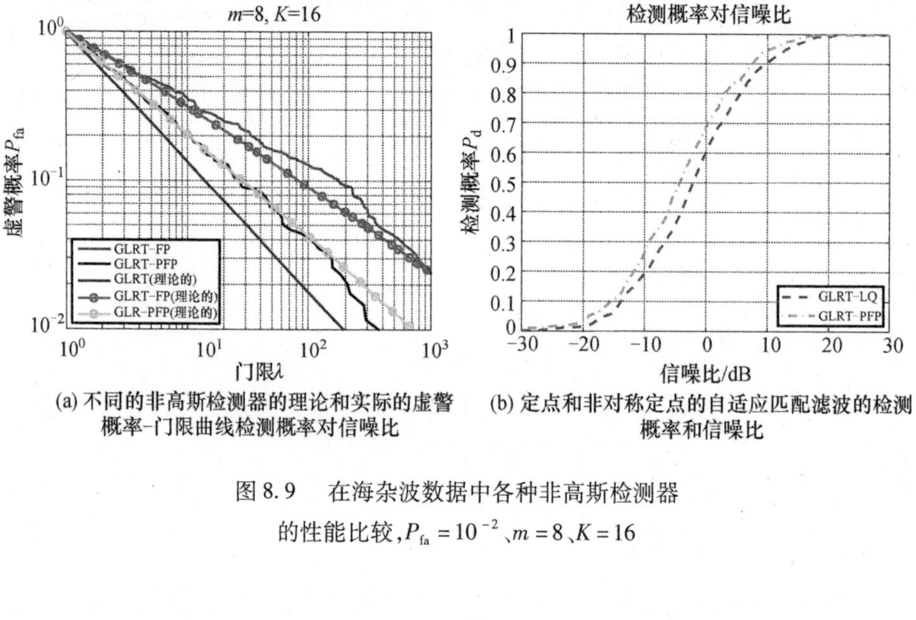

(a) 不同的非高斯检测器的理论和实际的虚警概率-门限曲线检测概率对信噪比

(b) 定点和非对称定点的自适应匹配滤波的检测概率和信噪比

图 8.9　在海杂波数据中各种非高斯检测器的性能比较，$P_{fa}=10^{-2}$、$m=8$、$K=16$

8.6.3　STAP 检测

空间、时间自适应处理(STAP)是用于机载相控阵雷达检测淹没在强干扰或强杂波下的动目标的最新技术。STAP 是两维的自适应滤波技术，它联合地利用时间和空间的维度来抑制干扰、改善目标的检测。可以证明，当干扰是高斯过程时，STAP 算法是基于将收集到的数据白化的运作的经典算法。在这种情况下，噪声的协方差矩阵通常是由经典的根据在待检测的距离单元附近的单元所收集到的二次数据构建的样本协方差矩阵估计的。当噪声是非高斯的,或非均匀时,AMF-SCM 的检测性能明显变差。本节就关注在非高斯或非均匀背景下 STAP 检测性能的改善。不失一般性,这里所要关注的问题可以聚焦在地面动目标指示(GMTI)上,也就是当天线是朝向地面的时候。

现在我们考虑一个幅度为 A_0 的源,所在的方位角为 θ_0,距离门为 j 且具有多普勒 $f_{d,0}$,这里所关注的 STAP 检测问题就是在式(8.1)中所给出的两个假设中进行判定。与经典检测的差别是在两个时间-空间维中的所谓的扫描矢量,因为它导致了 Kronecker 积的结果。根据前面的讨论,STAP 的数据集测试了不同的检测器:用样本协方差矩阵的自适应匹配滤波(AMF-SCM)、PS-自适应匹配滤波(探讨非对称的结构)、用定点估计的自适应归一匹配滤波(ANMF-FP)、用非对称定点估计的自适应归一匹配滤波(PFP-ANMF)。

这里所给出的 STAP 数据是由可以进行综合的 DGA/CELAR 的模拟器提供的,从里面看结构,STAP 数据块具有由 ONERA SETHI 系统所采集的合成孔径雷达(SAR)的高分辨力。均匀的线性传感器的数量为 $L=4$,相关脉冲的数量为 $M=64$。中心频率和带宽分别为 $f_0=10\text{GHz}$ 和 $B=5\text{MHz}$。雷达的速度为 $v=100\text{m/s}$。单元之间的间隔为 $d=0.3\text{m}$,脉冲重复频率为 $f_r=1\text{kHz}$。对于所有给出的结果,用来估计大小 $m=ML=256$ 的协方差矩阵的二次数据的数量为 $K=410$(低于 Brennam 准则 $K<2ML$)。

数据集在距离单元 255 中含有 10 个目标,速度为 $-4\sim4\text{m/s}$。图 8.10 和图 8.11分别给出了用样本协方差矩阵的自适应匹配滤波(AMF-SCM)、非对称的自适应匹配滤波(PS-AMF)、用定点估计的自适应归一化匹配滤波(ANMF-FP)、用非对称定点估计的自适应归一化匹配滤波(PFP-ANMF)的结果。首先,可能注意到用样本协方差矩阵的自适应匹配滤波给出了比较差的性能。其次,用非对称定点估计的自适应归一化匹配滤波给出的最好结果,它是已经考虑了杂波的非高斯和协方差结构的非对称的。

在这里所探讨的实验数据导致了两个主要的结果:首先,基于自适应归一化匹配滤波和定点估计的非高斯检测器的性能优于常规的基于自适应匹配滤波和样本协方差矩阵的高斯检测器。第二,探讨协方差矩阵的非对称结构导致了检测性能额外的改善。这使得用非对称定点估计的自适应归一化匹配滤波成为 STAP 雷达的很受人关注的检测器。

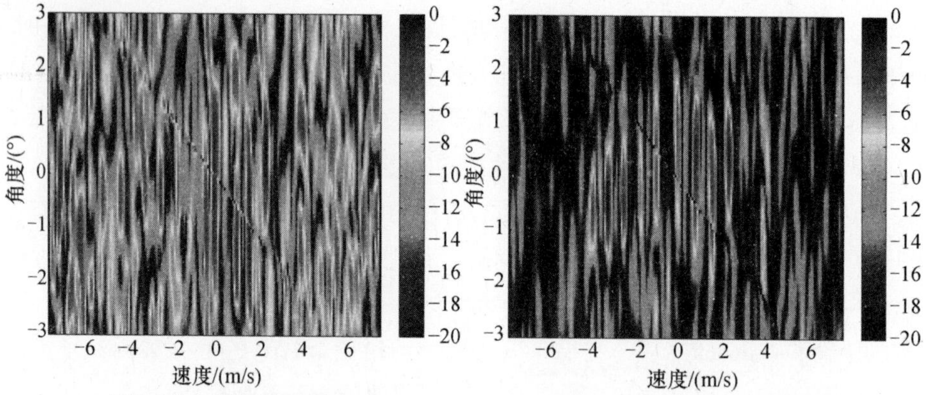

(a) 用样本协方差矩阵的自适应匹配滤波器的结果

(b) PS-自适应匹配滤波的结果

图 8.10　AMF 的多普勒-方位角的检测结果，在一个距离单元内具有 10 个不同速度的目标

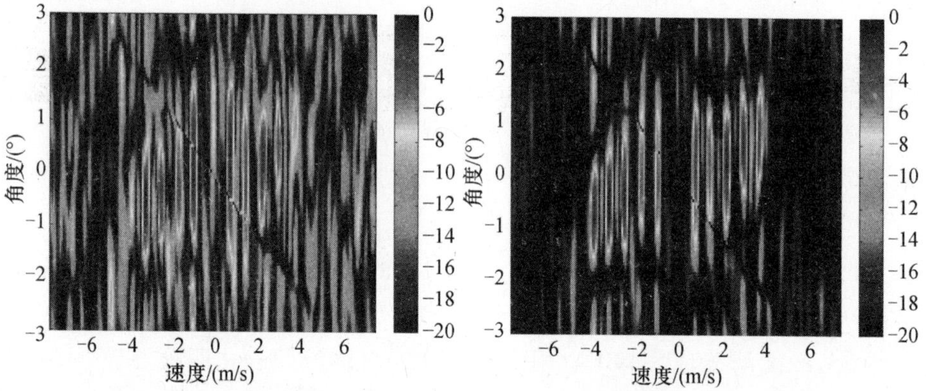

(a) 用定点估计的自适应归一化匹配滤波器的结果

(b) 用非对称的定点估计的自适应归一化匹配滤波器的结果

图 8.11　距离单元内有 10 个不同速度的目标时自适应归一化匹配滤波器的多普勒-方位角检测结果

8.6.4　定点估计的鲁棒性

为了给出本节的结论，让我们给出一些准则，以便对鲁棒性予以定量。这对于那些模型有偏差、数据有偏差或污染的雷达应用是很有意思的。标准的协方差矩阵的估计很容易受数据中的超差点的存在或对其统计模型的失配影响。在球不变随机矢量的框架中，可能要分析样本协方差矩阵、归一的样本协方差矩

阵、定点估计等在扰动了的环境中的鲁棒性，办法是通过推导理论上由随机扰动 $\boldsymbol{a}_k(k \in 1,2,\cdots,P)$ 在 $P<K/2$ 时对用来构建估计的数据 $\boldsymbol{y}_k(k \in 1,2,\cdots,K)$ 引起的偏差。这样，$\boldsymbol{y}_1,\boldsymbol{y}_2,\cdots,\boldsymbol{y}_K$ 将可以分成两个集合：

$$\begin{cases} \boldsymbol{y}_k = \boldsymbol{a}_k, 1 \leqslant k \leqslant P \\ \boldsymbol{y}_k = \boldsymbol{c}_k \quad, P \leqslant k \leqslant K \end{cases} \tag{8.70}$$

当 $\boldsymbol{c}_k(k \in P+1,P+2,\cdots,K)$ 是高斯分布且被某个强随机的 $\boldsymbol{P}$ 扰动时，这两个估计的优点就会凸显。这个鲁棒性对于像自适应雷达的检测或定位方法是很有帮助的。

8.6.4.1　具有扰动时的样本协方差矩阵偏差分析

被污染的协方差矩阵的统计期望与没有被污染的协方差矩阵 $E[\hat{\boldsymbol{M}}_{\mathrm{SCM}}]=\boldsymbol{M}$ 的偏差之间的差 $\boldsymbol{\Delta}_{\mathrm{SCM}}$ 可以被写成

$$\boldsymbol{\Delta}_{\mathrm{SCM}} = \frac{1}{K}\sum_{k=1}^{P}\mathrm{E}(\boldsymbol{a}_k\boldsymbol{a}_k^{+}) - \frac{P}{K}\boldsymbol{M}$$

可以注意到，扰动的模 $\|\boldsymbol{a}_k\|$ 越大，偏差也变得越重要。样本协方差矩阵并不是鲁棒的。

8.6.4.2　具有扰动时的归一的样本协方差矩阵偏差分析

被污染的协方差矩阵的统计期望与没有被污染的协方差矩阵 $\mathbb{E}[\hat{\boldsymbol{M}}_{\mathrm{NSCM}}]$ ($\neq\boldsymbol{M}$，因为 NSCM 估计就是偏的) 的偏差之间的差 $\boldsymbol{\Delta}_{\mathrm{NSCM}}$ 可以写成

$$\boldsymbol{\Delta}_{\mathrm{NSCM}} = -\frac{P}{K}\boldsymbol{M} + \frac{m}{K}\sum_{k=1}^{P}\mathrm{E}\left(\frac{\boldsymbol{a}_k\boldsymbol{a}_k^{+}}{\boldsymbol{a}_k+\boldsymbol{a}_k}\right)$$

8.6.4.3　具有扰动时的定点估计的偏差分析

在这种情况下，可以发现被污染的定点协方差矩阵的偏差 $\boldsymbol{\Delta}_{\mathrm{FP}}=\mathbb{E}[\hat{\boldsymbol{M}}_{\mathrm{FP}}]-\boldsymbol{M}$ 为

$$\boldsymbol{\Delta}_{\mathrm{FP}} = \frac{m+1}{K}\left[\sum_{k=1}^{P}\mathrm{E}\left(\frac{\boldsymbol{a}_k\boldsymbol{a}_k^{+}}{\boldsymbol{a}_k+\boldsymbol{M}^{-1}\boldsymbol{a}_k}\right) - \frac{P}{m}\boldsymbol{M}\right]$$

在前两个情况下，可以注意到扰动的强度 $\|\boldsymbol{a}_k\|$ 并不影响偏的结果。对矢量的各种尺度因子 $\{\boldsymbol{a}_k\}$ 使得偏是不变的。因此，可以说归一的样本协方差矩阵和定点估计对于扰动是鲁棒的。

为了分析这些估计的鲁棒性，给出了一些对被污染的高斯背景所作的模拟[70]。对于不同的百分数 P/K（y 轴）和不同的扰动功率电平（x 轴），用一些图形显示了被污染和无污染的协方差矩阵估计之间的相对误差（单位为分贝）。注意，对于给定的污染百分数，总的功率是在所有的扰动中分配的。图 8.12的结果演示了定点估计的鲁棒性，而样本协方差矩阵的估计则由于扰动明显变差了。

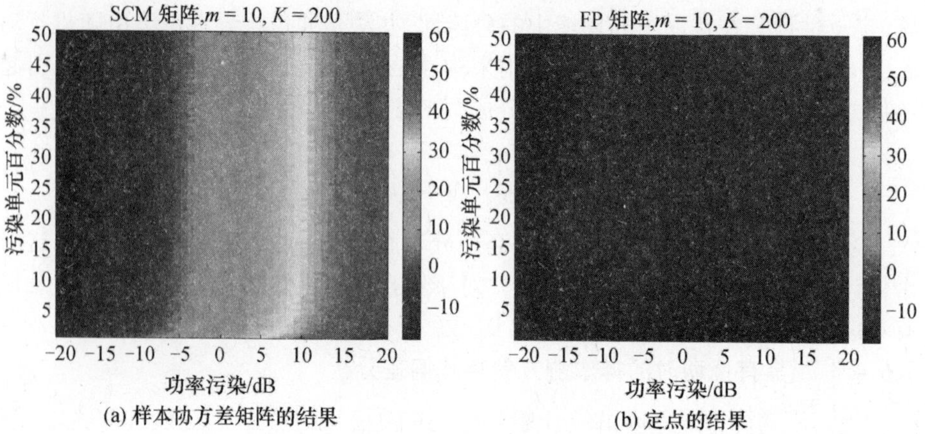

图 8.12　高斯噪声背景下相对的 Frobenius 模与扰动功率(x 轴)和观察被污染的百分数 P/K(y 轴)的关系

8.7　小　结

根据本章的研究,检测性能与对协方差矩阵的估计紧密关联的。通过估计器的经典性能,研究了几个估计的方法。然后,将用在采用模拟数据和真实数据的不同检测问题中。结果确认了我们好的估计方法。注意,在不同的协方差矩阵的估计方法中,并没有透彻的表达方法。最近,为了处理二次数据的问题,以及处理问题的鲁棒性,人们引入了改进的规范化技术[71-74]。还需要指出的是随机矩阵理论的架构,最近用于信号处理应用的鲁棒协方差矩阵估计器方面,它有些有希望的结果[45,75,76]。

参考文献

[1] Goodman N R. Statistical analysis based on a certain multivariance complex Gaussian distribution(an introduction). The Annals of Mathmatical Statics, Vol. 34, No. 1, pp. 152 - 177, 1963.

[2] Bilodeau M, Brenner D. Theory of Multivariate Statistics. Springer Verlag New York Inc. , NY, 1999.

[3] Kelly E J. An adaptive detection algorithm. IEEE Transactions on Aerospace and Electronic Systems, Vol. 23, No. 1, pp. 115 - 127, November 1986.

[4] Lraut S, Scharf L L, McWhorter L T. Adaptive subspace detector. IEEE Transactions on Signal Processing, Volo. 49, pp. 1 - 16, January 2001.

[5] Robey F C, Fuhrmann D, Kelly E J, et al. A CFAR adaptive matched filter detector. IEEE Transactions on Aerospace and Electronic Systems, Vol. 23, pp. 208 - 216, January 1992.

[6] Abramowitz M, Stegun I. Handbook of Mathmatical Functions. National Bureau of Standard, Applied Mathmatics Series-55, US Government Printing Office, Washington, DC, June 1964.

[7] Kraut S, Scharf L L. The CFAR adaptive subspace detector is a scale-invariant GLRT. IEEE Transactions on Signal Processing, Vol. 47, No. 9, pp. 2538 – 2541, 1999.

[8] Conte E, Lops M, Ricci G. Asymptotically optimum radar detection in compound-Gaussian clutter. IEEE Transactions on Aerospace and Electronic Systems, Vol. 31, pp. 617 – 625, April 1995.

[9] Scharf L L, Lytle D W. Signal detection on Gaussian noise of unknown level: An invariance application. IEEE Transactions on Information Theory, Vl. 17, pp. 404 – 411, July 1971.

[10] Scharf L L, Friedlander B. Matched subspace detectors. IEEE Transactions on Signal Processing, Vol. 42, No. 8, pp. 2146 – 2157, 1994.

[11] Korado V A. Optimum detection of signals with random parameters against the background of noise of unknown intensity under conditions of constant false alarm probability. Radio Engineering and Electronic Physics, Vol. 123, pp. 969 – 972, 1968.

[12] Picinbono B, Vessosi G. Detection dun signal certain dans un bruit non stationnaire et non gaussien. Annales des Telecommunications, Vol. 25, pp. 433 – 439, 1970.

[13] Conte E, Lops E, Ricci G. Asymptotically optimum radar detection in compounded-Gaussian clutter. IEEE Transactions on Aerospace and Electronic Systems, Vol. 31, No. 2, pp. 617 – 625, 1995.

[14] Billingsley J B. Low-Angle Radar Land Clutter, Measurement and Empirical Models, William Andrew Publishing, Norwich, NY, 2002.

[15] Billingsley J B. Ground clutter measurement for surface sited radar. Tech. Rep., February 1993.

[16] Jao J K. Amplitude distribution of composite terrain radar clutter and the *K*-distribution. IEEE Transactions on Antennas and Propagation, Vol. 32, pp. 1049 – 1062, October 1984.

[17] Kelker D. Distribution theory of spherical distributions and a location-scale parameter generalization. Sanlhya: The Indian Journal of Statistics, Series A, Vol. 32, No. 4, pp419 – 430, 1970.

[18] Krishnaian P R, Lin J. Complex elliptically symmetric distributions. Communications in Statistic-Theory and Methods, Vol. 15, No. 12, pp. 3693 – 3718, 1986.

[19] Ollila E, Tyler D E, Koivunen V, et al. Complex elliptically summetric distributions: Survey, new results and applications. IEEE Transactions on Signal Processing, Vol. 60, No. 11, p97 – 5625, November 2012.

[20] Frahm G. Generalized elliptical distributions: Theory and applications. Ph. D. dissertation, Unibersitat zu Koln, 2004.

[21] Conte E, Longo M, Lops M. Modelling and simulation of non-Rayleigh radar clutter. Radar and Signal Processing, IEE Proceedings F, Vol. 138, No. 2, IET, pp. 121 – 130, 1991.

[22] Yao K. A representation theorem and its applications to spherically invariant random processes. IEEE Transactions on Information Theory, Vol. 19, pp. 600 – 608, Septembere 1973.

[23] Rangaswamy M, Weiner D D, Ozturk A. Non-Gaussian random vector indentification using spherically invariant random processes. IEEE Transactions on Aerospace and Electronic Systems, Vol. 29, No. 1, pp. 111 – 124, 1993.

[24] Yao K, Simon M K, Bigiieri E. Unified thery on wireless communication fading statistics based on SIRP. in 2004 IEEE 5 th Workshop on Signal Processing Advances in Wireless Communications, Lisbon, Portugal, pp. 135 – 139, 2004.

[25] Gini F. Sub-optimum coherent radar detection in a mixture of K-distributed and Gaussian clutter. Radar, Sonar and Navigation, IEE Proceedings, Vol. 144, No. 1, pp. 39 – 48, February 1977.

[26] Watts S. Radar detection prediction in see clutter using the compound K-distributed model. Communica-

tions, Radar and Signal Processing, IEE Proceedings F, Vol. 132, No. 7, pp. 613 – 620, December 1985.

[27] Conte E, Longo M, Lops M, et al. Radar detection of signals with unknown parameters in K-distributed clutters. Radar and Signal Processing, IEE Proceedings F, Vol. 138, No. 2, pp. 131 – 138, April 1991.

[28] Gini F, Greco M V, Farina A, et al. Optimum and mismatched detection against K-distributed plus Gaussian clutter. IEEE Transactions on Aerospace and Electronic Systems, Vol. 34, No. 3, pp. 860 – 876, July 1998.

[29] Manolakis D, Marden D. Non Gaussian models for hyperspectral algorithm design and assessment. in Geoscience and Remote Sensing Symposium, (IGARSS), 2002 IEEE International, Vol. 3, IEEE, Toronto, Canada, pp. 1664 – 1666, 2002.

[30] Ovarlez J P, Pang S, Pascal F, et al. Robust detection using the SIRV background modeling for hyperspectral imaging. in Geoscience and Remote Sensing Symposium(IGARSS), 2011 IEEE International, IEEE, Vancuver, Canada, pp. 4316 – 4319, 2011.

[31] Frontera-Pons J, Mahot M, Ovarlez J P, et al. A class of robust estimates for detection in hyperspectral images using elliptical distributions background. in Geoscience and Remote Sensing Symposium(IGARSS), 2012 IEEE Internatinal, IEEE, Munich, Germany, pp. 4166 – 4169, 2012.

[32] Gini F. Sub-optimum coherent radar detection in a mixture of *K*-distributed and Gaussian clutter. Radar, Sonar and Navigation, IEE Proceedings, Vol. 144, pp. 39 – 48, February 1997.

[33] Huber P J, Ronchetti E M. Robust Statistics. Hohn Wiley & Sons, Inc., Hoboken, NJ, USA, 2009.

[34] Hampel F R, Ronchetti E M, Rousseeuw P J, et al. Robust Statistics: The Approach Based on Influence Functions. Wiley Series in Probability and Statistics, John Wiley & Sons, New York, NY, 1986.

[35] Marinna R A, Martin D R, Yohai J V. Robust Statistics: Thery and Methods. Wiley Series in Probability and Statistics. John Wiley & Sons Ltd., Chichester, England, 2006.

[36] Tyler D E. A distribution-free m-estimator of multivariate scatter. The Annals of Statistics, Vol. 15, No. 1, pp. 234 – 251, 1987.

[37] Huber P J. Robust estimation of a location parameter. The Annals of Mathematical Statistics, Vol. 35, No. 1, pp. 73 – 101, 1964.

[38] Maronna R A. Robust M-estimators of multivariate location and scatter. Annals of Statistics, Vol. 4, No. 1, pp. 51 – 67, January 1976.

[39] Tyler D E. Radial estimates and the test for sphericity. Biometrika, Vol. 69, No. 2, p. 429, 1982.

[40] Pascal F, Chitour Y, Ovarlez J P, ea al. Covariance structure maximum likelihood estimates in compound Gaussian noise: Existence and algorithm analysis. IEEE Transactions on Signal Proceeding, Vol. 56, No. 1, pp. 34 – 48, January 2008.

[41] Ollila E, Loivunen V l. Influence function and asymptotic efficiency of scatter matrix based array processors: Case MVDR beamformer. IEEE Transactions on Signal Processing, Vol. 57, No. 1, pp. 247 – 259, 2009.

[42] Ollila E, Loivunen V l. Robust antenna array processing using M-estimators of pseudo-covariance. in 14 th IEEE Proceedings on Personal, Indoor and Mobile Radio Communications, 2003, PIMRC 2003, IEEE, Beijing, China, pp. 2659 – 2663, 2003.

[43] Ollila E, Koivunen V. Influence functions for array covariance matrix estimations. in Proceedings IEEE Workshop on Statistical Signal Processing(SSP), IEEE, St. Louis, MO, USA, pp. 445 – 448, October 2003.

[44] Ollila E, Quattropani L, Koivunen V. Robust space-time scatter matrix estimator for broadband antenna arrays. in Vehicular Technology Conference, 2003, VTC 2003-Fall, 2003 IEEE 58th, Vol. 1, Orlando, FL, USA, pp. 55 – 59, October 2003.

[45] Couillet R, Pascal F, Silverstein J. Robust m-estimation for array processing: A random matrix approach. IEEE Transactions on Information Theory, Vol. 60, No. 11, pp. 7269 – 7278, 2014.

[46] Mahot M, Pascal F, Forster P, et al. Asymptotic properties of robust covariance matrix estimates. IEEE Transactions on Signal Processing, Vol. 61, No. 13, pp. 3348 – 3356, 2013.

[47] Tyler D E. Some results on the existence, uniqueness, and computation of M-estimates of multivariate location and scatter. SIAM Journal on Scientific and Statistical Computing, Vol. 9, p. 354, 1988.

[48] Kent J T, Tyler D E. Redescending M-estimates of multivariate location and scatter. Annals of statistics. Vol. 19, No. 4, pp. 2102 – 2119, December 1991.

[49] Pascal F, Chitour Y, Ovarlez J P, et al. Covariance structure maximum likelihood estimates in compound Gaussian noise: Existence and algorithm analysis. IEEE Transactions on Signal Processing, Vol. 56, pp. 34 – 38, January 2008.

[50] Tyler D. Robust and efficient properties of scatter matrices. Biometrika, Vol. 70, No. 2, p. 411, 1983.

[51] Bausson S, Pascal F, Forster P, et al. First and second order moments of the normalized sample covariance matrix of spherically invariance random vectors. IEEE Signal Processing Letters, Vol. 14, No. 6, pp. 425 – 428, Jun2 2007.

[52] Sangston K J, Gini F, Greco M V, et al. Structures for radar detection in compound Gaussian clutter. IEEE Transactions on Aerospace and Electronic Systems, Vol. 35, No. 2, pp. 445 – 458, April 1999.

[53] Gini F, Greco M V. Covariance matrix estimatin for CFAR detection in correlated heavy tailed clutter. Signal Processing, special section on Signal Processing with Heavy Tailed Distribution, Vol. 82, pp. 1847 – 1859, December 2002.

[54] Conte E, De Maio A, Ricci G. Recursive estimation of the covariance matrix of a compound Gaussian process and its application to adaptive CFAR detection. IEEE Transactions on Signal Processing, Vol. 50, pp. 1908 – 1915, August 2002.

[55] Pascal F, Forster P, Ovarlez J P, et al. Performance matrix estimates in impulsive noise. IEEE Transaction on Signal Processing, Vol. 56, No. 6, pp. 2206 – 2217, June 2008.

[56] Jay E, Ovarlez J P, Declercq D, et al. BORD: Bayesian optimum radar detector. Signal Processing, Vol. 83, No. 6, pp. 1151 – 1162, June 2003.

[57] Jay E. Detection en environment non-gaussien. Ph. D. dissertation, University of Cergy-Pontoise/ONERA, France June 2002.

[58] Scharf L L, McWhorter. L T. Adaptive matched subspace detector and adaptive coherence estimators. in Proceedings of the 30 th Asilimor Conference on Signals, Systems, and Computers, Vol. 2, pp. 1114 – 1117, November 1996.

[59] Pascal F, Qvarlez J P, Forster P, et al. Constant fasle alarm rate detection in spherically invariant random processes. in European Signal Processing Conference, EUSIPCO' 04, Vienna, Austria, pp. 2143 – 2146, September 2004.

[60] Burg J P, Luenberger D G, Wenger LO D. Estimation of structured covariance matrices. Proceedings of the IEEE, Vol. 70, No. 9, pp. 963 – 974, September 1982.

[61] Fuhrmann D R. Application of Toeplitz covariance estimation to adaptive beamforming and detection. IEEE Transactions on Signal Processing, Vol. 39, pp. 2194 – 2198, October 1991.

[62] Nitzberg R, Burke J R. Application of maximum likelihood estimation of persymmetric covariance matrices to adaptive detection. IEEE Transactions on Aerospace and Electronic Systems, Vol. 25, pp. 124 – 127, January

1980.

[63] Cai L, wang H. A persymmetric multiband GLR algorithm. IEEE Transactions on Aerospace and Electronic Systems, Vol. 28, No. 3, pp. 806 – 816, July 1992.

[64] Conte E, De Maio A. Exploiting persymmetry for CFAR detection in compound-Gaussian clutter. IEEE Transactions on Aerospace and Electronic Systems, Vol. 39, pp. 719 – 724, April 2003.

[65] Conte E, De Maio A. Mitigation techniques for non-Gaussian sea clutter. IEEE Journal of Oceanic Engineering, Vol. 29, pp. 284 – 302, December 2003.

[66] Pailloux G, Forster P, Ovarlez J P, et al. On persymmetric covariance matrixes in adaptive detection. in IEEE International Conference on Acoustics, Speech, and Signal Processing, ICASSP-08, pp. 2305 – 2308, April 2008.

[67] Pailloux G, Ovarlezx J P, Pascal F, et al. A SIRV-CFAR adaptive detector exploiting persymmetric clutter covariance structure. in IEEE Radar Conference' 08, Rome, Italy, pp. 1139 – 1144, May 2008.

[68] Van Trees H L. Detection, Estimation and Modulation Theory, Part IV: Optimum Array Processing. John Wiley & Sons, New York, NY, 2002.

[69] Pailloux G, Ovarlezx J P, Pascal F, et al. Persymmetric adaptive radar detectors. IEEE Transactions on Aerospace and Electronic Systems, Vol. 47, No. 4, pp. 2376 – 2390, October 2011.

[70] Mahot M, Forster P, Ovarlez J P, et al. Robust analysis of covariance matrix estimates. in European Signal Processing Conference, EUSIPCO' 10, Aalborg, Demark, August 2010.

[71] Chen Y, Wiesel A, Hero A O. Robust shrinkage estimation of high-dimensional covariance matrices. IEEE Transactions on Signal Processing, Vol. 59, No. 9, pp. 4097 – 4107, 2011.

[72] Abramovich Y I, Besson O. Regularized covariance matrix estimation in complex elliptically symmetric distributions using the expected likelihood approach-Part 1: The Over-sampled case. IEEE Transactions on Signal Processing, Vol. 61, No. 23, pp. 5807 – 5918, 2013.

[73] Besson O, Abramovich Y I. Regularized covariance matrix estimation in complex elliptically symmetric distribution using the expected likelihood approach-Part 2: The under-sampled case. IEEE Transactions on Signal Processing, Vol. 61, No. 23, pp. 5819 – 5929, 2013.

[74] Pascal F, Chitour Y, Quek Y. Generalized robust shrinkage estimator and its application to STAP detection problem. IEEE Transactions on Signal Processing, Vol. 62, No. 21, pp. 5640 – 5661, 2014.

[75] Couillet R, Pascal F, Silverstein J. A joint robust estimation and random matrix framework with application to array processing in IEEE International Conference on Acoustics, Speech, and Signal Processing, ICASSP' 13, Vancouver, Canada, Vol. 31, pp. 6561 – 6565, May, 2013.

[76] Couillet R, Pascal F, Silverstein J. The random matrix regime of Maronna' s M-estimator with elliptically distributed samples. Journal of Multivariante Analysis, Vol. 139, No. C, pp. 56 – 78, 2015.